西门子运动控制系列教材

西门子 SINAMICS G120/S120 变频器技术与应用

主编　向晓汉　唐克彬

机 械 工 业 出 版 社

本书从基础和实用出发，主要内容包括变频器基础知识、G120变频器的接线与操作、G120变频器的运行与功能、S120系统与接线、S120系统的运行与功能、G120/S120通信、变频器的常用外围器件与外围电路、G120/S120变频器的参数设置与调试、G120/S120变频器的报警与故障诊断以及工程应用。

本书内容丰富、重点突出，强调知识的实用性，同时配有丰富的微课和课件等辅助学习资源，读者可通过扫描封底二维码获取。

本书可以作为大中专院校机电类、信息类专业的变频器和伺服驱动系统教材，也可供入门和提高级别的工程技术人员使用。

图书在版编目(CIP)数据

西门子SINAMICS G120/S120变频器技术与应用/向晓汉,唐克彬主编.
—北京:机械工业出版社,2019.9(2024.7重印)
西门子运动控制系列教材
ISBN 978-7-111-64310-4

Ⅰ.①西… Ⅱ.①向… ②唐… Ⅲ.①变频器-教材 Ⅳ.①TN773

中国版本图书馆CIP数据核字(2019)第269786号

机械工业出版社(北京市百万庄大街22号 邮政编码 100037)
策划编辑:时 静 李馨馨 责任编辑:李馨馨 秦 菲 白文亭
责任校对:张艳霞 责任印制:单爱军

北京虎彩文化传播有限公司印刷

2024年7月第1版·第9次印刷
184mm×260mm·17.25印张·427千字
标准书号:ISBN 978-7-111-64310-4
定价:69.00元

电话服务
客服电话:010-88361066
010-88379833
010-68326294

网络服务
机 工 官 网:www.cmpbook.com
机 工 官 博:weibo.com/cmp1952
金 书 网:www.golden-book.com
机工教育服务网:www.cmpedu.com

前 言

随着计算机技术的发展，以可编程序控制器、变频器调速和计算机通信等技术为主体的新型电气控制系统已经逐渐取代传统的继电器电气控制系统，并广泛应用于各行业。变频器和伺服驱动是20世纪70年代随着电力电子技术、脉冲宽度调制（Pulse Width Modulation，PWM）控制技术的发展而产生驱动装置，此应用技术在有的文献上也称为“运动控制”。由于变频器和伺服驱动产品通用性强、可靠性好、使用方便，目前已在工业自动化控制的很多领域得到了广泛的应用。随着科技的进一步发展，变频器和伺服驱动产品性能日益提高且价格不断下降，其应用将更加广泛。

党的二十大指出，加快建设制造强国。实现制造强国，智能制造是必经之路。运动控制作为工业自动化的核心，在自动化产业中占有相当重要的地位，也是推动传统产业改造升级，实现未来先进制造的核心关键技术。

由于西门子变频器和伺服系统功能强大，虽然价格高，但市场占有率很高，因此本书将以西门子变频器和伺服系统为例进行介绍。本书在编写时，力求尽可能简单和详细，用较多的简单案例引领读者入门，让读者读完入门部分后，能完成简单的工程。应用部分精选工程的实际案例，供读者模仿学习，提高读者解决实际问题的能力。为了使读者能更好地掌握相关知识，我们在总结长期教学经验和工程实践的基础上，联合相关企业人员，共同编写了本书，力争使读者通过“看书”就能学会变频器和伺服驱动技术。

在编写过程中，我们将一些生动的操作实例融入教材中，以提高读者的学习兴趣。本书与其他相关书籍相比，具有以下特点。

（1）配有丰富的微课课件等辅助学习资源。

（2）用实例引导读者学习。本书的大部分章节用精选的例子讲解。例如，用例子说明工程创建的全过程。

（3）重点的例子都包含软硬件的配置方案图、接线图和程序，而且为确保程序的正确性，程序已经在PLC上运行通过。

（4）实用性强，实例容易被读者进行工程移植。

本书由向晓汉和唐克彬主编，全书共分10章。第1章由无锡职业技术学院的郑贞平编写；第3章由无锡职业技术学院的黎雪芬编写；第4章由无锡雪浪环境科技有限公司的刘摇摇编写；第5、7、8章由无锡职业技术学院的向晓汉编写；第6章由无锡职业技术学院的钱晓忠编写；第9章由付东升和曹英强编写；第2、10章由华蓥市经济和信息化局的唐克彬编写。参加本书编写的还有无锡职业技术学院胡俊平、张楠等。本书由向晓汉、无锡职业技术学院的奚茂龙教授任主审。

由于编者水平有限，缺点和错误在所难免，敬请读者批评指正，编者将万分感激！

编 者

目　　录

第1章

变频器基础知识

变频器（Inverter 或者 Frequency Converter）是将固定频率的交流电变换成频率、电压连续可调的交流电，供给电动机运转的电源装置。本章介绍交流电动机的结构和原理、交流调速的原理；变频器的历史发展、应用范围、发展趋势、在我国的使用情况等知识，使读者初步了解变频器，这是学习本书后续内容的必要准备。

1.1 交流调速基础

交流电动机是将交流电的电能转变为机械能的一种机器。交流电动机的工作效率较高，没有烟尘、气味，不污染环境，噪声也较小。由于它的一系列优点，所以广泛应用于工农业生产、交通运输、国防、商业及家用电器、医疗电器设备等各方面。

1.1.1 三相交流电动机的结构和原理

交流电动机主要由一个用以产生磁场的电磁铁绕组或分布的定子绕组和一个旋转电枢或转子组成，此外要电动机正常运行，电动机还有机座、风扇、端盖、罩壳、轴承和接线盒等部件，其结构如图 1-1 所示。

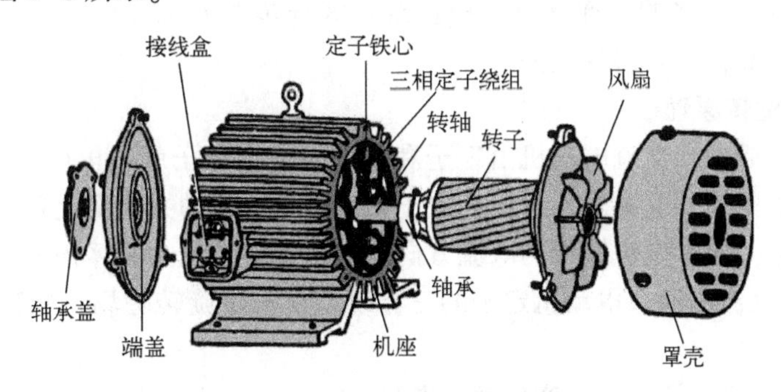

图 1-1 三相交流电动机的结构图

1. 定子

三相异步电动机的定子由机座和装在机座内的圆筒形铁心以及其中的三相定子绕组组成。机座是用铸铁或铸钢制成的，铁心是由互相绝缘的硅钢片叠成的。铁心的内圆周表面冲有槽，用以放置对称三相绕组 A、B、C，定子的示意图如图 1-2 所示。定子的绕组连接方式有两种：一是星形连接，即三相绕组有一个公共点相连，如图 1-3 所示；二是三角形连接，即三相绕组首尾相连，如图 1-4 所示。

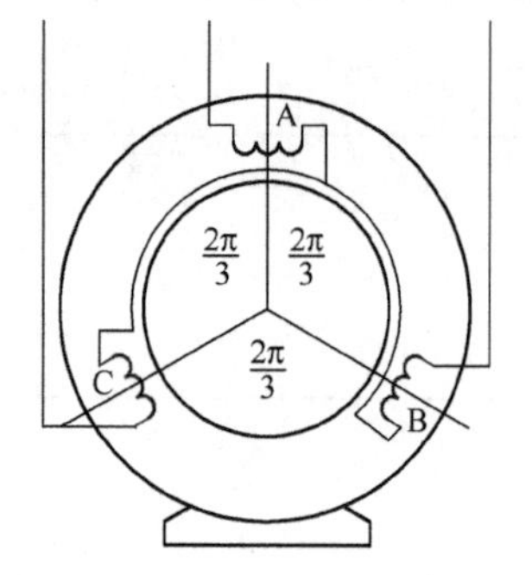

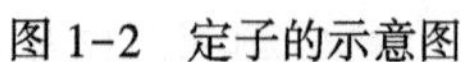
图 1-2　定子的示意图

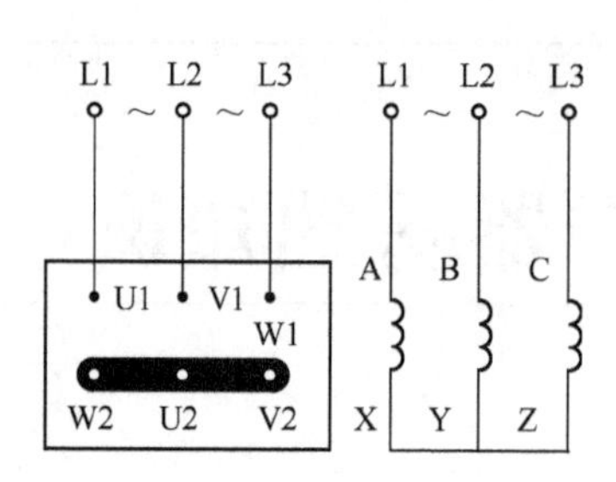

图 1-3　定子三相绕组星形连接

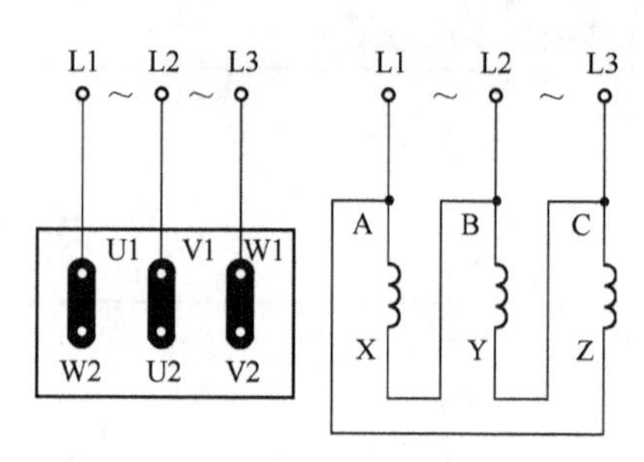

图 1-4　定子三相绕组三角形连接

2. 转子

三相异步电动机的转子根据构造上的不同分为两种形式：鼠笼式和绕线式。转子铁心是圆柱状，也用硅钢片叠成，表面冲有槽，铁心装在转轴上，轴上加机械负载。

鼠笼式的转子绕组做成鼠笼状，就是在转子铁心的槽中放铜条，其两端用端环连接。或者在槽中浇铸铝液，铸成一鼠笼，这样便可以用比较便宜的铝来代替铜，同时制造也方便。因此，目前中小型鼠笼式电动机的转子很多都是铸铝的。鼠笼式异步电动机的“鼠笼”是它的构造特点，易于识别。笼形转子如图 1-5 所示。

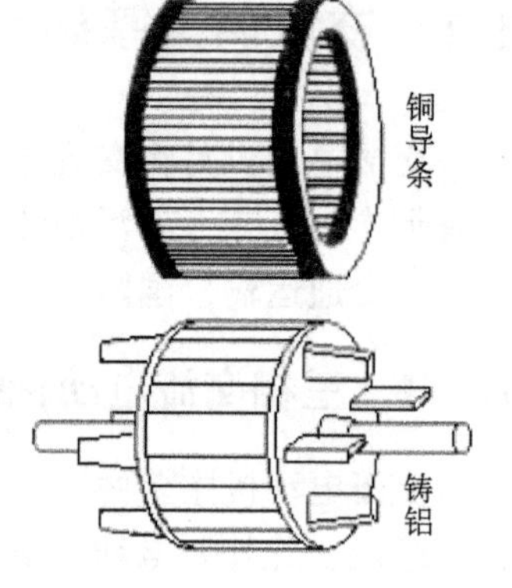

图 1-5　笼形转子外形

绕线式异步电动机的转子绕组同定子绕组一样，也是三相的；它联成星形。每相的始端连接在三个铜制的滑环上，滑环固定在转轴上。环与环、环与转轴都互相绝缘。在环上弹簧压着碳质电刷。以后就会知道，起动电阻和调速电阻是借助于电刷同滑环和转子绕组连接的。通常就是根据绕线式异步电动机具有三个滑环的构造特点来辨认它的。

3. 电动机的旋转原理

交流电动机的原理：交流电动机由定子和转子组成，定子就是电磁铁，转子就是线圈。而定子和转子是采用同一电源的，所以，定子和转子中电流的方向变化总是同步的，即线圈中的电流方向变了，同时电磁铁中的电流方向也变。旋转过程的具体描述如下。

1）三相正弦交流电通入电动机定子的三相绕组，产生旋转磁场，旋转磁场的转速称为同步转速。

2）旋转磁场切割转子导体，产生感应电势。

3）转子绕组中感生电流。

4）转子电流在旋转磁场中产生力，形成电磁转矩，电动机就转动起来了。

电动机的转速达不到旋转磁场的转速，否则，就不能切割磁力线，就没有感应电势，电动机就停下来了。转子转速与同步转速不一样，差那么一些，称之为异步。

设同步转速为 n_0，电动机的转速为 n，则转速差为 n_0-n。

电动机的转速差与同步转速之比定义为异步电动机的转差率 s，s 是分析异步电动机运行情况的主要参数，用如下公式表示。

$$s=\frac{n_0-n}{n} \tag{1-1}$$

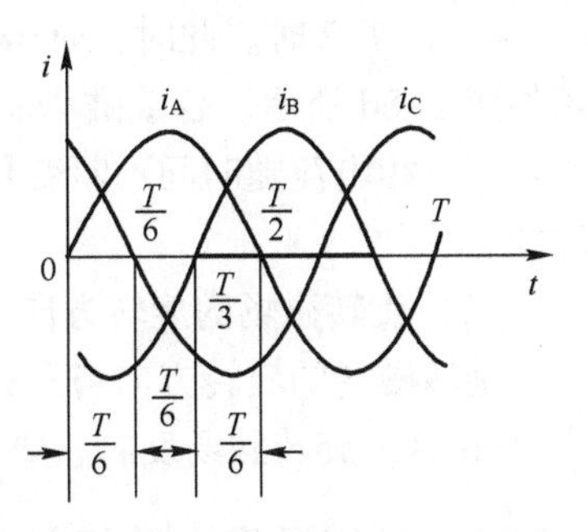

图 1-6　三相交流电的波形图

4. 旋转磁场的产生

(1) 旋转磁场的产生

假设电动机为 2 极电动机，每相绕组只有一个线圈，定子采用星形连接。三相交流电的波形图如图 1-6 所示，定子的通电示意图如图 1-7 所示。以下详细介绍其在 0~$T/2$（T 表示一个周期）这个区间旋转磁场的产生过程。

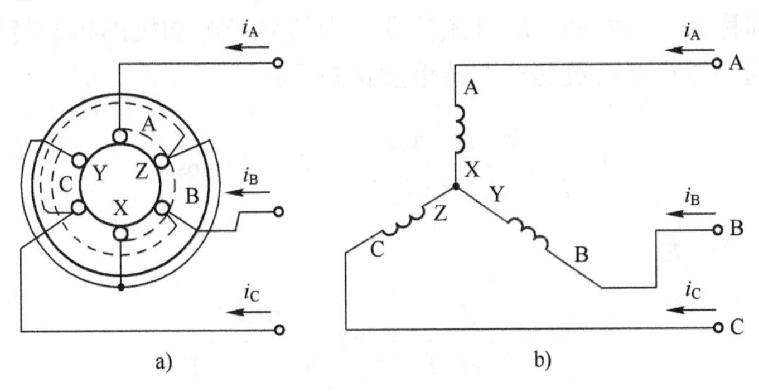

图 1-7　定子的通电示意图

1）$t=0$（起始阶段）时。此时，$i_A=0$；i_B 为负，电流实际方向与正方向相反，即电流从 Y 端流到 B 端；i_C 为正，电流实际方向与正方向一致，即电流从 C 端流到 Z 端。按右手螺旋法则确定三相电流产生的合成磁场，如图 1-8a 中箭头所示。

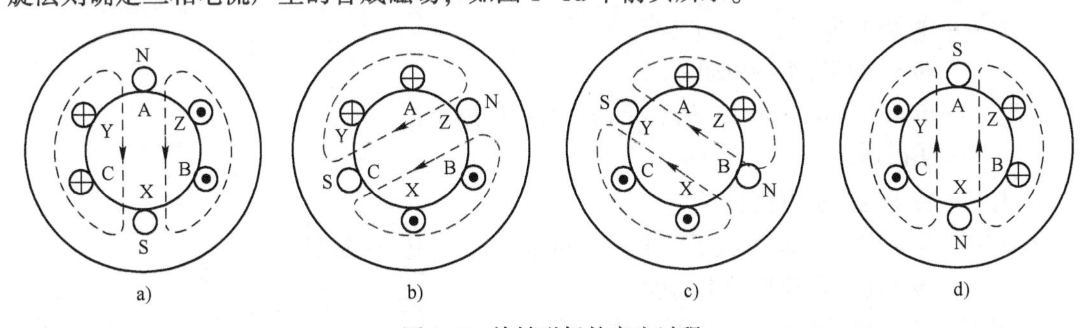

图 1-8　旋转磁场的产生过程

a）$t=0$ 时的旋转磁场　b）$t=\frac{T}{6}$时的旋转磁场　c）$t=\frac{T}{3}$时的旋转磁场　d）$t=\frac{T}{2}$时的旋转磁场

2）$t=T/6$ 时。此时，$\omega t=\omega T/6=\pi/3$（相位角），$i_A$ 为正（电流从 A 端流到 X 端）；i_B 为负（电流从 Y 端流到 B 端）；$i_C=0$。此时的合成磁场如图 1-8b 所示，合成磁场已从 $t=0$ 瞬间所在位置顺时针方向旋转了 $\pi/3$。

3）$t=T/3$ 时。此时，$\omega t=\omega T/3=2\pi/3$（相位角），$i_A$ 为正；$i_B=0$；i_C 为负。此时的合成磁场如图 1-8c 所示，合成磁场已从 $t=0$ 瞬间所在位置顺时针方向旋转了 $2\pi/3$。

4）$t=T/2$ 时。此时，$\omega t=\omega T/2=\pi$（相位角），$i_A=0$；i_B 为正；i_C 为负。此时的合成磁场如图 1-8d 所示。合成磁场从 $t=0$ 瞬间所在位置顺时针方向旋转了 π。按以上分析可以证明：当三相电流随时间不断变化时，合成磁场的方向在空间也不断旋转，这样就产生了旋转磁场。

（2）旋转磁场的旋转方向

旋转磁场的旋转方向与三相交流电的相序一致。改变三相交流电的相序，即 A-B-C 变为 C-B-A，旋转磁场反向。要改变电动机的转向，只要任意对调三相电源的两根接线即可。

1.1.2　三相异步电动机的机械特性和调速原理

1. 三相异步电动机的机械特性

在异步电动机中，转速 $n=(1-s)n_0$，为了符合习惯画法，可将曲线换成转速与转矩之间的关系曲线，即称为异步电动机的机械特性，理解异步电动机的机械特性是至关重要的，后续章节都会用到。异步电动机的电磁转矩公式如下：

$$T=\frac{km_1pU_1^2R_2s}{2\pi f_1[R_2^2+(sX_{20}^2)^2]}=Km_1\Phi I_2\cos\varphi_2 \tag{1-2}$$

式（1-2）可简化为

$$T=K\frac{sR_2U_1^2}{R_2^2+(sX_{20})^2}=K\frac{sR_2U^2}{R_2^2+(sX_{20})^2} \tag{1-3}$$

式中　K——与电动机结构参数、电源频率有关的一个常数；

m_1——定子相数；

p——磁极对数；

U_1——定子绕组电压；

U——电源电压；

R_2——转子每相绕组的电阻；

X_{20}——电动机不动（$s=1$）时转子每相绕组的感抗；

ϕ——主磁通；

I_2——转子电流折算值；

$\cos\varphi_2$——功率因数（φ_2 为转子的电流时间滞后转子感应电动势的电角度）。

三相异步电动机的固有机械特性曲线如图 1-9 所示。

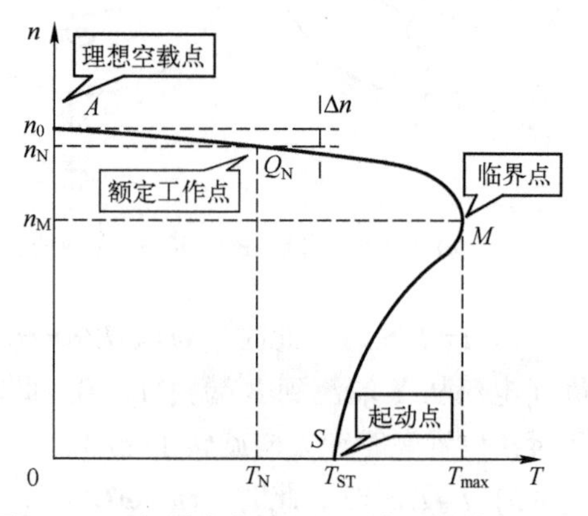

图 1-9　三相异步电动机的固有机械特性曲线

从特性曲线上可以看出，其上有 4 个特殊点可以决定特性曲线的基本形状和异步电动机的运行性能，这 4 个特殊点的情况如下。

（1）$T=0$，$n=n_0$，$s=0$

电动机处于理想空载工作点，此时电动机的转速为理想空载转速。此时电动机的转速可以达到同步转速，即图中的 A 点，坐标为（0，n_0）。

（2）$T=T_N, n=n_N, s=S_N$

电动机处于额定工作点，即图中的 Q_N点，坐标为（T_N，n_N）。此时额定转矩和额定转差率为：

$$T_N=9.55\frac{P_N}{n_N},\qquad S_N=\frac{n_0-n_N}{n_0} \tag{1-4}$$

式中　P_N——电动机的额定功率；

n_N——电动机的额定转速，一般 $n_N=(0.94\sim0.985)n_0$；

S_N——电动机的额定转差率，一般 $S_N=0.06\sim0.015$；

T_N——电动机的额定转矩。

（3）$T=T_{st}, n=0, S=1$

电动机的起动工作点，电动机刚接通电源，但转速为 0 时，称为起动工作点，这时的转矩 T_{st}称为起动转矩，也称堵转转矩，即图中的 S 点，坐标为（T_{st}，0）。起动转矩满足如下公式：

$$T_{st}=K\frac{R_2U^2}{R_2^2+X_{20}^2} \tag{1-5}$$

可见，异步电动机的起动转矩 T_{st}与 U、R_2 及 X_{20}有关。

1）当施加在定子每相绕组上的电压降低时，起动转矩会明显减小。

2）当转子电阻适当增大时，起动转矩会增大。

3）若增大转子电抗则会使起动转矩大幅减小。

一般情况下：$T_{st}\geqslant1.5T_N$，这个数据是比较重要的。

（4）$T=T_{max}, n=n_m, S=S_m$

电动机的临界工作点，在这一点电动机产生的转矩最大，称为临界转矩 T_{max}，即图中的 M 点，坐标为（T_{max}，n_M）。临界转矩公式如下：

$$T_{max}=K\frac{U^2}{2X_{20}} \tag{1-6}$$

临界转矩与额定转矩之比就是异步电动机的过载能力，它表征了电动机能够承受冲击负载的能力大小，是电动机的又一个重要运行参数，一般过载能力 $\lambda_m\geqslant2$，即

$$T_{max}=\lambda_mT_N\geqslant2T_N \tag{1-7}$$

2. 三相异步电动机的调速原理

分析式 1-5 可知：异步电动机的机械特性与电动机的参数有关，也与外加电源电压 U、电源频率 f 有关，将关系式中的参数人为地加以改变而获得的特性称为异步电动机的人为机械特性。改变定子电压 U、定子电源频率 f、定子电路串入电阻或电抗、转子电路串入电阻或电抗，改变磁极对数等，都可得到异步电动机的人为机械特性，这就是异步电动机调速的原理。

（1）改变定子绕组电压调速

这种调速方式实际就是改变转差率调速。降压调速，会降低起动转矩和临界转矩，并会使电动机的机械特性变软，其调速范围小，所以它并不是一种理想的调速方法。

（2）定子电路接入电阻 R_2 或电抗 X_{20}时的人为特性

在电动机定子电路中外串电阻或电抗后，电动机端电压为电源电压减去定子外串电阻上或电抗上的压降，致使定子绕组相电压降低，这种情况下的人为特性与降低电源电压时的相似，在此不再赘述。

（3）转子电路串电阻调速

转子电路串电阻调速，也是变转差率调速。在三相绕线式异步电动机的转子电路中串入电阻后如图 1-10a 所示，转子电路中的电阻为 R_2+R_{2r}。

串电阻调速的特点：如图 1-10b 所示，串电阻后，临界转矩不变，但起动转矩增加；机械特性变软；低速时，调速范围小；是一种有级调速；转子电路串电阻调速的机械性能比定子串电阻要好，但这种调速方式仅用于绕线式电动机的调速，如起重机的电动机；低速时，能耗高。

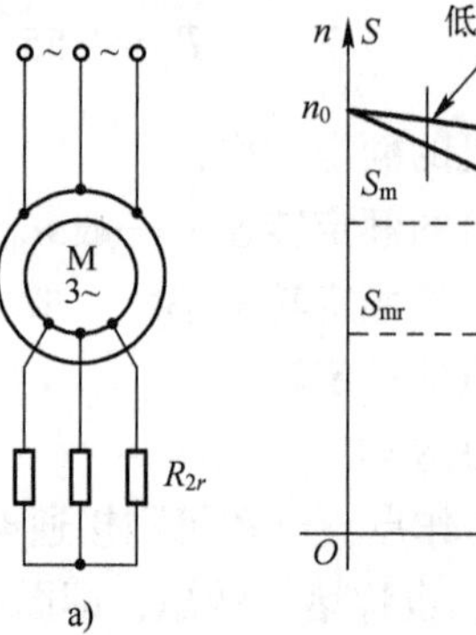

图 1-10　三相异步电动机的串电阻调速时机械特性曲线

a）原理接线图　b）机械特性

（4）改变磁极对数调速

生产中，大量的生产机械并不需要连续平滑调速，只需要几种特定的转速，如只要求几种转速的有级变速的小功率机械，且对起动性能要求不高，一般只在空载或轻载起动可选用变级变速电动机（双速、三速、四速）。

特点：体积大、结构简单；有级调速，调速范围小，最大传动比是 4；用于中小机床，替代齿轮箱，如早期的镗床。这种调速方式的使用在减少。

（5）定子电源的变频调速

1）恒转矩调速。一般变频调速采用恒转矩调速，即希望最大转矩保持为恒值，为此在改变频率的同时，电源电压也要做相应的变化，使 U/f 为一个恒定值，这在实质上是使电动机气隙磁通保持不变。如图 1-11 所示，变频器在频率 f_1 和 f_2 工作时，就是恒转矩调速，这种调速方式中，保持 U/f 不变，临界转矩不变，起动转矩变大，机械硬度不变。又由于 $P=9.55 \cdot T_N \cdot n$，电动机的输出功率随着其转速的升高，成比例升高。

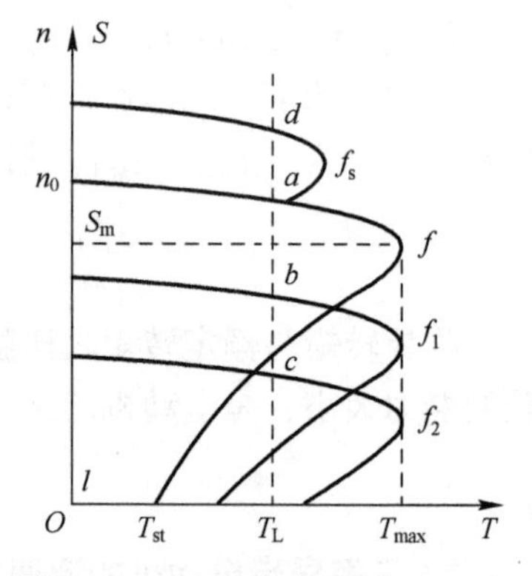

图 1-11　三相异步电动机的变频调速时机械特性曲线

2）恒功率调速。当工作频率大于额定频率（如 $f_3>f$）时，变频器是恒功率调速。保持定子绕组的电压 U 不变，但磁通量 φ_m 要减小，所以也叫弱磁调速。由公式 $T=9.55\dfrac{P_N}{n}$ 可知，采用恒功率调速时，随着转速的升高，电动机的输出转矩会降低，但机械硬度不变。可见，变频调速是一种理想的调速方式。毫无疑问，这种调速方式将越来越多被采用，是当前交流调速的主流。

根据实际应用效果，交流电动机的各种调速方式的一般性能和特点汇总于表 1-1 之中。

表 1-1　调速方式的一般特性和特点

调速方式	转子串电阻	定子调压	电磁离合器	液力耦合器	液粘离合器	变极	串极	变频
调速方法	改变转子串电阻	改变定子输入调压	改变离合器励磁电流	改变偶合器工作腔充油量	改变离合器摩擦片间隙	改变定子极对数	改变逆变器的逆变角	改变定子输入频率合和电压
调速性质	有级	无级	无级	无级	无级	有级	无级	无级
调速范围	50%~100%	80%~100%	10%~80%	30%~97%	20%~100%	2，3，4 档转速	50%~100%	5%~100%
响应能力	差	快	较快	差	差	快	快	快
电网干扰	无	大	无	无	无	无	较大	有
节电效果	中	中	中	中	中	高	高	高
初始投资	低	较低	较高	中	较低	低	中	高
故障处理	停车	不停车	停车	停车	停车	停车	停车	不停车
安装条件	易	易	较易	场地	场地	易	易	易
适用范围	绕线转子异步机	绕线转子异步机、笼型异步机	笼型异步机	笼型异步机、同步电动机	笼型异步机、同步电动机	笼型异步机	绕线转子异步机	异步电动机、同步电动机

1.2　变频器概述

1.2.1　变频器的发展

1. 变频器技术的发展阶段

芬兰瓦萨控制系统有限公司，前身为瑞典的 STRONGB，于 20 世纪 60 年代成立，并于 1967 年开发出世界上第一台变频器，被称为变频器的鼻祖，开创了世界商用变频器的市场。之后变频器技术不断发展，如按照变频器的控制方式，可划分为以下几个阶段。

（1）第一阶段：恒压频比 *U/f* 技术

U/f 控制就是保证输出电压跟频率成正比的控制，这样可以使电动机的磁通保持一定，避免弱磁和磁饱和现象的产生，多用于风机、泵类节能型变频器用压控振荡器实现。20 世纪 80 年代，日本人开发出电压空间矢量控制技术，后引入频率补偿控制。电压空间矢量的频率补偿方法，不仅能消除速度控制的误差，而且可以通过反馈估算磁链幅值，消除低速时定子电阻的影响，将输出电压、电流闭环，以提高动态的精度和稳定度。

（2）第二阶段：矢量控制

20 世纪 70 年代，德国人 F. Blaschke 首先提出矢量控制模型。矢量控制实现的基本原理是通过测量和控制异步电动机定子电流矢量，根据磁场定向原理分别对异步电动机的励磁电流和转矩电流进行控制，从而达到控制异步电动机转矩的目的。

（3）第三阶段：直接转矩控制

直接转矩控制系统（Direct Torque Control，DTC）是在 20 世纪 80 年代中期继矢量控制技术之后发展起来的一种高性能异步电动机变频调速系统。

不同于矢量控制，直接转矩控制具有鲁棒性强、转矩动态响应速度快、控制结构简单等优点，它在很大程度上解决了矢量控制中结构复杂、计算量大、对参数变化敏感等问题。直接转矩控制技术的主要问题是低速时转矩脉动大，其低速性能还是不能达到矢量控制的水平。

表 1-2 是 20 世纪 60 年代到 21 世纪初变频器技术发展的历程。

表 1-2　变频器技术发展的历程

项　目	20 世纪 60 年代	20 世纪 70 年代	20 世纪 80 年代	20 世纪 90 年代	21 世纪初
电动机控制算法	*U/f* 控制		矢量控制	无速度矢量控制电流矢量 *U/f*	算法优化
功率半导体技术	SCR	GTR	IGBT	IGBT 大容量	更大容量更高开关频率
计算机技术	—	—	单片机、DSP	高速 DSP 专用芯片	更高速率和容量
PWM 技术	—	PWM 技术	SPWM 技术	空间电压矢量调制技术	PWM 优化新一代开关技术
变频器的特点	大功率传动使用变频器，体积大、价格高	变频器体积缩小，开始在中小功率电动机上使用	超静音变频器开始流行，解决了 GTR 噪声问题，变频器性能大幅提升并大批量使用，取代直流		未来发展方向完美无谐波 如：矩阵式变频器

① SCR（Silicon Controlled Rectifier，晶闸管或可控硅）；②GTR（Giant Transistor，电力晶体管）；③PWM（Pulse Width Modulation，脉冲宽度调制）；④SPWM（Sinusoidal Pulse Width Modulation，正弦脉冲宽度调制）；⑤IGBT（Insulated Gate Bipolar Transistor，绝缘栅双极型晶体管）。

2. 我国变频器技术发展现状

目前，国内有超过 200 多家变频器生产厂家，以森兰、汇川、英威腾为代表，技术水平较接近世界先进水平，但总市场份额只有 10%左右。我国国产变频器的生产，主要是交流 380 V 的中小型变频器，且大部分产品为低压，而高压大功率产品则很少，能够研制、生产并提供服务的高压变频器厂商更少，不过是少数几个具备科研能力或资金实力强的企业。并且在技术方面，更是仅少数企业采用 *U/f* 控制方式，对中、高压电动机进行变频调速改造。我国高压变频器的品种和性能还处于发展的初级阶段，仍需大量从国外进口。

3. 变频器的发展趋势

随着节约环保型社会发展模式的提出，人们开始更多地关注起生活的环境品质。节能型、低噪声变频器，是今后一段时间发展的一个总趋势。我国变频器的生产商家虽然不少，但是缺少统一的、具体的规范标准，使得产品差异性较大。且大部分采用了 *U/f* 控制和电压矢量控制，其精度较低，动态性能也不高，稳定性能较差，这些方面与国外同等产品相比有一定的差距。就变频器设备来说，其发展趋势主要表现在以下方面。

1）变频器将朝着高压大功率和低压小功率、小型化、轻型化的方向发展。

2）工业高压大功率变频器，民用低压中小功率变频器潜力巨大。

3）目前，IGBT、IGCT（Integrated Gate Commutated Thyristors，集成门极换流晶闸管）和 SGCT（Symmetrical Gate Commutated Thyristors，对称门极换流晶闸管）仍将扮演主要角色，SCR、GTO（Gate-Turn-Off Thyristor，门极可关断晶闸管）将会退出变频器市场。

4）无速度传感器的矢量控制、磁通控制和直接转矩控制等技术的应用将趋于成熟。

5）全面实现数字化和自动化，包含参数自设定技术、过程自优化技术、故障自诊断技术。

6）高性能单片机的应用优化了变频器的性能，实现了变频器的高精度和多功能。

7）相关配套行业正朝着专业化、规模化发展，社会分工逐渐明确。

8）伴随着节约型社会的发展，变频器在民用领域会逐步得到推广和应用。

1.2.2　变频器的分类

变频器发展到今天，已经研制了多种适合不同用途的变频器，以下详细介绍变频器的分类。

1. 按变换的环节分类

1）交-直-交变频器。即先把工频交流通过整流器变成直流，然后再把直流逆变成频率电压可调的交流，又称间接式变频器，是目前广泛应用的通用型变频器。

2）交-交变频器。即将工频交流直接变换成频率电压可调的交流，又称直接式变频器。主要用于大功率（500 kW 以上）低速交流传动系统中，目前已经在轧机、鼓风机、破碎机、球磨机和卷扬机等设备中应用。这种变频器既可用于异步电动机，也可以用于同步电动机的调速控制。

这两种变频器的比较见表1-3。

表1-3　交-直-交变频器和交-交变频器的比较

交-直-交变频器	交-交变频器
• 结构简单 • 输出频率变化范围大 • 功率因数高 • 谐波易于消除 • 可使用各种新型大功率器件	• 过载能力强 • 效率高、输出波形好 • 输出频率低 • 使用功率器件多 • 输入无功功率大 • 高次谐波对电网影响大

2. 按直流电源性质分类

1）电压型变频器。电压型变频器的特点是中间直流环节的储能元件采用大电容，负载的无功功率将由它来缓冲，直流电压比较平稳，直流电源内阻较小，相当于电压源，故称电压型变频器，常用于负载电压变化较大的场合，这种变压器应用广泛。

2）电流型变频器。电流型变频器的特点是中间直流环节采用大电感作为储能环节，缓冲无功功率，即扼制电流的变化，使电压接近正弦波，由于该直流内阻较大，故称电流源型（电流型）变频器。电流型变频器的特点（优点）是能扼制负载电流频繁而急剧的变化，常用于负载电流变化较大的场合。

3. 按照用途分类

可以分为通用变频器、高性能专用变频器、高频变频器、单相变频器和三相变频器等。

4. 按变频器调压方法分类

1）PAM 变频器通过改变直流侧电压幅值进行调压，在变频器中逆变器只负责调节输出频率，而输出电压则由相控整流器或直流斩波器通过调节电流进行调节。这种变频器已很少使用了。

2）目前中小功率的变频电路几乎都采用 PWM 技术，PWM 变频电路也可分为电压型和电流型两种。根据正弦波频率、幅值和半周期脉冲数，准确计算 PWM 波各脉冲宽度和间隔，据此控制变频电路中开关器件的通断，就可得到所需的 PWM 波形。当输出的正弦波的频率、幅值或相位变化时，其结果都要变化。

5. 按控制方式分类

1）*U/f* 控制（VVVF 控制）变频器。*U/f* 控制就是保证输出电压跟频率成正比的控制。低端变频器都采用这种控制原理。

2）SF 控制变频器（转差频率控制）。转差频率控制通过控制转差频率来控制转矩和电流，是高精度的闭环控制，但通用性差，一般用于车辆控制。与 *U/f* 控制相比，其加减速特性和限制过电流的能力得到提高。另外，它有速度调节器，利用速度反馈构成闭环控制，速度的静态误差小。然而对于自动控制系统稳态控制，还达不到良好的动态性能。

3）VC（Vector Control）控制变频器。矢量控制实现的基本原理是通过测量和控制异步电动机定子电流矢量，根据磁场定向原理分别对异步电动机的励磁电流和转矩电流进行控制，从而达到控制异步电动机转矩的目的。一般用在高精度要求的场合。

4）直接转矩控制。简单地说就是将交流电动机等效为直流电动机进行控制。

6. 按电压等级分类

1）高压变频器：3 kV、6 kV、10 kV 。

2）中压变频器：660 V、1140 V 。

3）低压变频器：220 V、380 V。

1.2.3 变频器的应用

1. 主要应用行业

如今变频器已经在各行各业得到了广泛的应用，但主要的应用行业是纺织、冶金、石化、电梯、供水、电力、油田、市政、塑料、印刷、建材、起重和造纸，其他行业也有很多应用。

2. 变频器在节能方面的应用

变频器的产生主要是实现对交流电动机的无极调速，但由于全球能源供求矛盾日益突出，其节能效果越来越受到重视。变频器在风机和水泵的应用中，节能效果尤其明显，因此多数变频器厂家都生产风机、水泵专用的变频器。

（1）风机、泵类的 123 定律

1）风机、水泵的流量与电动机转速的一次方成正比。

2）风机、水泵的扬程（压头）与电动机转速的二次方成正比。

3）风机、水泵的轴功率与转速的三次方成正比。扬程：是指水泵能够扬水的高度，也是单位重量液体通过泵所获得的能量，通常用 *H* 表示，单位是 m。

（2）节能效果

风机、泵类负载使用变频调速后节能率可达 20%～60%。这类负载应用场合是恒压供水、风机、中央空调、液压泵变频调速等。

3. 变频器在精确自控系统中的应用

算术运算和智能控制功能是变频器另一特色，输出精度可达 0.1%～0.01%。这类负载应用场合是印刷、电梯、纺织、机床、生产流水线等行业的速度控制。

4. 变频器在提高工艺方面的应用

可以改善工艺和提高产品质量，减少设备冲击和噪声，延长设备使用寿命，使机械设备简化，操作和控制更具人性化，从而提高整个设备功能。

1.2.4　主流变频器品牌的市场份额

在中国市场能进入销售前列的国产品牌只有少数几个，大部分产品份额仍然被欧美品牌占领，特别是在一些高端应用场合。

1.3　变频器的工作原理

1.3.1　交-直-交变换技术

电网的电压和频率是固定的。在我国，低压电网的电压为 380 V、频率为 50 Hz，这是不能变的。要想得到电压和频率都能调节的电源，只能从另一种能源变过来，即直流电。因此，交-直-交变频器的工作可分为两个基本过程。

1. 交-直变换过程

就是先把不可调的电网的三相（或单相）交流电经整流桥整流成直流电。

2. 直-交变换过程

就是反过来又把直流电“逆变”成电压和频率都任意可调的三相交流电，交-直-交变频器框图如图 1-12 所示，图中 U 表示电源电压，U_D 表示整流后的直流电压，U_X 表示逆变后的交流电压。

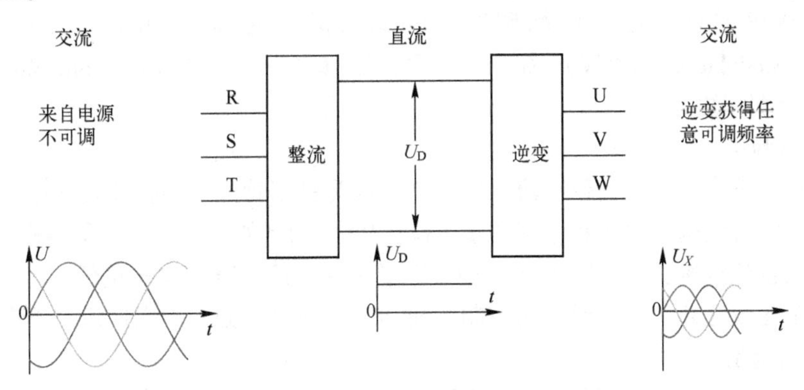

图 1-12　交-直-交变频器框图

1.3.2　变频变压的原理

1. 变频变压的原因

读者很明白地知道，电动机的转速公式为

$$n=\frac{60f(1-s)}{p}$$

式中　n——电动机的转速；

f——电源的频率；

s——转差率；

p——电动机的磁极对数。

很显然，改变电动机的频率 f 就可以改变电动机的转速。但为什么还要改变电压呢？这是因为电动机的磁通量满足如下公式：

$$\Phi_m=\frac{E_g}{4.44fN_sk_{ns}}\approx\frac{U_s}{4.44fN_sk_{ns}}$$

式中　Φ_m——电动机的每极气隙的磁通量；

f——定子的频率；

N_s——定子绕组的匝数；

k_{ns}——定子基波绕组系数；

U_s——定子相电压；

E_g——气隙磁通在定子每相中感应电动势的有效值。

由于实际测量 E_g 比较困难，而 U_s 和 E_g 大小近似，所以用 U_s 代替 E_g。又因为在设计电动机时，电动机的每极气隙的磁通量 Φ_m 接近饱和值，因此，降低电动机频率时，如果 U_s 不降低，那么势必使得 Φ_m 增加，而 Φ_m 接近饱和值，不能增加，所以导致绕组线圈的电流急剧上升，从而造成烧毁电动机的绕组。所以变频器在改变频率的同时，要改变 U_s，通常保持磁通为一个恒定的数值，也就是电压和频率为一个固定的比例，满足如下公式：

$$\frac{U_s}{f}=const$$

2. 变频变压的实现的方法

变频变压的实现方法有脉幅调制（Pulse Amplitude Modulation，PAM）、脉宽调制（Pulse Width Modulation，PMW）和正弦脉宽调制（Sinusoidal Pulse Width Modulation，SP-WM）。以下分别介绍。

（1）脉幅调制

就是在频率下降的同时，使直流电压下降。因为晶闸管的可控整流技术已经成熟，所以在整流的同时使直流电的电压和频率同步下降。PAM 调制如图 1-14 所示，图 1-13a 中频率高，整流后的直流电压也高；图 1-13b 中频率低，整流后的直流电压也低。

脉幅调制比较复杂，因为要同时控制整流和逆变两个部分，现在使用并不多。

（2）脉宽调制

脉冲宽度调制简称脉宽调制，是利用微处理器的数字输出来对模拟电路进行控制的一种非常有效的技术，广泛应用在从测量、通信到功率控制与变换的许多领域中，最早用于无线电领域。由于 PWM 控制技术控制简单、灵活和动态响应好，所以成为电力电子技术最广泛应用的控制方式，也是人们研究的热点。用于直流电动机调速和阀门控制，比如现在的电动车电动机调速就是使用这种方式。

占空比（Duty Ratio）就是在一串脉冲周期序列中（如方波），脉冲的持续时间与脉冲

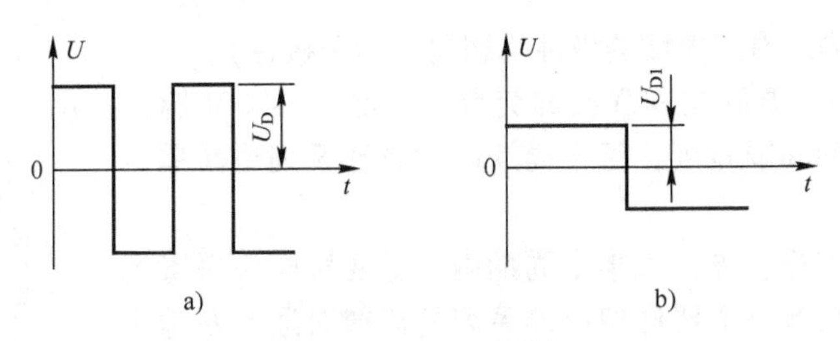

图 1-13　PAM 调制
a）频率高时　b）频率低时

总周期的比值。脉冲波形图如图 1-14 所示，占空比公式如下：

$$i=\frac{t}{T}$$

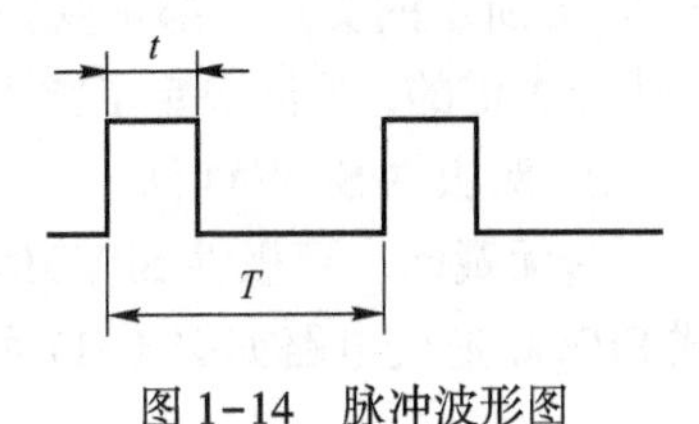

图 1-14　脉冲波形图

对于变频器的输出电压而言，PWM 实际就是将每半个周期分割成许多个脉冲，通过调节脉冲宽度和脉冲周期的“占空比”来调节平均电压，占空比越大，平均电压越大。

PWM 的优点是只需要在逆变侧控制脉冲的上升沿和下降沿的时刻（即脉冲的时间宽度），而不必控制直流侧，因而大大简化了电路。

（3）正弦脉宽调制（SPWM）

所谓正弦脉宽调制就是在 PWM 的基础上改变了调制脉冲方式，脉冲宽度时间占空比按正弦规律排列，这样输出波形经过适当的滤波可以做到正弦波输出。

正弦脉宽调制的波形图如图 1-15 所示，图形上部是正弦波，图形的下部就是正弦脉宽调制波，在图中正弦波与时间轴围成的面积分成 7 块，每一块的面积与下面的矩形面积相等，也就是说正弦脉宽调制波等效于正弦波。

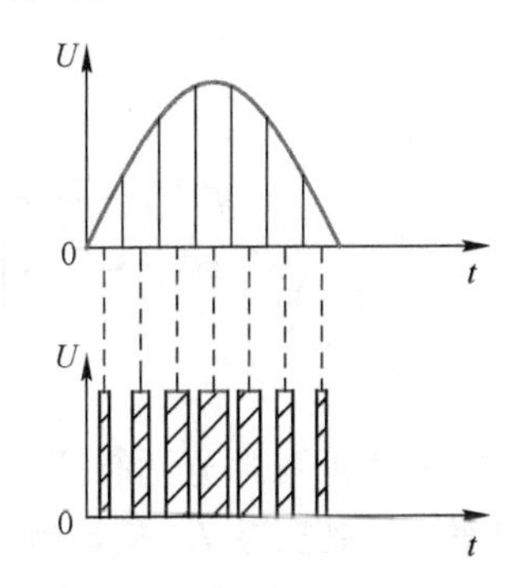

图 1-15　正弦脉宽调制波形图

SPWM 的优点：由于电动机绕组具有电感性，因此，尽管电压是由一系列的脉冲波构成，但通入电动机的电流（电动机绕组相当于电感，可对电流进行滤波）就十分接近于正弦波。

载波频率是指变频器输出的 PWM 信号的频率，其取值范围一般在 0.5～12 kHz 之间，可通过功能参数设定。载波频率提高，电磁噪声减少，电动机获得较理想的正弦电流曲线。开关频率高，电磁辐射增大，输出电压下降，开关元件耗损大。

1.3.3　正弦脉宽调制波的实现方法

正弦脉宽调制有两种方法，即单极性正弦脉宽调制和双极性脉宽调制。双极性脉宽调制使用较多，而单极性正弦脉宽调制很少使用，但其简单，容易说明问题，故首先加以介绍。

1. 单极性 SPWM 法

单极性正弦脉宽调制波形图如图 1-16 所示，正弦波是调制波，其周期决定于需要的给定频率 f_X，其振幅 U_X 按比例 U_X/f_X 随给定频率 f_X 变化。等腰三角波是载波，其周期决定于载波频率，原则上随着载波频率而改变，但也不全是如此，取决于变频器的品牌，载波的振幅不变，每半周期内所有三角波的极性均相同（即单极性）。

如图 1-16 所示，调制波和载波的交点，决定了 SPWM 脉冲系列的宽度和脉冲的间隔宽度，每半周期内的脉冲系列也是单极性的。

单极性调制的工作特点：每半个周期内，逆变桥同一桥臂的两个逆变器件中，只有一个器件按脉冲系列的规律时通时断地工作，另一个完全截止；而在另半个周期内，两个器件的工况正好相反，流经负载的便是正、负交替的交变电流。

值得注意的是，变频器中并无三角波发生器和正弦波发生器，图 1-16 所示的交点，都是变频器中的计算机计算得来，这些交点是十分关键的，实际决定了脉冲的上升时刻。

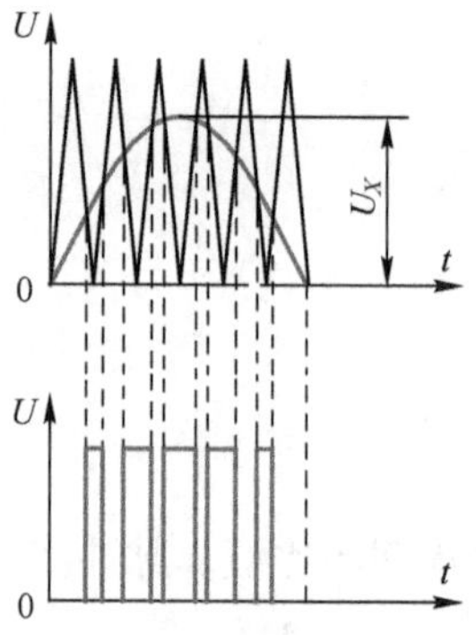

图 1-16　单极性正弦脉宽调制波形图

2. 双极性 SPWM 法

毫无疑问，双极性 SPWM 法是采用最为广泛的方法。单相桥式 SPWM 逆变电路如图 1-17 所示。

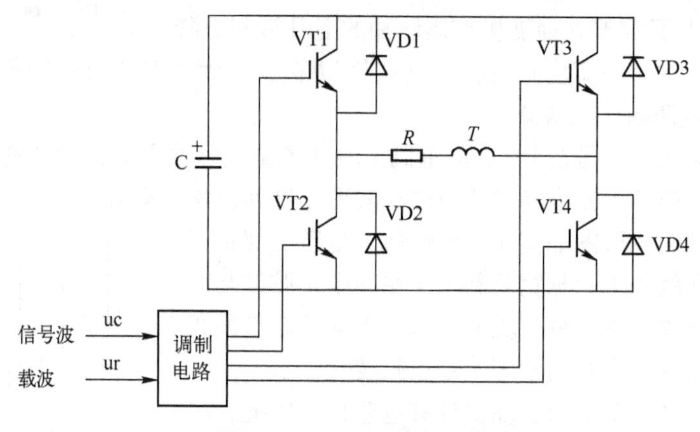

图 1-17　SPWM 逆变电路

双极性正弦脉宽调制波形图如图 1-18 所示，正弦波是调制波，其周期决定于需要的给定频率 f_X，其振幅 U_X 按比例 U_X/f_X 随给定频率 f_X 变化。等腰三角波是载波，其周期决定于载波频率，原则上随着载波频率而改变（但也不全是如此，取决于变频器的品牌），载波的振幅不变。调制波与载波的交点决定了逆变桥输出相电压的脉冲系列，此脉冲系列也是双极性的。

但是，由相电压合成为线电压（$U_{UV}=U_U-U_V$，$U_{VW}=U_V-U_W$，$U_{WV}=U_W-U_U$）时，所得到的线电压脉冲系列却是单极性的。

双极性调制的工作特点：逆变桥在工作时，同一桥臂的两个逆变器件总是按相电压脉冲系列的规律交替地导通和关断。如图 1-19 所示，当 VT1 导通时，VT4 关断，而 VT4 导通时，VT1 关断。在图 1-20 中，正脉冲时，驱动 VT1 导通；而负脉冲时，脉冲经过反相，驱动 VT4 导通。开关器件 VT1 和 VT4 交替导通，并不是毫不停息，必须先关断，停顿一小段时间（死区时间），确保开关器件完全关断，再导通另一个开关器件。而流过负载的是按线电压规律变化的交变电流。

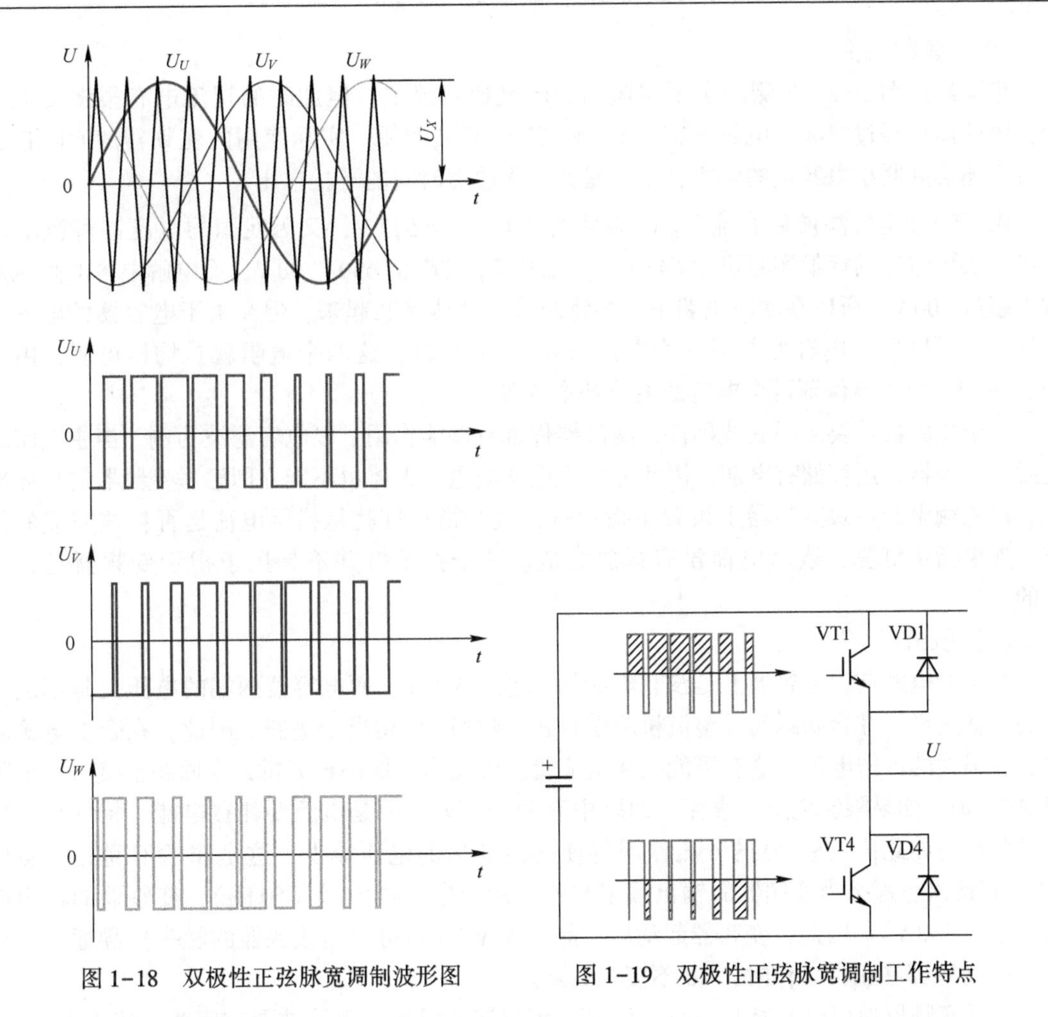

图 1-18　双极性正弦脉宽调制波形图　　　　图 1-19　双极性正弦脉宽调制工作特点

1.3.4　交-直-交变频器的主电路

1. 整流与滤波电路

(1) 整流电路

整流和滤波回路如图 1-20 所示。整流电路比较简单，由 6 个二极管组成全桥整流（如果进线单相变频器，则需要 4 个二极管)，交流电经过整流后就变成了直流电。

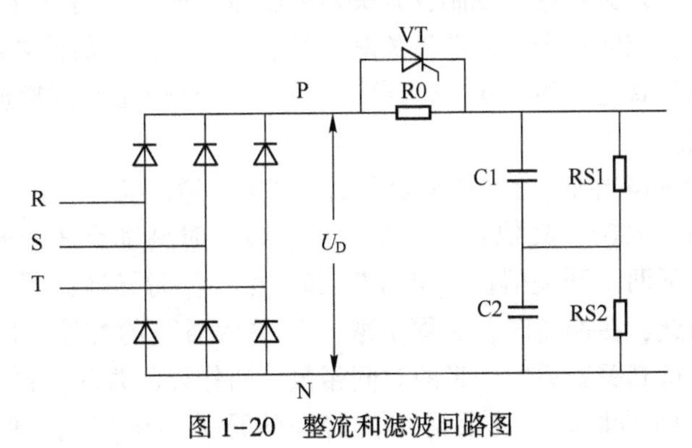

图 1-20　整流和滤波回路图

（2）滤波电路

市电经过图 1-21 左侧的全桥整流后，转换成直流电，但此时的直流电有很多交流成分，因此需要经过滤波，电解电容器 C1 和 C2 起滤波作用。实际使用的变频器的 C1 和 C2 电容上还会并联小电容量的电容，主要是为了吸收短时间的干扰电压。

由于经过全桥滤波后直流 U_D 的峰值为 $380\sqrt{2}$ V = 537 V，又因我国的电压许可范围是 ±20%，所以 U_D 的峰值实际可达 645 V，一般取 U_D 的峰值 650～700 V，而电解电容的耐压通常不超过 500 V，所以在滤波电路中，要将两个电容器串联起来，但又由于电容器的电容量有误差，所以每个电容器并联一个电阻（RS1 和 RS2），这两个电阻就是均压电阻，由于 RS1 = RS2，所以能保证两个电容的电压基本相等。

由于变频器都要采用滤波器件，滤波器件都有储能作用，以电容滤波为例，当主电路断电后，电容器上还存储有电能，因此即使主电路断电，人体也不能立即触碰变频器的导体部分，以免触电。一般变频器上设置了指示灯，这个指示灯就是指示电荷是否释放完成的标志，如果指示灯亮，表示电荷没有释放完成。这个指示灯并不是用于指示变频器是否通电的。

（3）限流

在合上电源前，电容器上是没有电荷的，电压为 0 V，而电容器两端的电压又是不能突变的。就是说，在合闸瞬间，整流桥两端（P、N 之间）相当于短路。因此，在合上电源瞬间，有很大的冲击电流，这有可能损坏整流管。因此为了保护整流桥，在回路上接入一个限流电阻 R0，如果限流电阻一直接在回路中有两个坏处：一是电阻要耗费电能，特别是大型变频器更是如此；二是 R0 的分压作用将使得逆变后的电压减少，这是非常不利的（假设 R0 一直接入，那么当变频器的输出频率与输入的市电一样大时（50 Hz），变频器的输出电压将小于 380 V）。因此，变频器起动后，晶闸管 VT（也可以是接触器的触头）导通，短接 R0，使变频器在正常工作时，R0 不接入电路。

通常变频器使用电容滤波，而不采用 π 型滤波，因为 π 型滤波要在回路中接入电感器，电感器的分压作用也类似于图 1-22 中 R0 的分压，使得逆变后的电压减少。

2. 逆变电路

（1）逆变电路的工作原理

交-直-交变压变频器中的逆变器一般是三相桥式电路，以便输出三相交流变频电源。如图 1-21 所示，6 个电力电子开关器件 VT1～VT6 组成三相逆变器主电路，图中的 VT 符号代表任意一种电力电子开关器件。控制各开关器件轮流导通和关闭，可使输出端得到三相交流电压。在某一瞬间，控制一个开关器件关断，控制另一个开关器件导通，就实现两个器件之间的换流。在三相桥式逆变器中有 180°导通型和 120°导通型两种换流方式，以下仅介绍 180°导通型换流方式。

当 VT1 关断后，VT4 导通；而 VT4 断开后，VT1 导通。实际上，每个开关器件，在一个周期里导通的区间是 180°，其他各相也是如此。每一时刻都有 3 个开关器件导通。但必须防止同一桥臂上、下两个开关器件（如 VT1 和 VT4）同时导通，因为这样会造成直流电源短路，即直通。为此，在换流时，必须采取“先关后通”的方法，即先给要关断开关的器件发送关断信号，待其关断后留一定的时间裕量，叫作死区时间，再给要导通开关器件发送导通信号。死区时间的长短，要根据开关器件的开关速度确定，例如 MOSFET（Metal

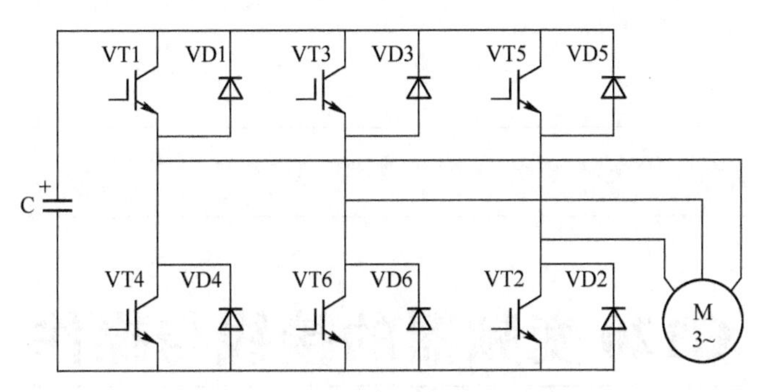

图 1-21　三相桥式逆变器电路

Oxide Senliconductor Field Effect Transistor，金属氧化物半导体场效应晶体管）的死区时间就可以很短，设置死区时间是非常必要的，在安全的前提下，死区时间越短越好，因为死区时间会造成输出电压畸变。

（2）反向二极管的作用

如图 1-22 所示，逆变桥的每个逆变器件旁边都反向并联一个二极管，以一个桥臂为例说明，其他桥臂类似。

1）在 0~$t1$ 时间段，电流 i 和电压 u 的方向是相反的，是绕组的自感电动势（反电动势）克服电源电压做功，这时的电流通过二极管 VD1 流向直流回路，向滤波电容器充电。如果没有反向并联的二极管，电流的波形将发生畸变。

2）在 $t1$~$t2$ 时间段，电流 i 和电压 u 的方向是相同的，电源电压克服绕组自感电动势做功，这时的滤波电容向电动机放电。

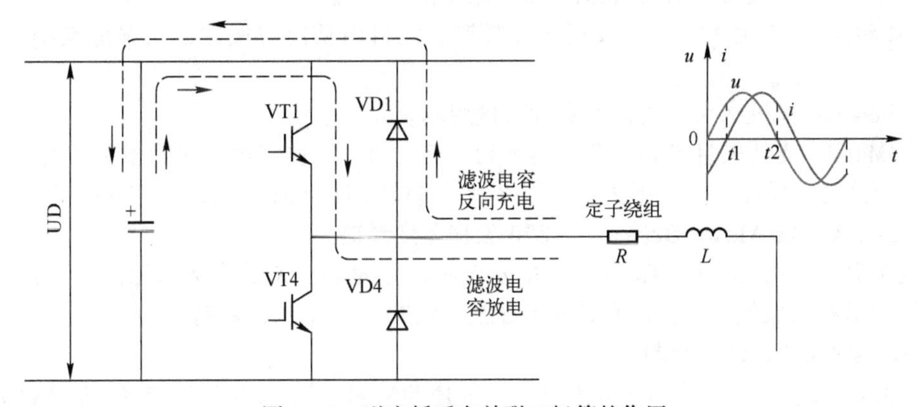

图 1-22　逆变桥反向并联二极管的作用

第2章

G120变频器的接线与操作

本章介绍G120变频器控制单元和功率模块的分类、接线和基本操作，是后续章节的预备内容。

2.1 G120变频器配置

2.1.1 西门子变频器概述

西门子公司生产的变频器品种较多，以下仅简介西门子低压变频器的产品系列。

1. MM4系列变频器

MM4系列变频器分为4个子系列，具体如下。

1）MM410：解决简单驱动问题，功率范围小。

2）MM420：I/O点数少，不支持矢量控制，无自由功能块使用，功率范围小，性价比较高。

3）MM430：风机水泵专用，不支持矢量控制。

4）MM440：支持矢量控制，有制动单元，有自由功能块使用，功能相对强大。

MM4系列变频器目前有一定的市场占有率，将被SINAMICS G120系列逐步取代。

2. SIMOVERT MasterDrives，6SE70工程型变频器

其控制面板采用CUVC（Control Unit for Vector Control，矢量控制单元），可实现变频调速、力矩控制和四象限工作，但有被SINAMICS S120系列取代的趋势。

3. SINAMICS系列变频器

SINAMICS系列变频器分为三大系列，分别是SINAMICS V、SINAMICS G和SINAMICS S，SINAMICS V的性能最弱，而SINAMICS S最强，具体简介如下。

（1）SINAMICS V

此系列变频器只涵盖关键硬件以及功能，因而实现了高耐用性。同时投入成本很低，操作可直接在变频器上完成。

1）SINAMICS V20：这是一款具备基本功能的高性价比变频器。

2）SINAMICS V50：SINAMICS V50 MM4系列变频器的柜机。

3）SINAMICS V60和V80：它们是针对步进电动机而推出的两款产品，当然也可以驱动伺服电动机，只能接收脉冲信号，有人称其为简易型的伺服驱动器。

4）SINAMICS V90：SINAMICS V90有两大类产品，第一类是主要针对步进电动机而推出的产品，当然也可以驱动伺服电动机，能接收脉冲信号，也支持 USS 和 Modbus 总线。第二类支持 PROFINET 总线，不能接收脉冲信号，也不支持 USS 和 Modbus 总线。运动控制时配合西门子的 S7-200 SMART PLC 使用，性价比较高。

（2）SINAMICS G

SINAMICS G 系列变频器有较为强大的工艺功能，维护成本低、性价比高，是通用的变频器，总体性能优于 SINAMICS V 系列。

1）SINAMICS G120C、G120、G120P、G120P 和 G120P Cabinet：此系列多数变频器含 CU（控制单元）和 PM（功率模块）两部分，可四象限工作，功能强大，主要用于泵、风机和输送系统等场合，G120 还有基本定位功能。

2）SINAMICS G110D、G120D 和 G110M：这几类产品提高了 SINAMICS G120 系列变频器的防护等级，可以达到 IP65，但功率范围有限，主要用于输送和基本定位功能的应用。

3）SINAMICS G150：V50 系列变频器的升级版，功率范围大，主要用于泵、风机和混料机等场合。

4）SINAMICS G180：功率范围大。专门用于泵、风机和混料机等场合。

（3）SINAMICS S

SINAMICS S 系列变频器是高性能变频器，功能强大、价格较高。

1）SINAMICS S110：SINAMICS S110 主要用于机床设备中的基本定位应用。

2）SINAMICS S120：SINAMICS S120 是 6SE70 系列变频器的升级版，控制面板是 CU320（早期 CU310），功能强大。可以驱动交流异步电动机、交流同步电动机和交流伺服电动机，主要用于包装机、纺织机械、印刷机械和机床设备中的定位。

3）SINAMICS S150：SINAMICS S150 主要用于试验台、横切机和离心机等大功率场合。

2.1.2　G120 变频器的系统构成

1. 初识 G120 变频器

西门子 G120 变频器的设计目标是为交流电动机提供经济的、高精度的速度/转矩控制。其功率范围覆盖 0.37~250 kW，广泛应用于变频驱动的应用场合。

G120 变频器采用模块化设计方案，其构成的必要部分分为控制单元和功率单元，控制单元和功率单元有各自的订货号，分开出售。BOP-2 基本操作面板是可选件。G120C 是一体机，其控制单元 CU 和功率单元 PM 集成于一体。

2. 控制单元

G120 控制单元型号的含义如图 2-1 所示。

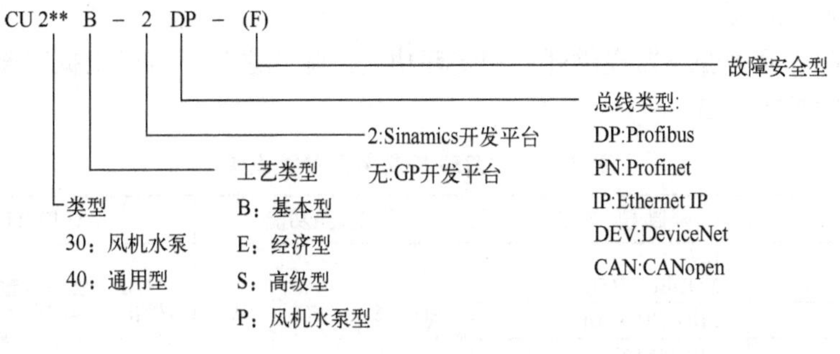

图 2-1　变频器控制单元型号含义

G120 变频器有三大类可选控制单元，以下分别介绍。

（1）CU230 控制单元

CU230 控制单元专门针对风机、水泵和压缩机类负载进行控制，除此之外还可以根据需要进行相应参数化，具体参数见表 2-1。

表 2-1　CU230 控制单元参数设置

型　号	通信类型	集成安全功能	I/O 接口种类和数量
CU230P-2 HVAC	USS，MODBUS RTU BACnet，MS/TCP	无	6DI（数字量输入）、3DO（数字量输出）、4AI（模拟量输入）、2AO（模拟量输出）
CU230P-2 DP	PROFIBUS-DP	无	
CU230P-2 PN	PROFINET	无	
CU230P-2 CAN	CANopen	无	

（2）CU240 控制单元

CU240 控制单元为变频器提供开环和闭环功能，除此之外还可以根据需要进行相应参数化，其具体参数见表 2-2。

表 2-2　CU240 控制单元参数设置

型　号	通信类型	集成安全功能	I/O 接口种类和数量
CU240B-2	USS MODBUS RTU	无	4DI（数字量输入）、1DO（数字量输出）、1AI（模拟量输入）、1AO（模拟量输出）
CU240B-2 DP	PROFIBUS-DP	无	
CU240E-2	USS MODBUS RTU	STO	6DI（数字量输入）、3DO（数字量输出）、2AI（模拟量输入）、2AO（模拟量输出）
CU240E-2 DP	PROFIBUS-DP	STO	
CU240E-2 PN	PROFINET	无	
CU240E-2F	USS，MODBUS RTU PROFIsafe	STO、SS1、SLS、SSM、SDI	
CU240E-2 DP-F	PROFIsafe		
CU240E-2 PN-F	PROFIsafe		

说明：
STO - Safe Torque Off　安全转矩关闭
SS1- Safe Stop 1　安全停止 1
SLS- Safely Limited Speed　安全限制转速
SSM - Safe Speed Monitor　安全转速监控
SDI - Safe Direction　安全运行方向

（3）CU250 控制单元

CU250 控制单元为变频器提供开环和闭环功能，除此之外还可以根据需要进行相应参数化，其具体参数见表 2-3。

表 2-3　CU250 控制单元参数设置

型　号	通信类型	集成安全功能	I/O 接口种类和数量
CU250S-2	USS MODBUS RTU	STO、SS1、SLS、SSM、SDI	11DI（数字量输入）、3DO（数字量输出）、4DI/4DO（数字量输入/输出）、2AI（模拟量输入）、2AO（模拟量输出）
CU250S-2 DP	PROFIBUS-DP		
CU250S-2 PN	PROFINET		
CU250S-2 CAN	CANopen		

3. 功率模块

G120 变频器有四大类可选功率模块，以下分别介绍。

（1）PM230 功率模块

PM230 功率模块是风机、泵类和压缩机专用模块，其功率因数高、谐波小。这类模块不能进行再生能量回馈，其制动产生的再生能量通过外接制动电阻转换成热量消耗。

（2）PM240 功率模块

PM240 功率模块不能进行再生能量回馈，其制动产生的再生能量通过外接制动电阻转换成热量消耗。

（3）PM240-2 功率模块

PM240-2 功率模块不能进行再生能量回馈，其制动产生的再生能量通过外接制动电阻转换成热量消耗。PM240-2 功率模块允许穿墙式安装。

（4）PM250 功率模块

PM250 功率模块能进行再生能量回馈，其制动产生的再生能量通过外接制动电阻转换成热量消耗，也可以回馈电网，达到节能的目的。

4. 控制单元和功率模块兼容性

在变频器选型时，控制单元和功率模块兼容性是必须要考虑的因素，控制单元和功率模块兼容性列表见表 2-4。

表 2-4　控制单元和功率模块兼容性列表

	PM230	PM240	PM240-2	PM250
CU230P-2	√	√	√	√
CU240B-2	√	√	√	√
CU240E-2	√	√	√	√
CU250S-2	×	√	√	√

注：兼容—√，不兼容—×。

2.2　G120 变频器的接线

2.2.1　G120 变频器控制单元的接线

1. G120 变频器控制单元的端子排定义

在接线之前，必须熟悉变频器的端子排，这是非常关键的。G120 变频器控制单元（以 CU240E-2 为例）的框图如图 2-1 所示，控制端子排定义见表 2-5。

G120 变频器的核心部件是 CPU 单元，根据设定的参数，经过运算输出控制正弦波信号，再经过 SPWM 调制，放大输出正弦交流电驱动三相异步电动机运转。

2. CU240E-2 控制单元的接线

不同型号的 G120 变频器的接线有所不同，CU240E-2 和 CU240B-2 控制单元的框图如图 2-2 和图 2-3 所示，图中明确标示了各个端子的接线方法。

表 2-5　G120 控制端子排定义

端子序号	端子名称	功　能	端子序号	端子名称	功　能
1	+10V OUT	输出+10 V	18	DO0 NC	数字输出 0/常闭触点
2	GND	输出 0 V/GND	19	DO0 NO	数字输出 0/常开触点
3	AI0+	模拟输入 0 (+)	20	DO0 COM	数字输出 0/公共点
4	AI0-	模拟输入 0 (-)	21	DO1 POS	数字输出 1+
5	DI0	数字输入 0	22	DO1 NEG	数字输出 1-
6	DI1	数字输入 1	23	DO2 NC	数字输出 2/常闭触点
7	DI2	数字输入 2	24	DO2 NO	数字输出 2/常开触点
8	DI3	数字输入 3	25	DO2 COM	数字输出 2/公共点
9	+24 V OUT	隔离输出+24 V OUT	26	AI1+	模拟输入 1 (+)
12	AO0+	模拟输出 0 (+)	27	AI1-	模拟输入 1 (-)
13	AO0-	GND/模拟输出 0 (-)	28	GND	GND/max. 100 mA
14	T1 MOTOR	连接 PTC/KTY84	31	+24 V IN	外部电源
15	T1 MOTOR	连接 PTC/KTY84	32	GND IN	外部电源
16	DI4	数字输入 4	34	DI COM2	公共端子 2
17	DI5	数字输入 5	69	DI COM1	公共端子 1

注：不同型号的 G120 变频器控制单元其端子数量不一样，例如 CU240B-2 中无 16、17 号端子，但 CU240E-2 则有此端子。

（1）数字量输入 DI 的接线

CU240E-2 控制单元的数字量输入 DI 的接线有两种方案。第一种方案是使用控制单元的内部 24 V 电源，必须使用 9 号端子（U24V），此外，公共端子 34 和 69 要与 28 号端子（0 V）短接。第二种方案是使用外部 24 V 电源，不使用 9 号端子（U24V），但 34 和 69 号公共端子要与外部 24 V 电源的 0 V 短接。

（2）数字量输出 DO 的接线

CU240E-2 控制单元的数字量输出 DO 有继电器型输出和晶体管输出两种类型。数字量输出 DO 的信号与相应的参数设置有关，如可将 DO0 设置为故障或者报警信号输出。

当数字量输出 DO 是继电器类型时，输出 2 对常开和常闭触点，例如当参数 p0730 = 52. 3 时，代表变频器故障时 DO0 输出，此时 19 号和 20 号接线端子短接，而 18 号端子和 20 号端子断开。

当数字量输出 DO 是晶体管类型时，输出高电平，例如当参数 p0731 = 52. 3 时，代表变频器故障时 DO1 输出，此时 21 号和 22 号接线端子输出 24 V 高电平。

（3）模拟量输入 AI 的接线

模拟量输入主要用于对变频器给定频率。CU240E-2 控制单元的模拟量输入 AI 的接线有两种方案。第一种方案是使用控制单元的内部 10 V 电源，电位器的电阻大于等于 4. 7 kΩ，1 号端子（+10 V）和 2 号端子（0 V）连接在电位器固定值电阻端子上，4 号端子和 0 V 短接，3 号端子与电位器的活动端子连接。第二种方案是 3 号端子与外部信号正连接，4 号端子与外部信号负短接。

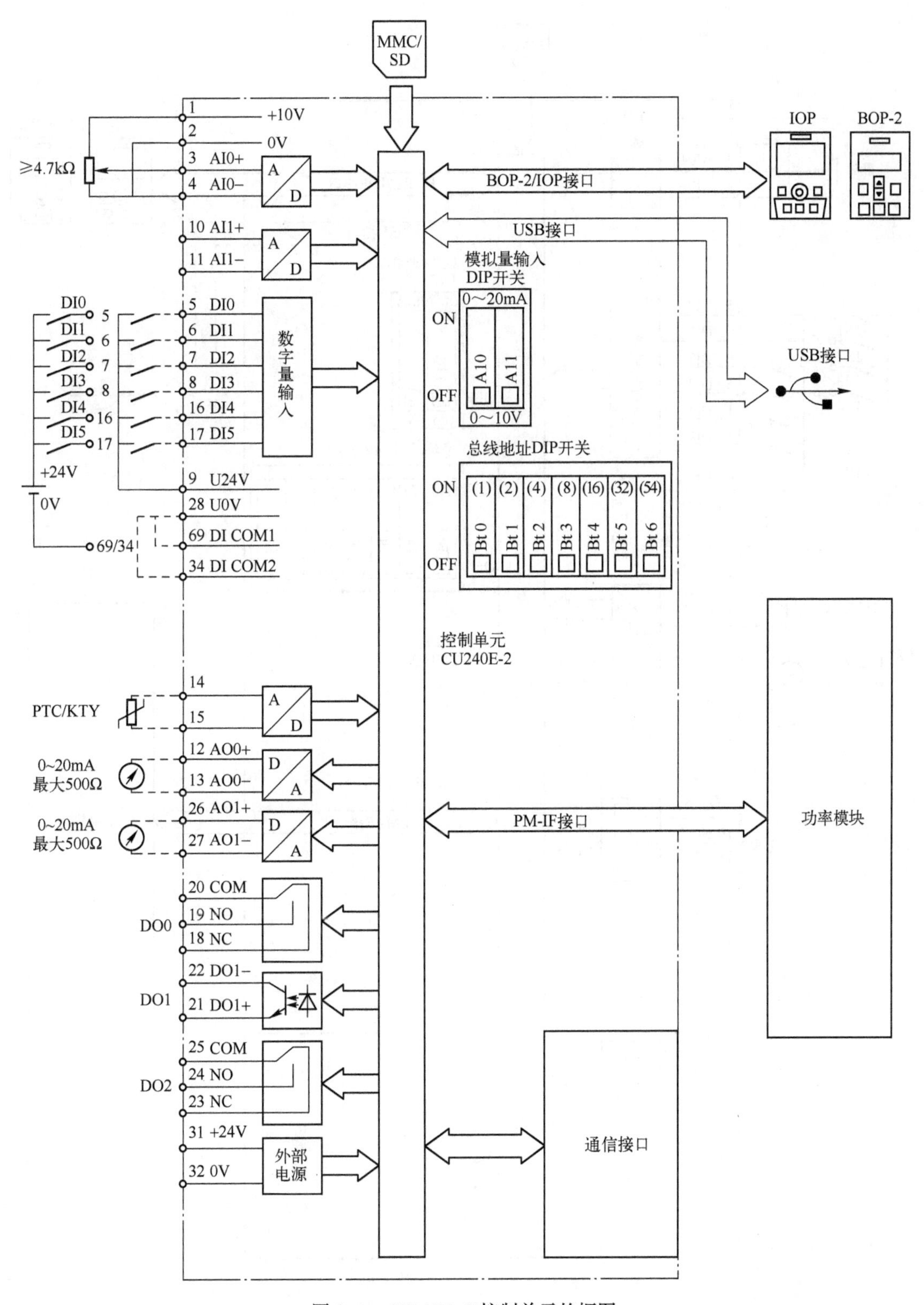

图 2-2　CU240E-2 控制单元的框图

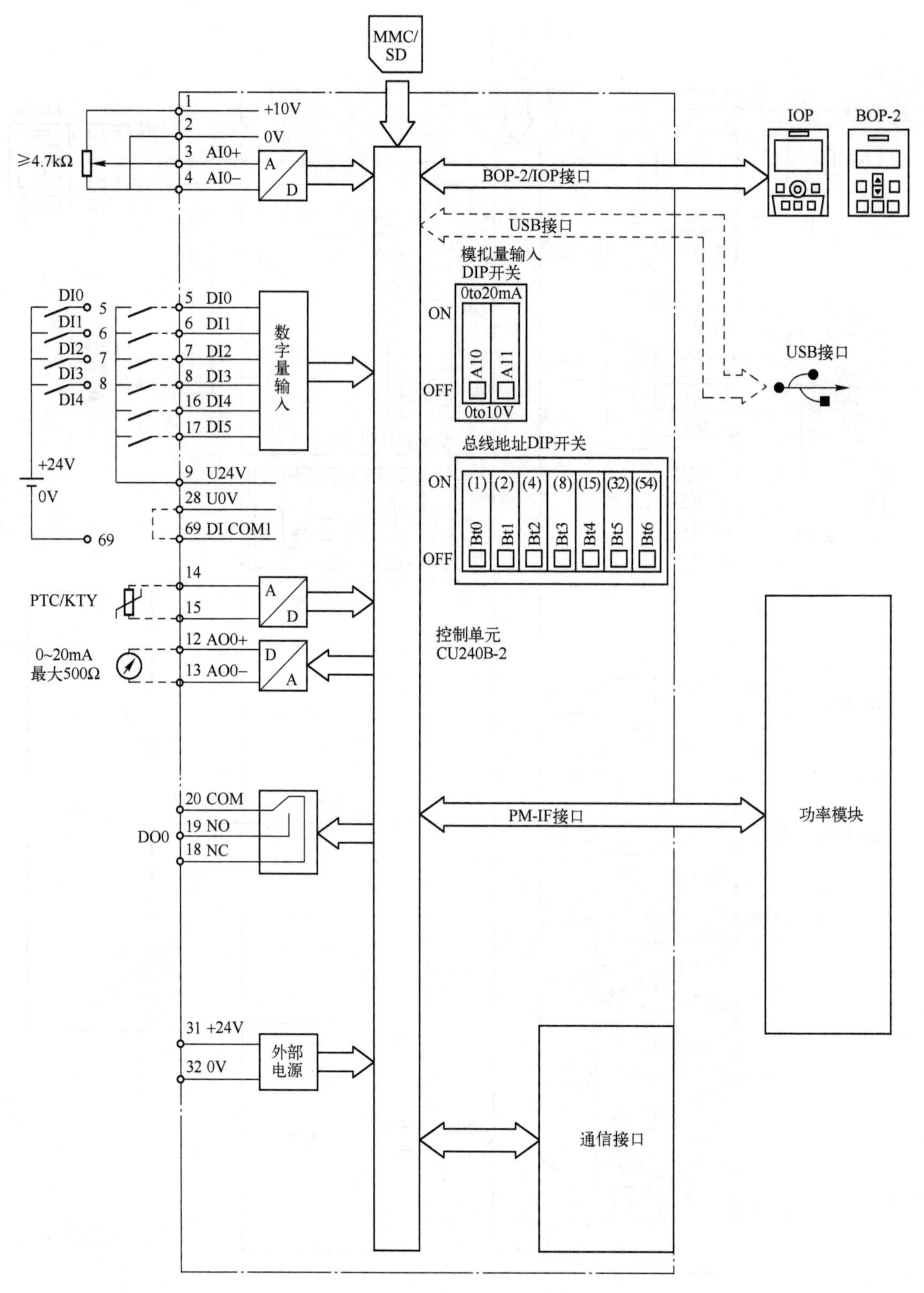

图 2-3 CU240B-2 控制单元的框图

（4）模拟量输出 AO 的接线

模拟量输出主要是输出变频器的实时频率、电压和电流等参数，具体取决于参数的设定。

以 AO0 为例说明模拟量输出 AO 的接线，AO0+与负载的信号+相连，AO0-与负载的信号-相连。

（5）通信接口端子定义

控制单元 CU240B-2、CU240E-2 和 CU240E-2 F 的基于 RS-485 的 USS/Modbus RTU 通信接口定义如图 2-4 所示。如果此变频器位于网络的最末端，则 DIP 开关拨到“ON”上，表示已经接入终端电阻；DIP 开关拨到“OFF”上，表示未接入终端电阻。

RS-485 接口的 2 号端子是通信的信号+，3 号端子是通信的信号-，4 号端子接屏蔽线。

CU240B-2 DP、CU240E-2 DP 和 CU240E-2 DP F 的 PROFIBUS DP 通信接口定义如图 2-5 所示。如果此变频器位于网络的最末端，则 DIP 开关拨到“ON”上，表示已经接入终端电阻；DIP 开关拨到“OFF”上，表示未接入终端电阻。

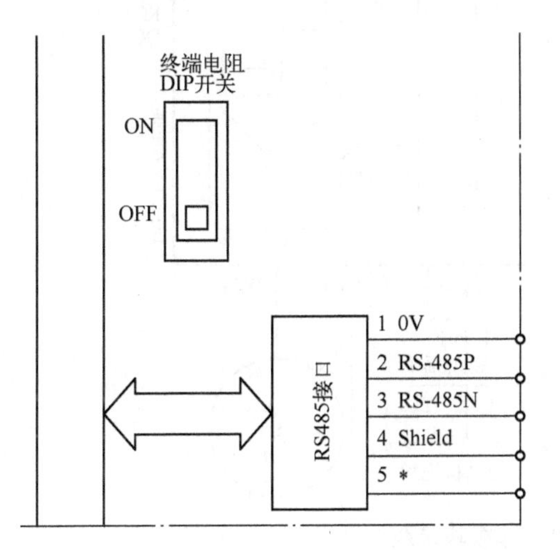

图 2-4　基于 RS-485 的 USS/Modbus RTU 通信接口定义

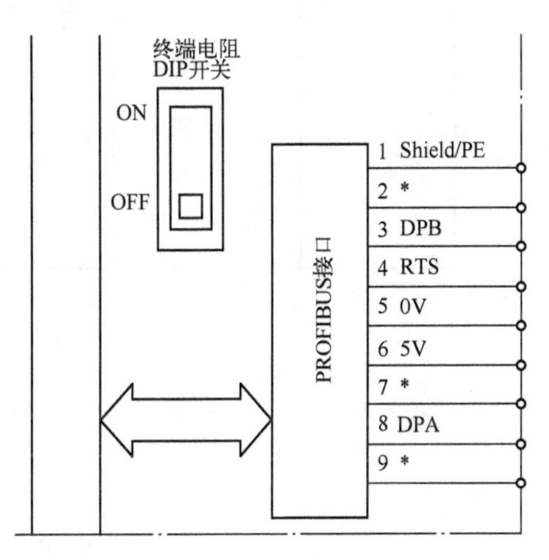

图 2-5　基于 RS-485 的 PROFIBUS-DP 通信接口定义

PROFIBUS-DP 接口的 3 号端子是通信的信号 B，8 号端子是通信的信号 A，1 号端子接屏蔽线。

2.2.2　G120 变频器功率模块的接线

功率模块主要与强电部分连接，PM240 功率模块接线如图 2-6 所示。L1、L2 和 L3 是交流电接入端子。U2、V2 和 W2 是交流电输出端子，一般与电动机连接。R1 和 R2 是连接外部制动电阻的端子，没有制动要求时，此端子空置不用。A 和 B 是连接抱闸继电器的端子，用于抱闸电动机的制动，非抱闸电动机此端子空置不用。

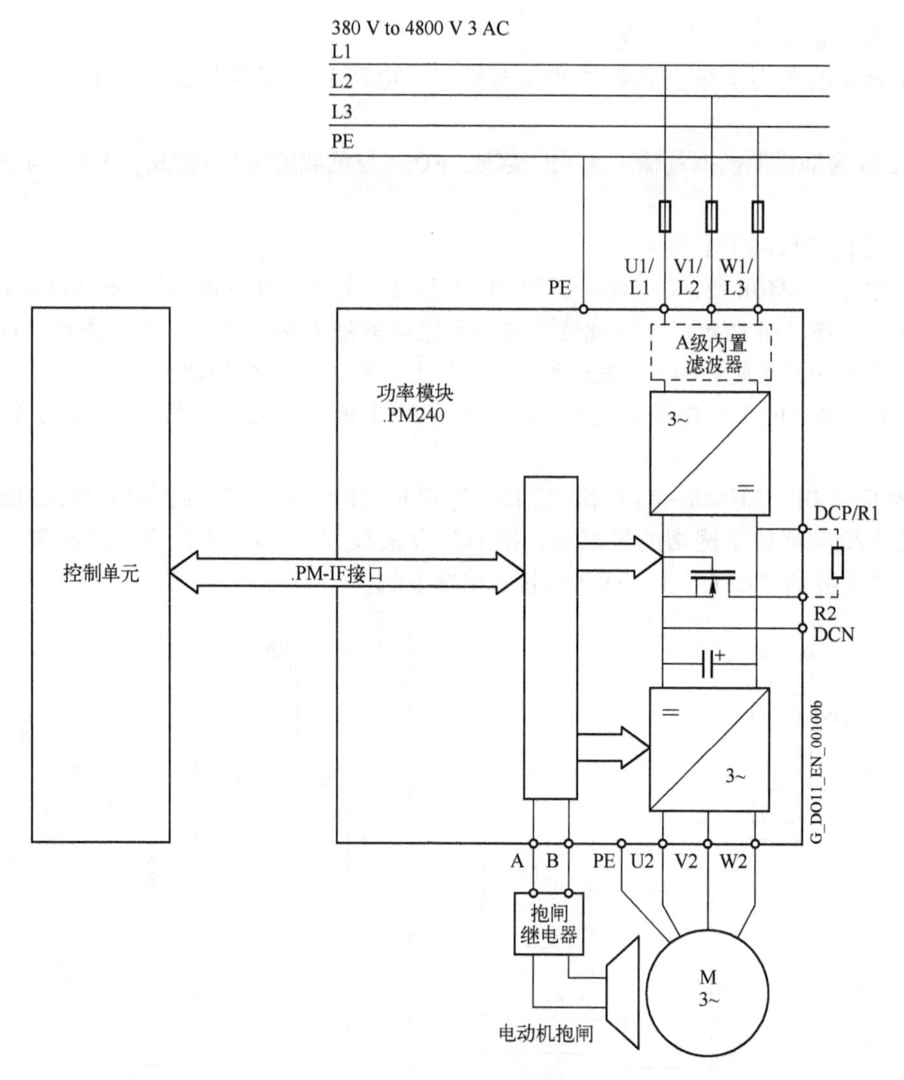

图 2-6　PM240 功率模块接线

2.3　G120 变频器的接线实例

以下用一个例子介绍 G120 变频器接线的具体应用。

【2-1】某自动化设备选用的 G120 变频器是 CU240-2 控制单元和 PM240-2 功率模块，用数字量输入作为启停控制，用数字量输出作为报警信号，报警时点亮一盏灯，模拟量输入作为频率给定，模拟量输出作为转速监控信号，采用制动电阻制动，要求绘制变频器的控制原理图。

解：

控制原理图如图 2-7 所示。

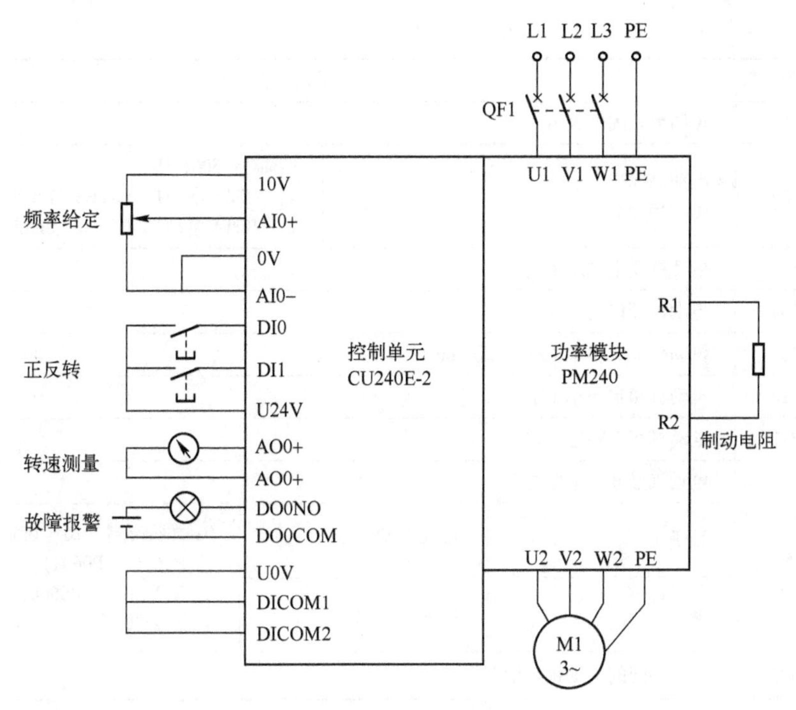

图 2-7　控制原理图

2.4　G120 变频器的基本操作

设置最基本的参数，并用基本操作面板（BOP-2）实现变频器的一些基本操作，如手动点动、手动正反转和恢复出厂值等，对初步掌握一款变频器来说是十分必要的，以下介绍着一些入门知识。

2.4.1　西门子 G120 变频器常用参数简介

在使用变频器之前，必须对变频器设置必要的参数，否则变频器是不能正常工作的。

G120 变频器的参数较多，限于篇幅，本书只介绍常用的几十个参数的部分功能，完整版本的参数表可参考 G120 变频器的参数手册。

G120 变频器常用参数见表 2-6。

表 2-6　G120 变频器常用参数

序号	参数	说　明	
1	p0003	存取权限级别	3：专家 4：维修
2	p0010	驱动调试参数筛选	0：就绪 1：快速调试 2：功率单元调试 3：电动机调试
3	p0015	驱动设备宏指令 通过宏指令设置输入/输出端子排的具体功能（如多段速给定）	

（续）

<table>
<tr><th>序号</th><th>参数</th><th colspan="5">说　　明</th></tr>
<tr><td>4</td><td>r0018</td><td colspan="5">控制单元固件版本</td></tr>
<tr><td>5</td><td>p0100</td><td colspan="3">电动机标准
IEC/NEMA</td><td colspan="2">0：欧洲 50（Hz）
1：NEMA 电动机（60 Hz，US 单位）
2：NEMA 电动机（60 Hz，SI 单位）</td></tr>
<tr><td>6</td><td>p0304</td><td colspan="5">电动机额定电压（V）</td></tr>
<tr><td>7</td><td>p0305</td><td colspan="5">电动机额定电流（A）</td></tr>
<tr><td>8</td><td>p0307</td><td colspan="5">电动机额定功率（kW）或（hp）</td></tr>
<tr><td>9</td><td>p0310</td><td colspan="5">电动机额定频率（Hz）</td></tr>
<tr><td>10</td><td>p0311</td><td colspan="5">电动机额定转速（r/min）</td></tr>
<tr><td rowspan="3">11</td><td rowspan="3">p0601</td><td colspan="5">电动机温度传感器类型</td></tr>
<tr><td colspan="2">端子 14</td><td colspan="2">T1 电动机（+）</td><td rowspan="2">0：无传感器（出厂设置）
1：PTC（→ P0604）
2：KTY84（→ P0604）
4：双金属</td></tr>
<tr><td colspan="2">端子 15</td><td colspan="2">T1 电动机（-）</td></tr>
<tr><td>12</td><td>p0625</td><td colspan="5">调试期间的电动机环境温度（°C）</td></tr>
<tr><td>13</td><td>p0640</td><td colspan="5">电流限值（A）</td></tr>
<tr><td rowspan="10">14</td><td rowspan="10">r0722</td><td colspan="5">数字量输入的状态</td></tr>
<tr><td rowspan="9"></td><td>.0</td><td>端子 5</td><td>DI 0</td><td rowspan="9">选择允许的设置：
p0840 ON/OFF（OFF1）
p0844 无惯性停车（OFF2）
p0848 无快速停机（OFF3）
p0855 强制打开抱闸
p1020 转速固定设定值选择，位 0
p1021 转速固定设定值选择，位 1
p1022 转速固定设定值选择，位 2
p1023 转速固定设定值选择，位 3
p1035 电动电位器设定值升高
p1036 电动电位器设定值降低
p2103 应答故障
p1055 JOG，位 0
p1056 JOG，位 1
p1110 禁止负向
p1111 禁止正向
p1113 设定值取反
p1122 跨接斜坡函数发生器
p1140 使能/禁用斜坡函数发生器
p1141 激活/冻结斜坡函数发生器
p1142 使能/禁用设定值
p1230 激活直流制动
p2103 应答故障
p2106 外部故障 1
p2112 外部报警 1
p2200 使能工艺控制器</td></tr>
<tr><td>.1</td><td>端子 6、64</td><td>DI 1</td></tr>
<tr><td>.2</td><td>端子 7</td><td>DI 2</td></tr>
<tr><td>.3</td><td>端子 8、65</td><td>DI 3</td></tr>
<tr><td>.4</td><td>端子 16</td><td>DI 4</td></tr>
<tr><td>.5</td><td>端子 17、66</td><td>DI 5</td></tr>
<tr><td>.6</td><td>端子 67</td><td>DI 6</td></tr>
<tr><td>.7</td><td>端子 3、4</td><td>AI 0</td></tr>
<tr><td>.8</td><td>端子 10、11</td><td>AI 1</td></tr>
</table>

（续）

序号	参数	说明			
15	p730	端子 DO 0 的信号源			选择允许的设置： 52.0 接通就绪 52.1 运行就绪
		端子 19、20（常开触点） 端子 18、20（常闭触点）			
16	p0731	端子 DO 1 的信号源			
		端子 21、22（常开触点）			
17	p0732	端子 DO 2 的信号源			
		端子 24、25（常开触点）端子 23、25（常闭触点）			
18	p0755	模拟量输入，当前值 [%]			
		[0]	AI 0		
		[1]	AI 1		
19	p0756	模拟量输入类型			0　单极电压输入（0~10 V） 1　单极电压输入，受监控（2~10 V） 2　单极电流输入（0~20 mA） 3　单极电流输入，受监控（4~20 mA） 4　双极电压输入（-10~10 V）
		[0]	端子 3、4	AI 0	
		[1]	端子 10、11	AI 1	
20	p0771	模拟量输入类型			选择允许的设置： 0　模拟量输出被封锁 21　转速实际值 24　经过滤波的输出频率 25　经过滤波的输出电压 26　经过滤波的直流母线电压 27　经过滤波的电流实际值绝对值
		[0]	端子 12、13	AO 0	
		[1]	端子 26、27	AO 1	
21	p776	模拟量输出类型			0　电流输出（0~20 mA） 1　电压输出（0~10 V） 2　电流输出（4~20 mA）
		[0]	端子 12、13	AO 0	
		[1]	端子 26、27	AO 1	
22	P840	设置指令“ON/OFF”的信号源			如设为 r722.0，表示将 DI0 作为起动信号
23	p1000	转速设定值选择			0　无主设定值 1　电动电位计 2　模拟设定值 3　转速固定 6　现场总线
24	p1001	转速固定设定值 1			
25	p1002	转速固定设定值 2			
26	p1003	转速固定设定值 3			
27	p1004	转速固定设定值 4			
28	p1058	JOG 1 转速设定值			
29	p1020	BI：转速固定设定值选择位 0。如设为 r722.2，表示将 DI2 作为固定值 1 的选择信号			
30	p1021	BI：转速固定设定值选择位 1。如设为 r722.3，表示将 DI3 作为固定值 2 的选择信号			

（续）

序号	参数	说　明	
31	p1022	BI：转速固定设定值选择位 2。如设为 r722.4，表示将 DI4 作为固定值 3 的选择信号	
32	p1059	JOG 2 转速设定值	
33	p1070	主设定值	选择允许的设置： 0　主设定值 = 0 755[0]　AI 0 值 1024　固定设定值 1050　电动电位器 2050[1]　现场总线的 PZD 2
34	p1080	最小转速［RPM］	
35	p1082	最大转速［RPM］	
36	p1120	斜坡函数发生器的斜坡上升时间［s］	
	p1121	斜坡函数发生器的斜坡下降时间［s］	
37	p1300	开环/闭环运行方式	选择允许的设置： 0　采用线性特性曲线的 U/f 控制 1　采用线性特性曲线和 FCC 的 U/f 控制 2　采用抛物线特性曲线的 U/f 控制 20　无编码器转速控制 21　带编码器的转速控制 22　无编码器转矩控制 23　带编码器的转矩控制
38	p1310	恒定起动电流（针对 U/f 控制需升高电压）	
39	p1800	脉冲频率设定值	
40	p1900	电动机数据检测及旋转检测/电动机检测和转速测量	设置值： 0　禁用 1　静止电动机数据检测，旋转电动机数据检测 2　静止电动机数据检测 3　旋转电动机数据检测
41	p2030	现场总线接口的协议选择	选择允许的设置： 0　无协议 3　PROFIBUS 7　PROFINET

2.4.2　用 BOP-2 基本操作面板设置 SINAMICS G120 变频器的参数

1. BOP-2 基本操作面板按键和图标

BOP-2 基本操作面板的外形如图 2-8 所示，利用基本操作面板可以改变变频器的参数。BOP-2 可显示 5 位数字，可以显示参数的序号和数值、报警和故障信息，以及设定值和实际值，参数的信息不能用 BOP-2 存储。BOP-2 基本操作面板上按钮的功能见表 2-7。

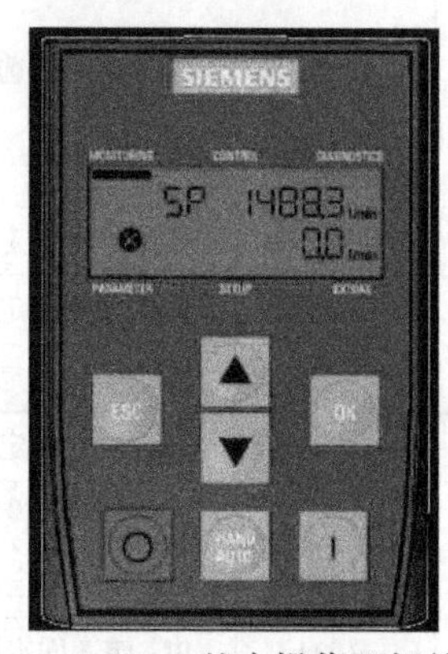

图 2-8　BOP-2 基本操作面板的外形

表 2-7　BOP-2 基本操作面板上按钮的功能

按钮	功能的说明
OK	• 菜单选择时，表示确认所选的菜单项 • 当参数选择时，表示确认所选的参数和参数值设置，并返回上一级画面 • 在故障诊断画面，使用该按钮可以清除故障信息
▲	• 在菜单选择时，表示返回上一级的画面 • 当参数修改时，表示改变参数号或参数值 • 在“HAND”模式的点动运行方式下，长时间同时按▲和O可以实现以下功能： -若在正向运行状态下，则将切换反向状态 -若在停止状态下，则将切换到运行状态
▼	• 在菜单选择时，表示进入下一级的画面 • 当参数修改时，表示改变参数号或参数值
ESC	• 若按该按钮 2 s 以下，表示返回上一级菜单，或表示不保存所修改的参数值 • 若按该按钮 3 s 以上，将返回监控画面 注意，在参数修改模式下，此按钮表示不保存所修改的参数值，除非之前已经按过
I	• 在“AUTO”模式下，该按钮不起作用 • 在“HAND”模式下，表示启动命令
O	• 在“AUTO”模式下，该按钮不起作用 • 在“HAND”模式下，若连续按两次，将按照“OFF2”自由停车 • 在“HAND”模式下若按一次，将按照“OFF1”停车，即按 p1121 的下降时间停车
HAND AUTO	BOP（HAND）与总线或端子（AUTO）的切换按钮 • 在“HAND”模式下，按下该键，切换到“AUTO”模式。I和O按键不起作用。若自动模式的启动命令在，变频器自动切换到“AUTO”模式下的速度给定值 • 在“AUTO”模式下，按下该键，切换到“HAND”模式。I和O按键将起作用。切换到“HAND”模式时，速度设定值保持不变 在电动机运行期间可以实现“HAND”和“AUTO”模式的切换

BOP-2 基本操作面板上图标的描述见表 2-8。

表 2-8　BOP-2 基本操作面板上图标的描述

图标	功能	状态	描述
	控制源	手动模式	“HAND”模式下会显示，“AUTO”模式下没有
	变频器状态	运行状态	表示变频器处于运行状态，该图标是静止的
JOG	“JOG”功能	点动功能激活	—
	故障和报警	静止表示报警 闪烁表示故障	故障状态下，会闪烁，变频器会自动停止。静止图标表示处于报警状态

2. BOP-2 基本操作面板的菜单结构

基本操作面板的菜单结构如图 2-9 所示。菜单的功能描述见表 2-9。

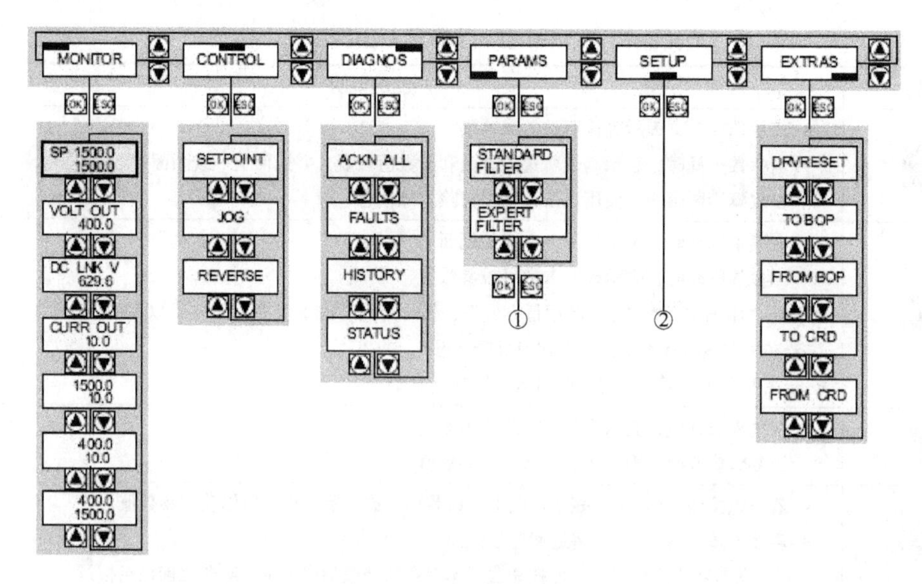

图 2-9　基本操作面板的菜单结构

注：①可自由选择参数号

②基本调试

表 2-9　基本操作面板的菜单功能描述

菜单	功 能 描 述
MONITOR	监视菜单：显示运行速度、电压和电流值
CONTROL	控制菜单：使用 BOP-2 面板控制变频器
DIAGNOS	诊断菜单：故障报警和控制、状态的显示
PARAMS	参数菜单：查看或修改参数
SETUP	调试向导：快速调试
EXTRAS	附加菜单：设备的工厂复位和数据备份

3. 用 BOP-2 修改参数

用 BOP-2 修改参数的方法是选择参数号，如 p1000；再修改参数值，例如将 p1000 的数值修改成 1。

以下通过将参数 p1000 的第 0 组参数设置为 1，即令 p1000[0]=1 的过程为例，讲解一个参数的设置方法。参数的设定方法见表 2-10。

表 2-10　参数的设定方法

序号	操 作 步 骤	BOP-2 显示
1	按▲键或者▼键将光标移到“PARAMS”	PARAMS
2	按■键进入“PARAMS”菜单	STANDARD FILTEr
3	按▲键或者▼键将光标移到“EXPERT FILTER”	EXPERT FILTEr

（续）

序号	操 作 步 骤	BOP-2 显示
4	按OK键，面板显示 p 或者 r 参数，并且参数号不断闪烁，按▲键或者▼键选择所需要的参数 p1000	P1000 [00] 6
5	按OK键，焦点移到下标［00］，［00］不断闪烁，按▲键或者▼键选择所需要的下标，本例下标为［00］	P1000 [00] 6
6	按OK键，焦点移到参数值，参数值不断闪烁，按▲键或者▼键调整参数值的大小	P1000 [00] 6
7	按OK键，保存设置的参数值	P1000 [00] 1

2.4.3　BOP-2 基本操作面板的应用

1. BOP-2 调速的过程

以下是完整的设置过程。

BOP-2 面板上的手动/自动切换键HAND AUTO可以切换变频器的手动/自动模式。在手动模式下，面板上会显示手动符号。手动模式有两种操作方式，即起停操作方式和点动操作方式。

1）起停操作：按一下起动键I起动变频器，并以“SETPOINT”（设置值）功能中设定的速度运行，按停止键O停止变频器。

2）点动操作：长按起动键I，变频器按照点动速度运行，释放起动键I，变频器停止运行，点动速度在参数 p1058 中设置。

BOP-2 面板“CONTROL”菜单提供了以下 3 个功能。

1）SETPOINT：设置变频器起停操作的运行速度。

2）JOG：使能点动控制。

3）REVERSE：设定值反向。

（1）SETPOINT 功能

在“CONTROL”菜单下，按▲键或▼键，选择“SETPOINT”功能，按OK键进入“SETPOINT”功能，按▲键或▼键可以修改“SP 0.0”设定值，修改值立即生效，如图 2-10 所示。

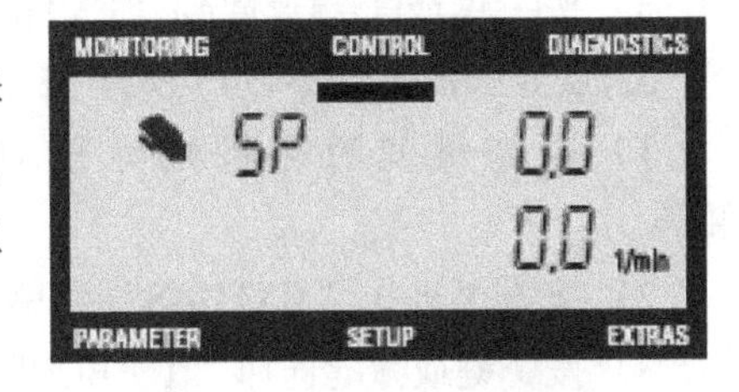

图 2-10　SETPOINT 功能

（2）激活点动（JOG）功能

1）在“CONTROL”菜单下，按▲键或▼键，选择“JOG”功能。

2）按OK键进入“JOG”功能。

3）按▲键或▼键选择“ON”。

4）按OK键使能点动操作，面板上会显示JOG符号，电动功能被激活，如图 2-11 所示。

（3）激活反转（REVERSE）功能

1）在“CONTROL”菜单下，按▲键或▼键，选择“REVERSE”功能。

2）按OK键进入“REVERSE”功能。

3）按▲键或▼键选择“ON”。

4）按OK键使能设定值反向。激活设定值反向后，变频器会把起停操作方式或点动操作方式的速度设定值反向。激活 REVERSE 功能后的界面如图 2-12 所示。

图 2-11　激活 JOG 功能

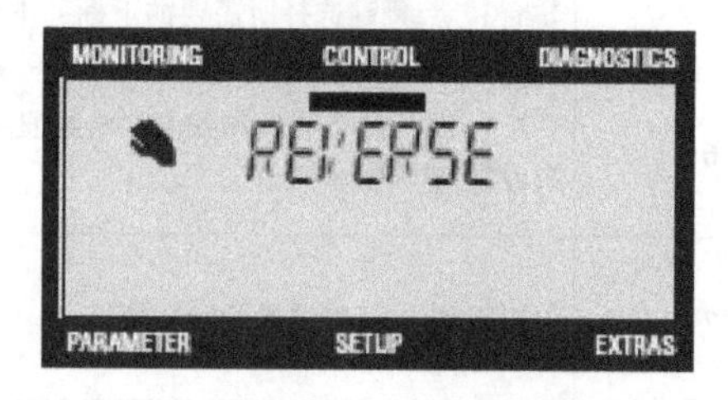

图 2-12　激活 REVERSE 功能

注意：当变频器的功率与电动机功率相差较大时，电动机可能不运行，将 p1900（电动机识别）设置为 0，即禁用电动机识别，这个设置初学者容易忽略。

2. 恢复参数到工厂设置

初学者在设置参数时，有时进行了错误的设置，但又不知道在什么参数的设置上出错，这种情况下可以对变频器进行复位，一般的变频器都有这个功能，复位后变频器的所有参数恢复成出厂的设定值，但工程中正在使用的变频器要谨慎使用此功能。西门子 G120 的复位步骤如下。

1）按▲键或▼键将光标移动到“EXTRAS”菜单。

2）按OK键进入“EXTRAS”菜单，按▲键或▼键找到“DRVRESET”功能。

3）按OK键激活复位出厂设置，按ESC键取消复位出厂设置。

4）按OK键后开始恢复参数，BOP-2 上会显示“BUSY”，参数复位完成后，屏幕上显示“DONE”，如图 2-13 所示。

图 2-13　完成恢复参数到工厂设置

5）按OK键或ESC键返回到“EXTRAS”菜单。

3. 从变频器上传参数到 BOP-2

1）按▲键或▼键将光标移动到“EXTRAS”菜单。

2）按OK键进入“EXTRAS”菜单。

3）按▲键或▼键选择“TO BOP”功能。

4）按OK键进入“TO BOP”功能。

5）按OK键开始上传参数，BOP-2 显示上传状态。

6）BOP-2 将创建一个所有参数的 zip 压缩文件。

7）在 BOP-2 上会显示备份过程，显示“CLONING”。

8）备份完成后，会有“DONE”提示，如图 2-14 所示。按OK键或ESC键返回到“EXTRAS”菜单。

4. 从 BOP-2 下载参数到变频器

1）按▲键或▼键将光标移动到“EXTRAS”菜单。

2）按OK键进入“EXTRAS”菜单。

3）按▲键或▼键选择“FROM BOP”功能。

4）按OK键进入“FROM BOP”功能。

5）按OK键开始下载参数，BOP-2 显示下载状态，显示“CLONING”。

6）BOP-2 解压数据文件。

7）下载完成后，会有“DONE”提示，如图 2-15 所示。按OK键或ESC键返回到“EXTRAS”菜单。

图 2-14　备份参数完成

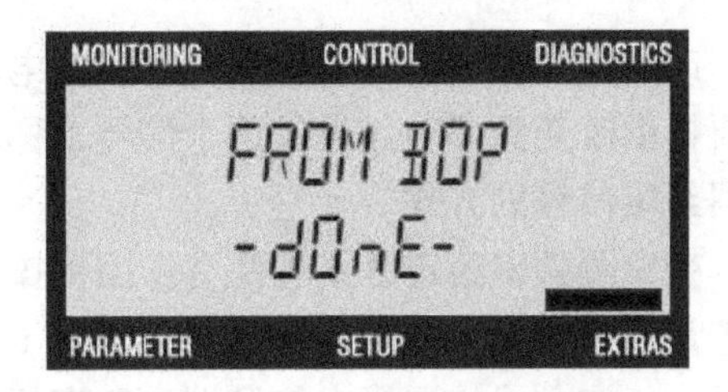

图 2-15　下载参数完成

在工程实践中，“从 BOP-2 下载参数到变频器”和“从变频器上传参数到 BOP-2”是很有用的，当一个项目有几台变频器参数设置都相同时，先设置一台变频器的参数，再“从变频器上传参数到 BOP-2”，接着再“从 BOP-2 下载参数到变频器”，明显可以提高工作效率。

第 3 章

G120 变频器的运行与功能

改变变频器的输出频率就可以改变电动机的转速。要调节变频器的输出频率，变频器必须要提供改变频率的信号，这个信号就称之为频率给定信号，所谓频率给定方式就是供给变频器给定信号的方式。

变频器频率给定方式主要有：面板操作给定、外部端子给定（MOP 功能、多段速给定、模拟量信号给定）和通信方式给定等。这些给定方式各有优缺点，必须根据实际情况进行选择。给定方式的选择由信号端口和变频器参数设置完成。

3.1 G120 变频器的 BICO 和宏

3.1.1 G120 变频器的 BICO 功能

1. BICO 功能概念

BICO 功能即二进制/模拟量互联，就是一种把变频器输入和输出功能联系在一起的设置方法，是西门子变频器的特有功能，可以根据实际工艺要求灵活定义端口。MM4 系列和 SINAMICS 系列变频器均有此功能。

2. BICO 参数

在 CU240E/B－2 的参数中有些参数名称的前面有字符“BI:”“BO:”“CI:”和“CO:”，这都是 BICO 参数，可以通过 BICO 参数确定功能块输入信号的来源，确定功能块是从哪个模拟量接口或二进制接口读取或者输入信号的，这样可以按照要求，互联各种功能块。BICO 功能示意如图 3-1 所示。

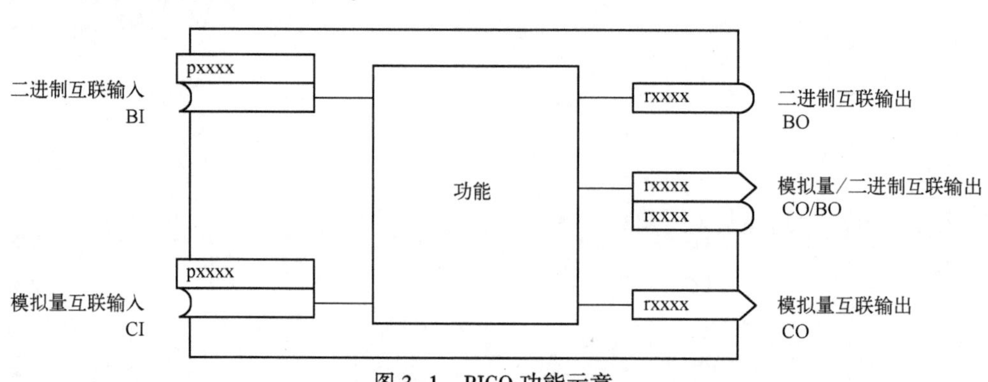

图 3-1　BICO 功能示意

BICO 参数的含义见表 3-1。

表 3-1　BICO 参数的含义

序号	参数	含义
1	BI：	二进制互联输入，即参数作为某个功能的二进制输入接口，通常与参数“P”对应
2	BO：	二进制互联输出，即参数作为某个功能的二进制输出接口，通常与参数“r”对应
3	CI：	模拟量互联输入，即参数作为某个功能的模拟量输入接口，通常与参数“P”对应
4	CO：	模拟量互联输出，即参数作为某个功能的模拟量输出接口，通常与参数“r”对应
5	CO/BO：	模拟量/二进制互联输出，即多个二进制合并成一个“字”参数，该字中的每一位表示一个二进制互联输出信号，16 位合并在一起表示一个模拟量互联输出信号

3. BICO 功能实例

BICO 功能实例见表 3-2。

表 3-2　功能实例

序号	参数号	参数值	功能	说明
1	p0840	722.0	数字量输入 DI0 作为起动信号	p0840：BI 参数，ON/OFF 命令 r722.0：CO/BO 参数，数字量输入 DI0 的状态
2	p1070	755.0	模拟量输入 AI0 作为主设定值	p1070：CI 参数，主设定值 r755.0：CO 参数，模拟量输入 AI0 的输入值

3.1.2　预定义接口宏的概念

G120 变频器为满足不同的接口定义，提供了多种预定义的宏，利用预定义的接口宏可以方便地设置变频器的命令源和设定值源。可以通过参数 p0015 修改宏。

在工程实践中，如果预定义的其中一种接口宏完全符合现场应用，那么按照宏的接线方式设计原理图，在调试时，选择相应的宏功能，应用非常方便。

如果所有预定义的宏定义的接口方式都不完全符合现场应用，那么选择与实际布线比较接近的接口宏，然后根据需要调整输入/输出配置。

注意：修改参数 p0015 之前，必选将参数 p0010 修改为 1，然后再修改参数 p0015，变频器运行时，必须设置参数 p0010=0。

3.1.3　G120C 的预定义接口宏

不同类型的控制单元有相应数量的宏，如 CU240B-2 有 8 种宏，CU240E-2 有 18 种宏，而 G120C PN 也有 18 种宏，见表 3-3。

表 3-3　G120C PN 预定义接口宏

宏编号	宏功能描述	主要端子定义	主要参数设置值
1	二线制控制，两个固定转速	DI0：ON/OFF1 正转 DI1：ON/OFF1 反转 DI2：应答 DI4：固定转速 3 DI5：固定转速 4	p1003：固定转速 3，如 150 p1004：固定转速 4，如 300

（续）

宏编号	宏功能描述	主要端子定义	主要参数设置值
2	单方向两个固定转速，带安全功能	DI0：ON/OFF1+固定转速 1 DI1：固定转速 2 DI2：应答 DI4：预留安全功能 DI5：预留安全功能	p1001：固定转速 1 p1002：固定转速 2
3	单方向 4 个固定转速	DI0：ON/OFF1+固定转速 1 DI1：固定转速 2 DI2：应答 DI4：固定转速 3 DI5：固定转速 4	p1001：固定转速 1 p1002：固定转速 2 p1003：固定转速 3 p1004：固定转速 4
4	现场总线 PROFINET	—	p0922：352（352 报文）
5	现场总线 PROFINET，带安全功能	DI4：预留安全功能 DI5：预留安全功能	p0922：352（352 报文）
7	现场总线 PROFINET 和点动之间的切换	现场总线模式时 DI2：应答 DI3：低电平 点动模式时 DI0：JOG1 DI1：JOG2 DI2：应答 DI3：高电平	p0922：1（1 报文）
8	电动电位器（Motor Potentiometer，MOP），带安全功能	DI0：ON/OFF1 DI1：MOP 升高 DI2：MOP 降低 DI3：应答 DI4：预留安全功能 DI5：预留安全功能	—
9	电动电位器	DI0：ON/OFF1 DI1：MOP 升高 DI2：MOP 降低 DI3：应答	—
12	两线制控制 1，模拟量调速	DI0：ON/OFF1 正转 DI1：反转 DI2：应答 AI0+和 AI0-：转速设定	—
13	端子起动，模拟量给定，带安全功能	DI0：ON/OFF1 正转 DI1：反转 DI2：应答 AI0+和 AI0-：转速设定 DI4：预留安全功能 DI5：预留安全功能	—
14	现场总线 PROFINET 和电动电位器切换	现场总线模式时 DI1：外部故障 DI2：应答 电动电位器模式时 DI0：ON/OFF1 DI1：外部故障 DI2：应答 DI4：MOP 升高 DI5：MOP 降低	p0922：20（20 报文） PROFINET 控制字 1 的第 15 位为 0 时处于 PROFINET 通信模式，PROFINET 控制字 1 的第 15 位为 0 时处于电动电位器模式

（续）

宏编号	宏功能描述	主要端子定义	主要参数设置值
15	模拟量给定和电动电位器切换	模拟量设定模式 DI0：ON/OFF1 DI1：外部故障 DI2：应答 DI3：低电平 AI0+和 AI0-：转速设定 电动电位器设定模式时 DI0：ON/OFF1 DI1：外部故障 DI2：应答 DI3：高电平 DI4：MOP 升高 DI5：MOP 降低	—
17	两线制控制 2，模拟量调速	DI0：ON/OFF1 正转 DI1：ON/OFF1 反转 DI2：应答 AI0+和 AI0-：转速设定	—
18	两线制控制 3，模拟量调速	DI0：ON/OFF1 正转 DI1：ON/OFF1 反转 DI2：应答 AI0+和 AI0-：转速设定	—
19	三线制控制 1，模拟量调速	DI0：Enable/OFF1 DI1：脉冲正转起动 DI2：脉冲反转起动 DI4：应答 AI0+和 AI0-：转速设定	—
20	三线制控制 2，模拟量调速	DI0：Enable/OFF1 DI1：脉冲正转起动 DI2：反转 DI4：应答 AI0+和 AI0-：转速设定	—
21	现场总线 USS	DI2：应答	P2020：波特率，如 6 P2021：USS 站地址 P2022：PZD 数量 P2023：PKW 数量
22	现场总线 CAN	DI2：应答	—

3.2　变频器正反转控制

G120 变频器的正反转控制

3.2.1　正反转控制方式

（1）操作面板控制

通过操作键盘上的运行键（正、反转）、停止键直接控制变频器的运转。其特点是简单方便，一般在简单机械及小功率变频器上应用较多。

操作面板控制最大的特点是方便使用，不需要增加任何硬件就能实现对电动机的正转、反转、点动、停止和复位的控制。同时还能显示变频器的运转参数（电压、电流、频率和转速等）和故障警告等。变频器的操作面板可以通过延长线放置在容易操作的地方。距离较远时，还可用远程操作器操作。

一般来说，如果单台设备仅限于正、反转调速时，用操作面板控制是经济实用的控制方法。

（2）输入端口控制

输入端口控制是指在变频器的数字量输入端口接上按钮或开关，用其通断来控制电动机的正、反转及停止。

输入端口控制的优点是可以进行远距离和自动化控制。端口控制根据不同的变频器有三种具体表现形式。

1）专用的端口：每个端口固定一种功能，不需要参数设置，在运转时不会造成误会，专用端口在较早期的变频器中较为普遍。

2）多功能端口：用参数定义来进行设置，灵活性好。在端口较少的小型经济型变频器中采用较多，例如东芝 VF-S9、日立 SJ100 等。

3）专用端口和多功能端口并用：正转、反转用专用的端口，其余的如点动、复位等用多功能端口参数定义来设置。例如三菱 STF（正转）、STR（反转）为专用端口，其余要设置。大部分变频器均采用这种混合型端口设置。

下面以 G120C 变频器为例来介绍通过输入端口来控制电动机正反转的具体操作。

【例 3-1】 有一台 G120C 变频器，接线如图 3-2 所示，当接通按钮 SA1 和 SA3 时，三相异步电动机以 180 r/min 正转，当接通按钮 SA2 和 SA3 时，三相异步电动机以 180 r/min 反转。已知电动机的功率为 0.75 kW，额定转速为 1440 r/min，额定电压为 380 V，额定电流为 2.05 A，额定频率为 50 Hz。请给出设计方案。

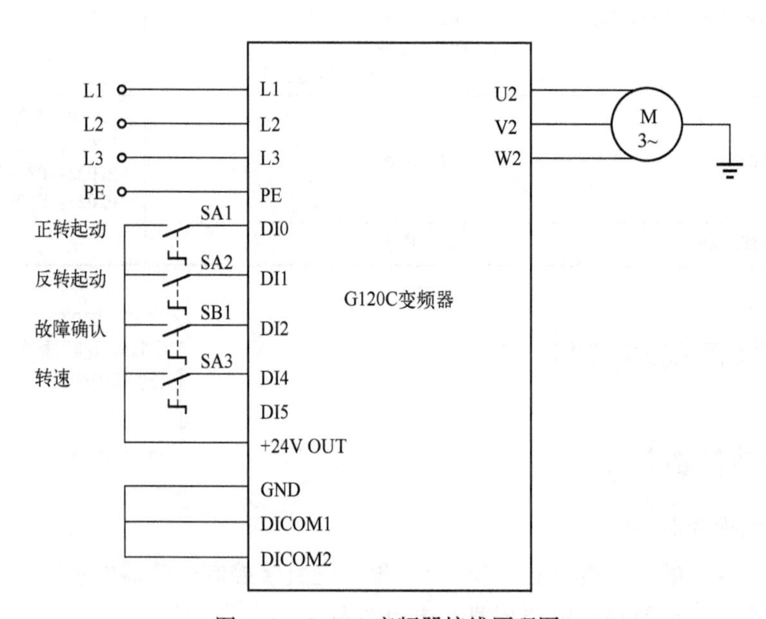

图 3-2　G120C 变频器接线原理图

解：

当接通按钮 SA1 和 SA3 时，DI0 端子与变频器的+24V OUT（端子 9）连接，DI4 端子对应一个转速，转速值设定在 p1003 中；当接通按钮 SA2 和 SA3 时，DI1 和 DI4 端子与变频器的+24V OUT（端子 9）连接时再对应一个转速，速度值设定在 p1003 中。变频器参数见表 3-4。

表 3-4　变频器参数 1

序　号	变频器参数	设 定 值	单位	功 能 说 明
1	p0003	3	—	权限级别
2	p0010	1/0	—	驱动调试参数筛选。先设置为 1，当把 p15 和电动机相关参数修改完成后，再设置为 0
3	p0015	1	—	驱动设备宏指令
4	p0304	380	V	电动机的额定电压
5	p0305	2.05	A	电动机的额定电流
6	p0307	0.75	kW	电动机的额定功率
7	p0310	50.00	Hz	电动机的额定频率
8	p0311	1440	r/min	电动机的额定转速
9	p1003	180	r/min	固定转速 3
10	p1004	180	r/min	固定转速 4
11	p1070	1024	—	固定设定值作为主设定值

本例使用了预定义的接口宏 1，宏 1 规定了变频器的 DI0 为正转起停控制，DI1 为反转起停控制。如工程中需要将 DI0 定义为起停控制，DI2 定义为反转起停控制。则可以在宏 1 的基础上进行修改，变频器参数见表 3-5。

表 3-5　变频器参数 2

序　号	变频器参数	设 定 值	单位	功 能 说 明
1	p0003	3	—	权限级别
2	p0010	1/0	—	驱动调试参数筛选。先设置为 1，当把 p15 和电动机相关参数修改完成后，再设置为 0
3	p0015	1	—	驱动设备宏指令
4	p0304	380	V	电动机的额定电压
5	p0305	2.05	A	电动机的额定电流
6	p0307	0.75	kW	电动机的额定功率
7	p0310	50.00	Hz	电动机的额定频率
8	p0311	1440	r/min	电动机的额定转速
9	p1003	180	r/min	固定转速 3
10	p1004	180	r/min	固定转速 4
11	p1070	1024	—	固定设定值作为主设定值
12	P3331	722.2	—	将 DI2 作为反转选择信号

按照表 3-5 设置参数后，变频器接线也要做相应更改，如图 3-3 所示。

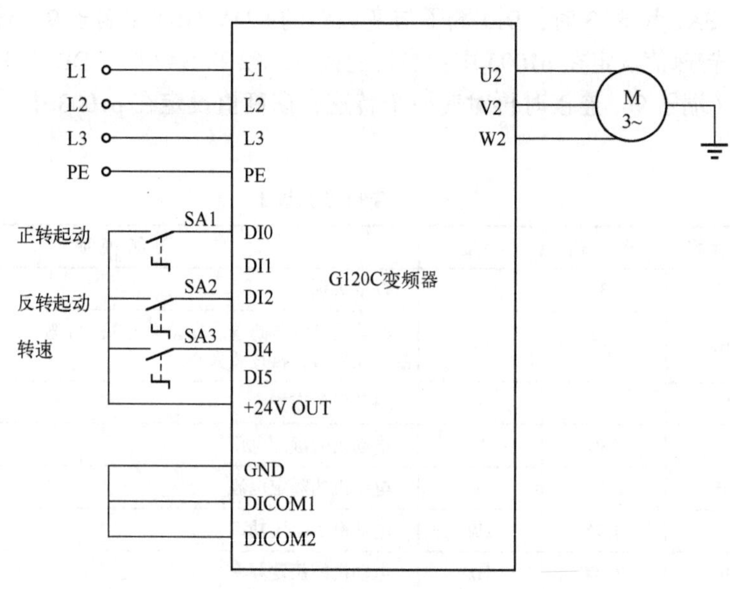

图 3-3　原理图

3.2.2　二线制和三线制控制

所谓的二线制、三线制实质是指用开关还是用按钮来进行正、反转控制。二线制控制是一种开关触点，闭合/断开的起停方式。而三线制控制是一种脉冲上升沿触发的起停方式。

如果选择了通过数字量输入来控制变频器起停，需要在基本调试中通过参数 p0015 定义数字量输入如何起动停止电动机、如何在正转和反转之间进行切换。有 5 种方法可用于控制电动机，其中 3 种方法通过两个控制指令进行控制（二线制控制），另外两种方法需要 3 个控制指令（三线制控制）。基于宏的接线方法请参考预定义接口宏中的相关内容。G120C 变频器的二线制和三线制控制见表 3-6。

表 3-6　二线制和三线制控制

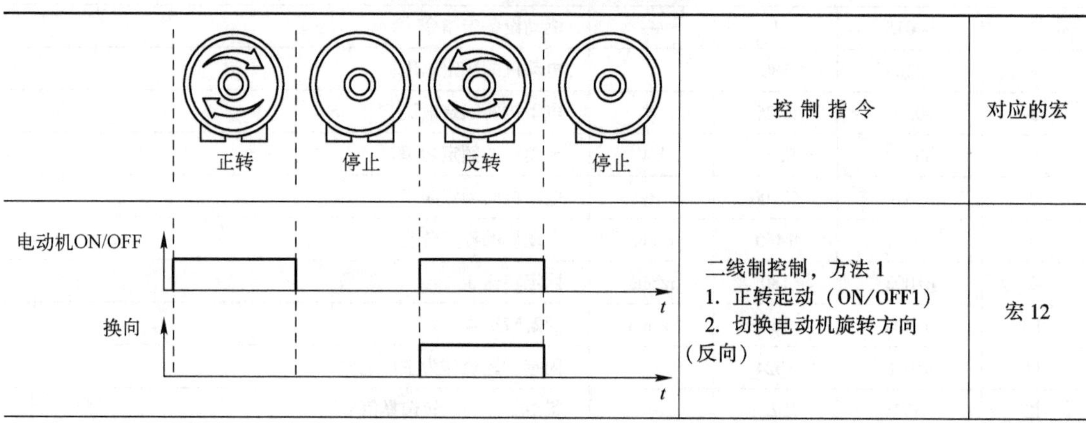

正转 / 停止 / 反转 / 停止	控制指令	对应的宏
电动机ON/OFF；换向	二线制控制，方法 1 1. 正转起动（ON/OFF1） 2. 切换电动机旋转方向（反向）	宏 12

（续）

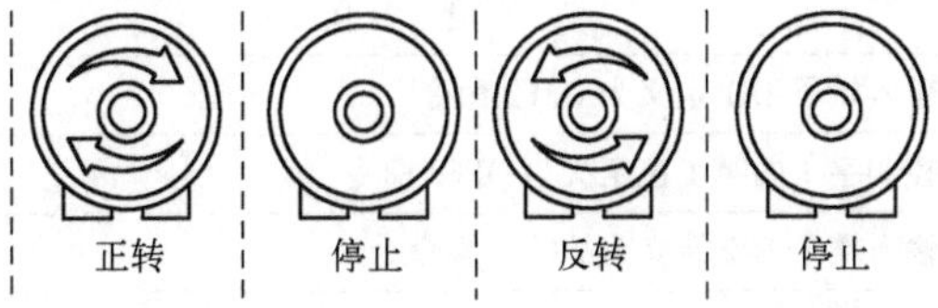 正转　停止　反转　停止	控制指令	对应的宏
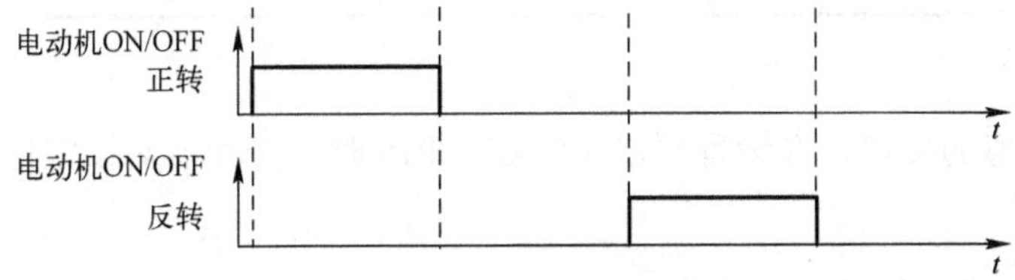 电动机ON/OFF 正转 t 电动机ON/OFF 反转 t	二线制控制，方法2、3 1. 正转起动（ON/OFF1） 2. 反转起动（ON/OFF1）	宏17 宏18
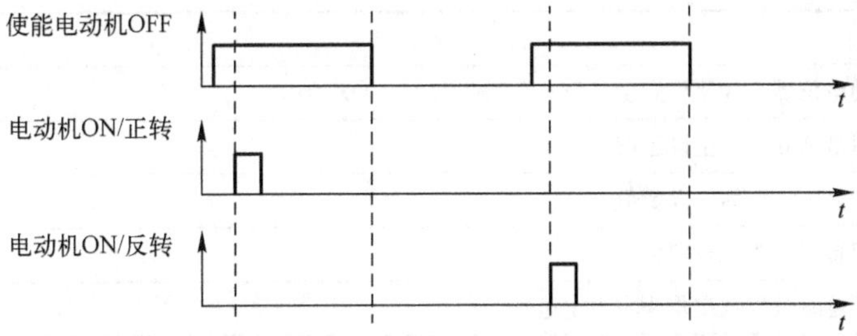 使能电动机OFF t 电动机ON/正转 t 电动机ON/反转 t	三线制控制，方法1 1. 断开停止电动机（OFF1） 2. 脉冲正转起动 3. 脉冲反转起动	宏19
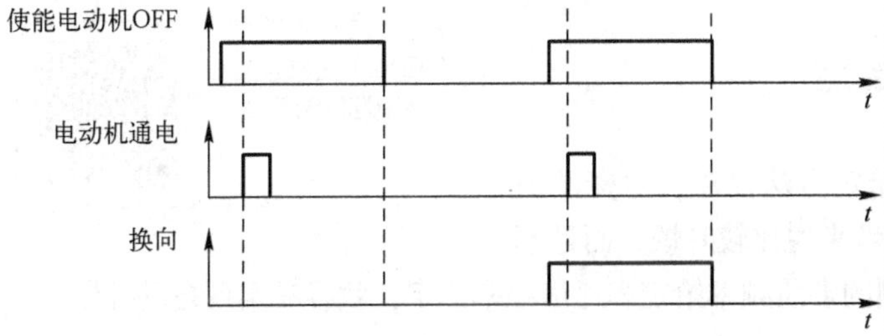 使能电动机OFF t 电动机通电 t 换向 t	三线制控制，方法2 1. 断开停止电动机（OFF1） 2. 脉冲正转起动 3. 切换电动机旋转方向（反向）	宏20

3.2.3　命令源和设定值源

通过预定的接口宏定义变频器用什么信号控制起动、用什么信号控制输出频率，通常是可以满足工程需求的，但在预定义接口宏不能完全满足要求时，必须根据BICO功能来调整命令源和设定值源。

1. 命令源

命令源是指变频器接收到控制命令的接口。在设置预定义的宏p0015时，变频器对命令源进行了定义。举例见表3-7。

表3-7　命令源举例

参数号	参数值	含义
p0840	722.0	将数字输入端子DI0定义为起动命令
	2090.0	将总线控制字1的第0位定义为起动命令

（续）

参 数 号	参 数 值	含 义
p0844	722.1	将数字输入端子 DI1 定义为 OFF2 命令
	2090.1	将总线控制字 1 的第 1 位定义为 OFF2 命令
p2013	722.2	将数字输入端子 DI2 定义为故障应答命令
p2016	722.3	将数字输入端子 DI3 定义为故障命令

2. 设定值源

命令源是指变频器接收到设定值的接口。在设置预定义的宏 p0015 时，变频器对设定值源进行了定义。举例见表 3-8。

表 3-8 设定值源举例

参 数 号	参 数 值	含 义
p1070	1050	将电动电位器作为主设定值
	755.0	将模拟量 AI0 作为主设定值
	755.1	将模拟量 AI1 作为主设定值
	1024	将固定转速作为主设定值
	2050.1	将现场总线过程数据作为主设定值

3.3 G120 变频器多段速给定

在基本操作面板进行手动频率给定方法简单，对资源消耗少，但这种频率给定方法对于操作者来说比较麻烦，而且不容易实现自动控制，而通过 PLC 控制的多段频率给定和通信频率给定，就容易实现自动控制。

3.3.1 数字量输入

CU240B-2 提供了 4 路数字量输入端子（DI），CU240E-2 和 G120C 提供了 6 路数字量输入端子。在必要时，模拟量输入 AI 也可以作为数字量输入使用。数字量输入 DI 对应的状态见表 3-9。

表 3-9 数字量输入 DI 对应的状态

数字输入编号	端子号	数字输入状态位	数字输入编号	端子号	数字输入状态位
数字输入 0，DI0	5	r722.0	数字输入 3，DI3	8	r722.3
数字输入 1，DI1	6	r722.1	数字输入 4，DI4	16	r722.4
数字输入 2，DI2	7	r722.2	数字输入 5，DI5	17	r722.5

1. 在 STARTER 中查看数字量输入状态

打开一个 STARTER 项目，双击项目树中的“Expert list”（专家列表），展开参数 r722。从表 3-9 中可以看到，数字量输入端子和数字输入状态的对应关系与图 3-4 是一样的。当然也可以用 BOP-2 查看，相比较而言，用 BOP-2 查看要麻烦多了。

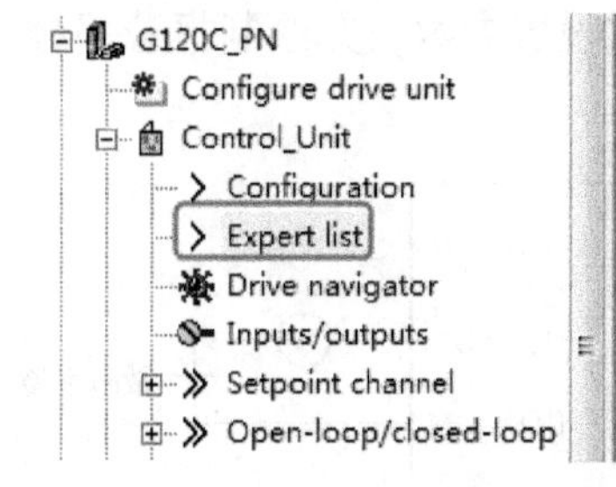

图 3-4　数字量输入 DI 对应的状态

2. 模拟量输入作数字量输入

当数字量输入端子不够用时，可以将模拟量输入端子当作数字量输入端子使用。将模拟量输入参数 p0756[0] 设置成为 0，即 AI0 为电压输入类型；将模拟量输入参数 p0756[1] 设置成为 0，即 AI1 为电压输入类型。模拟量输入作数字量输入接线如图 3-5 所示。

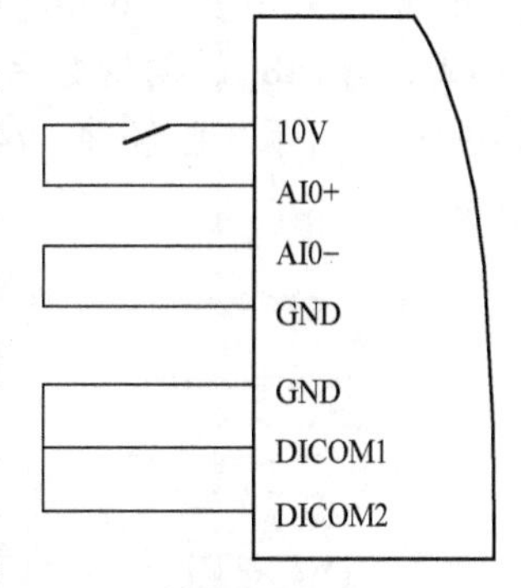

图 3-5　模拟量输入作数字量输入接线

3.3.2　数字量输出

CU240B-2 提供了 1 路继电器数字量输出（DO），G120C 提供了 1 路继电器数字量输出和 1 路晶体管数字量输出，CU240E-2 提供了 2 路继电器数字量输出和 1 路晶体管数字量输出。

1. 数字输出功能设置

G120 变频器数字量输出功能的参数设置见表 3-10。

表 3-10　G120 变频器数字量输出功能的参数设置

数字输出编号	端　子　号	对应参数号
数字输出 0，DO0	18、19、20	p0730
数字输出 1，DO1	21、22	p0731
数字输出 2，DO2	23、24、25	p0732

数字输出常用功能设置见表 3-11。

表 3-11　数字输出常用功能设置

参　数　号	参　数　值	说　　明
p0730	0	禁用数字量输出
	52.2	变频器运行
	52.3	变频器故障
	52.7	变频器报警
	52.14	变频器正向运行

注：p0731 和 p0732 参数值的含义与表 3-11 相同。

在发生故障时，变频器继电器输出端子的常闭触点，通常用于切断变频器控制回路的电源，从而达到保护变频器的作用，此应用将在后续章节讲解。

【例 3-2】当变频器 G120C 故障报警时，报警灯亮，要求设置参数，并绘制报警部分接线图。

解：原理图如图 3-6 所示。设置 p0730 = 52.7。DO0=1 时继电器输出，当变频器报警时，内部继电器常开触点闭合指示灯的 24 V 电源接通，即报警灯亮。

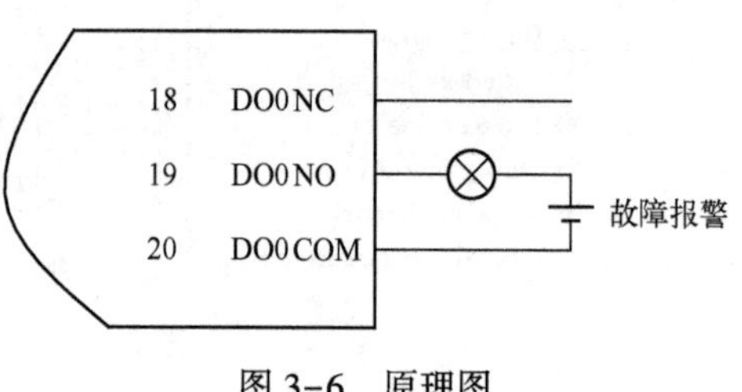

图 3-6 原理图

2. 数字量输出信号取反

将参数 p748 的状态（0 和 1）翻转，则对应的输出会取反。p748[0]对应数字输出 0（DO0），p748[1]对应数字输出 1（DO1），比较简单的做法是在 STARTER 软件中修改，如图 3-7 所示，已经将 p748[1]设置成 1，下载到变频器中即可实现数字输出 1 的信号取反。

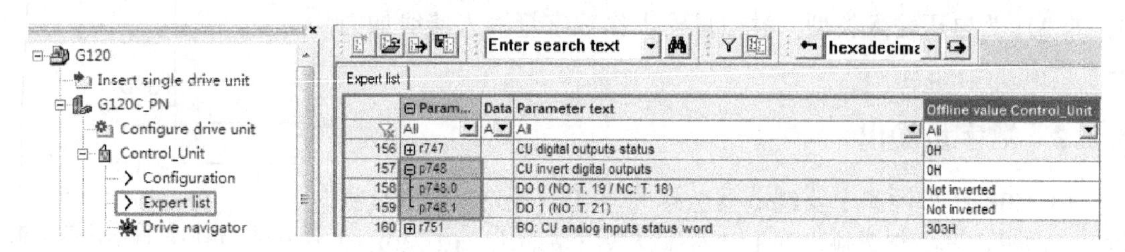

图 3-7 数字输出 1 的信号取反

3.3.3 直接选择模式给定

一个数字量输入选择一个固定的设定值。多个数字输入量同时激活时，选定的设定值是对应固定设定值的叠加。最多可以设置 4 个数字输入信号。采用直接选择模式需要设置 p1016=1。直接选择模式时的相关参数设置见表 3-12。

表 3-12 直接选择模式时的相关参数设置

参数号	含义	参数号	含义
p1020	固定设定值 1 的选择信号	p1001	固定设定值 1
p1021	固定设定值 2 的选择信号	p1002	固定设定值 2
p1022	固定设定值 3 的选择信号	p1003	固定设定值 3
p1023	固定设定值 4 的选择信号	p1004	固定设定值 4

如果预定义的接口宏能满足要求，则直接使用预定义的接口宏，如不能满足要求，则可以修改预定义的接口宏。以下将用几个例题来介绍 G120C 变频器的多段频率给定。

【例 3-3】有一台 G120C 变频器，接线如图 3-8 所示，当接通按钮 SA1 时，三相异步电动机以 180 r/min 正转，当接通按钮 SA1 和 SA2 时，三相异步电动机以 360 r/min 正转，已知电动机的功率为 0.75 kW，额定转速为 1440 r/min，额定电压为 380 V，额定电流为 2.05 A，额定频率为 50 Hz，请提供设计方案。

解：

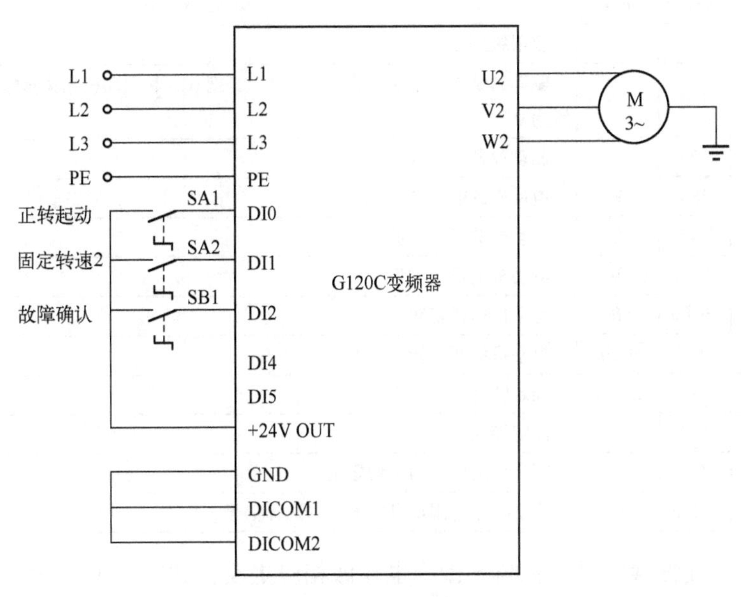

图 3-8　原理图

多段频率给定时，当接通按钮 SA1 时，DI0 端子与变频器的+24V OUT（端子 9）连接，对应一个速度，速度值设定在 p1001 中；当接通按钮 SA1 和 SA2 时，DI0 和 DI1 端子与变频器的+24V OUT（端子 9）连接时再对应一个速度，速度值设定在 p1001 和 p1002 中转速的和。变频器参数见表 3-13。

表 3-13　变频器参数 1

序号	变频器参数	设定值	单位	功能说明
1	p0003	3	—	权限级别
2	p0010	1/0	—	驱动调试参数筛选。先设置为 1，当把 p15 和电动机相关参数修改完成后，再设置为 0
3	p0015	2	—	驱动设备宏指令
4	p0304	380	V	电动机的额定电压
5	p0305	2. 05	A	电动机的额定电流
6	p0307	0. 75	kW	电动机的额定功率
7	p0310	50. 00	Hz	电动机的额定频率
8	p0311	1440	r/min	电动机的额定转速
9	p1001	180	r/min	固定转速 1
10	p1002	180	r/min	固定转速 2
11	p1070	1024	—	固定设定值作为主设定值

本例使用了预定义的接口宏 2，宏 2 规定了变频器的 DI0 为起停控制和固定转速 1，DI1 为固定转速 2。如工程中需要将 DI0 定义为起停控制和固定转速 1，DI2 定义为固定转速 2。则可以在宏 2 的基础上进行修改，变频器参数见表 3-14。

表 3-14　变频器参数 2

序号	变频器参数	设定值	单位	功能说明
1	p0003	3	—	权限级别
2	p0010	1/0	—	驱动调试参数筛选。先设置为 1，当把 p15 和电动机相关参数修改完成后，再设置为 0
3	p0015	2	—	驱动设备宏指令
4	p0304	380	V	电动机的额定电压
5	p0305	2.05	A	电动机的额定电流
6	p0307	0.75	kW	电动机的额定功率
7	p0310	50.00	Hz	电动机的额定频率
8	p0311	1440	r/min	电动机的额定转速
9	p1001	180	r/min	固定转速 1
10	p1002	180	r/min	固定转速 2
11	p1070	1024	—	固定设定值作为主设定值
12	p1021	722.2	—	将 DI2 作为固定设定值 2 的选择信号

按照表 3-14 设置参数后，变频器接线也要做相应更改，如图 3-9 所示。

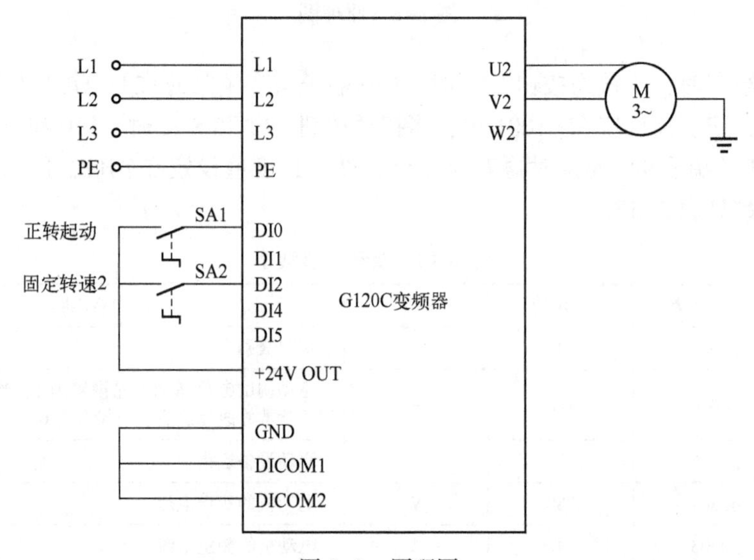

图 3-9　原理图

【**例 3-4**】用一台继电器输出 CPU 1211C（AC/DC/继电器），控制一台 G120C 变频器，当按下按钮 SB1 时，三相异步电动机以 180 r/min 正转，当按下按钮 SB2 时，三相异步电动机以 360 r/min 正转，当按下按钮 SB3 时，三相异步电动机以 540 r/min 反转，已知电动机的功率为 0.75 kW，额定转速为 1440 r/min，额定电压为 380 V，额定电流为 2.05 A，额定频率为 50 Hz，设计方案并编写程序。

解：

1. 主要软硬件配置

1）1 套 TIA Portal V15。

2）1 台 G120C 变频器。
3）1 台 CPU 1211C。
4）1 台电动机。
5）1 根网线。
硬件接线如图 3-10 所示。

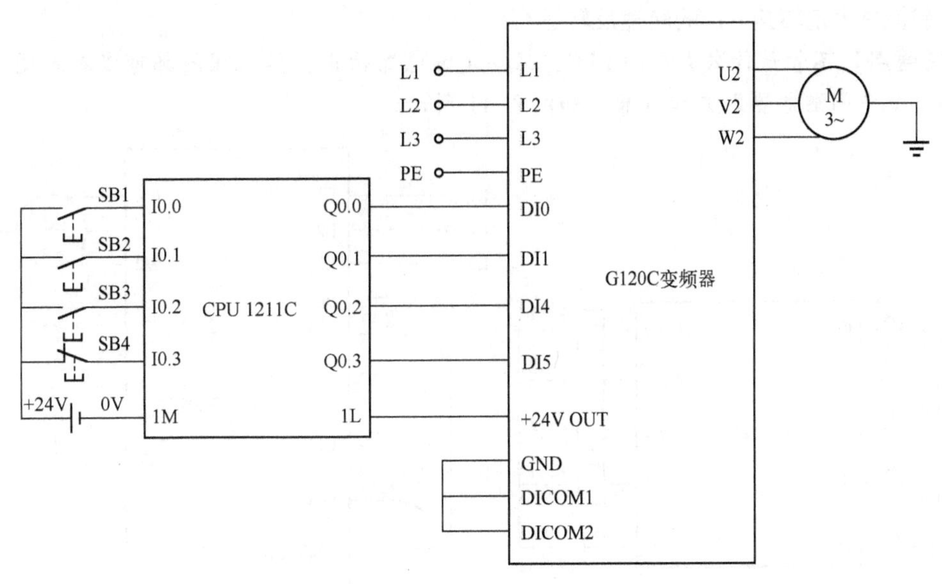

图 3-10　原理图（PLC 为继电器输出）

2. 参数的设置

多段频率给定时，当 DI0 和 DI4 端子与变频器的+24 V OUT（端子 9）连接，对应一个转速，当 DI0 和 DI5 端子同时与变频器的+24 V OUT（端子 9）连接时再对应一个转速，DI1、DI4 和 DI5 端子与变频器的+24 V OUT 接通时为反转。变频器参数见表 3-15。

表 3-15　变频器参数 3

序号	变频器参数	设定值	单位	功 能 说 明
1	p0003	3	—	权限级别
2	p0010	1/0	—	驱动调试参数筛选。先设置为 1，当把 p15 和电动机相关参数修改完成后，再设置为 0
3	p0015	1	—	驱动设备宏指令
4	p0304	380	V	电动机的额定电压
5	p0305	2. 05	A	电动机的额定电流
6	p0307	0. 75	kW	电动机的额定功率
7	p0310	50. 00	Hz	电动机的额定频率
8	p0311	1440	r/min	电动机的额定转速
9	p1003	180	r/min	固定转速 1
10	p1004	360	r/min	固定转速 2
11	p1070	1024	—	固定设定值作为主设定值

当 Q0.0 和 Q0.2 为 1 时，变频器的端子 9 与 DI0 和 DI4 端子连通，电动机以 180 r/min（固定转速 3）的转速运行，固定转速 3 设定在参数 p1003 中。当 Q0.0 和 Q0.3 同时为 1 时，DI0 和 DI5 端子同时与变频器的+24 V OUT（端子 9）连接，电动机以 360 r/min（固定转速 4）的转速正转运行，固定频率 4 设定在参数 p1004 中。当 Q0.1、Q0.2 和 Q0.3 同时为 1 时，DI1、DI4 和 DI5 端子同时与变频器的+24 V OUT（端子 9）连接，电动机以 540 r/min（固定转速 3+固定转速 4）的转速反转运行。

【关键点】不管是什么类型的 PLC，只要是继电器输出，其原理图都可以参考图 3-10，若增加三个中间继电器则更加可靠，如图 3-11 所示。

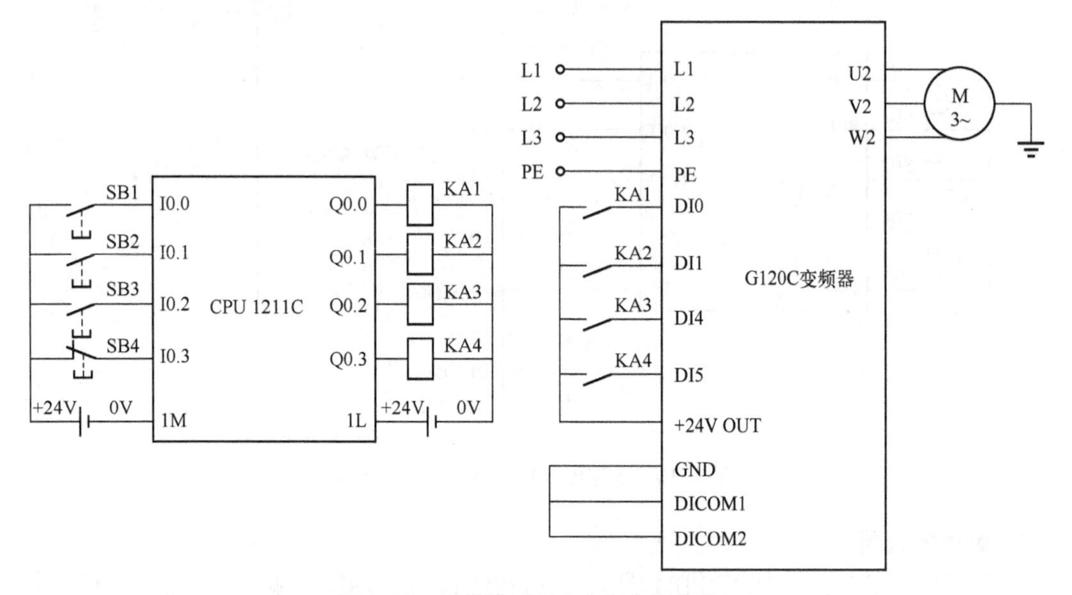

图 3-11　原理图（PLC 为继电器输出）

3. 编写程序

梯形图程序如图 3-12 所示。

4. PLC 为晶体管输出（PNP 型输出）时的控制方案

西门子的 S7-1200 PLC 为 PNP 型输出，G120C 变频器默认为 PNP 型输入，因此电平是可以兼容的。由于 Q0.0（或者其他输出点输出时）输出 DC 24 V 信号，又因为 PLC 与变频器有共同的 0 V，所以，当 Q0.0（或者其他输出点输出时）输出时，就等同于 DI0（或者其他数字输入）与变频器的端子 9（+24 V OUT）连通，硬件接线如图 3-13 所示，控制程序与图 3-12 中的相同。

【关键点】PLC 为晶体管输出时，其 3M（0 V）必须与变频器的 GND（数字地）短接，否则，PLC 的输出不能形成回路。

3.3.4　二进制选择模式给定

4 个数字量输入通过二进制编码方式选择固定设定值，使用这种方法最多可以选择 15 个固定频率（转速）。数字输入不同的状态对应的固定设定值见表 3-16，采用二进制选择模式需要设置 p1016=2。

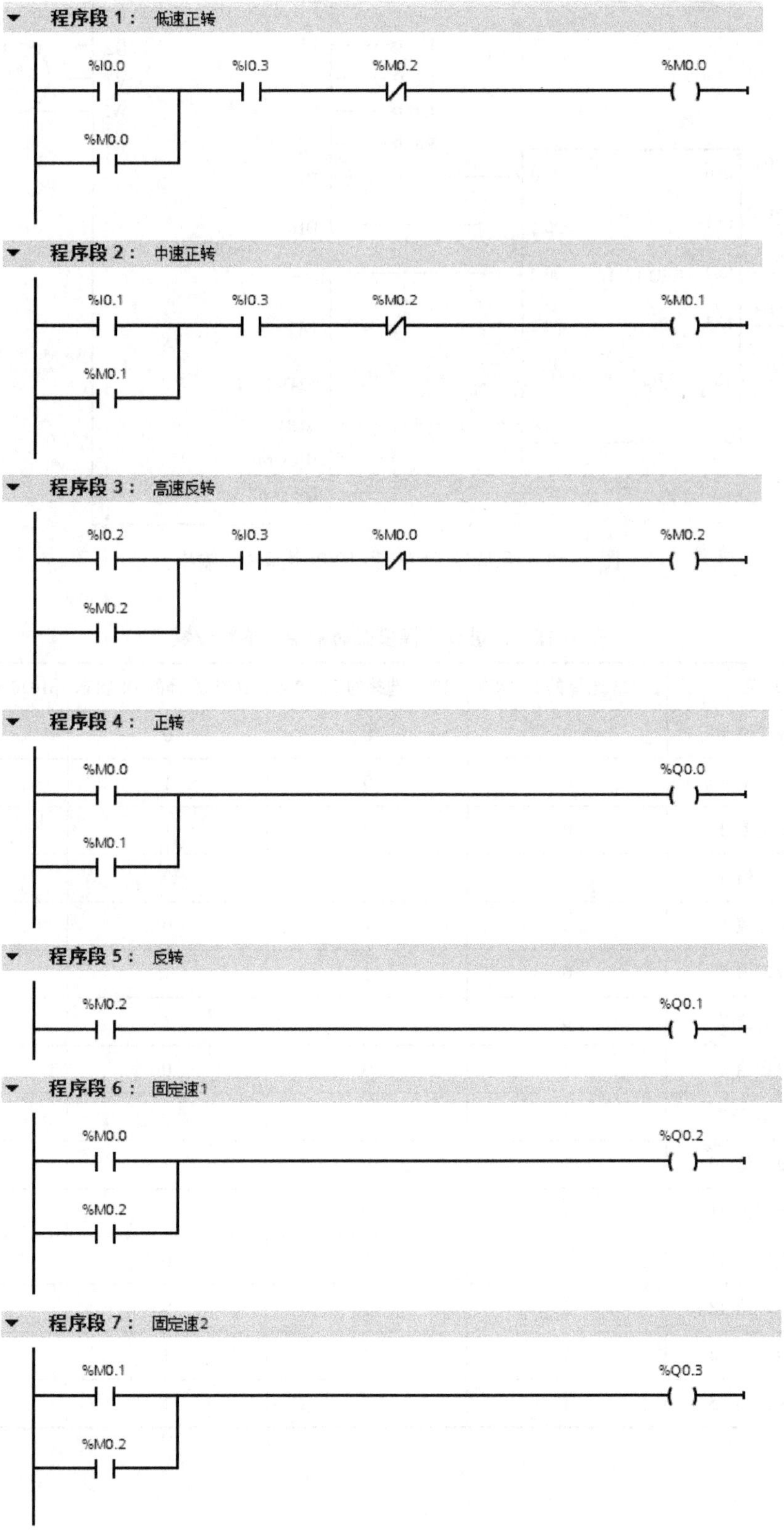

▼ 程序段 1： 低速正转

%I0.0　%I0.3　%M0.2　%M0.0

%M0.0

▼ 程序段 2： 中速正转

%I0.1　%I0.3　%M0.2　%M0.1

%M0.1

▼ 程序段 3： 高速反转

%I0.2　%I0.3　%M0.0　%M0.2

%M0.2

▼ 程序段 4： 正转

%M0.0　%Q0.0

%M0.1

▼ 程序段 5： 反转

%M0.2　%Q0.1

▼ 程序段 6： 固定速1

%M0.0　%Q0.2

%M0.2

▼ 程序段 7： 固定速2

%M0.1　%Q0.3

%M0.2

图 3-12　梯形图程序

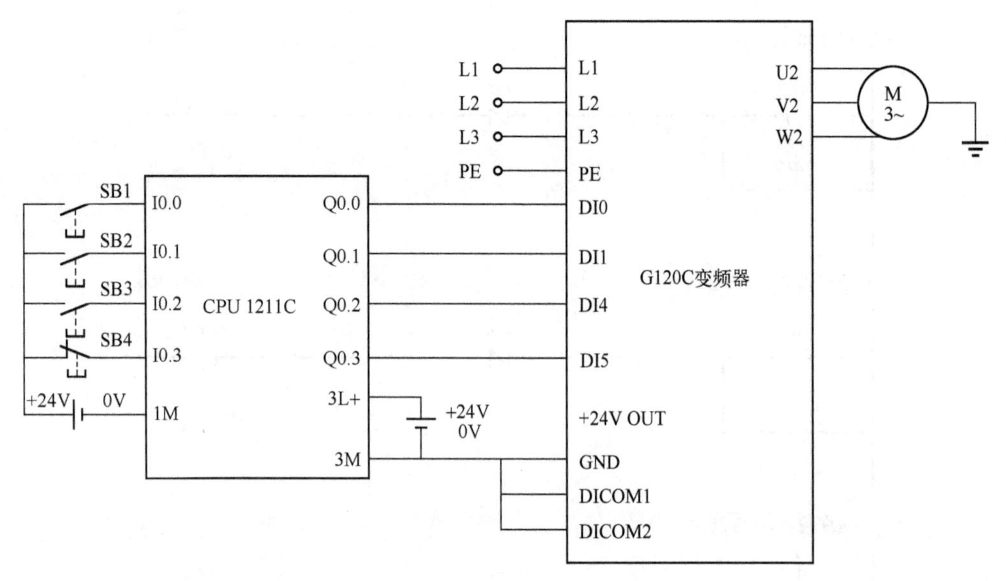

图 3-13　原理图（PLC 为 PNP 型晶体管输出）

表 3-16　二进制选择模式时的相关参数设置

固定设定值	p1023 选择的 DI 状态	p1022 选择的 DI 状态	p1021 选择的 DI 状态	p1020 选择的 DI 状态
p1001 固定设定值 1	0	0	0	1
p1002 固定设定值 2	0	0	1	0
p1003 固定设定值 3	0	0	1	1
p1004 固定设定值 4	0	1	0	0
p1005 固定设定值 5	0	1	0	1
p1006 固定设定值 6	0	1	1	0
p1007 固定设定值 7	0	1	1	1
p1008 固定设定值 8	1	0	0	0
p1009 固定设定值 9	1	0	0	1
p1010 固定设定值 10	1	0	1	0
p1011 固定设定值 11	1	0	1	1
p1012 固定设定值 12	1	1	0	0
p1013 固定设定值 13	1	1	0	1
p1014 固定设定值 14	1	1	1	0
p1015 固定设定值 15	1	1	1	1

G120 模拟量速度给定（两线制）

G120 模拟量速度给定（三线制）

3.4　G120 变频器模拟量输入给定

3.4.1　模拟量输入

CU240B-2 和 G120C 提供了 1 路模拟量输入（AI0），CU240E-2 提供了 2 路模拟量输入（AI0 和 AI1），AI0 和 AI1 在下标中设置。

变频器提供了多种模拟量输入模式，使用参数 p0756 进行选择，见表 3-17。

表 3-17　参数 p0756 功能

参数	CU 上端子号	模拟量	设定值的含义说明
p0756[0]	3、4	AI0	0：单极电压输入（0~10 V） 1：单极电压输入，带监控（2~10 V） 2：单极电流输入（0~20 mA） 3：单极电流输入，受监控（4~20 mA） 4：双极电压输入（-10~10 V） 8：未连接传感器
p0756[1]	10、11	AI1	

当模拟量输入信号是电压信号时，需要把 DIP 拨码开关拨到电压档一侧（出厂时，DIP 拨码开关在电压档一侧），当模拟量输入信号是电流信号时，需要把 DIP 拨码开关拨到电流挡一侧。如图 3-14 所示，两个模拟量输入通道的信号在电压挡侧，也就是接电压信号。

CU240B-2 和 G120C 只有一个模拟量输入，AI1 拨码开关无效。

当修改了 p0756 的数值就意味着修改了模拟量的类型，变频器会自动调整模拟量输入标定。线性标定曲线由两个点（p0757，p0758）和（p0759，p0760）确定，也可以根据实际标定。标定举例见表 3-18。

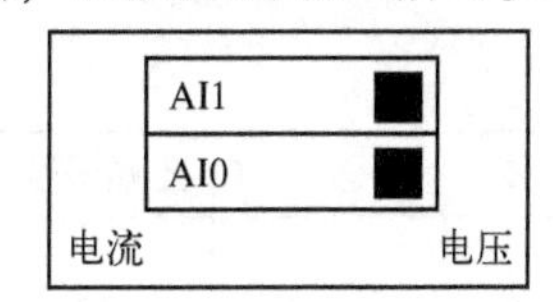

图 3-14　模拟量输入信号设定

表 3-18　模拟量输入标定

参数号	设定值	说　明
p0757[0]	-10	-10 V 对应-100%的标定，即-50 Hz
p0758[0]	-100	-100%
p0759[0]	10	10 V 对应 100%的标定，即 50 Hz
p0760[0]	100	100%
p0761[0]	0	死区宽度

输出百分比
y2=100 p0760
x1=-10 p0757
电压/V
x2=10 p0759
y1=-100 p0758

3.4.2　模拟量输出

CU240B-2 和 G120C 提供了 1 路模拟量输出（AO0），CU240E-2 提供了 2 路模拟量输出（AO0 和 AO1），AO0 和 AO1 在下标中设置。

1. 模拟量输出类型选择

变频器提供了多种模拟量输出模式，使用参数 p0776 进行选择，见表 3-19。

用 p0776 修改了模拟量输出类型后，变频器会自动调整模拟量输出的标定。线性标定曲线由两个点（p0777，p0778）和（p0779，p0780）确定，也可以根据实际标定。标定举例见表 3-20。

表 3-19　参数 p0776 功能

参　　数	CU 上端子号	模拟量	设定值的含义说明
p0776[0]	12、13	AO0	0：电流输出（0~20 mA） 1：电压输出（0~10 V） 2：电流输出（4~20 mA）
p0776[1]	26、27	AO1	

表 3-20　模拟量输出标定

参数号	设定值	说　　明	
p0777[0]	0	0%对应输出 4 mA 100%对应输出 20 mA	电流/mA y2=20 p0780 y1=4 p0778 输出 百分比 x1=0 p0777 x2=100 p0779
p0778[0]	4		
p0779[0]	100		
p0780[0]	20		

2. 模拟量输出功能设置

变频器模拟量的输出大小对应电动机的转速、变频器的频率、变频器的电压或变频器的电流等，通过改变 p0771 实现，具体设置见表 3-21。

表 3-21　参数 p0771 功能

参　　数	CU 上端子号	模拟量	设定值的含义说明
p0771[0]	12、13	AO0	0：模拟量输出被封锁 21：电动机转速实际值 24：经过滤波的输出频率 25：经过滤波的输出电压 26：经过滤波的直流母线电压 27：经过滤波的电流实际值绝对值
p0771[1]	26、27	AO1	

【例 3-5】 要求设计一个电路，用 CPU1211C 上的模拟量通道测量变频器 G120C 的实时频率，并设置相关参数。

解：

1）设计原理如图 3-15 所示。

2）设置相关的参数。

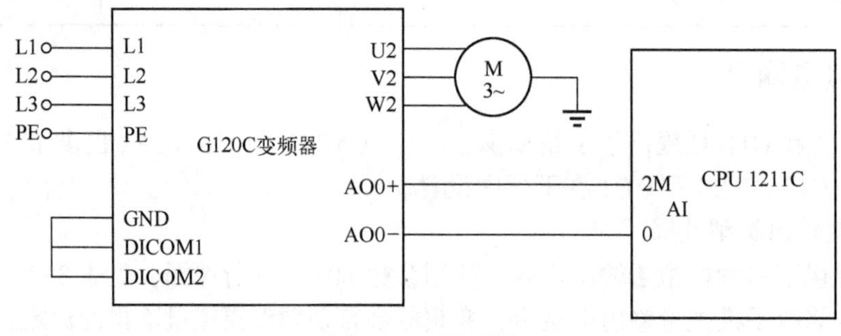

图 3-15　原理图

由于 CPU1211C 上的模拟量通道仅能采集 0~10V 的电压信号，且 G120C 仅有一个模拟量输出通道，所以设置 G120C 的模拟量输出类型为电压，即 p0776[0]=1。

又要求测量变频器的实时频率，所以设置 p0771[0]=24。

3.4.3　模拟量给定的应用

数字量多段频率给定可以设定速度段数量是有限的，不能做到无级调速，而外部模拟量输入可以做到无级调速，也容易实现自动控制，而且模拟量可以是电压信号或者电流信号，使用比较灵活，因此应用较广。以下用两个例子介绍模拟量信号频率给定。

【例 3-6】 要对一台变频器进行电压信号模拟量频率给定。已知电动机的功率为 0.75 kW，额定转速为 1440 r/min，额定电压为 380 V，额定电流为 2.05 A，额定频率为 50 Hz。设计电气控制系统，并设定参数。

解： 电气控制系统接线如图 3-16 所示，只要调节电位器就可以实现对电动机进行无级调速，参数设定见表 3-22。

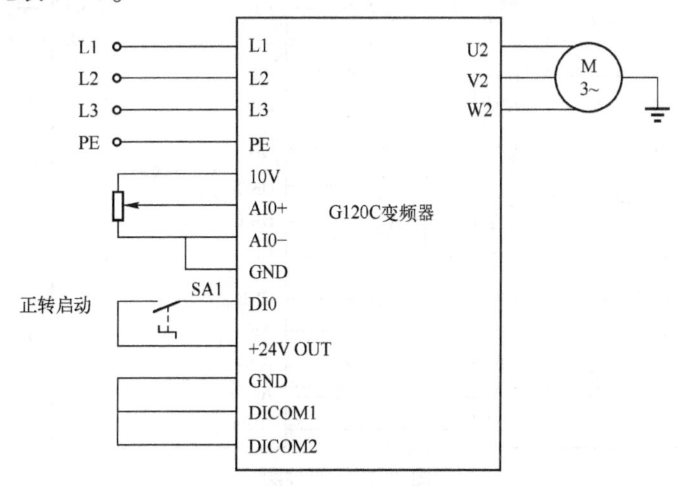

图 3-16　原理图

表 3-22　变频器参数

序号	变频器参数	设定值	单位	功 能 说 明
1	p0003	3	—	权限级别
2	p0010	1/0	—	驱动调试参数筛选。先设置为 1，当把 p15 和电动机相关参数修改完后，再设置为 0
3	p0015	12	—	驱动设备宏指令
4	p0304	380	V	电动机的额定电压
5	p0305	2.05	A	电动机的额定电流
6	p0307	0.75	kW	电动机的额定功率
7	p0310	50.00	Hz	电动机的额定频率
8	p0311	1440	r/min	电动机的额定转速
9	P756	0	—	模拟量输入类型，0 表示电压范围为 0~10 V

【例 3-7】 用一台触摸屏、CPU 1212C 对变频器进行模拟量速度给定，同时触摸屏显示实时转速。已知电动机的技术参数，功率为 0.75 kW，额定转速为 1440 r/min，额定电压为 380 V，额定电流为 2.05 A，额定频率为 50 Hz。

解：

1. 软硬件配置

1）1 套 TIA Portal V15。

2）1 台 G120C 变频器。

3）1 台 CPU 1212C。

4）1 台电动机。

5）1 根网线。

6）1 台 SM 1234。

7）1 台 HMI。

将 CPU 1212C、变频器、模拟量输出模块 SM1234 和电动机按照如图 3-17 所示的原理图接线。

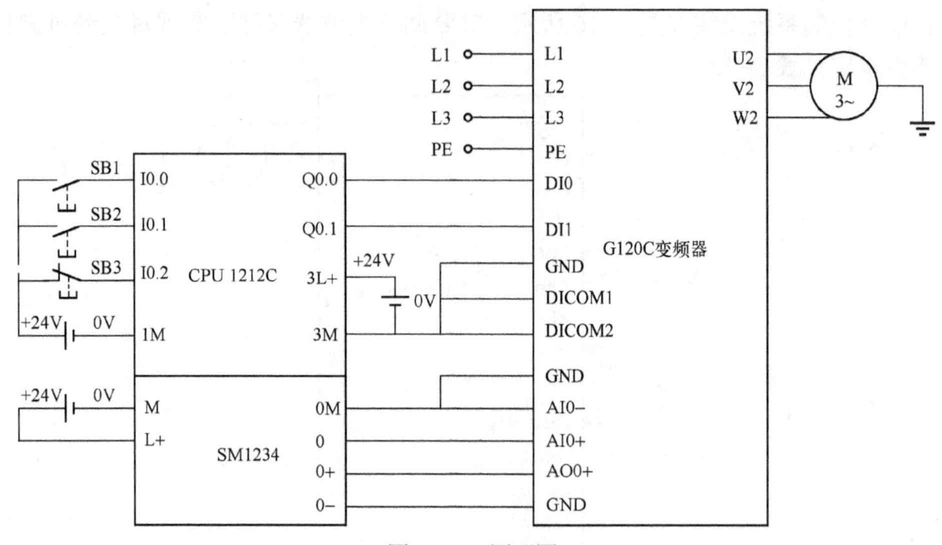

图 3-17　原理图

2. 设定变频器的参数

先查询 G120C 变频器的说明书，再依次在变频器中设定表 3-23 中的参数。

表 3-23　变频器参数表

序号	变频器参数	设定值	单位	功 能 说 明
1	p0003	3	—	权限级别
2	p0010	1/0	—	驱动调试参数筛选。先设置为 1，当把 p15 和电动机相关参数修改完后，再设置为 0
3	p0015	17	—	驱动设备宏指令
4	p0304	380	V	电动机的额定电压
5	p0305	2.05	A	电动机的额定电流
6	p0307	0.75	kW	电动机的额定功率
7	p0310	50.00	Hz	电动机的额定频率
8	p0311	1440	r/min	电动机的额定转速
9	p756	0	—	模拟量输入类型，0 表示电压范围 0~10 V
10	p771	21	r/min	输出的实际转速
11	p776	1	—	输出电压信号

【关键点】p756 设定成 0 表示电压信号对变频器给定，这是容易忽略的；此外还要将 I/O 控制板上的 DIP 开关设定为 “ON”。

3. 编写程序，并将程序下载到 PLC 中

梯形图程序如图 3-18 所示。

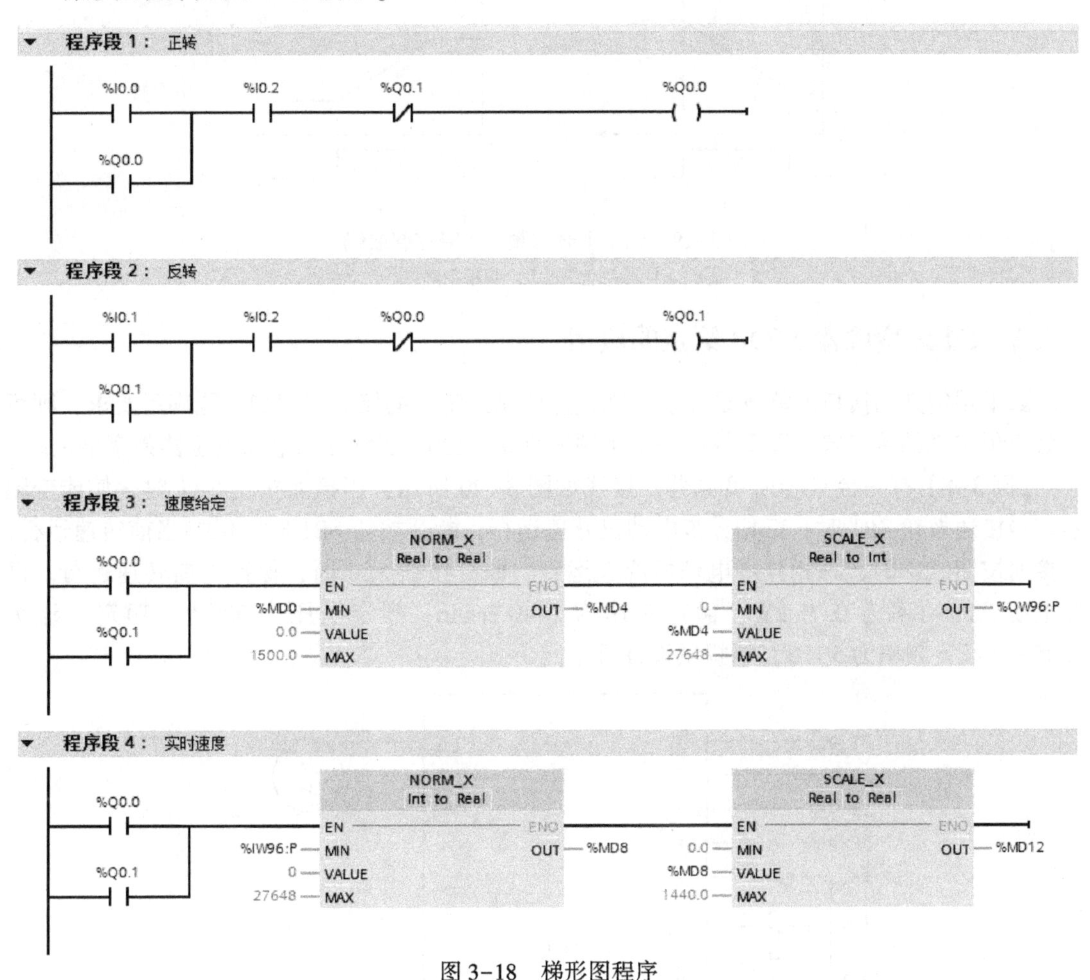

图 3-18　梯形图程序

3.5　G120 变频器的电动电位器（MOP）给定

3.5.1　G120 变频器 MOP 给定的介绍

变频器的 MOP 功能是通过变频器数字量端口的通、断来控制变频器频率的升、降，又称为 UP/DOWN（远程遥控设定）功能。大部分变频器是通过多功能输入端口进行数字量 MOP 给定的。

MOP 功能是通过频率上升（UP）和频率下降（DOWN）控制端子来实现的，通过 “宏” 指令的功能预置此两端子为 MOP 功能。将预置为 UP 功能的控制端子开关闭合，变频器的输出频率上升，断开时，变频器以断开时的频率运转；将预置为 DOWN 功能的控制端子闭合时，变频器的输出频率下降，断开时，变频器以断开时的频率运转，如图 3-19 所示。用 UP 和 DOWN 端子控制频率的升降要比用模拟输入端子控制稳定性好，因为该端子为数字量控制，不受干扰信号的影响。

实质上，MOP 功能就是通过数字量端口来实现面板操作上的键盘给定（▲/▼键）。

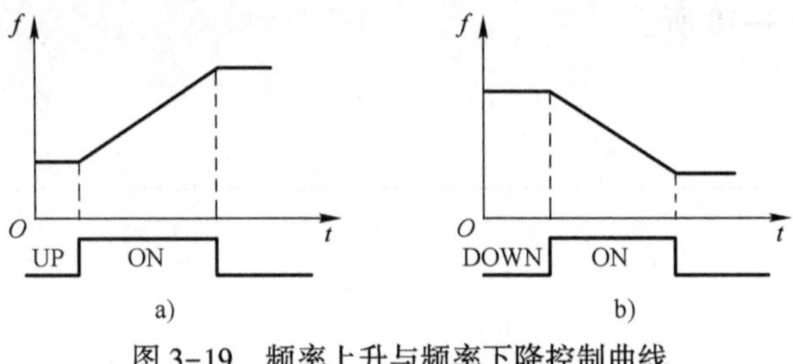

图 3-19 频率上升与频率下降控制曲线
a）频率上升 b）频率下降

3.5.2 G120 变频器 MOP 给定的应用

如果预定义的接口宏能满足要求，则直接使用预定义的接口宏，如不能满足要求，则可以修改预定义的接口宏。以下将用一个例题来介绍 G120C 变频器的电动电位器频率给定。

【例 3-8】 有一台 G120C 变频器，接线如图 3-20 所示，当接通按钮 SA1 时，使能变频器。当接通按钮 SB1 时，三相异步电动机升速运行，断开按钮 SB1 时，保持当前转速运行；当接通按钮 SB2 时，三相异步电动机降速运行，断开按钮 SB2 时，保持当前转速运行。已知电动机的功率为 0.75 kW，额定转速为 1440 r/min，额定电压为 380 V，额定电流为 2.05 A，额定频率为 50 Hz，请提供设计方案。

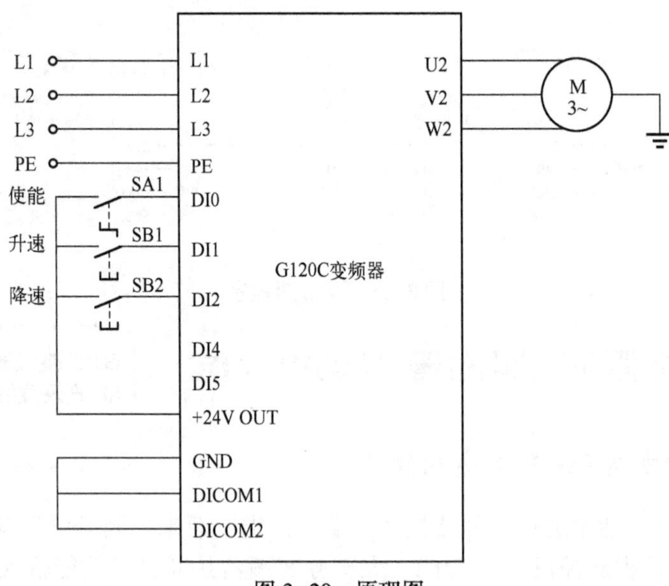

图 3-20 原理图

解：

当接通按钮 SA1 时，DI0 端子与变频器的+24 V OUT（端子 9）连接，使能电动机；当接通按钮 SB1 时，DI1 端子与变频器的+24 V OUT（端子 9）连接，升速运行；当接通按钮 SB2 时，三相异步电动机降速运行。变频器参数见表 3-24。

表 3-24　变频器参数

序号	变频器参数	设定值	单位	功 能 说 明
1	p0003	3	—	权限级别
2	p0010	1/0	—	驱动调试参数筛选。先设置为 1，当把 p15 和电动机相关参数修改完后，再设置为 0
3	p0015	9	—	驱动设备宏指令
4	p0304	380	V	电动机的额定电压
5	p0305	2.05	A	电动机的额定电流
6	p0307	0.75	kW	电动机的额定功率
7	p0310	50.00	Hz	电动机的额定频率
8	p0311	1440	r/min	电动机的额定转速
9	p1070	1050	—	电动电位器作为主设定值

3.6　*U/f* 控制功能

变频器调速系统的控制方式通常有两种，一是 *U/f* 控制，是基本方式，一般的变频器都有这项功能；二是矢量控制，为高级方式，有些经济型的变频器没有这项功能，如西门子的 MM420 就没有矢量控制功能，而西门子 G120 有矢量控制功能。

G120 变频器的控制方式是通过设置参数 p1300 来实现的。参数 p1300 控制的开环/闭环运行方式见表 3-25。

表 3-25　参数 p1300 的开环/闭环运行方式

序号	设定值	含义
1	0	采用线性特性曲线的 *U/f* 控制
2	1	具有线性特性和 FCC（Flux Current Control，磁通电流控制）的 *U/f* 控制（FCC：磁通电流控制）
3	2	采用抛物线特性曲线的 *U/f* 控制
4	3	采用可编程特性曲线的 *U/f* 控制
5	4	采用线性曲线和 ECO（Economic，节能模式特性）的 *U/f* 控制
6	5	用于要求精确频率的驱动的 *U/f* 控制（纺织行业）
7	6	用于要求精确频率的驱动和 FCC 的 *U/f* 控制
8	7	采用抛物线特性曲线和 ECO 的 *U/f* 控制
9	19	采用独立电压设定值的 *U/f* 控制
10	20	转速控制（无编码器）
11	21	转矩控制（带编码器）
12	22	转矩控制（无编码器）
13	23	转矩控制（带编码器）

3.6.1　*U/f* 控制方式

由于电动机的磁通为 $\Phi_m=\dfrac{E}{4.44fN_Sk_{ns}}\approx\dfrac{U}{4.44fN_Sk_{ns}}$，在变频调速过程中为了保持主磁通的恒定，使 *U/f*=常数，这是变频器的基本控制方式。*U/f* 控制曲线如图 3-21 所示，真实的曲线与该曲线有所区别。

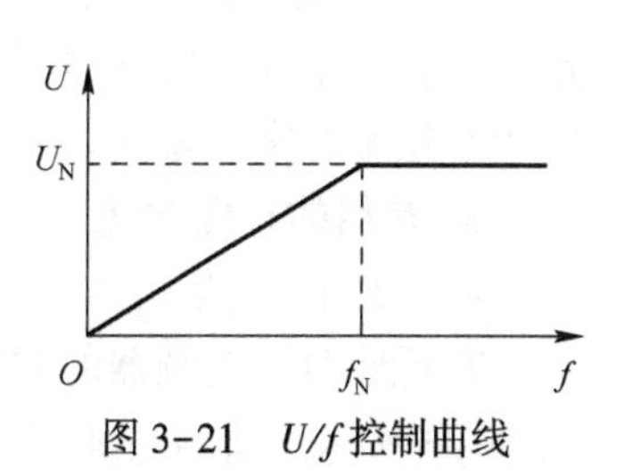

图 3-21　*U/f* 控制曲线

参数 p1300 默认值为 0，即为线性特性曲线的 *U/f* 控制。

3.6.2 转矩补偿功能

1. 转矩补偿

在 U/f 控制方式下，利用增加输出电压来提高电动机转矩的方法称为转矩补偿或者转矩提升。

2. 转矩补偿的原因

在基频以下调速时，须保持 E/f 恒定，即保持主磁通 Φ_m 恒定。频率 f 较高时，保持 U/f 恒定，即可近似地保持主磁通量 Φ_m 恒定。f 较低时，E/f 会下降，导致输出转矩下降。所以提高变频器的输出电压即可补偿转矩不足，变频器的这个功能叫作“转矩提升”。以下用一个例子进一步解释转矩补偿的原理。

【例 3-9】 有一台三相异步电动机，其主要参数是额定功率 45 kW，额定频率 50 Hz，额定电压 380V，额定转速 1480 r/min，相电流为 85 A。满载时阻抗压降是 30 V。采用 U/f 模式变频调速，试计算电动机的工作频率为 10 Hz 时，其磁通量的相对值。

解：

1）电动机的工作频率为 50 Hz 时，即满载时，定子绕组每相的反电动势为：

$$E=U_1-\Delta U=380\text{ V}-30\text{ V}=350\text{ V}$$

$$\frac{E}{f}=\frac{350\text{ V}}{50\text{ Hz}}=7.0\text{ V/Hz}$$

显然，此时的磁通量等于额定磁通，由于计算准确的磁通量数值比较麻烦，这里的磁通量用相对值表示，额定磁通量为 100%，即

$$\Phi_m^*=100\%$$

2）电动机的工作频率为 10 Hz 时，每相绕组的电压为：

$$U_{1X}=K_U U_1=\frac{f_1}{f}\times U_1=0.2\times 380\text{ V}=76\text{ V}$$

$$E_1=U_{1X}-\Delta U=76\text{ V}-30\text{ V}=46\text{ V}$$

$$\frac{E_1}{f_1}=\frac{46\text{ V}}{10\text{ Hz}}=4.6\text{ V/Hz}$$

所以相对磁通为：

$$\Phi_X^*=\Phi_m^*\times\frac{4.6}{7.0}=65.7\%$$

显而易见，此时的磁通量只相当于额定磁通量的 65.7%，电动机的带负载能力势必减少。而且随着频率的减小，带负载能力不断减小，所以低频率时，不能保持磁通量不变，因此某些情况下转矩补偿就十分必要。

U/f=恒定值条件下的机械特性如图 3-22 所示，可以明显看出当电动机的频率 f_X 小于额定频率 f_N 时，其输出转矩小于额定转矩，特别是在低频段输出转矩快速降低，由此可见，转矩补偿是非常必要的。

3. 常用的补偿方法

（1）线性补偿

在低频时，变频器的起动电压从 0 提升到某一数值，U/f 仍保持线性关系。线性补偿如图 3-23 所示。适当增加 U/f 比后，实际就是增加了反向电动势与频率的比值。

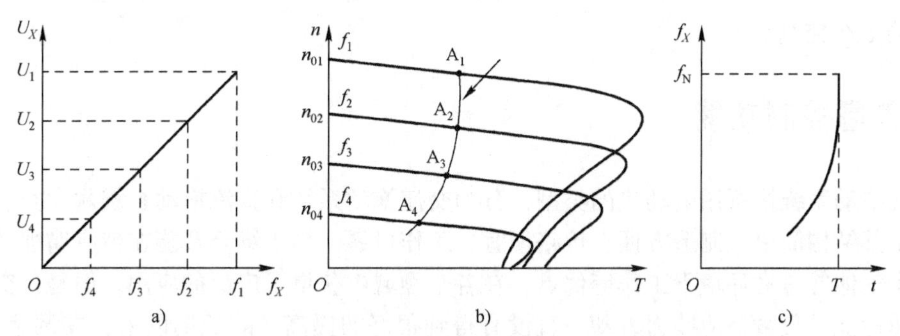

图 3-22 U/f=恒定值条件下的机械特性

a）输出电压-频率对应关系 b）转速-转矩对应关系 c）频率-转矩对应关系

那么增加到多少合适呢？以【例 3-9】为例说明，假设要求低频时相对磁通量为 100%，则：

$$\frac{E_1'}{f_1}=7.0\,\text{V/Hz}，即：E_1'=7.0\times f_1=(7.0\times 10)\,\text{V}=70\,\text{V}$$

所以补偿电压为：

$$\Delta U=E'-E_1=70\,\text{V}-46\,\text{V}=24\,\text{V}$$

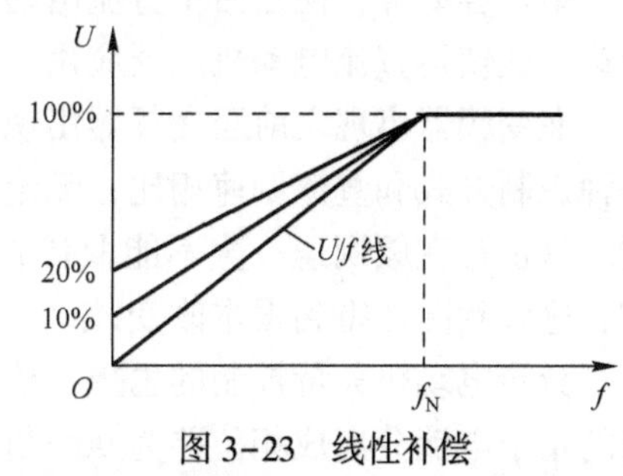

图 3-23 线性补偿

（2）可编程特性曲线的 U/f 控制

可编程特性曲线的 U/f 控制也称为分段补偿，起动过程中分段补偿，有正补偿、负补偿两种。可编程特性曲线的 U/f 控制如图 3-24 所示。西门子公司称这种补偿为可编程 U/f 特性补偿。西门子 G120 变频器，设置 p1300=3 是可编程特性曲线的 U/f 控制。

正补偿：补偿曲线在标准 U/f 曲线的上方，适用于高转矩起动运行的场合。

负补偿：补偿曲线在标准 U/f 曲线的下方，适用于低转矩起动运行的场合。

（3）抛物线特性曲线的 U/f 控制

可编程特性曲线的 U/f 控制也称为平方律补偿，补偿曲线为抛物线。低频时斜率小（U/f 比值小），高频时斜率大（U/f 比值大）。多用于风机和泵类负载的补偿，达到节能目的，因为风机和水泵是二次方负载，低速时负载转矩小，所以要负补偿，而随着速度的升高，其转矩成二次方升高，所以要进行二次方补偿，以到达节能的目的。抛物线特性曲线的 U/f 控制如图 3-25 所示。在西门子 G120 变频器中，设置 p1300=2 是抛物线特

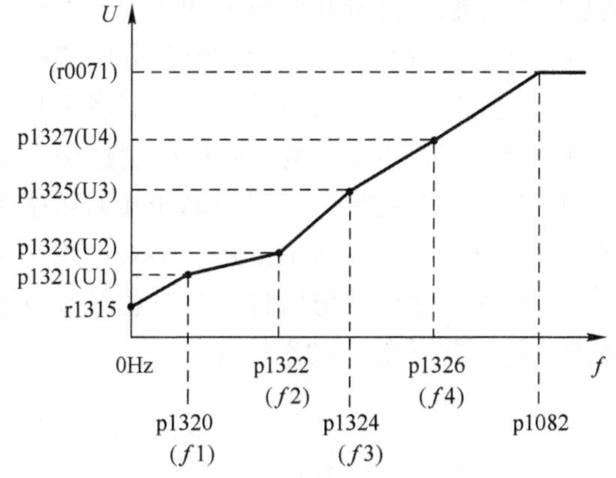

图 3-24 可编程特性曲线的 U/f 控制

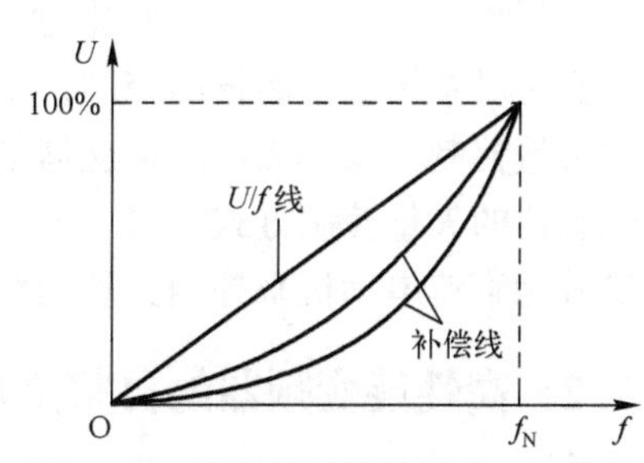

图 3-25 抛物线特性曲线的 U/f 控制

性曲线的 *U/f* 控制。

3.7 矢量控制功能

电气拖动系统按所用电动机的类型，分为交流拖动系统和直流拖动系统两大类。交流电动机由于其结构简单、制造方便、价格便宜、工作可靠、易于维修及能在带有腐蚀性、易爆性、含尘气体等恶劣环境下工作等优点，在各个领域中获得了广泛的应用。但是，交流电动机的调速性能及负载适应能力，却一直没有得到很好的提高。故长期以来，在调速领域中，直流电动机一直占主要地位，直流电动机虽不如交流电动机结构简单、制造方便、价格便宜、维护容易等，但是由于直流电动机具有良好的起动、制动性能以及能在很广范围内平滑调速，这使得直流电动机广泛应用于调速要求较高的各种生产部门。

在变频器出现之前至变频器出现初期，人们一直致力于研究交流电动机的调速问题，但各种控制方式和直流调速相比，无论是调速范围、调速性能、调速精度、动态响应都相距甚远。这也是变频调速一直不能取代直流调速的主要原因。直到出现了变频器的矢量控制方式，这种状况才得到根本改变。

异步电动机矢量控制的思想：仿照直流电动机的控制特点，把异步电动机构造上不能分离的定子电流分离成相位差为 90°的转矩电流和励磁电流，然后分别进行控制，使异步电动机得到和直流电动机一样的控制性能。

3.7.1 矢量控制实现的基本原理

由于异步电动机的动态数学模型是一个高阶、非线性、强耦合的多变量系统。其电压、频率、磁通和转速之间相互关联，因此用传统算法获得高动态调速性能是比较困难的。20 世纪 70 年代，西门子工程师 F. Blaschke 在做毕业论文时，首先提出利用异步电动机矢量控制理论来解决这个问题。矢量控制算法已被 Siemens、ABB、GE 和 Fuji 等国际化大公司及国内部分变频器公司广泛采用。较传统的 *U/f* 控制更为先进，优势也很明显。

矢量控制实现的基本原理是通过测量和控制异步电动机定子电流矢量，根据磁场定向原理分别对异步电动机的励磁电流和转矩电流进行控制，从而达到控制异步电动机转矩的目的。具体是将异步电动机的定子电流矢量分解为产生磁场的电流分量（励磁电流）和产生转矩的电流分量（转矩电流）并分别加以控制，然后同时控制两分量间的幅值和相位，即控制定子电流矢量，所以称这种控制方式称为矢量控制方式。简单地说，矢量控制就是将磁链与转矩解耦，有利于分别设计两者的调节器，以实现对交流电动机的高性能调速。或者可将矢量控制简称为“323”，将三相电通过矢量运算转化成两个变量的模型，通过控制这两个变量，实现对系统输出能量的控制，最后再转化三相输出。矢量控制方式又有基于转差频率控制的矢量控制方式、无速度传感器矢量控制方式（Sensor-less Vector Control，SVC）和有速度传感器的矢量控制方式（Flux Vector Control，FVC）等。这样就可以将一台三相异步电动机等效为直流电动机来控制，从而获得与直流调速系统同样的静、动态性能。

3.7.2 高性能变频器的自整定功能

由以上可知，变频器在进行转矩矢量控制时需要电动机的确定参数。如冷态定子电阻、漏电感、电动机额定滑差等。一般情况下，在电动机铭牌上无法知道。因此，高性能变频器一般具有自动读取电动机参数的自整定功能。变频器在使用闭环控制时，通过自整定功能可以根据使用控制环节的参数变化规律，通过处理器自动计算PID（见3.8节）的控制参数，使操作调试更为方便。在确定电动机负载的情况下，在进行转矩矢量控制方式运行前，应通过操作自整定功能，读取电动机的参数。变频器在自整定过程中，定子通以额定电流（电动机不旋转）。

各大变频器厂商推出的高性能变频器一般除自动读取电动机参数的自整定功能外，还有扩展脉冲编码器卡以实现高性能闭环调速功能。针对电动机的各种应用场合，在变频器内部配置了多种对应的应用宏，实现转矩矢量控制以及直接转矩控制等功能。

下面以西门子G120具体说明变频器在SVC自整定功能的参数设置。

目前，通用型变频器都是在*U/f*控制方式的基础上增加了矢量控制功能。因此，在实际应用中，首先要对控制方式进行选择，这就是变频器控制方式的选择功能。大部分变频器出厂时都定位在*U/f*控制方式，如果要进行矢量控制，还必须重新进行设定。西门子G120变频器矢量控制选择参数设置分别见表3-26。

表3-26　G120矢量控制选择参数设置

参　数	名　称	设定范围	设　置　值	出　厂　值
p1300	变频器的控制方式	0~23	20（SLVC）	0

西门子G120变频器自调谐参数设置见表3-27。

表3-27　G120变频器自调谐参数设置

步骤	参数及设定值	说　明	步骤	参数及设定值	说　明
1	p0010=1	进入快速调试	4	p3900=1	结束快速调试
2	p1300=20	矢量控制方式	5	p0342=	电动机转动惯量设置（根据实际情况决定）
3	p1910=1	电动机定子电阻的自动测量（出现a0541正常报警）	6	p1960=1	矢量控制的速度环优化

上述参数中可通过设置参数p1960=1来对速度环进行自动优化，也可以通过修改参数p1470和p1472的值来对变频器矢量控制的速度环进行实际调整。

为了正确地实现SLVC控制，必须按照电动机铭牌上的参数正确地设置变频器参数（p0304~p0310），而且，电动机定子电阻的自动检测（p1910）必须在电动机处于冷态（常温）时进行，如果电动机运行的环温度与默认值（20°C）有很大的差别，就必须将参数p0625设置为电动机运行环境的实际温度。

3.8　变频器的PID闭环控制功能

3.8.1　PID控制原理简介

在过程控制中，按偏差的比例（P）、积分（I）和微分（D）进行控制的PID控制器（也称PID调节器）是应用最广泛的一种自动控制器。它具有原理简单、易于实现、适用面广、控制参数相互独立、参数选定比较简单和调整方便等优点；而且在理论上可以证明，对于过程控制的典型对象——“一阶滞后+纯滞后”与“二阶滞后+纯滞后”的控制对象，PID 控制器是一种最优控制。PID 调节是连续系统动态品质校正的一种有效方法，它的参数整定方式简便，结构改变灵活（如可为 PI 调节、PD 调节等）。长期以来，PID 控制器被广大科技人员及现场操作人员所采用，并积累了大量的经验。

PID 控制器根据系统的误差，利用比例、积分、微分计算出控制量来进行控制。当被控对象的结构和参数不能完全掌握、得不到精确的数学模型或控制理论的其他技术难以采用时，系统控制器的结构和参数必须依靠经验和现场调试来确定，这时应用 PID 控制技术最为恰当。即当不完全了解一个系统和被控对象或不能通过有效的测量手段来获得系统参数时，最适合采用 PID 控制技术。

1. 比例（P）控制

比例控制是一种最简单、最常用的控制方式，如放大器、减速器和弹簧等。比例控制器能立即成比例地响应输入的变化量。但仅有比例控制时，系统输出存在稳态误差（Steady-state Error）。

2. 积分（I）控制

在积分控制中，控制器的输出量是输入量对时间的积累。对一个自动控制系统，如果在进入稳态后存在稳态误差，则称这个控制系统是有稳态误差的系统或简称有差系统（System with Steady-state Error）。为了消除稳态误差，在控制器中必须引入“积分项”。积分项对误差的运算取决于时间的积分，随着时间的增加，积分项会增大。所以即便误差很小，积分项也会随着时间的增加而加大，它推动控制器的输出增大，使稳态误差进一步减小，直到等于零。因此，采用比例+积分（PI）控制器，可以使系统在进入稳态后无稳态误差。

3. 微分（D）控制

在微分控制中，控制器的输出与输入误差信号的微分（即误差的变化率）成正比关系。自动控制系统在克服误差的调节过程中可能会出现振荡甚至失稳。其原因是存在较大的惯性组件（环节）或滞后（Delay）组件，这些组件具有抑制误差的作用，其变化总是落后于误差的变化。解决的办法是使抑制误差的作用变化“超前”，即在误差接近零时，抑制误差的作用就应该是零。这就是说，在控制器中仅引入“比例”项往往是不够的，比例项的作用仅是放大误差的幅值，而目前需要增加的是“微分项”，它能预测误差变化的趋势，这样具有“比例+微分”的控制器就能够提前使抑制误差的控制作用等于零，甚至为负值，从而避免被控量的严重超调。所以对有较大惯性或滞后的被控对象，比例+微分（PD）控制器能改善系统在调节过程中的动态特性。

4. 开环控制系统和闭环控制系统

控制系统一般包括开环控制系统和闭环控制系统。开环控制系统（Open-loop Control System）是指被控对象的输出（被控制量）对控制器（Controller）的输出没有影响，在这种控制系统中，系统的输人影响输出而不受输出影响。开环控制系统内部没有形成闭合的反馈环，像是被断开的环。闭环控制系统（Closed-loop Control System）的特点是系统被控对象的输出（被控制量）会返送回来影响控制器的输出，形成一个或多个闭环。闭环控制系统有正反馈和负反馈，若反馈信号与系统给定值信号相反，则称为负反馈（Negative Feedback）；若极性相同，则称为正反馈。一般闭环控制系统均采用负反馈，又称负反馈控制系统。可见，闭环控制系统性能远优于开环控制系统。

3.8.2　G120 变频器的闭环控制

1. G120 变频器的 PID 控制模型

G120 变频器的 PID 控制模型如图 3-26 所示。闭环控制的优点是可以大幅提高控制的精度，测速元件通常采用光电编码器。

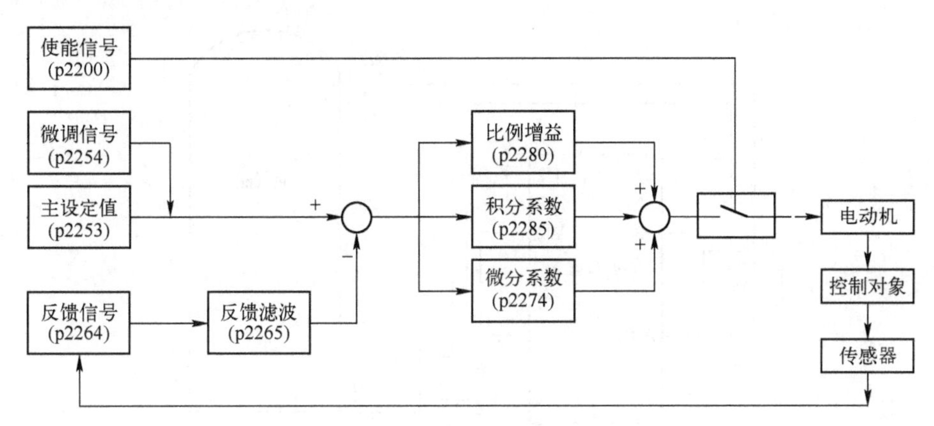

图 3-26　G120 变频器 PID 控制模型

2. G120 变频器 PID 控制的相关参数

PID 控制的主要参数包括设定通道、反馈通道、比例、积分和微分参数，与 PID 相关的参数说明见表 3-28。

表 3-28　与 PID 相关的参数说明

序号	参数	说　明
1	p2200	使能 PID 功能 0：不使能 1：使能
2	p2253	PID 设定值，如设定压力值
3	p2264	PID 反馈值，即测量值，如测量的压力值
4	p2280	PID 比例增益，无单位
5	p2285	PID 积分时间，如 10 s
6	p2274	PID 微分时间，如 10 s
7	p2251	设置工艺控制器输出的应用模式，p2200>0，p2251=0 或 1 才生效 0：工艺控制器作为转速主设定值 1：工艺控制器作为转速附加设定值

3.8.3　变频器的 PID 控制应用实例

PID 控制在工业控制中非常常用，特别是用到变频器的场合，更是经常用到 PID 控制，典型的应用有：恒压供水、恒压供气和张力控制等。常见的变频器中自带 PID 功能，对于不太复杂的 PID 控制，变频器可以独立完成。在工程中，很多情况下用到变频器，却利用 PLC 或者专用控制器完成 PID 运算。以下用几个实例分别介绍。

1. 储气罐压力闭环控制系统（专用 PID 控制器）

如图 3-27 所示为储气罐压力闭环控制系统，压力传感器检测储气罐的气压，压力数值传送到 PID 控制器（PID 控制器可以是 PLC，也可以是 PID 仪表），经过 PID 仪表的运算输出一个模拟量给变频器的模拟量输入端子，如果压力值小于设定压力值，那么输出模拟量控制变频器升速，从而使得空气压缩机输出较多的压缩空气，使储气罐的压力上升而达到设定数值。这种控制模式是常用的控制模式，PID 运算用专门的 PID 控制器完成。

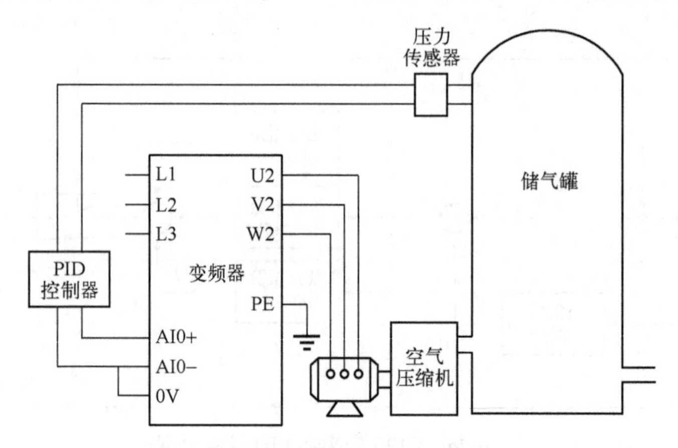

图 3-27　储气罐压力闭环控制系统（专用 PID 控制器）

2. 储气罐压力闭环控制系统（变频器自带 PID 控制器）

如图 3-28 所示为储气罐压力闭环控制系统，压力传感器检测储气罐的气压，压力数值传送到变频器，经过变频器的 PID 运算，得出一个信号，如果压力值小于设定压力值，那么这个信号自动控制变频器升速，从而使得空气压缩机输出较多的压缩空气，使储气罐的压力上升而达到设定数值。这种控制模式不选用专门的 PID 控制器，因此硬件投入相对较少。很多变频器都有 PID 功能。

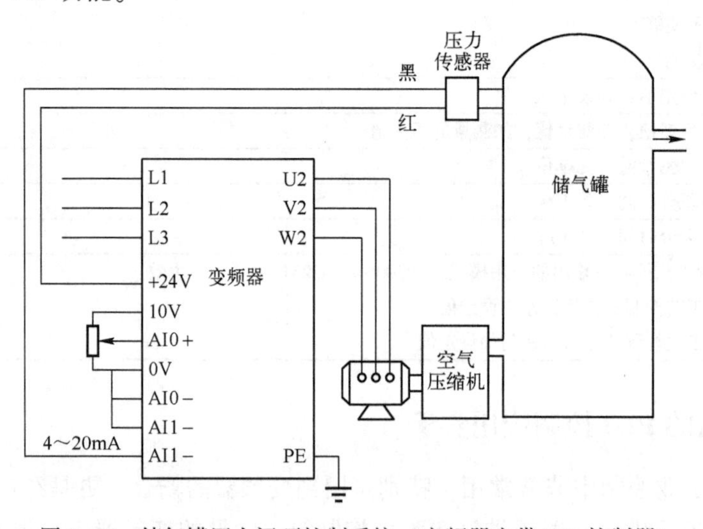

图 3-28　储气罐压力闭环控制系统（变频器自带 PID 控制器）

设定与 PID 相关的参数见表 3-29。

表 3-29　设定与 PID 相关的参数

序号	参数	设定值	说　　明
1	p2200	1	使能 PID 功能
2	p2253	755.0	模拟量 0 作为工艺控制器的设定值
3	p2264	755.1	模拟量 1 作为工艺控制器的实际测量值
4	p2280	5.0	PID 比例增益为 5.0
5	p2285	10	PID 积分时间为 10s
6	p2274	0	关闭微分环节
7	p2251	0	工艺控制器作为转速主设定值

第 4 章

S120 系统与接线

本章介绍 SINAMICS S120 变频器的应用领域、硬件相关内容和安装接线，使读者初步了解 SINAMICS S120 变频器，这是学习本书后续内容的必要准备。

4.1 S120 驱动系统

S120 驱动系统如图 4-1 所示。

1. 模块化系统，适用于要求高的驱动任务

S120 可以胜任各个工业应用领域中要求高的驱动任务，并因此设计为模块化的系统组件。大量部件和功能相互之间具有协调性，用户因此可以进行组合使用，以构成最佳方案。功能卓越的组态工具 SIZER 使选型和驱动配置的优化计算变得很容易。

丰富的电动机型号组配使 S120 的功能更加强大。不管是扭矩电动机、同步电动机还是异步电动机，还是旋转电动机或直线电动机，都可以获得 S120 的最佳支持。

2. 配有中央控制单元的系统架构

在 SINAMICS S120 上，驱动器的智能控制、闭环控制都在控制单元中实现，它不仅负责矢量控制、伺服控制，还负责 *U/f* 控制。另外，控制单元还负责所有驱动轴的转速控制、转矩控制，以及驱动器的其他智能功能。各轴的互联可在一个控制单元内实现，并且只需在 STARTER 调试工具中单击鼠标即可进行组态。

3. 更高的运行效率

1）基本功能：转速和转矩控制、定位功能。

2）智能启动功能：电源中断后自动重启。

3）BICO 互联技术：驱动器相关 I/O 信号互联，可方便地根据设备条件调整驱动系统。

4）安全集成功能：低成本实现安全概念。

5）可控的整流和反馈：避免在进线侧产生噪声、控制电动机制动时产生的再生反馈能量，提高进线电压波动时的耐用度。

4. DRIVE-CLiQ—SINAMICS 所有部件之间的数字式接口

S120 的多数组件，包括电动机和编码器，都是通过共用的串行接口 DRIVE-CLiQ 相互连接的。统一的电缆和连接器规格可减少零件的多样性和仓储成本。对于其他厂商的电动机或改造应用，可使用转换模块将常规编码器信号转换成 DRIVE-CLiQ。

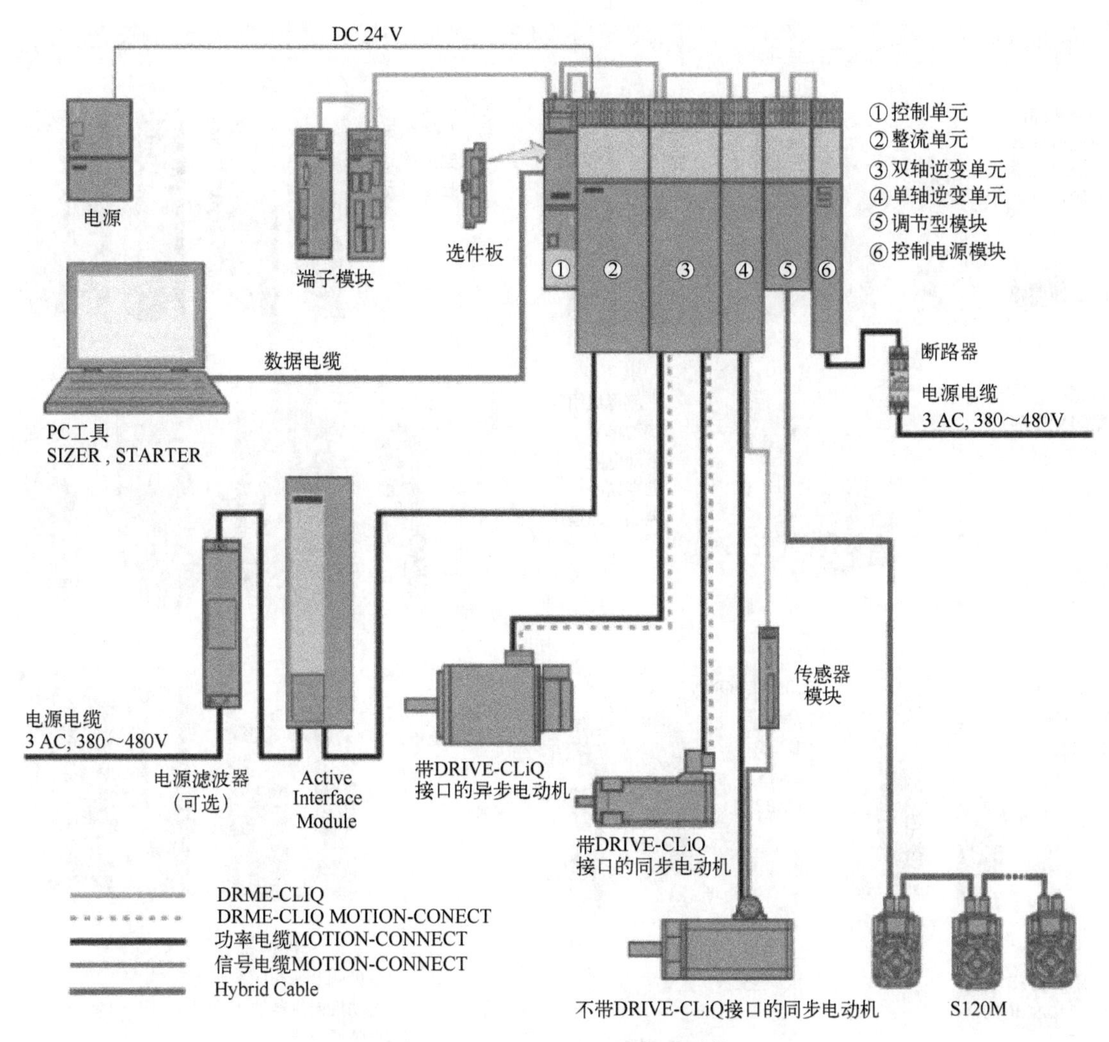

图4-1　SINAMICS S120驱动系统

5. 所有组件都具有电子铭牌

每个组件都有一个电子铭牌，这些铭牌在进行S120驱动系统的组态时会起到非常重要的作用。它使得驱动系统的组件可以通过DRIVE-CLiQ电缆被自动识别。因此在进行系统调试或系统组件更换时，就可以省掉数据的手动输入，使调试变得更加安全。

该电子铭牌包含了相应组件的全部重要技术数据，例如：等效电路的参数和电动机集成编码器的参数。

除了技术数据外，在电子铭牌中还包含物流数据，如产品编号和识别码。由于这些值既可以现场获取，也能够通过远程诊断获取，所以机器内使用的组件可以随时被精确检测，维修工作相应得到简化。

4.2　技术参数

S120的组件如图4-2所示。

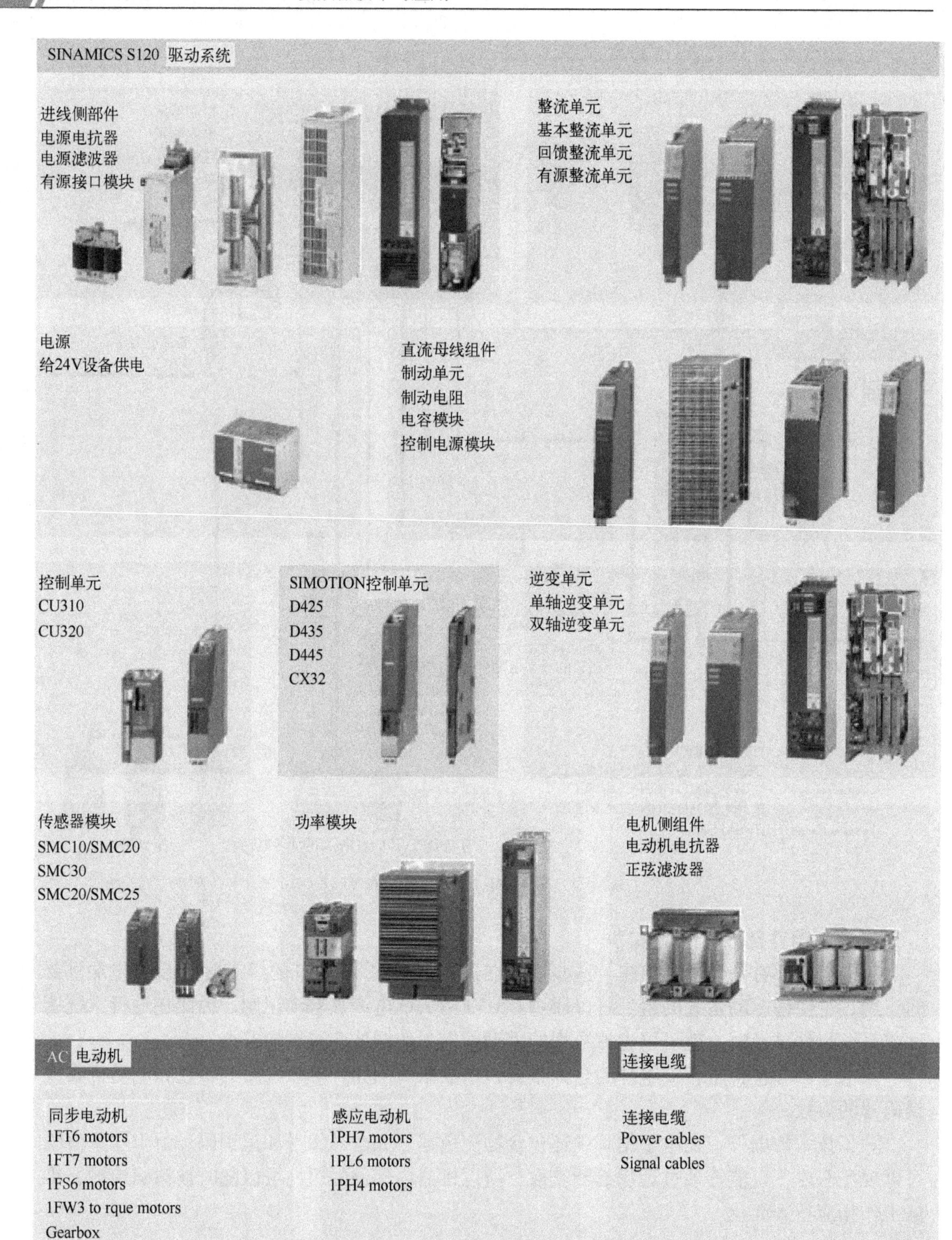
SINAMICS S120 驱动系统
进线侧部件
电源电抗器
电源滤波器
有源接口模块
整流单元
基本整流单元
回馈整流单元
有源整流单元
电源
给24V设备供电
直流母线组件
制动单元
制动电阻
电容模块
控制电源模块
控制单元
CU310
CU320
SIMOTION控制单元
D425
D435
D445
CX32
逆变单元
单轴逆变单元
双轴逆变单元
传感器模块
SMC10/SMC20
SMC30
SMC20/SMC25
功率模块
电机侧组件
电动机电抗器
正弦滤波器
AC 电动机
连接电缆
同步电动机
1FT6 motors
1FT7 motors
1FS6 motors
1FW3 to rque motors
Gearbox
Geared motors
Linear motors
感应电动机
1PH7 motors
1PL6 motors
1PH4 motors
连接电缆
Power cables
Signal cables

图 4-2　S120 的组件

4.2.1　S120 的系统组件

（1）用于单机传动的 S120 AC/AC 系统组件

1）进线侧功率组件（Line-Side Components），如熔断器、接触器、电抗器和滤波器，用于接通电源，确保符合相关 EMC 指令的要求。

2）功率模块（Power Module），可以带有或者不带内置的进线滤波器和内置制动斩波器，为连接的电动机供电。

（2）用于多机传动的 S120 DC/AC 系统组件

1）进线侧功率组件，如熔断器、接触器、电抗器和滤波器，用于接通电源，确保符合相关 EMC 指令的要求。

2）整流模块（Line Module）：也称作电源模块整流装置，是一个整流器，由主电源供电，为直流母线集中供电。

3）直流母线部件（DC Link Components）：选件，用于稳定直流母线电压。

4）逆变模块（Motor Module）：也称为电动机模块，是一个逆变器，由直流母线供电，为电动机提供交流电源。

5）电动机侧功率部件：如正弦滤波器、输出电抗器等，用于降低电动机绕组的电压负载。

（3）其他 S120 系统组件

1）控制单元（Control Unit）：执行轴通用的驱动功能和工艺功能。

2）补充的系统组件：用于扩展功能，满足不同编码器接口和过程信号的要求。

SINAMICS S120 的组件设计安装在电气柜内，具备以下优点。

1）操作方便、安装和布线简单。

2）连接技术实用，具备符合 EMC 要求的电缆布线。

3）采用标准化设计，无缝集成。

4.2.2　S120 的产品分类

S120 的产品分为：书本型、紧促书本型、模块型、装置型和变频调速柜。

1. 书本型结构

书本型组件最适合用于多轴应用，彼此贴近安装。用于共用直流母线的接口已经集成在组件中。在冷却方面，书本型提供多种可选方案：内部风冷、外部风冷、冷却板和液冷式。

2. 紧凑书本型

紧凑书本型综合了书本型的所有优点，在相同的性能前提下，紧凑书本型更加小巧。因此，在对动态要求较高并且安装空间较为狭小的机器上，紧凑书本型是最佳的选择。紧凑书本型主要有下列几种冷却方式：内部风冷和冷却板。

3. 模块型

模块型单元经过优化可适合单轴应用，只作为功率模块提供。CU310-2 控制单元可卡装到模块型单元。模块型单元采用内部风冷或液冷设计。

4. 装置型

一般高输出功率单元（约 100kW 及 100kW 以上）采用装置型结构。这些组件包括电源模块、功率模块和电动机模块。装置型单元标配内部风冷回路。对于特殊应用，如挤压或船舶应用，可订购液冷设备。CU310-2 控制单元可集成到功率模块中。

5. 机柜模块型

除了本样本中介绍的变频器模块之外，S120 柜机是用于工厂应用的柜机系统，其组合使用最大功率可达 4500 kW（6000 HP）。

该模块化系统非常适合集中供电、共用直流母线的多电动机驱动场合，常用于造纸机、轧钢机、试验台或提升机构等。由于采用模块化设计，所有组件可以组合在封闭机柜系统中以满足各种要求。

柜机模块内除了电动机模块外，可包括基本电源模块、回馈电源模块和有源电源模块以及一些特殊的制动模块和辅助模块。该系统的防护等级分为 IP20、IP21、IP23、IP43 和 IP54。功率模块与中央控制单元之间通过 DRIVE-CLiQ 通信。

4.3 S120 的接线

4.3.1 控制单元 CU320-2 PN

控制单元 CU320-2 PN（PROFINET）是一个中央控制模块，可实现对单个或多个电源模块和/或电动机模块的开环和闭环控制功能。固件版本要求为 4.4 或更高。

1. 控制单元 CU320-2 PN 的接口

控制单元 CU320-2 PN 的接口包括电位隔离的数字量输入、非电位隔离的数字量输入/输出、DRIVE-CLiQ 接口、PROFINET 接口、LAN（以太网）、串行接口（RS232）、选件插槽和测量端子。控制单元 CU320-2 PN 的外形与接口位置分布如图 4-3 所示。

（1）X100～X103 DRIVE-CLiQ 接口

X100～X103 DRIVE-CLiQ 接口端子定义见表 4-1。

表 4-1 X100～X103 DRIVE-CLiQ 接口端子定义

	引脚	信号名称	技术参数
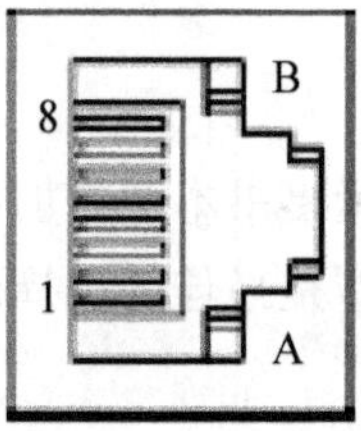	1	TXP	发送数据 +
	2	TXN	发送数据 -
	3	RXP	接收数据 +
	4	预留，未占用	—
	5	预留，未占用	—
	6	RXN	接收数据 -
	7	预留，未占用	—
	8	预留，未占用	—
	A	+（24 V）	电源
	B	M（0 V）	电子地
接口类型	DRIVE-CliQ 插口		

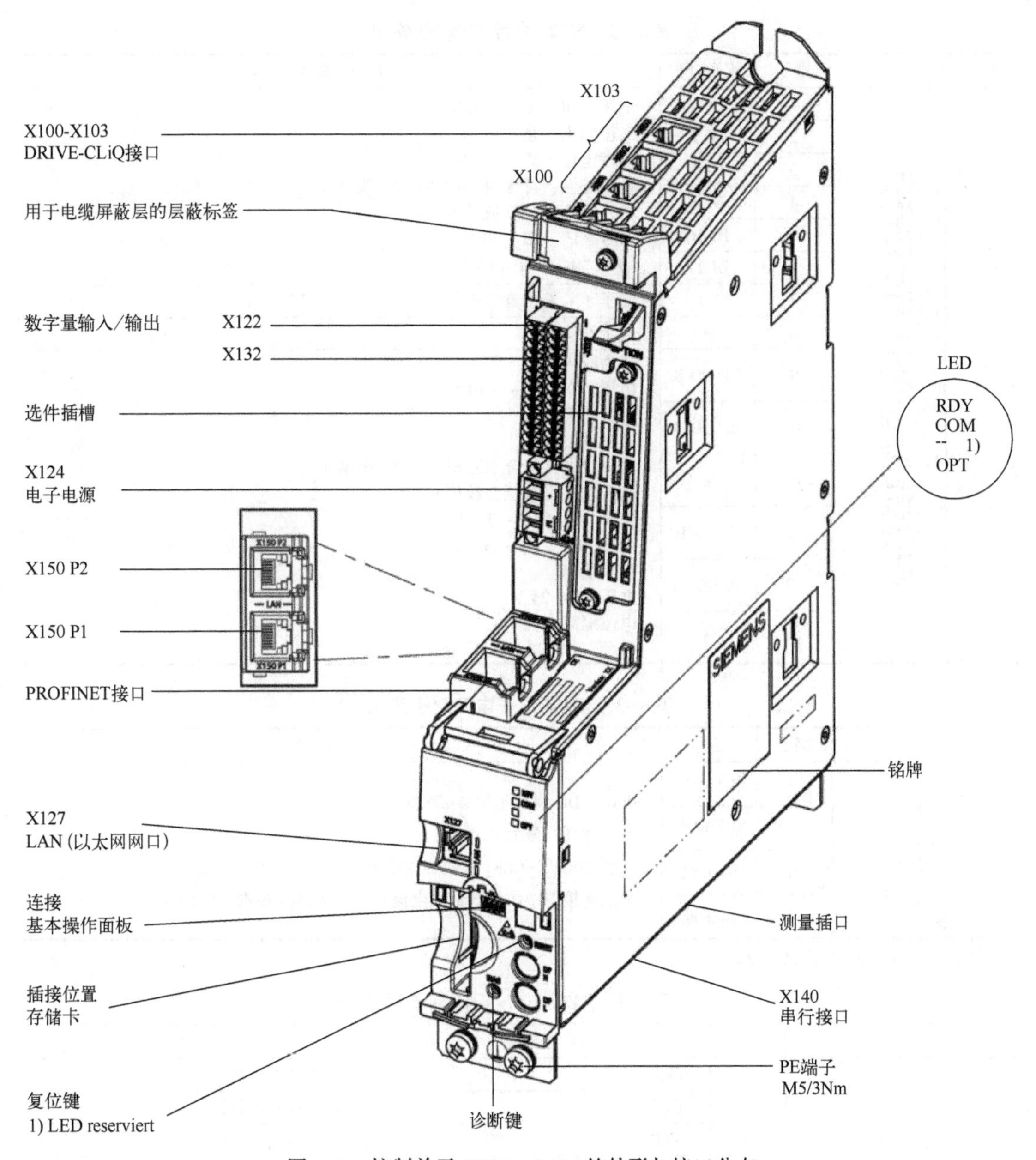

图 4-3　控制单元 CU320-2 PN 的外形与接口分布

注意：DRIVE-CliQ 插口的外形与 RJ45 外形很相似，但其信号端子的对面多了 A 和 B 两个电源端子。

（2）X122 数字量输入/输出接口

数字量输入/输出接口端子定义见表 4-2。

（3）X124 电子电源

X124 电子电源端子定义见表 4-3。

（4）X127 LAN（以太网网口）

X127 LAN 口的端子定义见表 4-4。

表 4-2 X122 数字量输入/输出

	端子	名称 1)	技术参数
	1	DI 0	电压：DC -3 ~ +30 V 电位隔离：是 参考电位：M1 输入特性，符合 IEC 61131-2，类型 1 输入电压（包括波纹度） 信号“1”：15 ~30 V 信号“0”：-3 ~+5 V
	2	DI 1	
	3	DI 2	
	4	DI 3	
	5	DI 16	
	6	DI 17	
	7	M1	端子 1 ~ 6 的参考电位
	8	M	电子地
	9	DI/DO 8	作为输入： 电压：DC -3 ~ +30 V 电位隔离：否 参考电位：M 输入特性，符合 IEC 61131-2，类型 1 输入电压（包括波纹度） 信号“1”：15 ~ 30 V 信号“0”：-3 ~ +5 V 作为输出： 电压：DC 24 V 电位隔离：否 参考电位：M
	10	DI/DO 9	
	11	M	
	12	DI/DO 10	
	13	DI/DO 11	
	14	M	

表 4-3 X124 电子电源端子定义

	端子	名称	技术参数
	+	电子电源	电压：DC 24 V（20.4~28.8 V） 电流消耗：最大 1.0 A （无 DRIVE-CLiQ 和数字量输出） 通过连接器中跳线的最大电流：20 A（15 A 根据 UL/CSA）
	+	电子电源	
	M	电子地	
	M	电子地	

注：UL/CSA 为北美产品安全认证

表 4-4 X127 LAN 口的端子定义

	引脚	信号名称	技术参数
	1	TXP	以太网发送数据 +
	2	TXN	以太网发送数据 -
	3	RXP	以太网接收数据 +
	4	预留，未占用	—
	5	预留，未占用	—
	6	RXN	以太网接收数据 -
	7	预留，未占用	—
	8	预留，未占用	—

连接器类型：RJ45 插头

（5）X150 P1/P2 PROFINET

X150 P1/P2 PROFINET 的端子定义见表 4-5。

2. 控制单元 CU320-2 PN 的接线

控制单元 CU320-2 PN 的接线如图 4-4 所示。

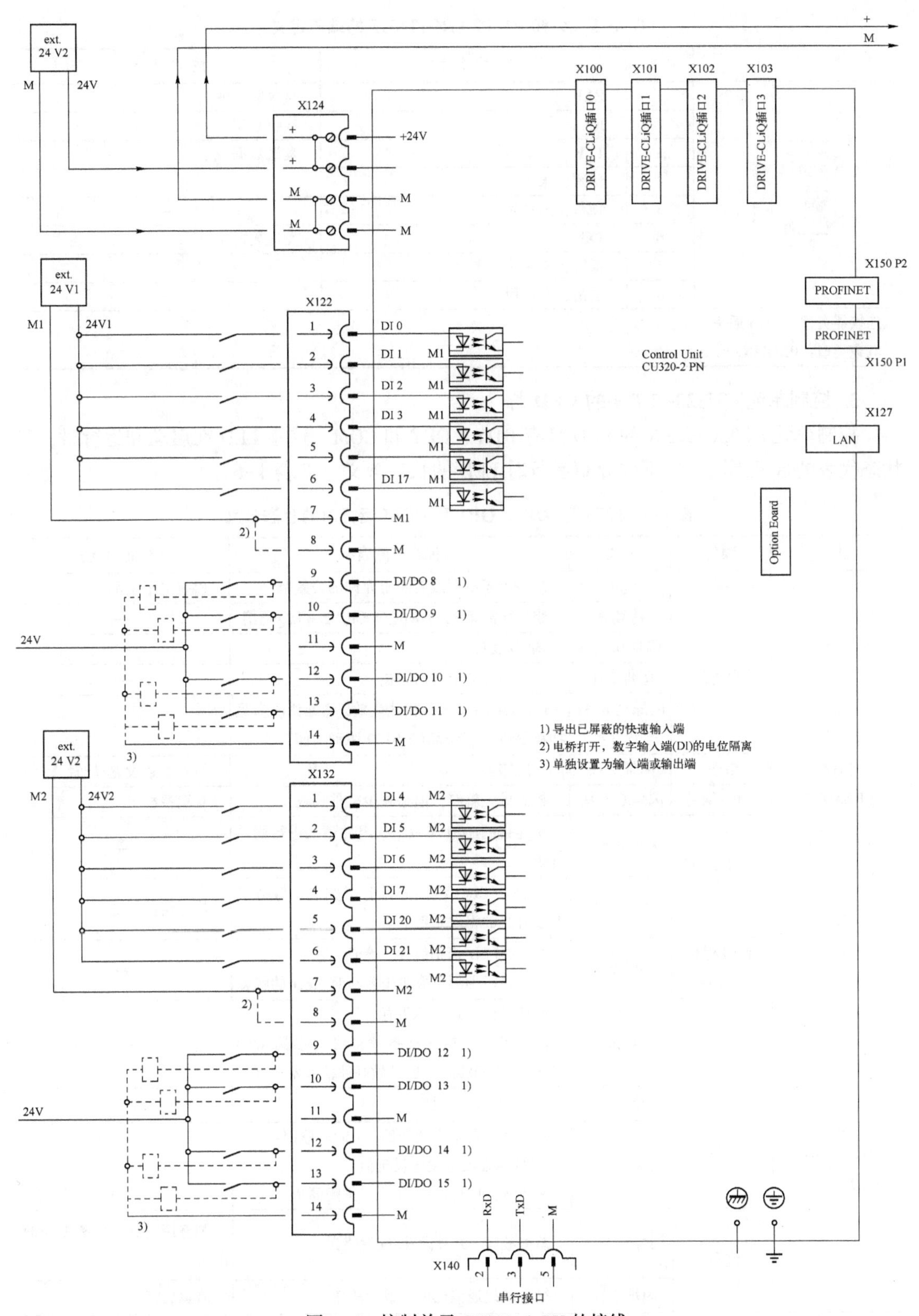

图 4-4　控制单元 CU320-2 PN 的接线

表 4-5　X150 P1/P2 PROFINET 的端子定义

	引脚	信号名称	技术参数
	1	RXP	接收数据 +
	2	RXN	接收数据 -
	3	TXP	发送数据 +
	4	预留，未占用	—
	5	预留，未占用	—
	6	TXN	发送数据 -
	7	预留，未占用	—
	8	预留，未占用	—

连接器类型：RJ45 插头

电缆类型：PROFINET

3. 控制单元 CU320-2 PN 的 LED 灯

控制单元 CU320-2 PN 的 LED 灯有 RDY、OPT 和 COM，这些 LED 在启动和运行时，其状态代表的含义不同，以下仅介绍运行时 LED 的状态含义，见表 4-6。

表 4-6　LED 灯 RDY、OPT 和 COM 运行时的状态含义

LED	颜色	状态	说明，原因	解决办法
RDY (READY)	—	熄灭	缺少电子电源或者超出允许的公差范围	检查电子电源
	绿色	持续亮	组件准备就绪并启动循环 DRIVE-CLiQ 通信	—
		闪烁 0.5 Hz	调试/复位	—
		闪烁 2 Hz	正在向存储卡写入数据	—
		闪烁亮 0.5 s 灭 3 s	PROFIenergy 节能模式生效。详细说明参见功能手册“SINAMICS S120 驱动功能”	—
	红色	闪烁 2 Hz	一般错误	检查参数设置/配置
	红色/绿色	闪烁 0.5 Hz	控制单元就绪，但是缺少软件授权	获取授权
	橙色	闪烁 0.5 Hz	所连接的 DRIVE-CLiQ 组件正在进行固件升级	—
		闪烁 2 Hz	DRIVE-CLiQ 组件固件升级完成。等待给完成升级的组件重新上电	执行组件上电
	绿色/橙色或红色	闪烁 2 Hz	“通过 LED 识别组件”激活 注：这两种颜色取决于激活时 LED 的状态	—
COM PROFIdrive 循环运行	—	熄灭	循环通信（还）未开始 注：当控制单元准备就绪时（参见 LED RDY），PROFIdrive 也已做好通信准备	—
	绿色	持续亮	开始进行循环通信	—
		闪烁 0.5 Hz	循环通信还未完全开始，可能的原因： • 控制器没有发送设定值 • 周期同步运行时还没有关闭同步	—
	红色	闪烁 0.5 Hz	总线故障，参数设置/配置错误	调整控制器和设备之间的配置
		闪烁 2 Hz	循环总线通信已中断或无法建立	消除故障

（续）

LED	颜色	状态	说明，原因	解决办法
OPT（选件）	—	熄灭	缺少电子电源或者超出允许的公差范围 组件没有准备就绪 选件板不存在或者没有创建相应的驱动对象	—
	绿色	持续亮	选件板未准备就绪	—
		闪烁 0.5 Hz	取决于所安装的选件板	—
	红色	持续亮	取决于所安装的选件板	—
		闪烁 0.5 Hz	取决于所安装的选件板	—
		闪烁 2 Hz	该组件上至少存在一个故障。选件板未准备就绪（例如上电后）	排除并应答故障
RDY 和 COM	红色	闪烁 2 Hz	总线故障，通信已中断	消除故障
RDY 和 OPT	橙色	闪烁 0.5 Hz	所连接的选件板正在进行固件升级	—

4.3.2　控制单元 CU320-2 DP

控制单元 CU320-2 DP 是一个中央控制模块，可实现对单个或多个电源模块和/或电动机模块的开环和闭环控制功能。固件版本要求为 4.3 或更高。

1. 控制单元 CU320-2DP 的接口

控制单元 CU320-2 DP 的接口包括电位隔离的数字量输入、非电位隔离的数字量输入/输出、DRIVE-CLiQ 接口、PROFIBUS 接口、LAN（以太网）、串行接口（RS232）、选件插槽和测量端子。控制单元 CU320-2 DP 的接口位置分布如图 4-5 所示。

端子字量输入/输出、X124 电子电源和 X127 LAN（以太网网口）与控制单元 CU320-2 PN 的同名称接口相同，在此不再赘述。

X126 PROFIBUS 接口用于 PROFIBUS 通信，其端子定义见表 4-7。

表 4-7　X126 PROFIBUS 接口的定义

	引脚	信号名称	含　义	范　围
	1	—	未占用	—
	2	M24_SERV	远程服务电源，接地	0 V
	3	RxD/TxD - P	接收/发送数据 P（B）	RS-485
	4	CNTR-P	控制信号	TTL
	5	DGND	PROFIBUS 数据参考电位	—
	6	VP	供电电压 正	5 V±10 %
	7	P24_SERV	远程服务电源，+(24 V)	24 V（20.4~28.8 V）
	8	RxD/TxD-N	接收/发送数据 N（A）	RS-485
	9	—	未占用	—
连接器类型：9 芯 SUB-D 插孔				

2. PROFIBUS 地址开关

在 CU320-2 DP 上的 PROFIBUS 地址通过两个十六进制编码的旋转开关设置。地址可以是 0~127 之间的十进制值，或者是 00~7F 之间的十六进制值。在上方的编码旋转开关（H）设置 161 的十六进制值，在下方的开关（L）设置 160 的十六进制值。PROFIBUS 地址开关对应的地址示例见表 4-8。

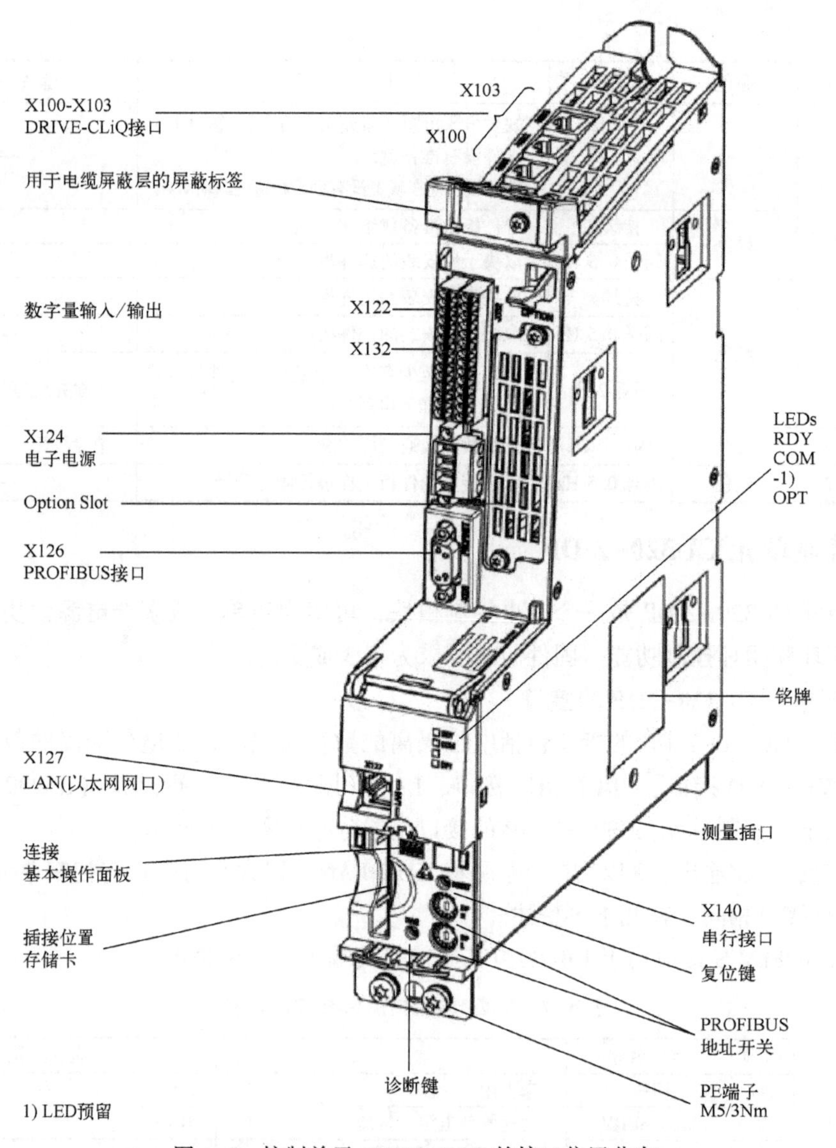

图 4-5　控制单元 CU320-2 DP 的接口位置分布

表 4-8　PROFIBUS 地址开关对应的地址示例

编码旋转开关	有 效 位	示 例		
		21_{dec}	35_{dec}	126_{dec}
		15_{hex}	23_{hex}	$7E_{hex}$
DP H	$16^1 = 16$	1	2	7
DP H	$16^0 = 1$	5	3	E

3. 控制单元 CU320-2DP 的接线

控制单元 CU320-2 DP 的接线如图 4-6 所示。

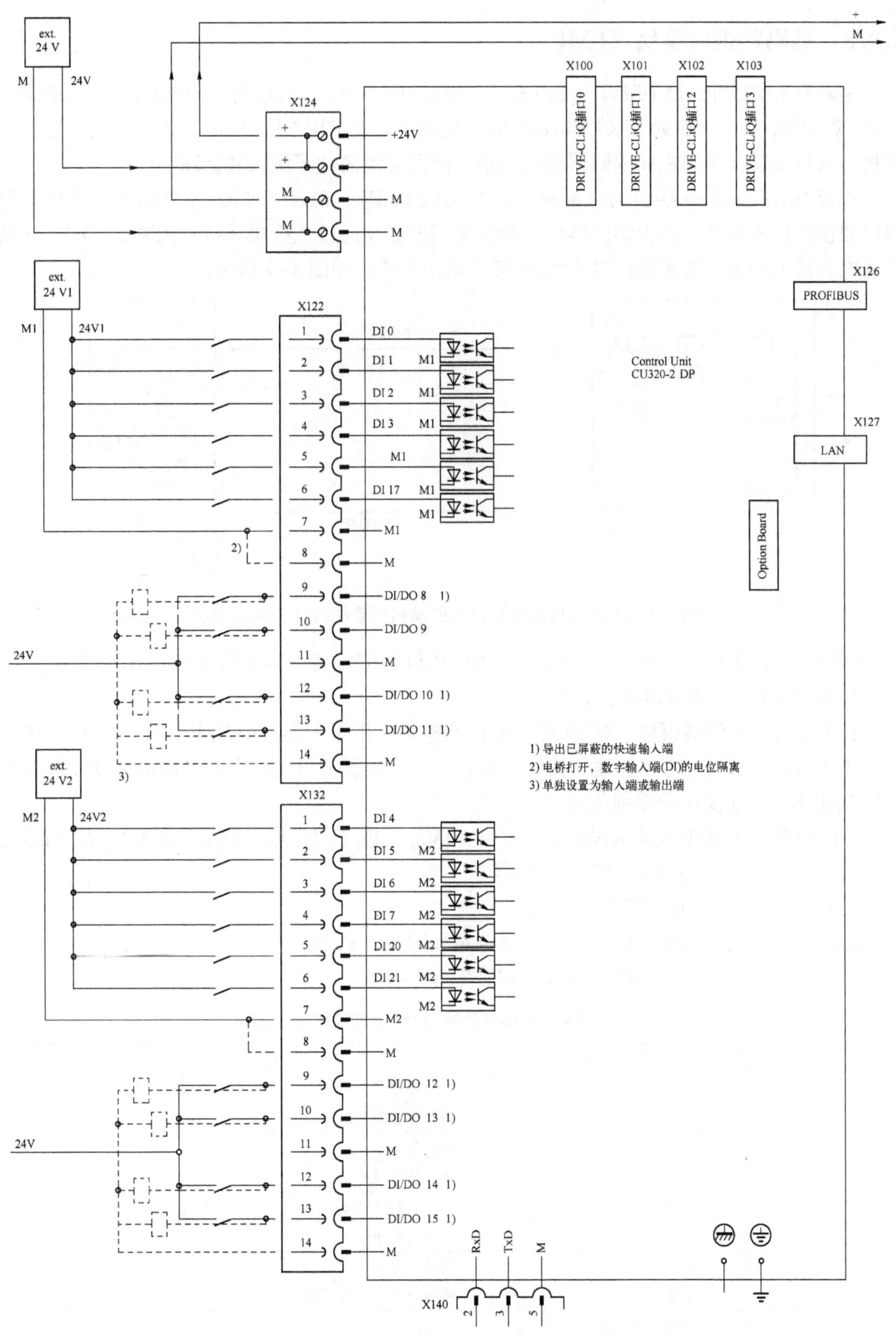

图 4-6　控制单元 CU320-2 DP 的接线

4.3.3 编码器接口模块（SMC）

编码器系统最好通过 DRIVE-CLiQ 接入 SINAMICS S120。为此西门子设计了带有 DRIVE-CLiQ 接口的电动机，例如 1FK7 和 1FT7 同步电动机以及 1PH7 和 1PH8 异步电动机。这种电动机可以自动进行电动机和编码器类型识别，因而大大简化了调试和诊断工作。

不带 DRIVE-CLiQ 接口的电动机和不带集成 DRIVE-CLiQ 接口的外部编码器必须通过编码器模块接入系统，因为编码器信号和温度信号必须通过该模块转换。无 DRIVE-CLiQ 接口的电动机上的编码器系统通过 SMC20 接入驱动系统，如图 4-7 所示。

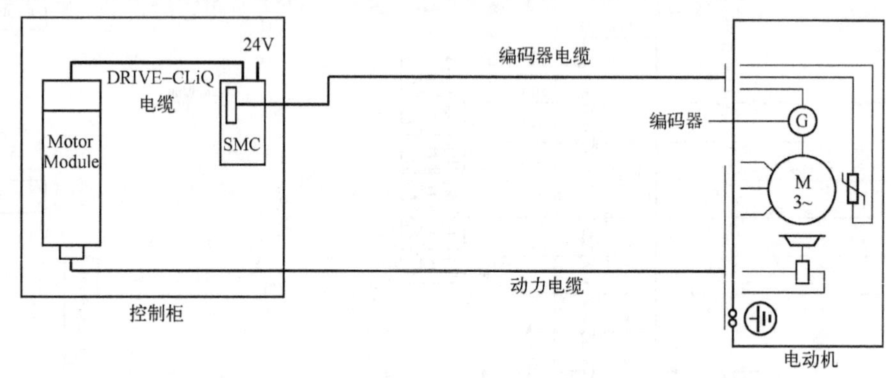

图 4-7 无 DRIVE-CLiQ 接口的电动机上的编码器系统通过 SMC20 接入驱动系统

编码器接口模块有 SMC10、SMC20、SMC30 和 SMC40 等，以下仅介绍 SMC20 模块。

1. SMC20 编码器接口模块的作用

机柜安装式编码器模块 SMC20 是一个扩展模块，用于卡紧在导轨上（符合 EN60715）。它能评估编码器信号，并将转速、位置实际值、转子位置和可能存在的电动机温度和参考点通过 DRIVE-CLiQ 发送给控制单元。

SMC20 用于评估增量式编码器 SIN/COS（1Vpp）或绝对值编码器 EnDat 2.1、EnDat 2.2 的产品标识 02 或 SSI 绝对值编码器的信号。

2. SMC20 编码器接口模块的接口

SMC20 编码器接口模块的外形与接口分布如图 4-8 所示。

SMC20 编码器接口模块的接口端子定义见表 4-9。

表 4-9 SMC20 编码器接口模块的接口端子定义

	引脚	信号名称	技术数据
	1	P 编码器	编码器电源
	2	M 编码器	编码器电源接地
	3	A	增量信号 A+
	4	A *	增量信号 A-
	5	接地	接地（用于内部屏蔽）
	6	B	增量信号 B+
	7	B *	增量信号 B-
	8	接地	接地（用于内部屏蔽）
	9	保留，未占用	—
	10	时钟	EnDat 接口时钟，SSI 时钟

（续）

	引脚	信号名称	技术数据
	11	保留，未占用	—
	12	时钟 *	反向的 EnDat 接口时钟，反向的 SSI 时钟
	13	+ 温度①	温度传感器 KTY84-1C130/PT1000/PTC
	14	Sense 电源	编码器电源的信号输入
	15	数据	EnDat 接口数据，SSI 数据
	16	Sense 接地	编码器供电的接地信号输入
	17	R	参考信号 R+
	18	R *	参考信号 R-
	19	C	绝对信号 C+
	20	C *	绝对信号 C-
	21	D	绝对信号 D+
	22	D *	绝对信号 D-
	23	数据 *	反向 EnDat 接口数据，反向 SSI 数据
	24	接地	接地（用于内部屏蔽）
	25	- 温度①	温度传感器 KTY84-1C130/PT1000/PTC
连接器类型：	25 针 SUB-D 插头		

① 通过温度传感器接口的测量电流：2 mA

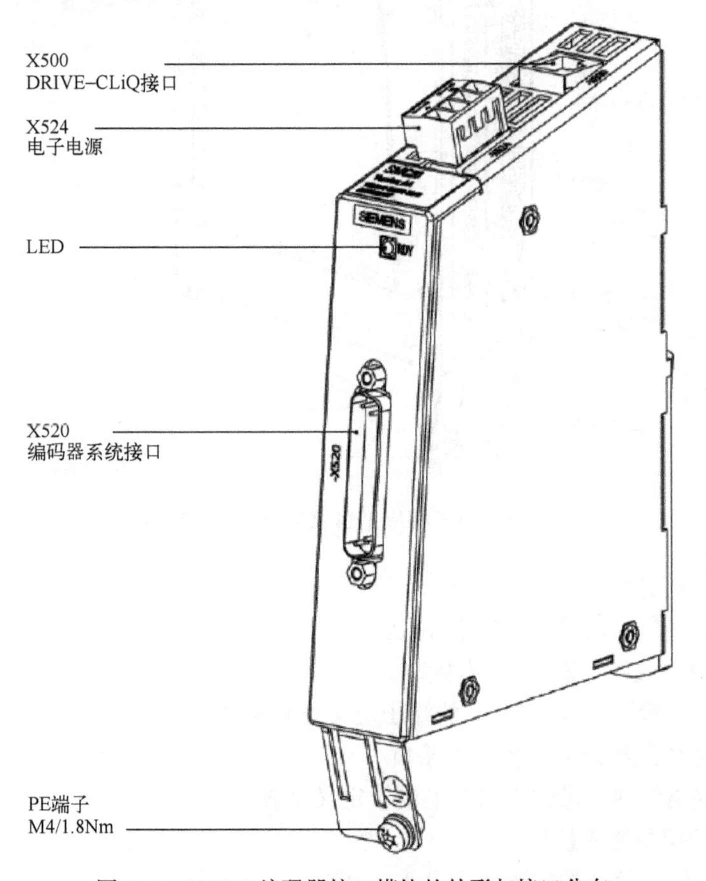

图 4-8　SMC20 编码器接口模块的外形与接口分布

4.3.4 端子模块（TM）

1. 端子模块（TM）介绍

端子模块包含 TM15、TM31、TM41、TM54F、TM120 和 TM150 等，是卡紧在安装导轨（符合 EN 60715）上的端子扩展模块。通过 TM 可以扩展驱动系统内部已有数字量输入/输出、模拟量输入/输出数量和编码器接口。以下仅介绍 TM41 模块。

2. 端子模块 TM41 的接口

端子模块 TM41 的外形与接口分布如图 4-9 所示。

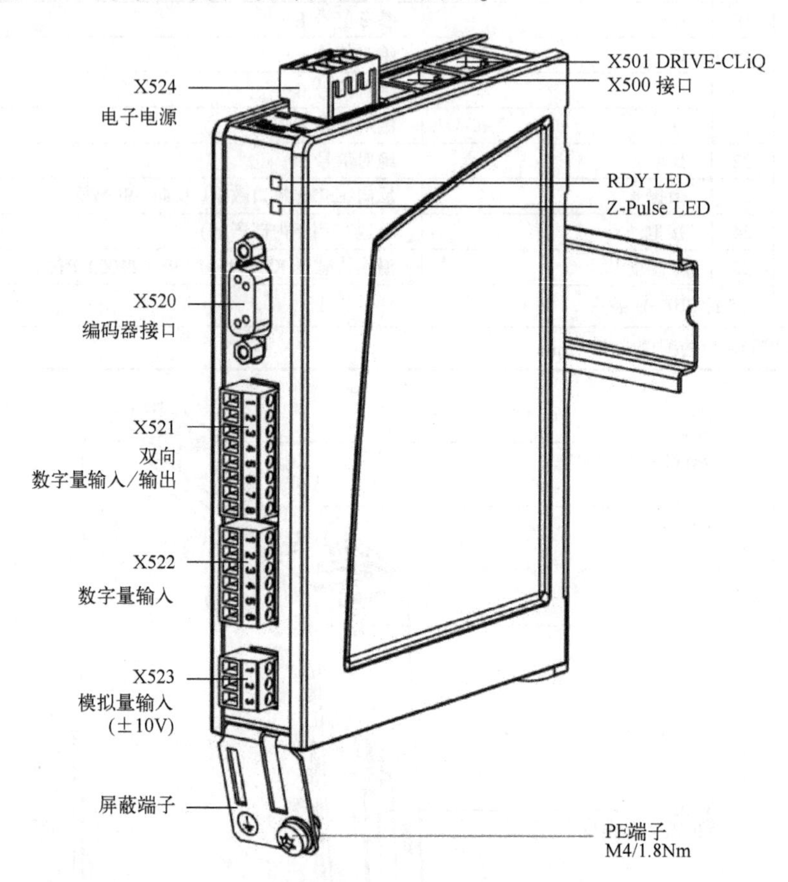

图 4-9 端子模块 TM41 的外形与接口分布

（1）X520 编码器接口

X520 编码器接口的端子定义见表 4-10。

（2）X521 双向数字量输入/输出接口

X521 双向数字量输入/输出接口的端子定义见表 4-11。

（3）X522 电位隔离的数字量输入接口

X522 电位隔离的数字量输入接口的端子定义见表 4-12。

（4）X523 模拟量输入接口

X523 模拟量输入接口的端子定义见表 4-13。

表 4-10　X520：编码器接口的端子定义

	引脚	信号名称	技术参数
	1	A	增量信号 A+
	2	R	参考信号 R+
	3	B	增量信号 B+
	4	预留，未占用	—
	5	预留，未占用	—
	6	A *	增量信号 A-
	7	R *	参考信号 R-
	8	B *	增量信号 B-
	9	M	接地
连接器类型	码器（RS422）		
最大电缆长度：30 m			

表 4-11　X521 双向数字量输入/输出接口的端子定义

	引脚	信号名称	技术参数
	1	DI/DO 0	作为输入 电压：DC -3~30 V 电位隔离：否 参考电位：M 作为输出 电压：DC24 V 电位隔离：否 参考电位：M
	2	DI/DO 1	
	3	DI/DO 2	
	4	DI/DO 3	
	5	+24 V	
	6	+24 V	
	7	+24 V	
	8	+24 V	

表 4-12　X522 电位隔离的数字量输入接口的端子定义

	端子	名　称	技术参数
	1	DI 0	作为输入 电压：DC-3~30 V 电位隔离：否 参考电位：M1
	2	DI 1	
	3	DI 2	
	4	DI 3	
	5	M1	
	6	M	

表 4-13　X523 模拟量输入接口的端子定义

	端子	名　称	技术参数
	1	AI 0-	电压：-10~+10 V Ri>100 kΩ 分辨率：12 位+符号位
	2	AI 0+	
	3	预留，未占用	

3. 端子模块 TM41 的接线

端子模块 TM41 的接线如图 4-10 所示。

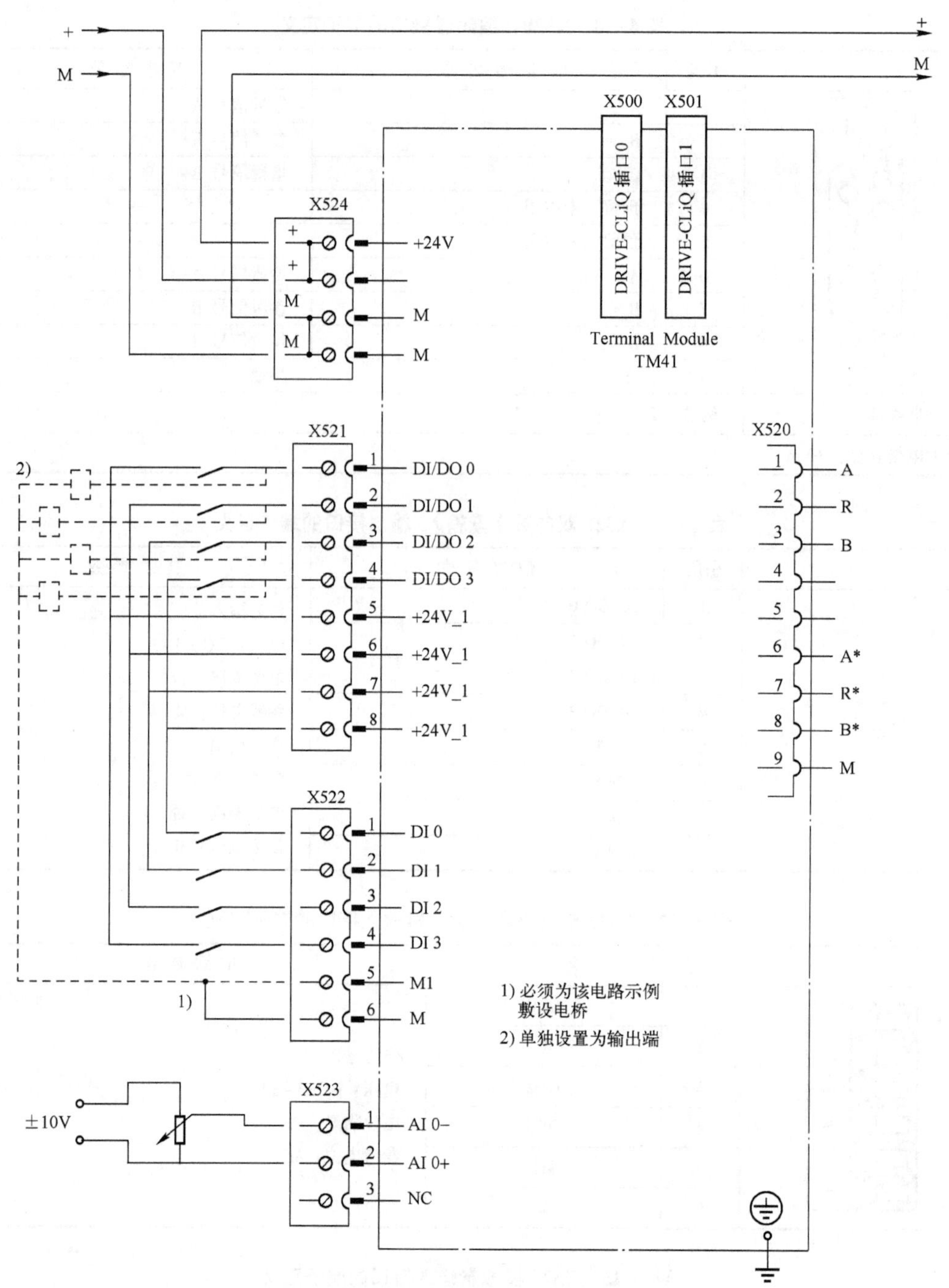

图 4-10　端子模块 TM41 的接线

4.3.5　控制单元适配器（CUA31/CUA32）

控制单元适配器 CUA31 可以卡在模块型功率模块上，通过 DRIVE-CLiQ 和控制单元 CU320-2、SINUMERIK NCU 7.x 或者控制单元 SIMOTION D 通信。

控制单元适配器 CUA31 的电源是由功率模块通过 PM-IF 接口提供的。如果希望关闭功率模块后也要保持控制单元适配器 CUA31 的通信能力，则必须使用一个外部 24 V DC 电源。

其他 DRIVE-CLiQ 节点，例如编码器模块或端子模块，可以连接到控制单元适配器 CUA31 上。控制单元适配器 CUA31 接线如图 4-11 所示。

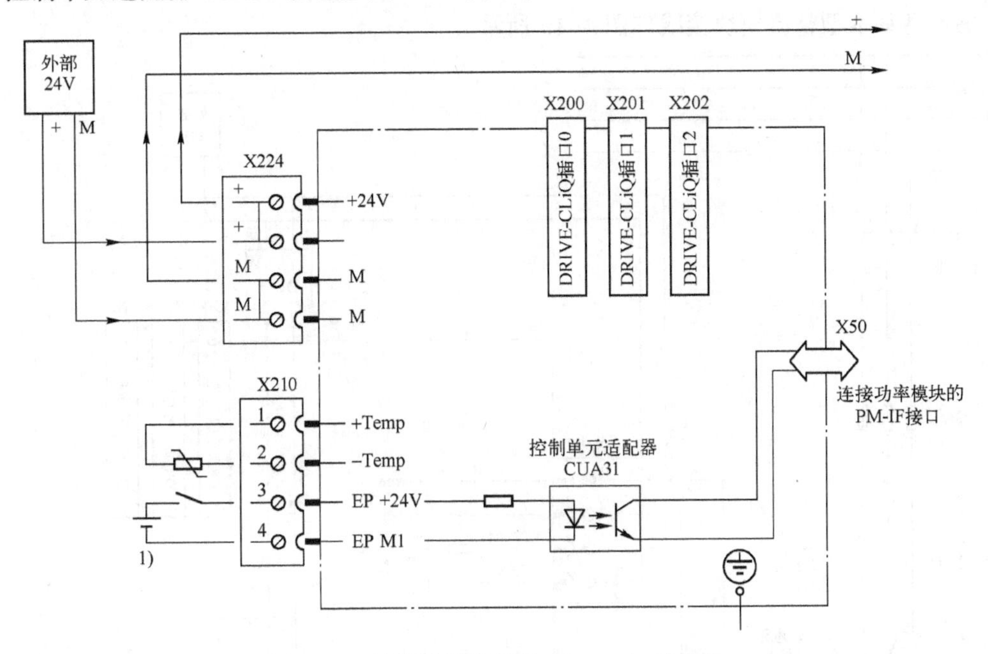

图 4-11　控制单元适配器（CUA31）的接线

适配器 CUA32 比适配器 CUA31 多一个编码器接口，功能类似，其接线如图 4-12 所示。

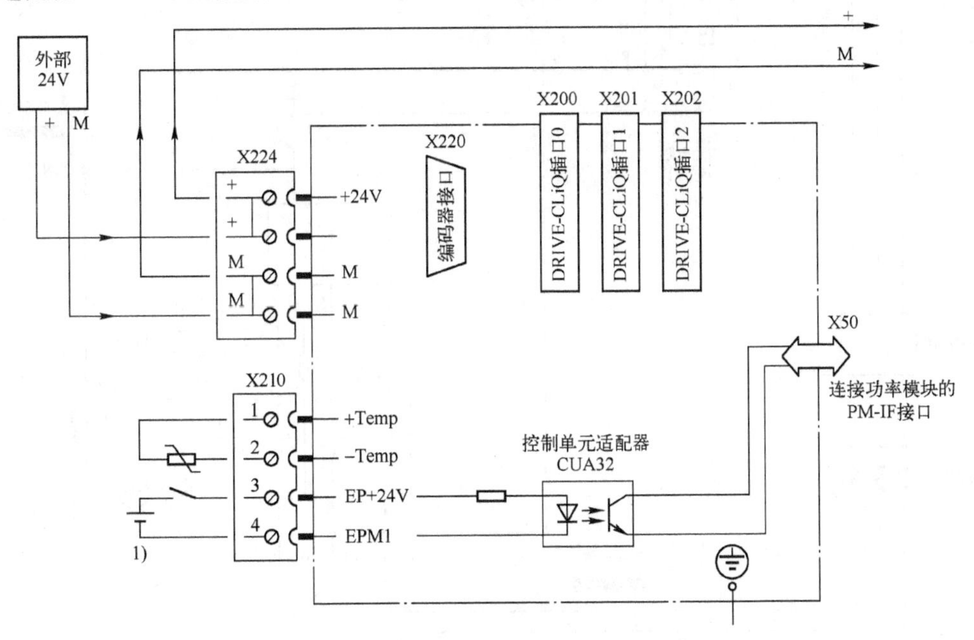

图 4-12　控制单元适配器（CUA32）的接线

4.3.6　整流模块

基本型整流模块（Basic Line Module，BLM）也称为基本型电源模块，是一个整流器，将主电源整流成直流电，供给直流母线。基本型整流模块通过 DRIVE-CLiQ 接收来自控制器（如 CU320-2）的控制信号。

书本型基本型整流模块接线如图 4-13 所示。

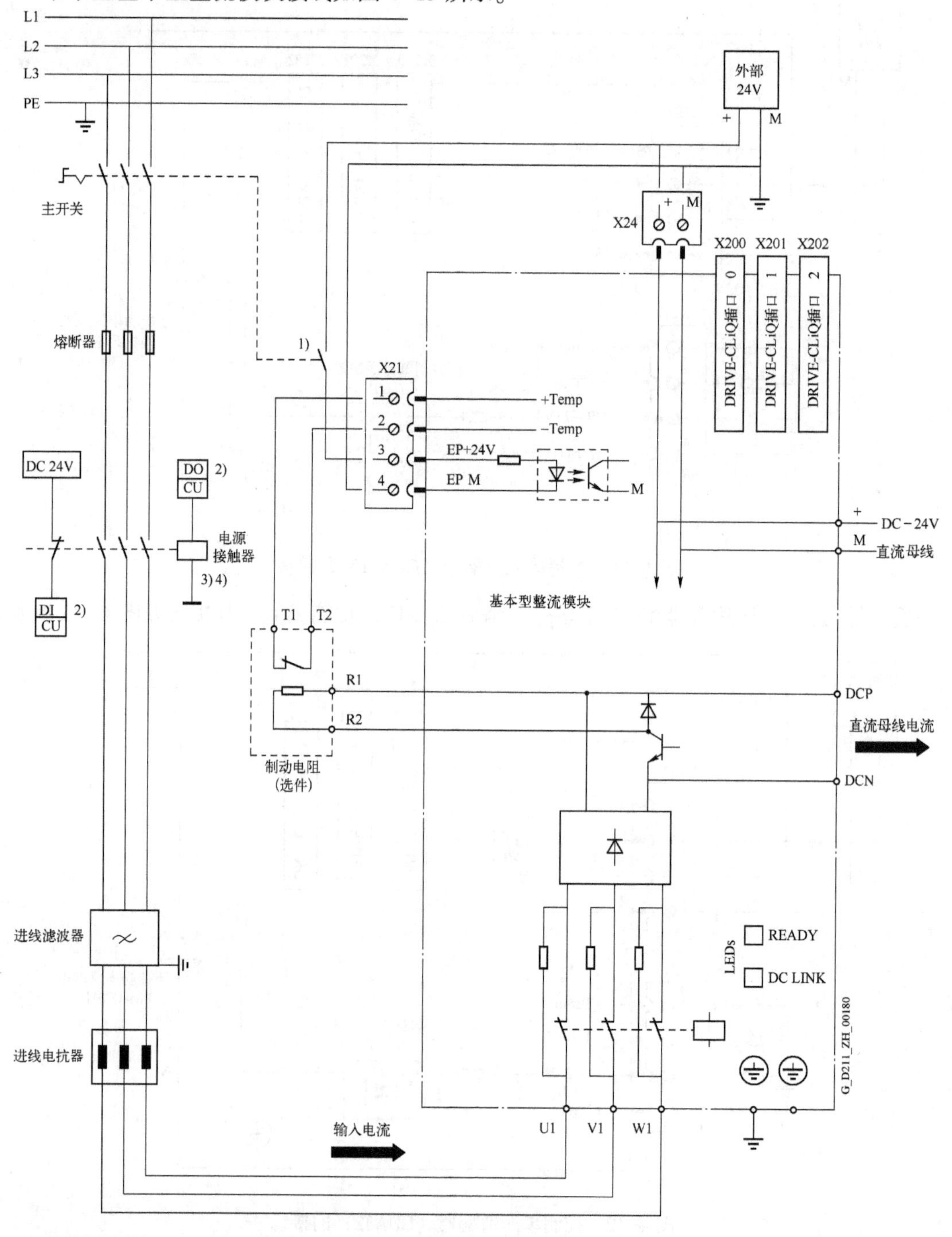

图 4-13　书本型基本型整流模块的接线（20 kW 和 40 kW）

书本型回馈整流模块（Smart Line Module，SLM）接线如图 4-14 所示。

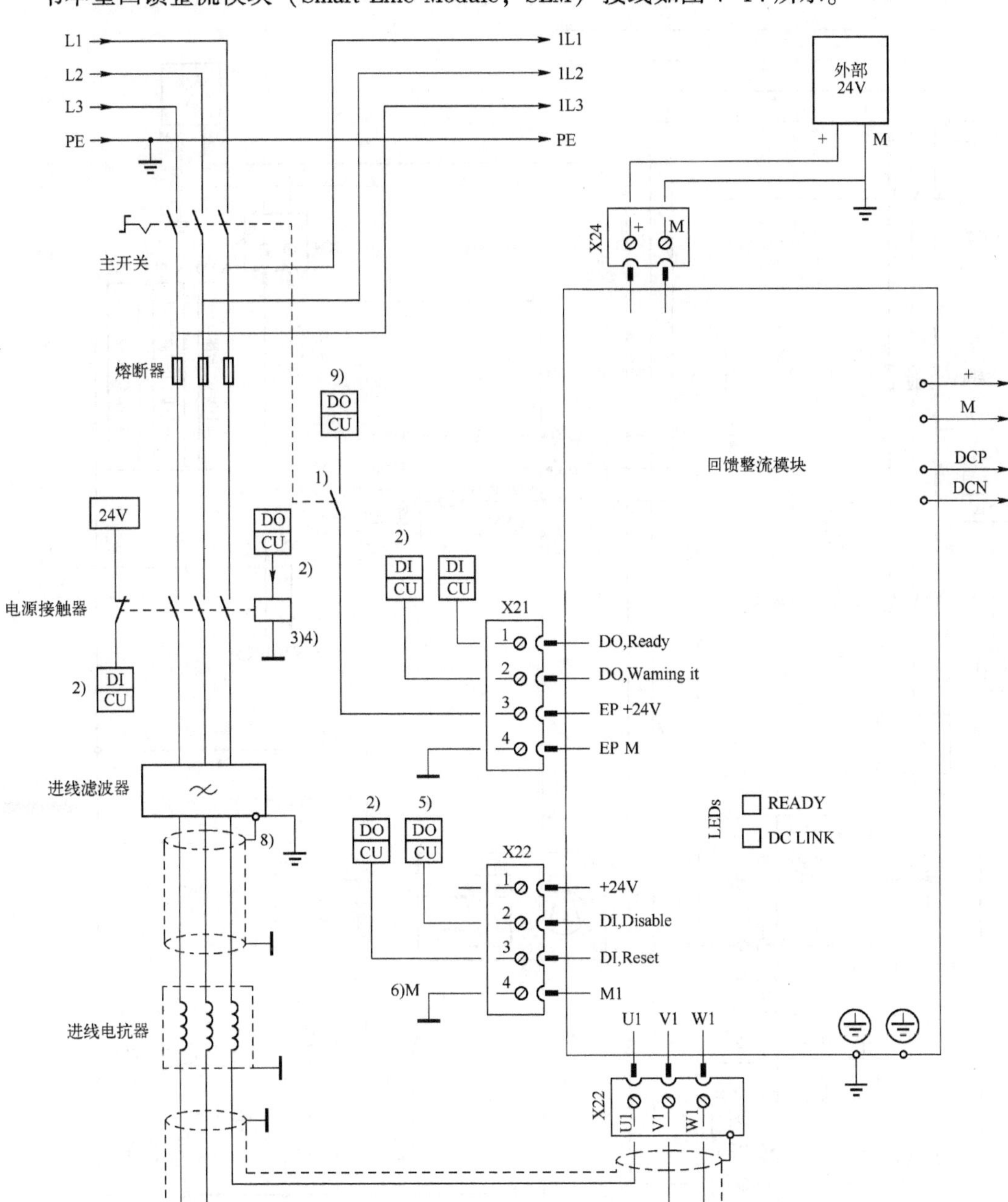

1) 需提前打开的触点 $t>10\text{ms}$，运行前必须接通DC 24V电源并接地。
2) DI/DO由控制单元控制。
3) 电源接触器后侧不允许存在额外的负载。
4) 应注意DO的载流能力，必要时须使用一个输出接口。
5) 数字量输出为高电平时，表示禁用回馈功能（如需持续禁用，可以短接 X22端子 1和 2）。
6) X2引脚4必须接地（外部 24V）。
7) 按照电磁兼容性安装指南通过装配背板或屏蔽总线联结。
8) 5kW和10kW进线滤波器进行屏蔽连接。
9) 防止EP端子上的DC 24V信号出现齿隙的信号输出。

图 4-14　书本型回馈整流模块的接线（5 kW 和 10 kW）

有源整流模块（Activate Line Module，ALM）接线如图 4-15 所示。

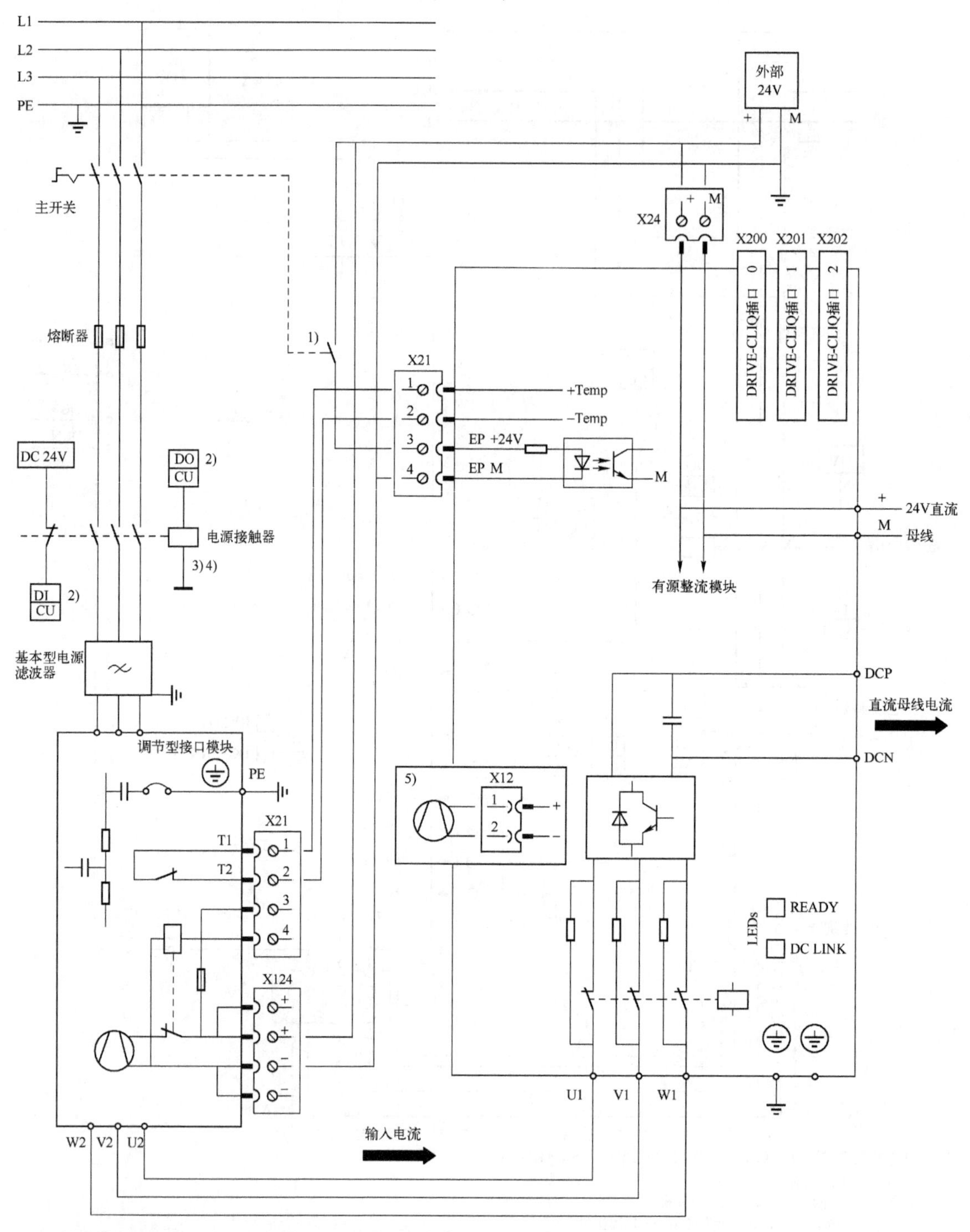

1) 需提前打开的触点$t>10$ms，运行前必须接通DC 24V电源并接地。
2) 数字输入端(DI)或数字输出端(DO)由控制单元控制。
3) 进线接触器下口不允许附加负载。
4) 应注意数字输出端(DO)的载流能力，必要时须使用一个输出接口元件。
5) 插入式风扇，适用于80kW和120kW的调节型电源模块。该风扇由调节型电源模块。

图 4-15　有源整流模块的接线

4.3.7　逆变模块

单轴逆变模块（Single Motor Module）也称为单轴电动机模块，是一种逆变器，把直流母线上的直流电逆变成不同频率的交流电，供给一台电动机。单轴逆变单元通过 DRIVE-CLiQ 接收来自控制器（如 CU320-2）的控制信号。

单轴逆变单元接线如图 4-16 所示。

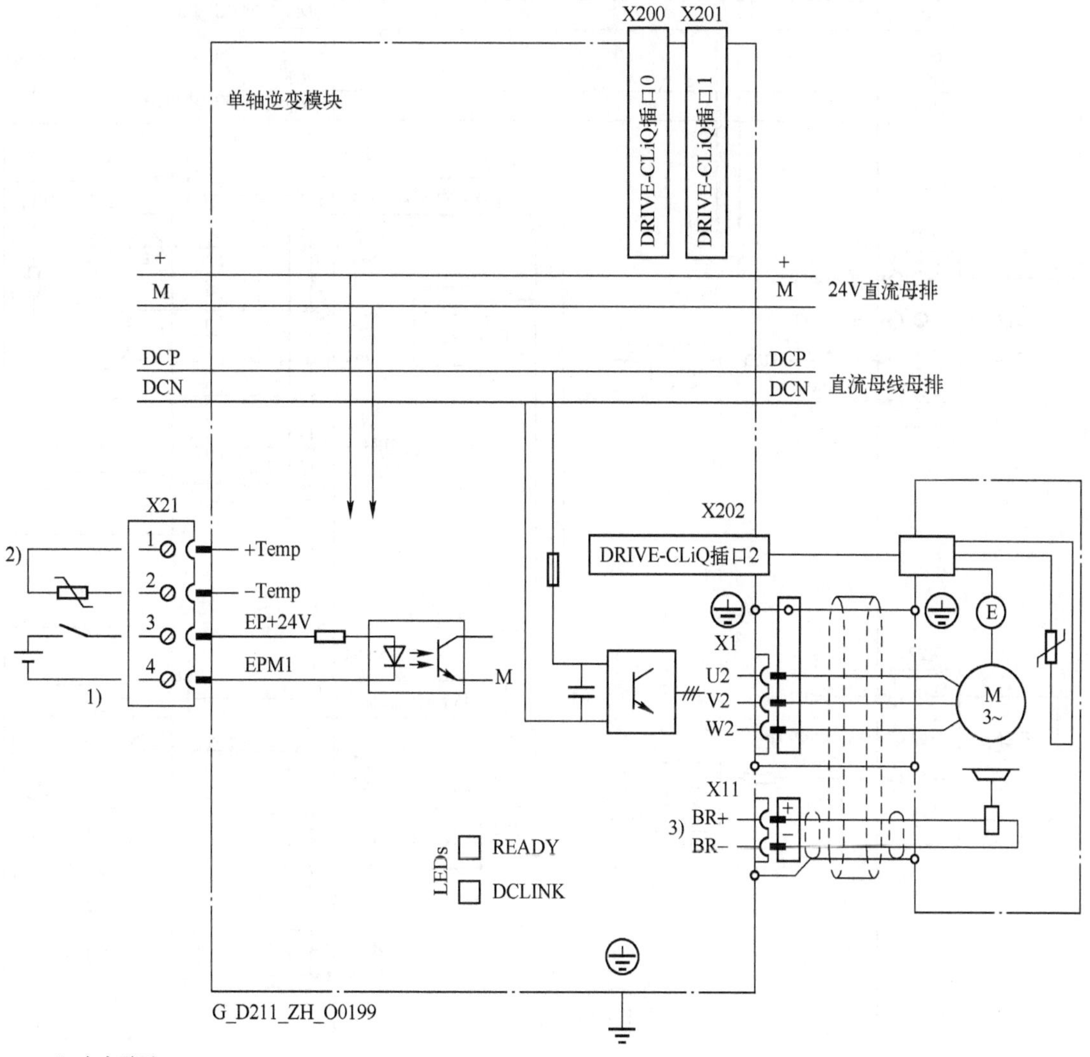

图 4-16　单轴逆变模块的接线

双轴逆变模块和单轴逆变模块作用相同，但可以驱动两台电动机。双轴逆变模块的接线如图 4-17 所示。

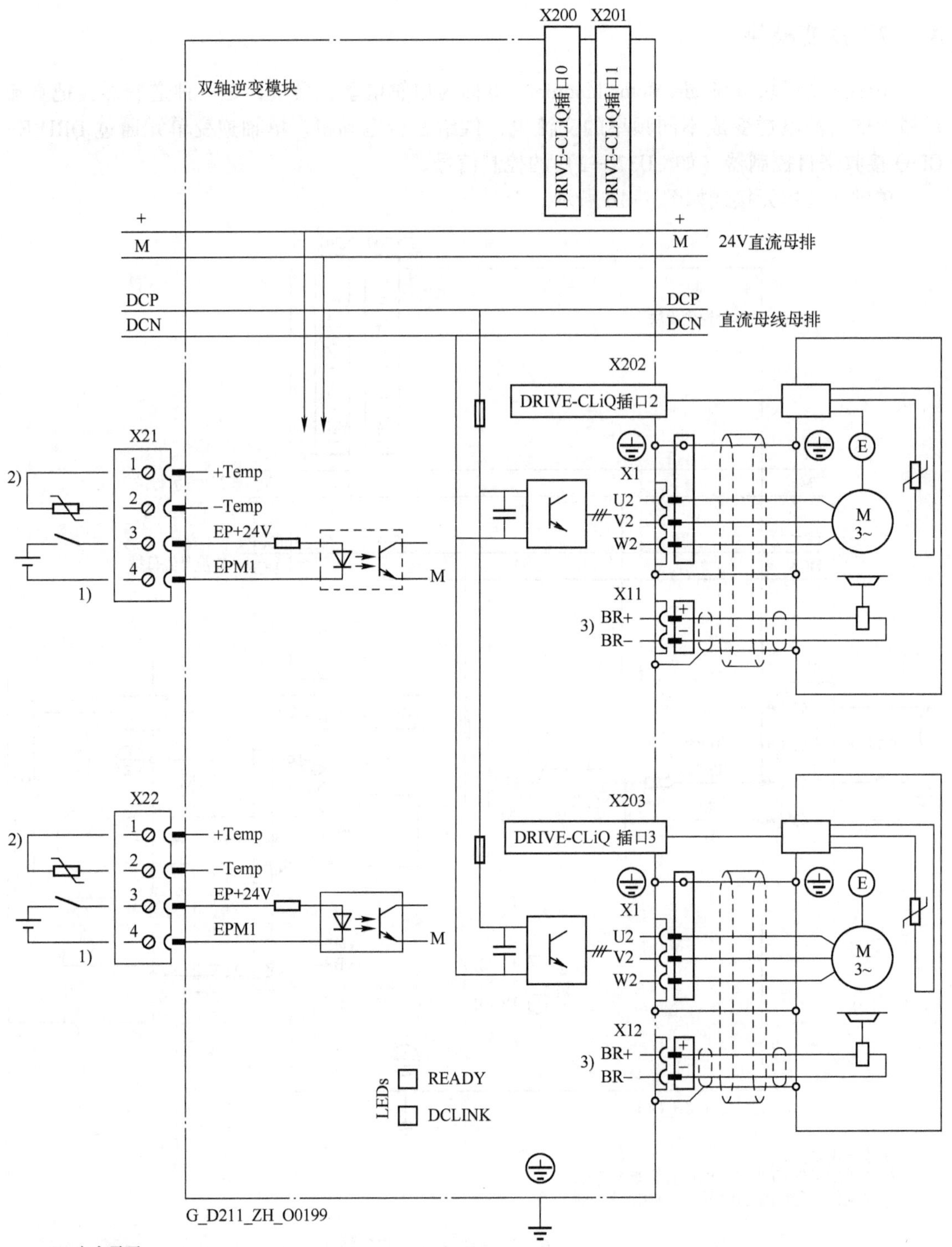

1）安全需要。
2）不带DRIVE CLIQ接口的电机温度传感器端子。
3）抱闸信号已集成过压保护；抱闸无需外部回路。

图 4-17　双轴逆变单元的接线

4.3.8　功率模块

功率模块（Power Module）把整流器和逆变器集成在一个模块中。功率模块通过PM-IF接口接收来自控制器（如CU320-2）的控制信号。

功率模块接线如图4-18所示。电源进线（U1、V1、W1）接三相380 V电源，小功率的功率模块进线（L、N）也有接单相220 V电源。制动电阻用于能耗制动，是可选件。电动机的电源线连接在（U2、V2、W2）上。如有抱闸功能，则选用制动继电器。

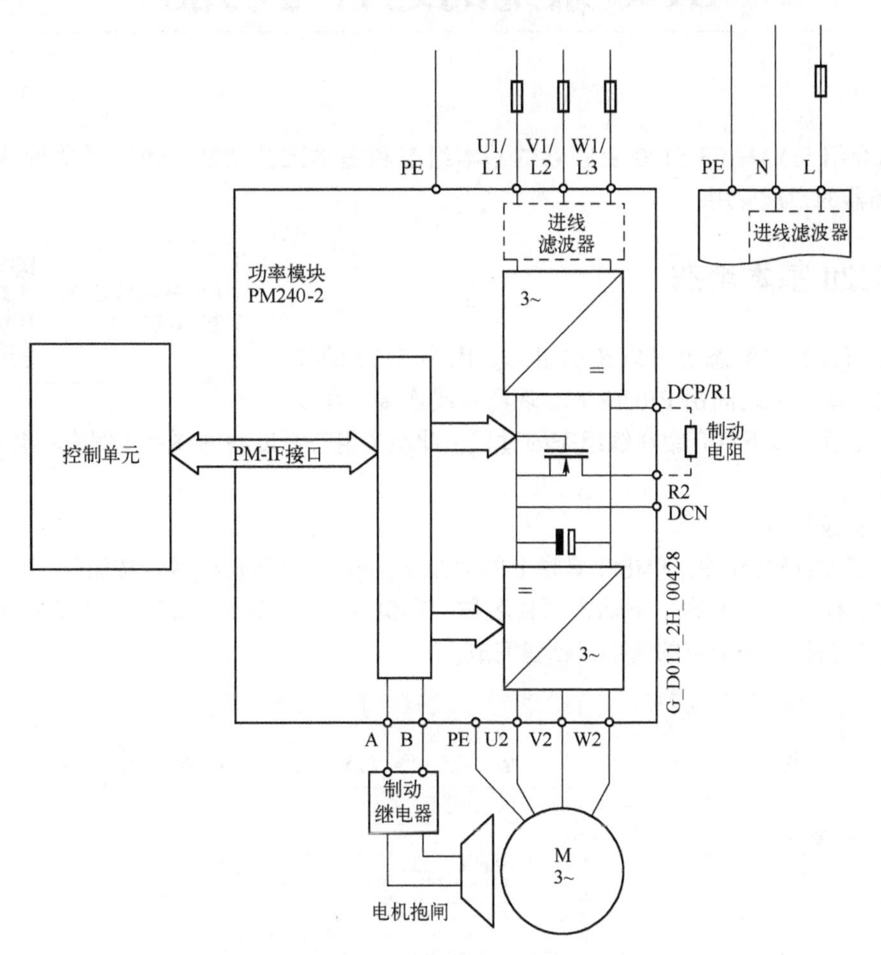

图4-18　功率模块的接线（FSA至FSC结构尺寸的PM240-2功率模块）

第5章

S120 系统的运行与功能

本章介绍 SINAMICS S120 变频器的基本组态和基本工艺功能，使读者掌握 SINAMICS S120 变频器的常规应用。

5.1 S120 基本组态

SINAMICS S120
基本组态

S120 可以在线组态也可以离线组态。因为 S120 的控制单元和驱动单元之间由 PROFidrive 现场总线连接，在线组态比较方便。以下将介绍在线组态的过程，此基本组态在以后的项目实例中均会用到，因此很重要。

（1）新建项目

打开 STARTER 软件，单击工具栏上的“New project”（新建项目）按钮，弹出“新建项目”对话框，在“名称”下输入项目名称，本例为“Configuration”，如图 5-1 所示，单击“确定”按钮，一个空的新项目创建完成。

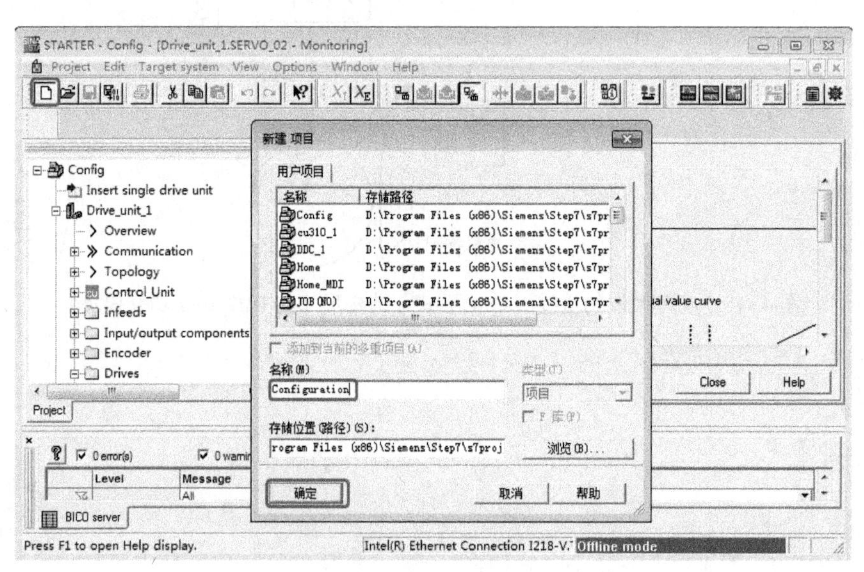

图 5-1 新建项目

（2）连接 S120

先将 S120 接通电源，再将 S120 与计算机间连上网线。单击工具栏上的“Accessible nodes”（可访问节点）按钮，STARTER 开始搜索 S120，如果搜索到 S120，则弹出 S120 的 IP 地址和名称，本例中 S120 的 IP 地址是 192.168.0.2，名称为“cu320”（字母不区分大小写），如图 5-2 所示，勾选方框，单击“Accept”（接受）按钮。

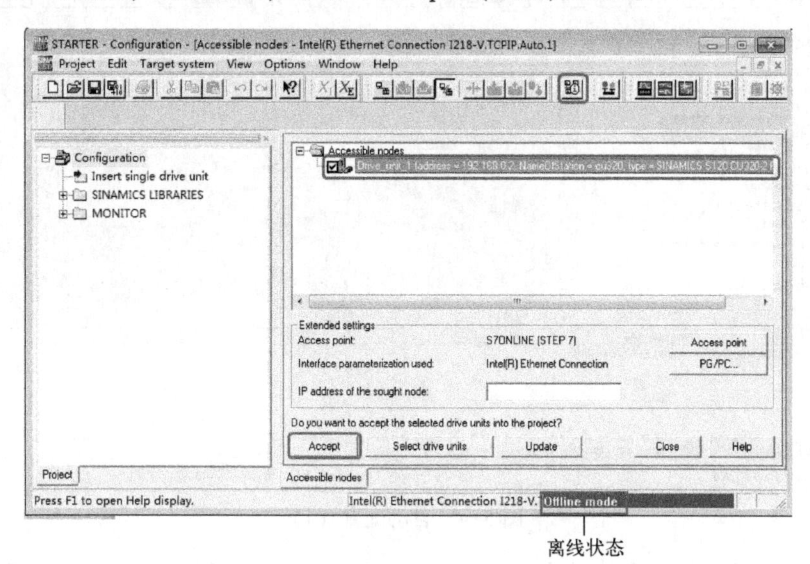

图 5-2　搜索可访问节点

【关键点】计算机的 IP 地址要与搜索到的 S120 的 IP 地址在同一网段，如不在同一网段，可以修改计算机的 IP 地址或 S120 的 IP 地址。初次使用 S120 时，其 IP 地址是 0.0.0.0，此 IP 地址必须要修改。

单击工具栏上的“Connect to selected target devices”（连接到选择的目标设备）按钮，STARTER 开始连接 S120，如图 5-3 所示。

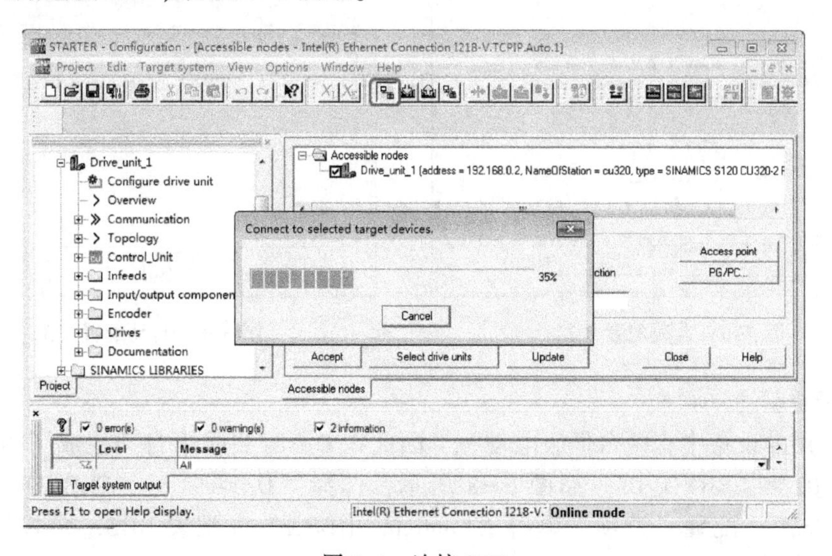

图 5-3　连接 S120

(3) 配置驱动单元

STARTER 连接到 S120，如图 5-4 所示，双击 “Automatic Configuration”（自动配置）选项，弹出如图 5-5 所示的界面。

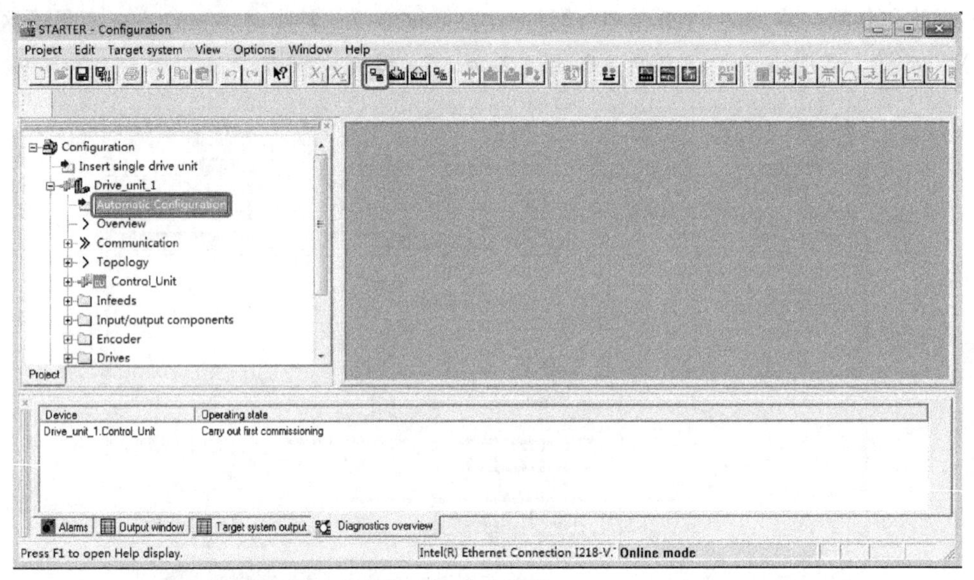

图 5-4　自动配置（1）

在图 5-5 所示的界面中，单击 “Start”（开始）按钮，弹出如图 5-6 所示的界面，在 “Default setting for all components”（默认设置）中，选择 “Servo（伺服）” 选项，单击 “Create”（创建）按钮，系统开始自动配置，如图 5-7 所示，这个过程需要一定的时间。

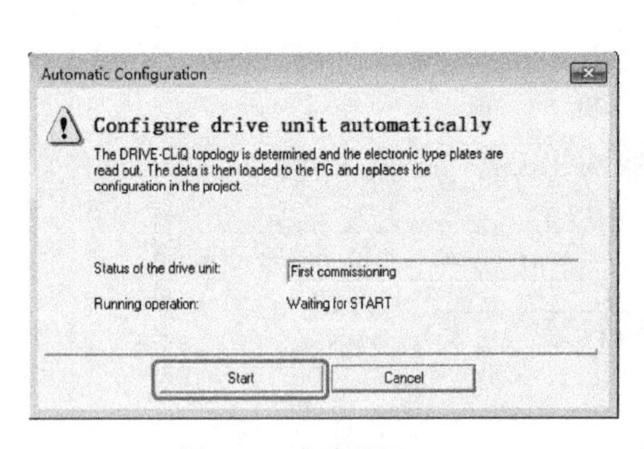

图 5-5　自动配置（2）

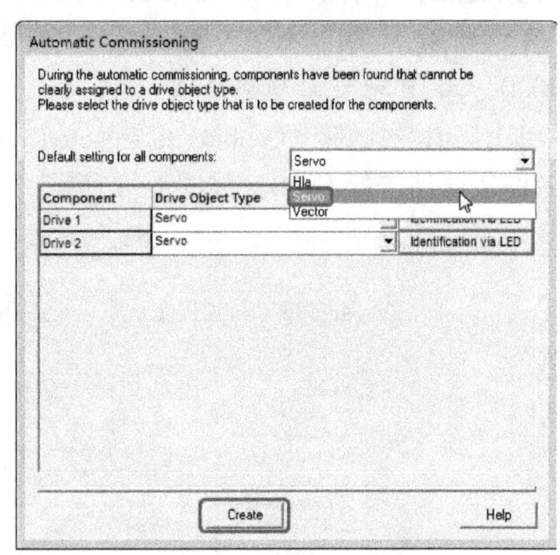

图 5-6　自动配置（3）

(4) 配置驱动

本例使用的设备中有两台伺服电动机，因此在 Drives 目录下自动生成了两个子目录，即 SERVO_02 和 SERVO_03。如图 5-8 所示，选择 “Drives” → “SERVO_02”，双击 “Configuration”（配置）选项，单击 “Configure DDS...”（配置 DDS...）按钮，弹出如图 5-9 所示的界面。

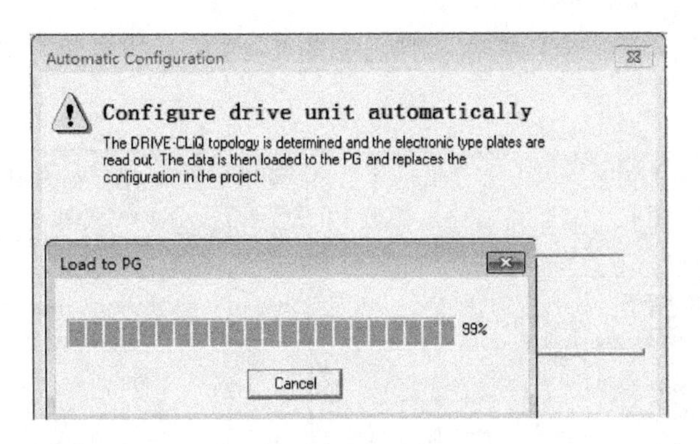

图 5-7　自动配置（4）

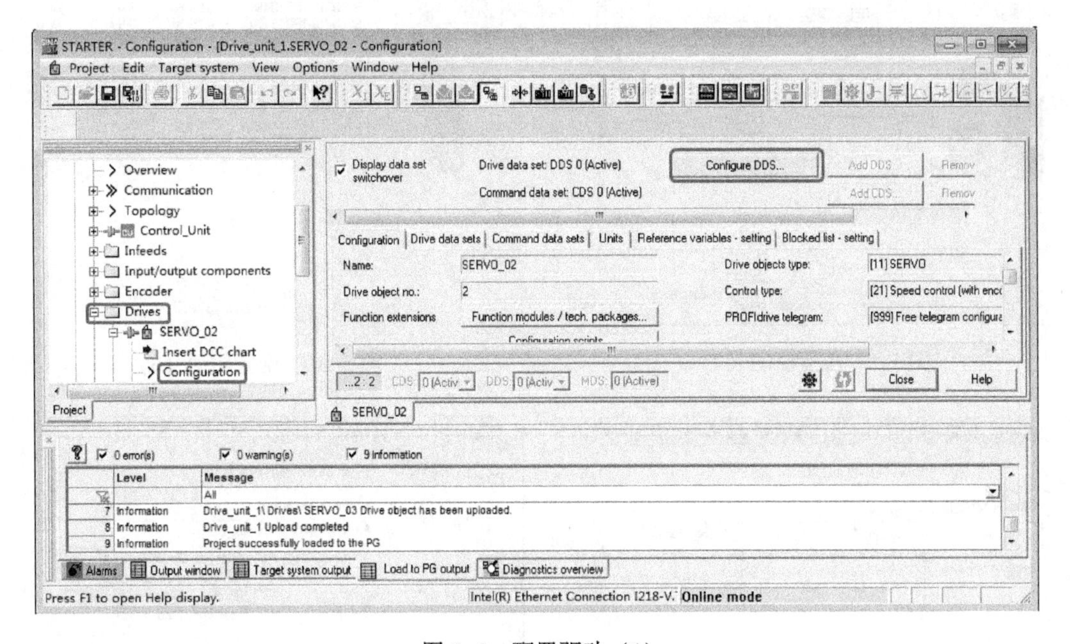

图 5-8　配置驱动（1）

【关键点】 配置驱动必须在离线状态下进行。

在图 5-9 中，选择“Basic positioner”（基本定位器），单击“Next >”（下一步）按钮，弹出如图 5-10 所示的界面，所有的选项选择为默认选项，单击“Next >”（下一步）按钮，弹出如图 5-11 所示的界面，单击“Next >”（下一步）按钮，弹出如图 5-12 所示的界面。

在图 5-12 中，选择“Read out motor again”（再读电动机），单击“Next >”（下一步）按钮，弹出如图 5-13 所示的界面，单击“Next >”（下一步）按钮，弹出如图 5-14 所示的界面，取消“Encoder2”（编码器 2）前的“对号”，表示不激活第二编码器，单击“Next >”（下一步）按钮，弹出如图 5-15 所示的界面。单击“Next >”（下一步）按钮，弹出如图 5-16 所示的界面。

在图 5-16 中，勾选“Activate”（激活）选项，单选“Rotary axi”（旋转轴），默认电动机每圈对应的旋转单位是 360000LU，这个数值是可以修改的，对于旋转轴，此处 1000LU 相当于角度的 1°，这一点很重要，单击“Next >”（下一步）按钮，弹出如图 5-17 所示的界面。单击“Next >”（下一步）按钮，弹出如图 5-18 所示的界面，单击“Finish”（完成）按钮。

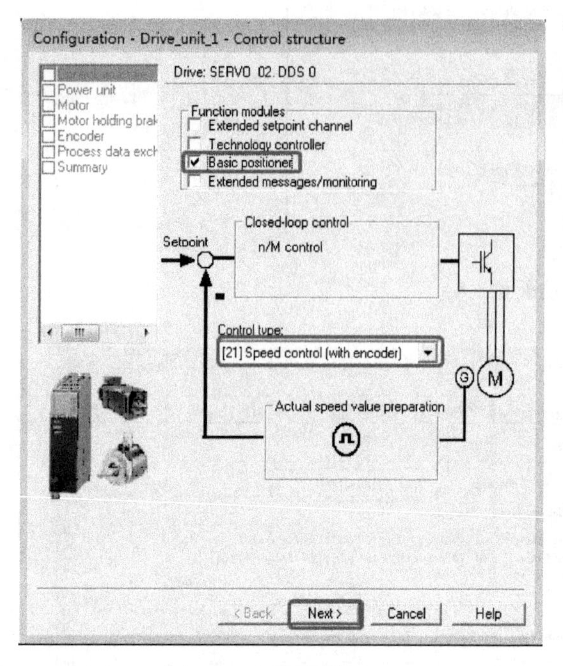

图 5-9　配置驱动（2）

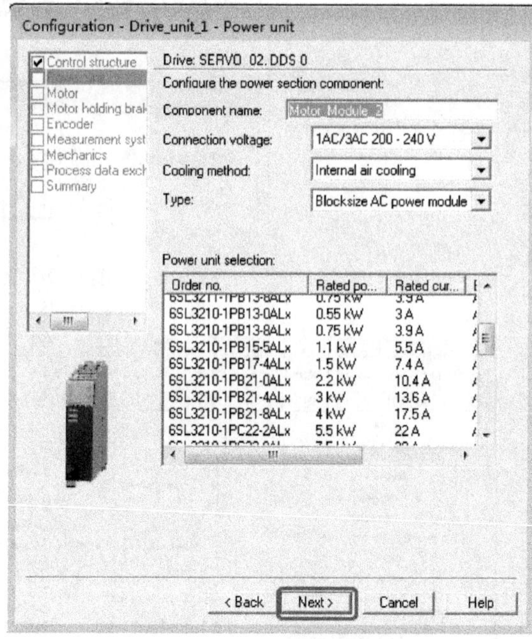

图 5-10　配置驱动（3）

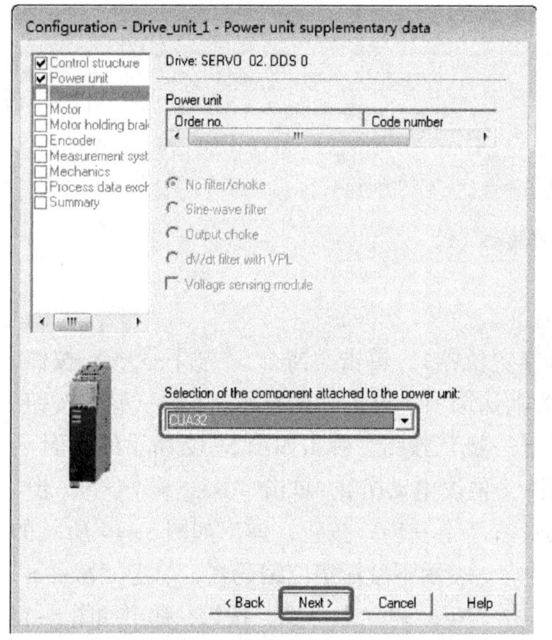

图 5-11　配置驱动（4）

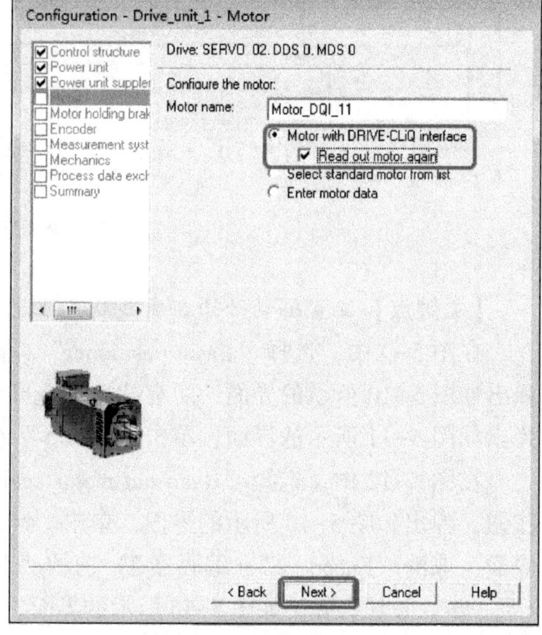

图 5-12　配置驱动（5）

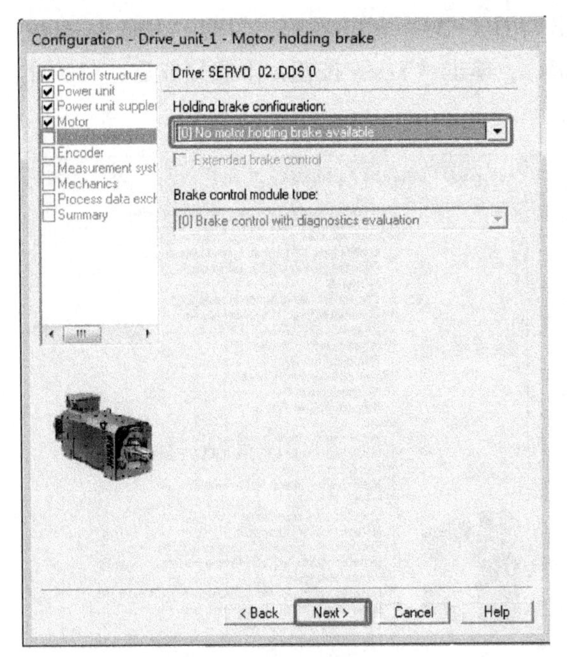

图 5-13　配置驱动（6）

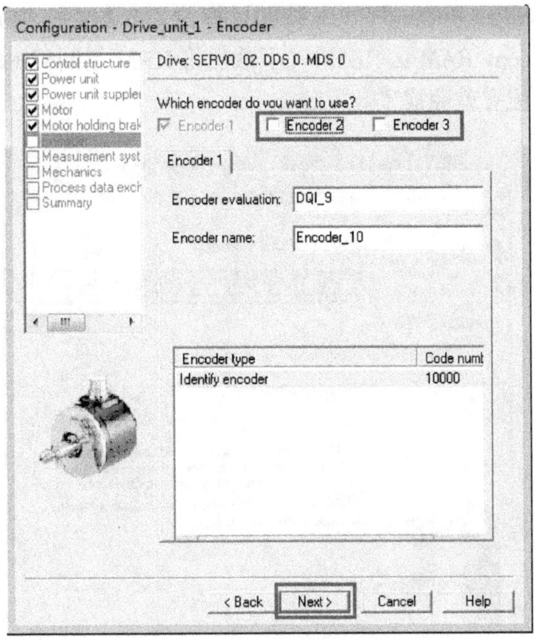

图 5-14　配置驱动（7）

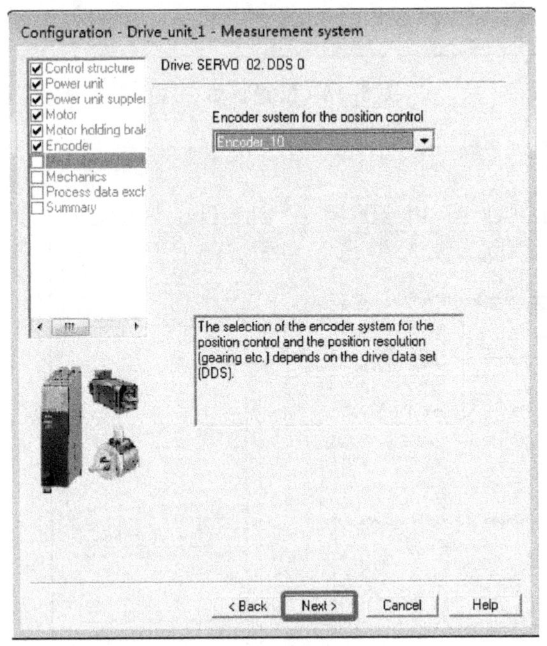

图 5-15　配置驱动（8）

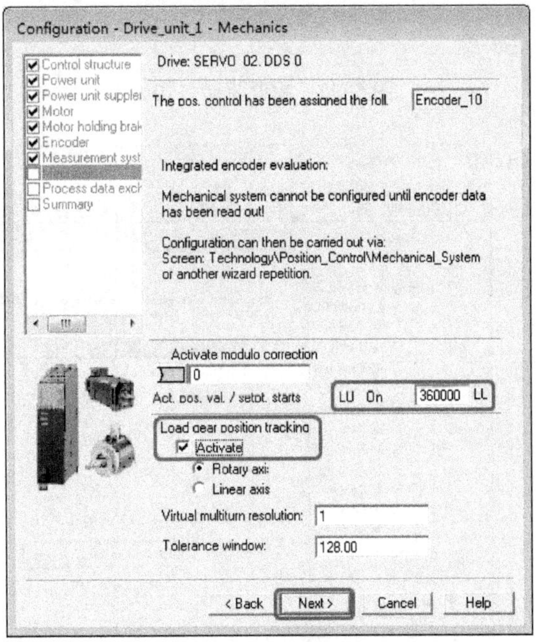

图 5-16　配置驱动（9）

用同样的方法配置 SERVO_03 驱动，在此不再重复说明。

（5）下载配置

如图 5-19 所示，单击工具栏上的“Connect to selected target devices”（连接到选择的目标设备）按钮，弹出“Online/offline comparison”（在线/离线比较）窗口，单击“Download to target devices”（下载到目标设备）按钮，弹出如图 5-20 所示的界面，勾选“After loading, copy RAM to ROM”（下载后将 RAM 复制到 ROM），单击“Yes”按钮，下载完成后，S120 的配置就完成了。

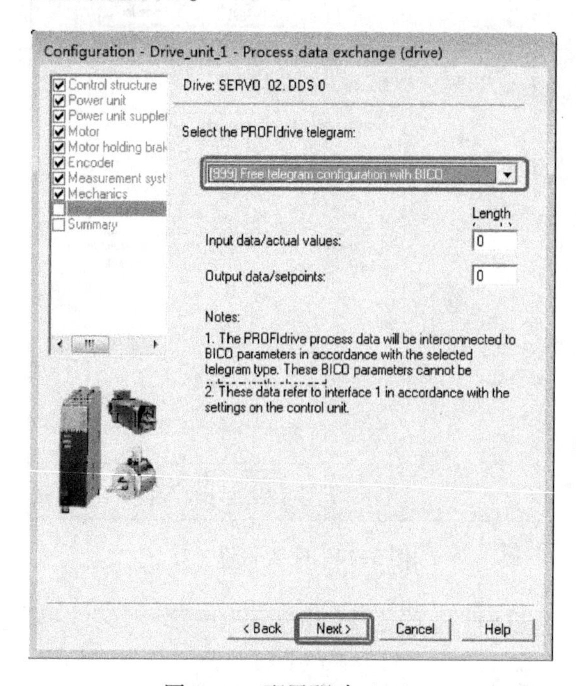

图 5-17　配置驱动（10）

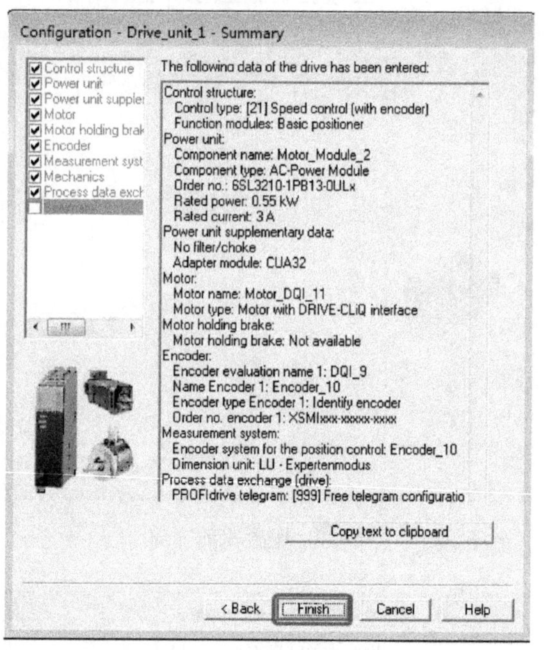

图 5-18　配置驱动（11）

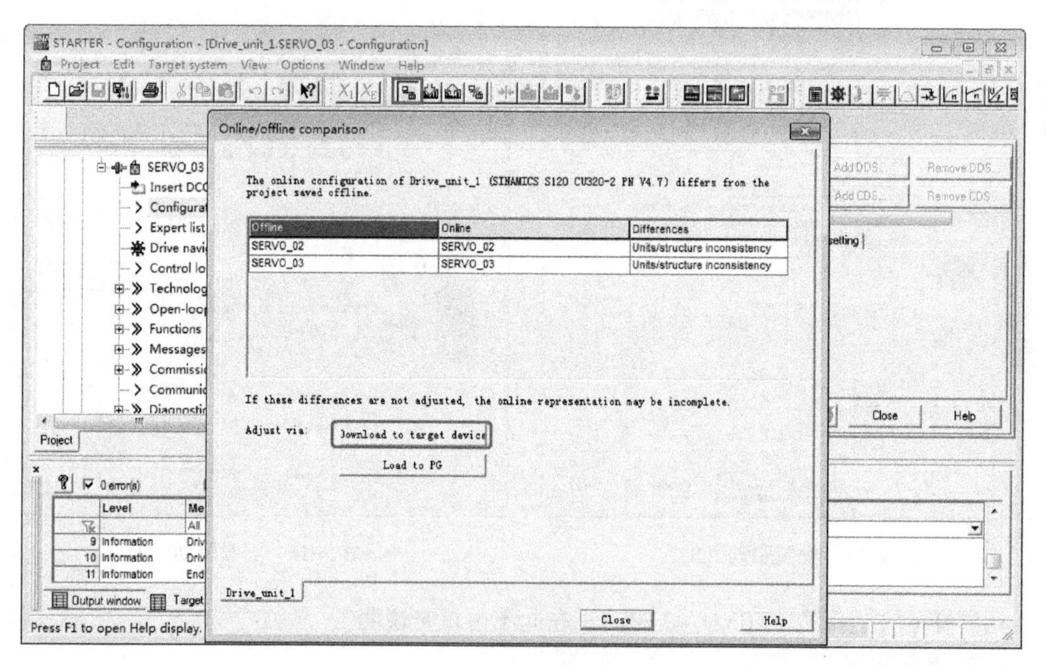

图 5-19　下载配置（1）

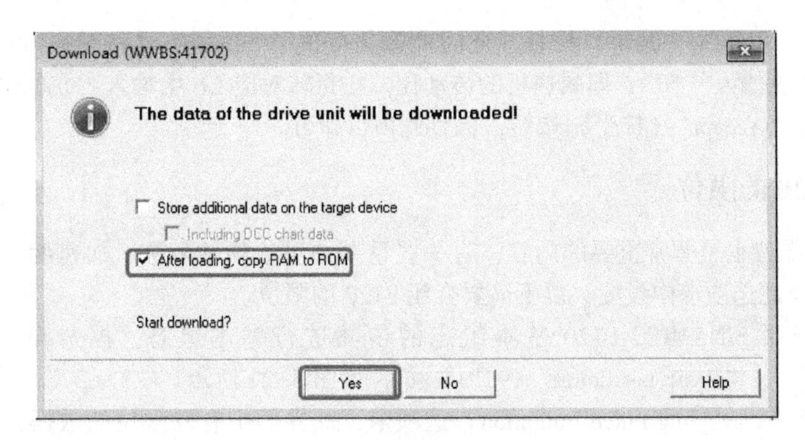

图 5-20　下载配置（2）

5.2　S120 的工艺功能

5.2.1　S120 的机械系统

在所有的伺服系统中，机械系统的设置是非常重要的，机械系统的错误设置必然会造成定位、速度等错误。以下用一个例子进行说明。

【例 5-1】 已知伺服电动机后面的减速机的传动比是 1∶50，要求负载的每转对应 10000LU，设置此机械系统。

解：

1）先按照 S120 基本组态的步骤进行基本组态，再选择“Drives”→“SERVO_02”→“Technology”→“Position control”→“Mechanics”，如图 5-21 所示。

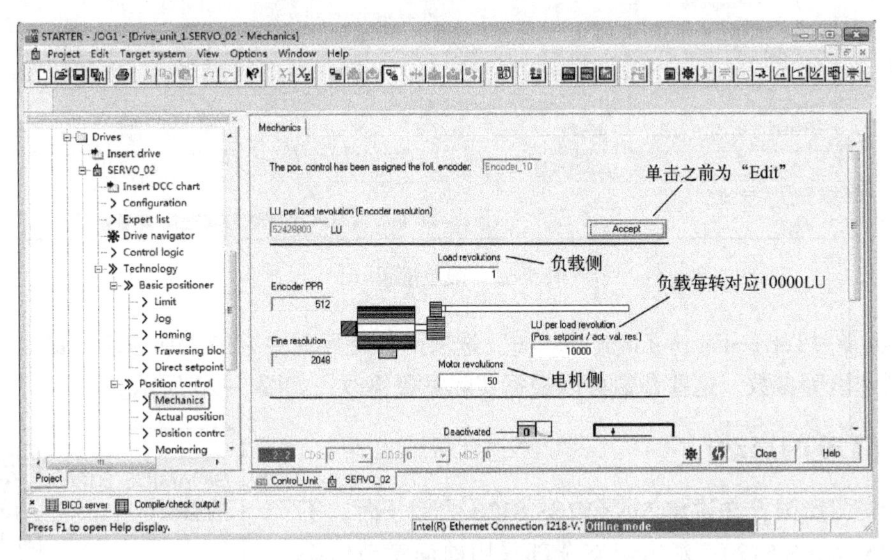

图 5-21　机械系统的配置

2）单击“Edit”（编辑）按钮，此时此按钮变成“Accept”（接受），在负载侧输入“1”，在电机侧输入“50”，即减速机的传动比。在每转对应 LU 中输入“10000”。

3）单击“Accept”（接受）按钮，保存此项目即可。

5.2.2 S120 的限位

S120 的限位也是非常重要的内容，有一些重要的参数如软限位、加速度、加加速度和减速度等都在此选项卡中设置，以下简要介绍 S120 的限位。

1）先按照 SINAMICS S120 基本组态的步骤进行基本组态，再选择“Drives”→“SERVO_02”→“Basic positioner”→“Limit”，如图 5-22 所示。

2）选择“Traversing range limitation”选项卡，此界面中有软限位的数据，当超出此范围就会激活报警停机，如图 5-22 所示。

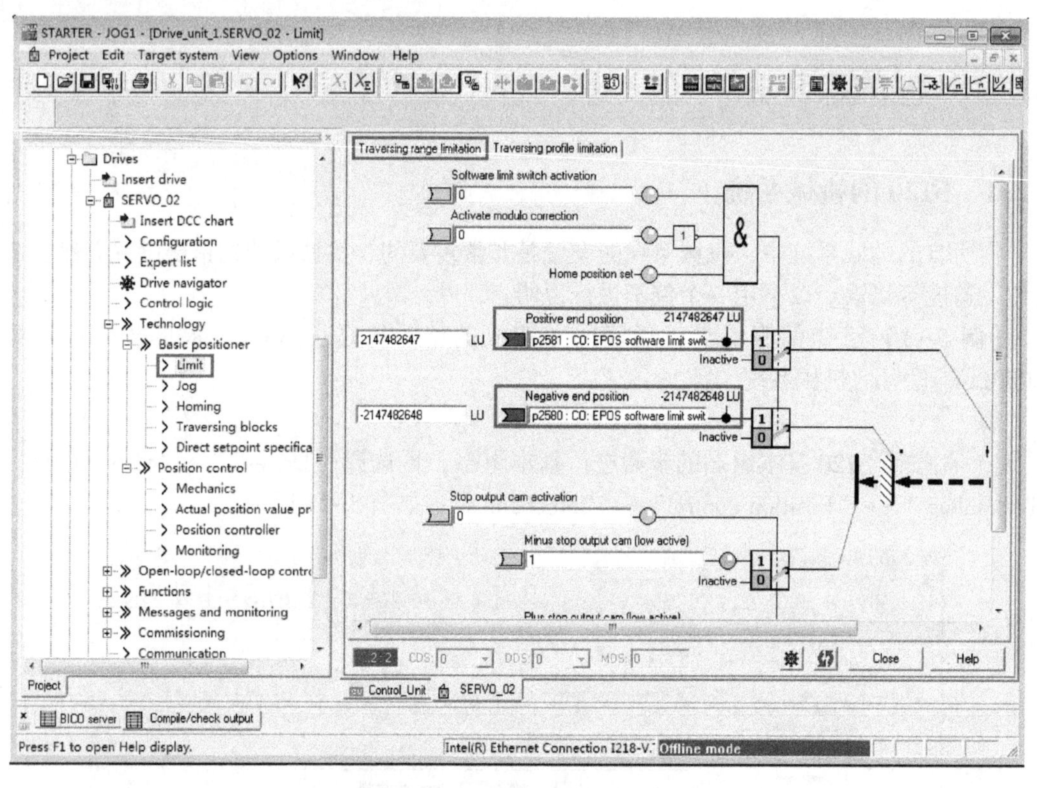

图 5-22 限位配置（1）

3）选择“Traversing profile limitation”选项卡，此界面中有最大加速度、最大加加速度和最大减速度等参数。这些参数可以根据实际需要修改，如图 5-23 所示。

5.2.3 S120 的点动

因为篇幅所限，在讲解 SINAMICS S120 的例子时，不再组态 SINAMICS S120，基本组态全部采用前面章节组态的例子（5.1 节 S120 基本组态）。

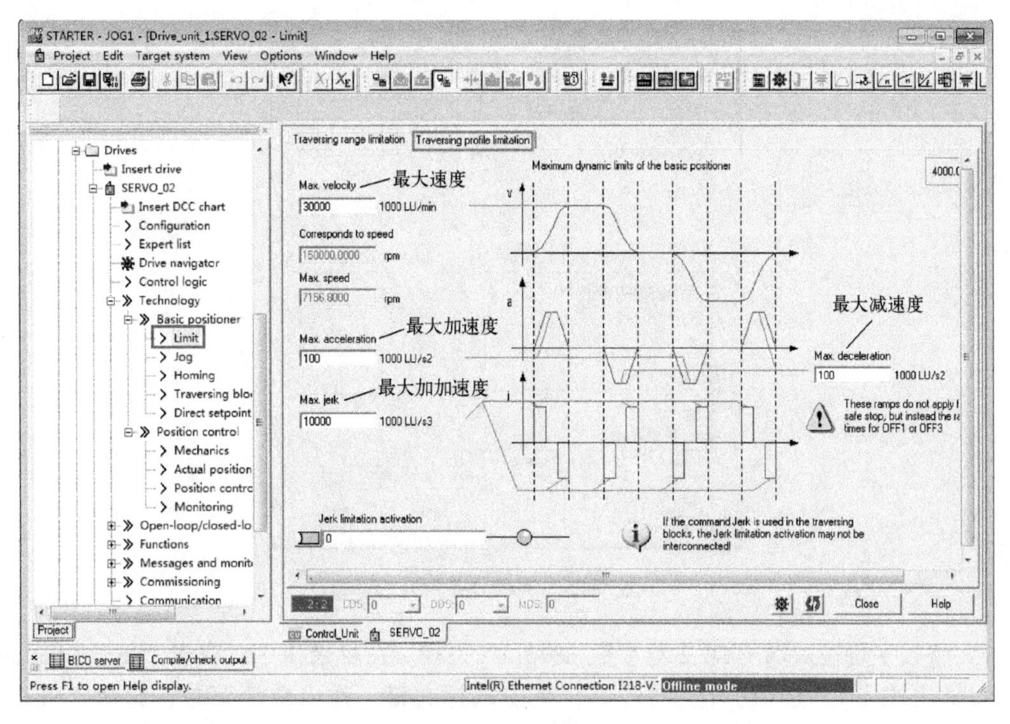

图 5-23　限位配置（2）

实现 S120 的步骤如下。

1）另存为项目 JOG。打开前面创建的项目 Configuration，单击菜单栏中的“Project”（项目）→“Save as…”（另存为），如图 5-24 所示，弹出如图 5-25 所示的界面，将此项目名称保存为“JOG”。

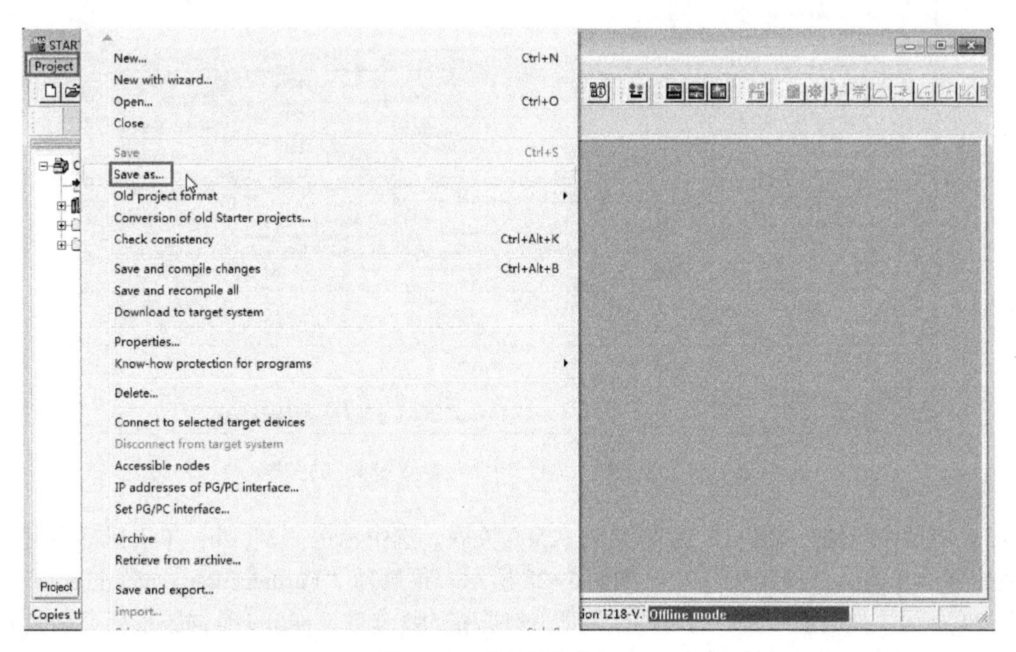

图 5-24　项目另存为（1）

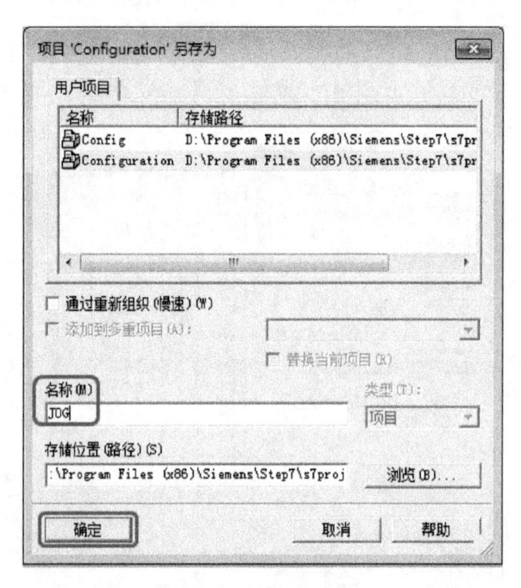

图 5-25　项目另存为（2）

2）将数字量输入端子 DI 2 与参数 p840[0]关联。在目录树中，双击“Inputs/outputs”（输入/输出端子），选中标记“1”处，单击鼠标右键，弹出快捷菜单，选择“SERVO_02”，如图 5-26 所示，再选择参数 p840[0]，如图 5-27 所示。p840 是伺服系统使能的参数，起动电动机，必须使能此参数。

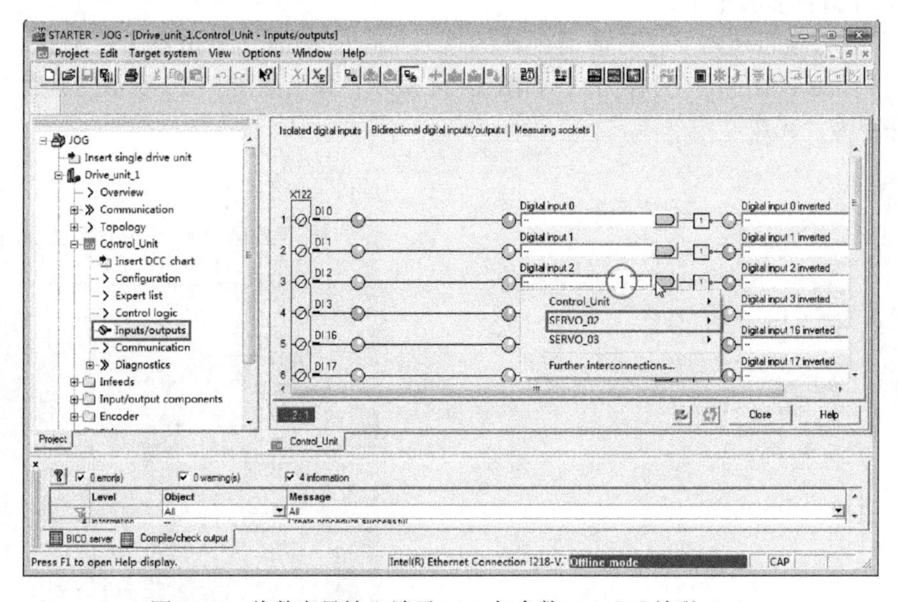

图 5-26　将数字量输入端子 DI 2 与参数 p840[0]关联（1）

3）将数字量输入端子 DI 16 与参数 p2589 关联。选中标记“2”处，单击鼠标右键，弹出快捷菜单，选择“SERVO_02”，如图 5-28 所示，再选择“Further interconnections...”，如图 5-29 所示，弹出如图 5-30 所示的界面，勾选 p2589 参数。p2589 是伺服系统点动信号源的参数，点动电动机必须使此参数为高电平。

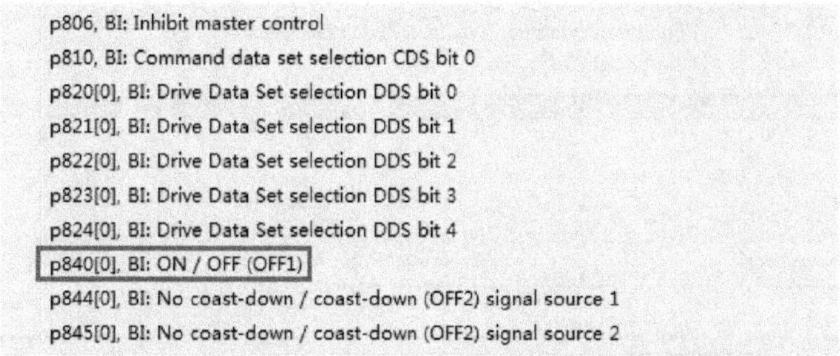

p806, BI: Inhibit master control
p810, BI: Command data set selection CDS bit 0
p820[0], BI: Drive Data Set selection DDS bit 0
p821[0], BI: Drive Data Set selection DDS bit 1
p822[0], BI: Drive Data Set selection DDS bit 2
p823[0], BI: Drive Data Set selection DDS bit 3
p824[0], BI: Drive Data Set selection DDS bit 4
p840[0], BI: ON / OFF (OFF1)
p844[0], BI: No coast-down / coast-down (OFF2) signal source 1
p845[0], BI: No coast-down / coast-down (OFF2) signal source 2

图 5-27　将数字量输入端子 DI 2 与参数 p840[0]关联（2）

STARTER - JOG - [Drive_unit_1.Control_Unit - Inputs/outputs]
Project Edit Target system View Options Window Help
Isolated digital inputs | Bidirectional digital inputs/outputs | Measuring sockets
JOG
Insert single drive unit
Drive_unit_1
Overview
Communication
Topology
Control_Unit
Insert DCC chart
Configuration
Expert list
Control logic
Inputs/outputs
Communication
Diagnostics
Infeeds
Input/output components
Encoder
X122
DI 0
DI 1
DI 2
DI 3
DI 16
DI 17
Digital input 0
Digital input 1
Digital input 2
SERVO_02, p840[0], BI: ON / C
Digital input 3
Digital input 16
2
Digital input 0 inverted
Digital input 1 inverted
Digital input 2 inverted
Digital input 3 inverted
Digital input 16 inverted
Digital input 17 inverted
Control_Unit
SERVO_02
SERVO_03
Further interconnections...
Close
Help
Project
Control_Unit
0 error(s)
0 warning(s)
4 information
Level
Object
Message
All
BICO server
Compile/check output
Press F1 to open Help display.
Intel(R) Ethernet Connection I218-V:
Offline mode
CAP

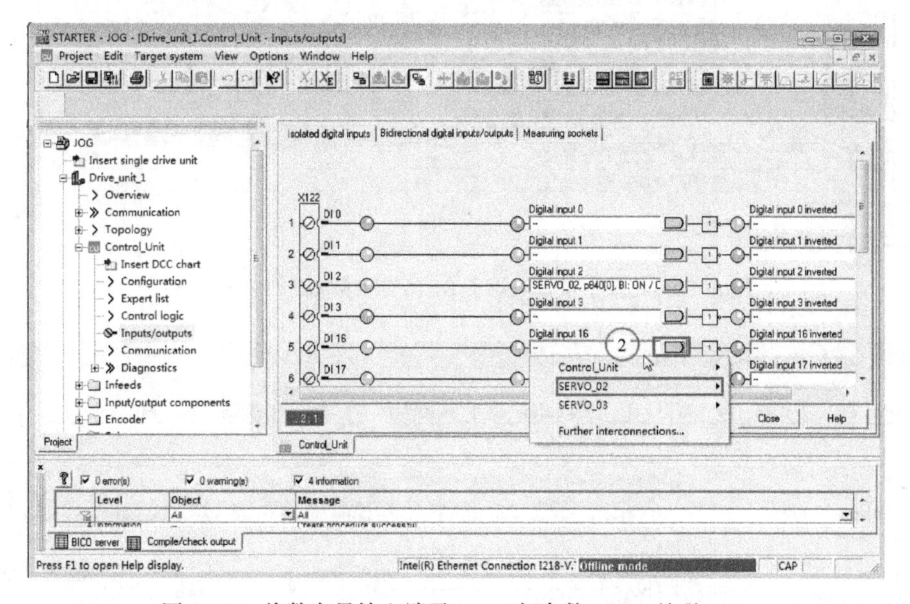

图 5-28　将数字量输入端子 DI 16 与参数 p2589 关联（1）

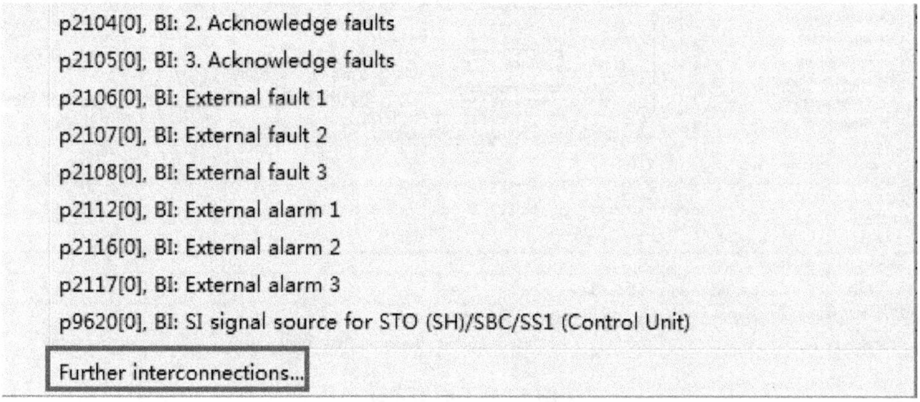

p2104[0], BI: 2. Acknowledge faults
p2105[0], BI: 3. Acknowledge faults
p2106[0], BI: External fault 1
p2107[0], BI: External fault 2
p2108[0], BI: External fault 3
p2112[0], BI: External alarm 1
p2116[0], BI: External alarm 2
p2117[0], BI: External alarm 3
p9620[0], BI: SI signal source for STO (SH)/SBC/SS1 (Control Unit)
Further interconnections...

图 5-29　将数字量输入端子 DI 16 与参数 p2589 关联（2）

4）点动。当闭合伺服系统控制单元上的 DI 2 和 DI 16 端子时，伺服电动机点动运转。也可以把 DI 2 和 DI 16 端子“Terminal eval”改为“Simulation”，并勾选，如图 5-31 所示，伺服电动机同样会点动运转。

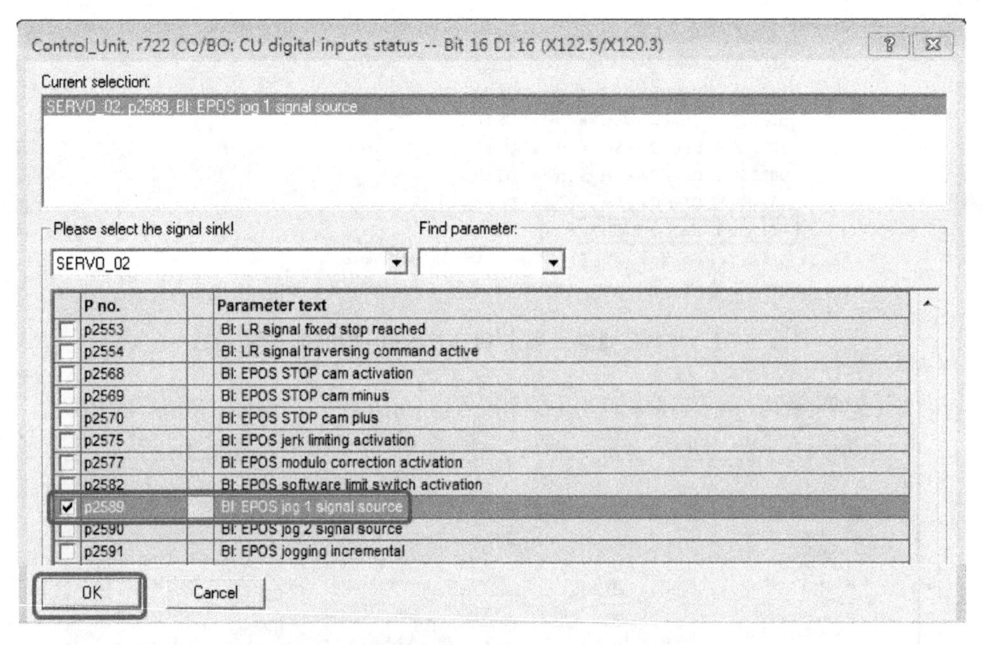

图 5-30　将数字量输入端子 DI 16 与参数 p2589 关联（3）

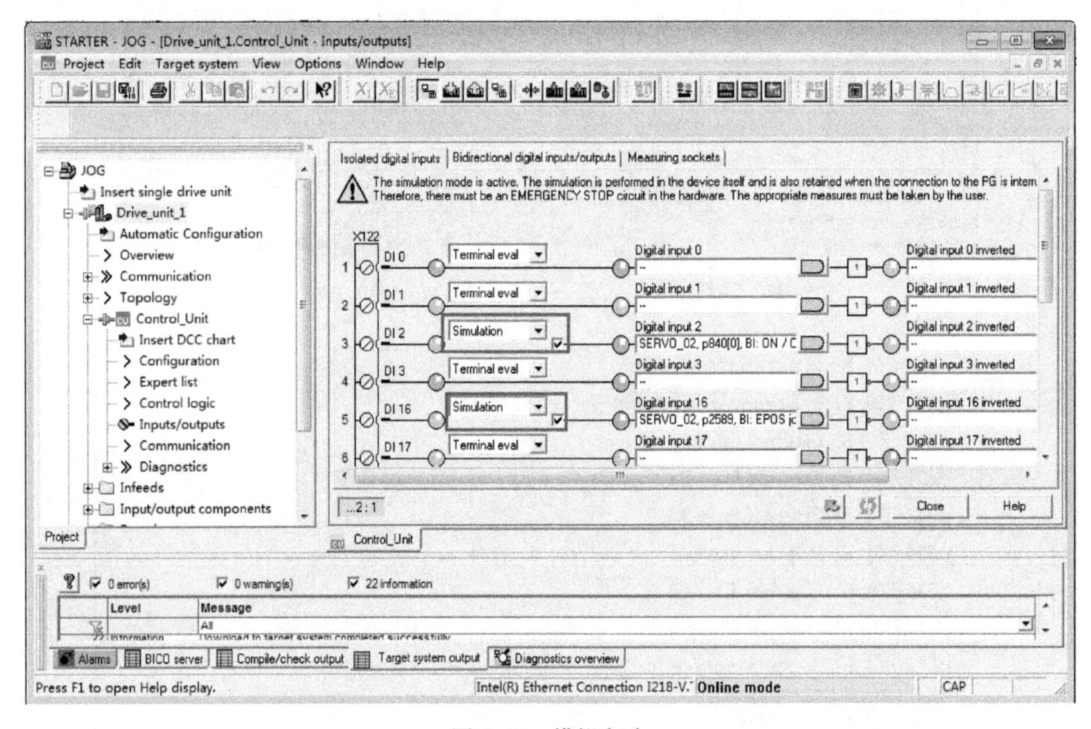

图 5-31　模拟点动

5）修改点动时的速度或者位移。在项目导航栏中，双击“Jog”，如图 5-32 所示，p2589 和 p2590 是点动的信号源。p2591 是速度和位置模式选择。p2591 为 1 是位置模式，p2591 为 0 是速度模式。

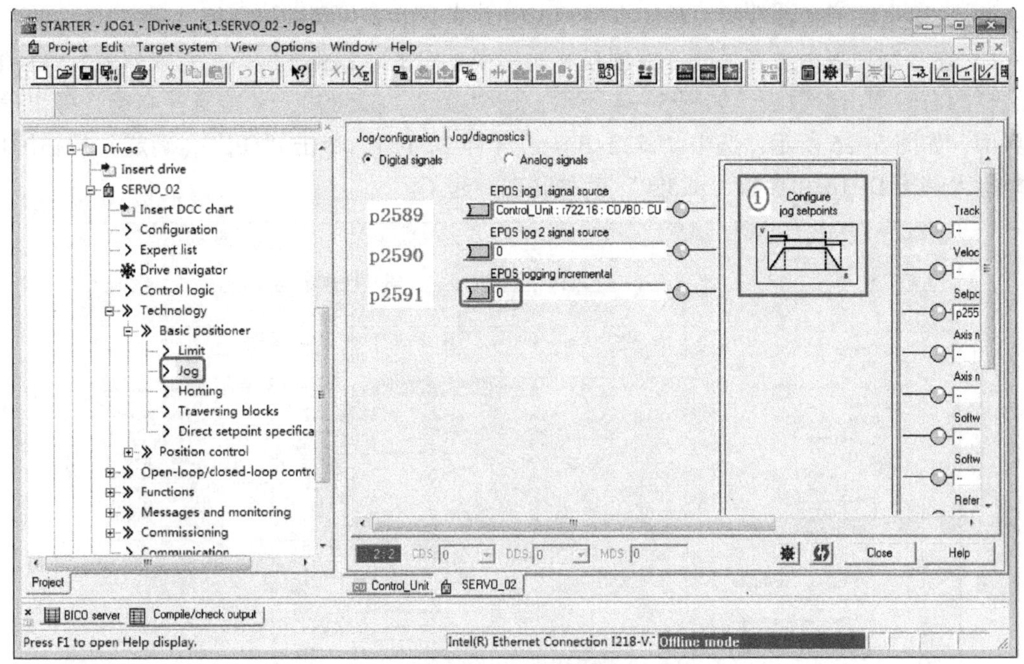

图 5-32　点动参数

S120 中基本定位功能的点动有以下两种模式。

1）速度模式（travel endless）：按下点动按钮，轴以设定的速度运行直至按钮释放。

2）位置模式（travel incremental）：按下点动按钮并保持，轴以设定的速度运行至目标位置后自动停止。

双击图 5-32 中的“1”处，弹出如图 5-33 所示的界面。在图 5-33 中，假设每转对应 10000 LU，而信号源 1 的速度是 100000 LU/min，所以点动的转速为 10 r/min。p2591 为 1 是位置模式，DI 2 和 DI 16 接通高电平时，运行位移是 1000 LU，实际上为 0. 1 圈。读者必须学会计算位移和转速。

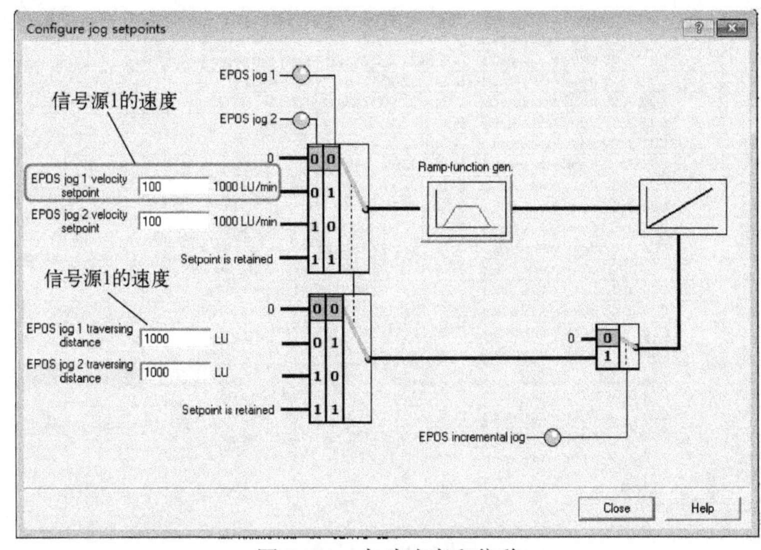

图 5-33　点动速度和位移

输入/输出端子和参数的关联还有两种设置方法，以下分别进行介绍。

1）在专家列表中进行关联。在项目导航栏中，双击“Expert list”（专家列表），在项目导航栏的右侧弹出参数表，如图 5-34 所示，选中参数“p2589”，单击鼠标右键，弹出信号源界面，如图 5-35 所示，选中“r722:Bit16”（即 DI 16），单击“OK”（确定）按钮即可。这样输入端子 DI 16 和参数“p2589”就关联在一起了。

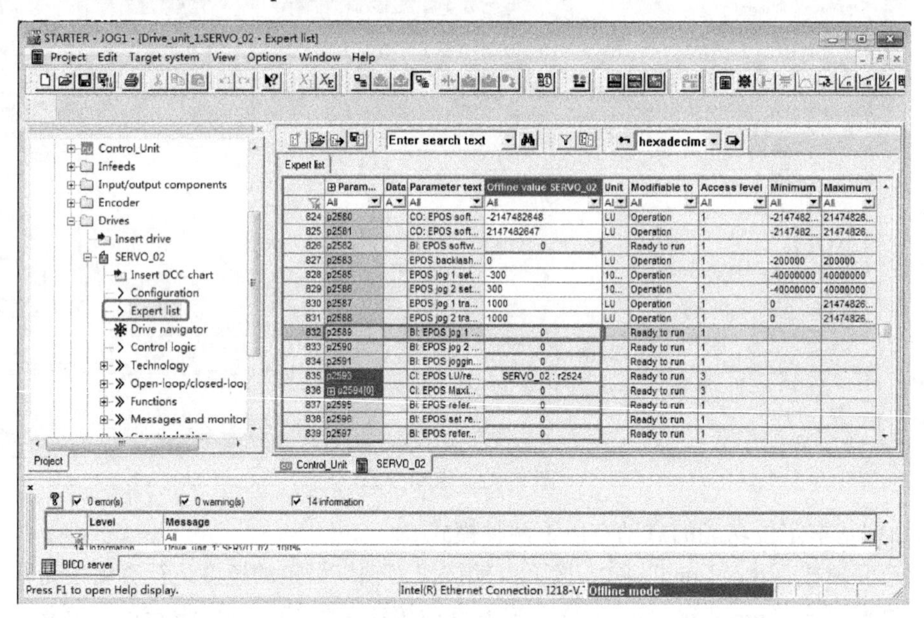

图 5-34　打开专家列表

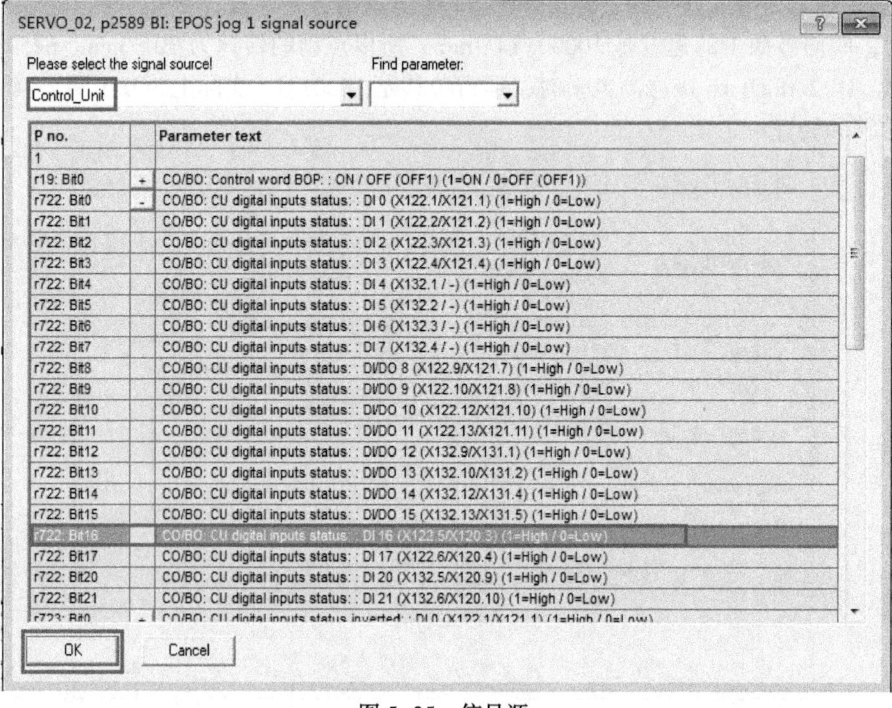

图 5-35　信号源

2）在 JOG 参数中进行关联。在项目导航栏中，双击“Jog”（点动），在项目导航栏的右侧弹出点动参数界面，如图 5-36 所示，选中“1”处，单击鼠标右键，弹出快捷菜单，单击“Further interconnections…”，弹出如图 5-37 所示的界面，选中“r722:Bit16”（即 DI 16），单击“OK”（确定）按钮即可。这样输入端子 DI 16 和参数“p2589”就关联在一起了。

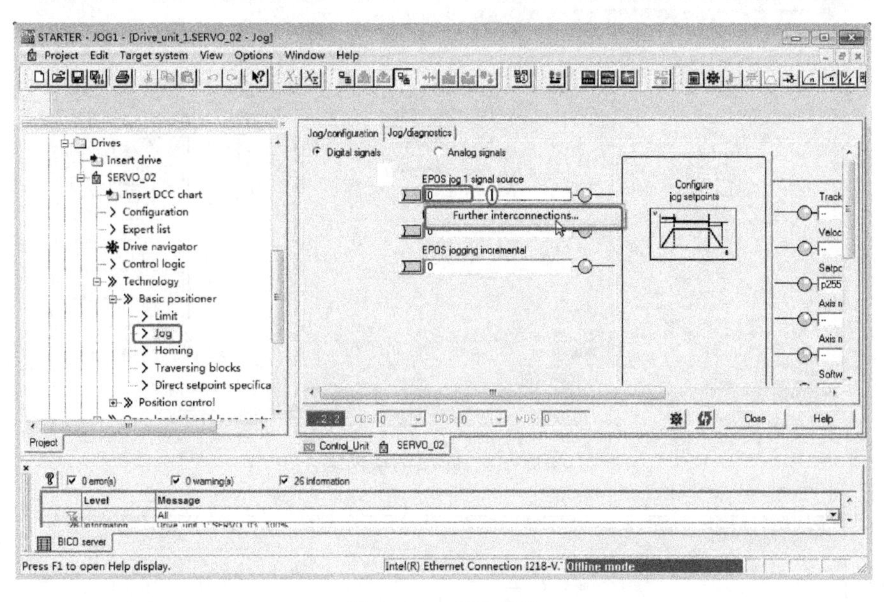

图 5-36　点动参数

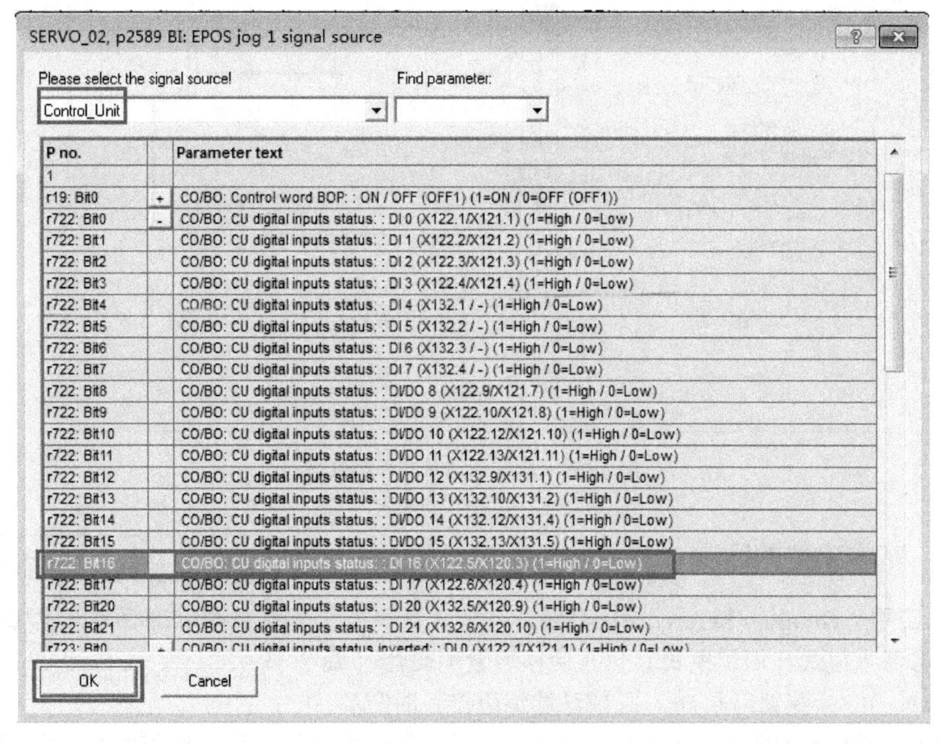

图 5-37　信号源

3）修改点动时的移动位移。在图 5-38 中，将标记“1”处的参数 p2591 修改为 1，单击标记“2”处上方，弹出如图 5-39 所示的界面，修改标记“1”处的数值，即可修改点动模式时的位移。

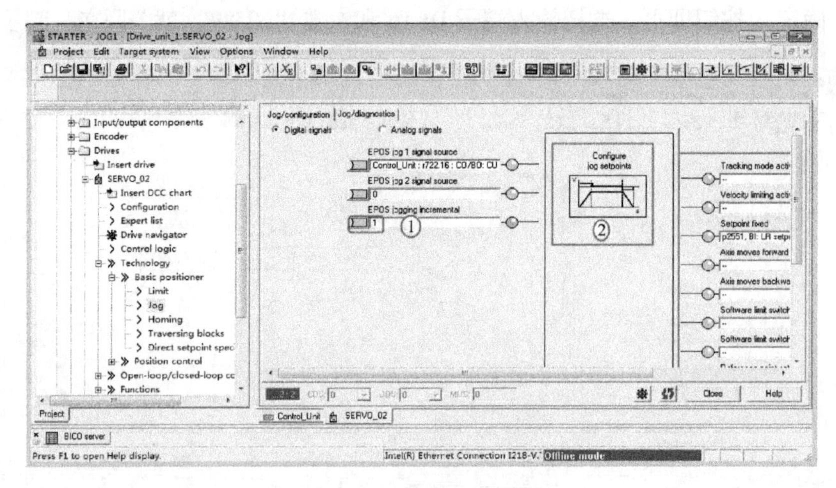

图 5-38　修改运动模式

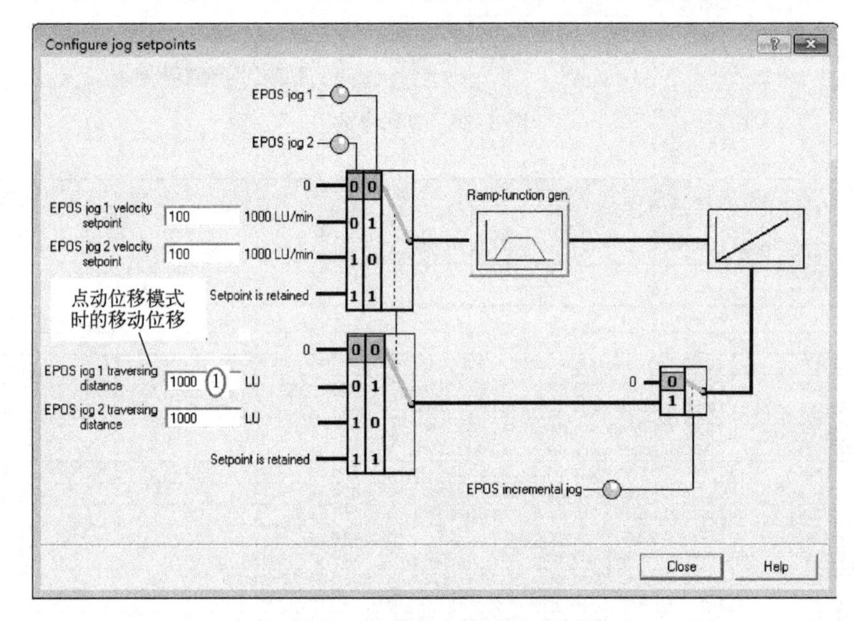

图 5-39　修改点动时的移动位移

5.2.4　基本定位的回零（Homing/Reference）

SINAMICS S120
基本定位的回零

1. 回零（Homing/Reference）介绍

回参考点模式（回零模式）只有使用增量编码器（旋转编码器、正/余弦编码器 sin/cos 或脉冲编码器）时需要，因每次上电时增量编码器与轴的机械位置之间没有任何确定的关系，因此轴都必须被移至预先定义好的零点位置，即执行 Homing 功能。

当使用绝对编码器（Absolute）时每次上电不需重新回零。

S120 中回零有三种方式。

1）直接设置参考点（Reference）：对任意编码器均适用。

2）主动回零（Reference Point Approach）：主要指增量编码器。

3）动态回零（Flying Reference）：对任意编码器均适用。

2. 设置参考点（Set Reference）

通过用户程序可设置任意位置为坐标原点。通常情况下只有当系统既无接近开关又无编码器的零脉冲时，或者当需要轴被设置为一个不同的位置时才使用该方式。

设置参考点的操作步骤（已设定开关量输入点 DI 1 为 ON/OFF1 命令源 p840）如下。

1）如图 5-40，双击“Homing”，弹出设置参考点界面，选择“Homing/configuration”选项卡。

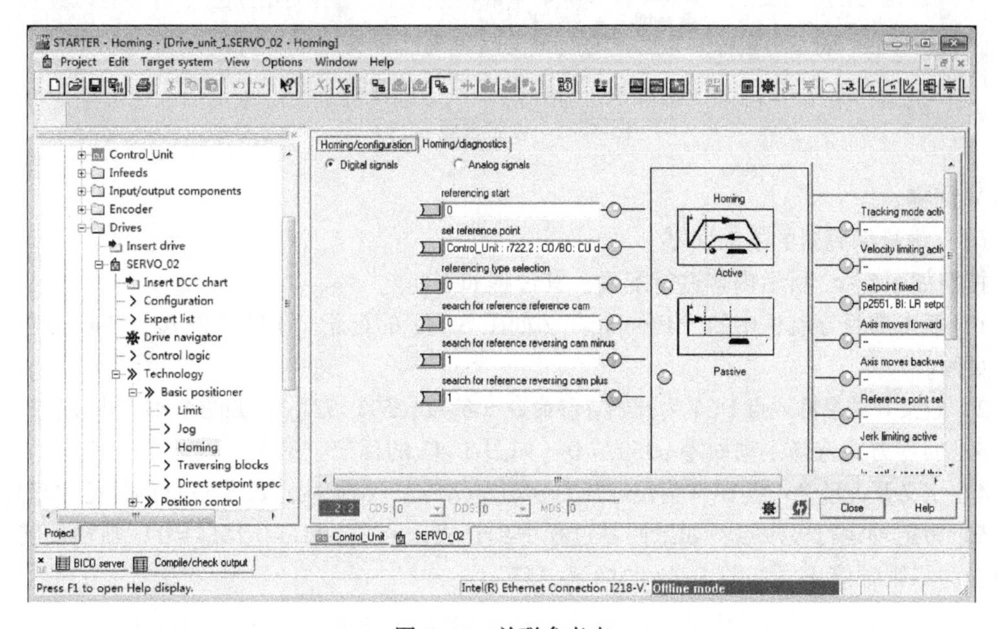

图 5-40　关联参考点

2）将一个数字量输入点（DI 2）与参数 p2596（参数点信号位）关联，该位上升沿有效。

3）设定参考点位置坐标值 p2599（如 20，通常设置为 0）。双击“Expert list”，在参数列表中找到 p2599，在参数右侧输入 20 即可，如图 5-41 所示。

4）闭合 DI 1 运行使能。

5）闭合 DI 2 激活“设置参考点”命令，于是该轴当前位置 r2521 立即被置为 p2599 中设定的值 20，r2521 = 20。

3. 主动回零（Active Homing）

主动回零方式一般适用于增量编码器，绝对值编码器只需在初始化阶段进行一次编码器校准即可，以后不必做回零。

主动回零有三种方式：仅用编码器零标志位（Encoder Zero Mark）回零、仅用外部零标志位（External Zero Mark）回零、使用接近开关+编码器零标志位（Homing output cam+Zero

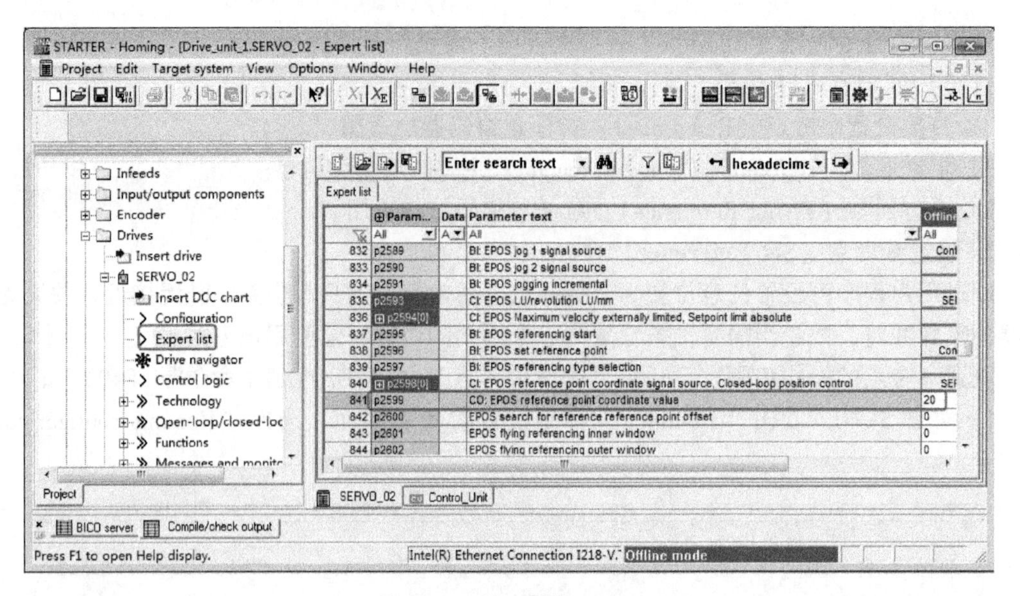

图 5-41　设置参数 p2599

Mark）回零。

（1）增量编码器的主动回零

按照如图 5-42 所示内容进行配置，其过程如下。

1）双击项目导航栏中的“Homing”（如图 5-42 的标记“1”），进入“Homing”（回零）页面。

2）定义开关量输入点 DI 1 为开始寻参命令（参数 p2595=722.1，如图 5-42 的标记“2”）。

3）回零方式选择主动回零 p2597=0（如图 5-42 的标记“3”）。

4）定义开关量输入点 DI 3 为接近开关 p2612=722.3（粗脉冲，如图 5-42 的标记“4”）。

5）指定轴运行极限点，如果回零过程中到达极限点（p2613/p2614=0）则轴反转。若两点全为零则轴停止（如图 5-42 的标记“5”）。

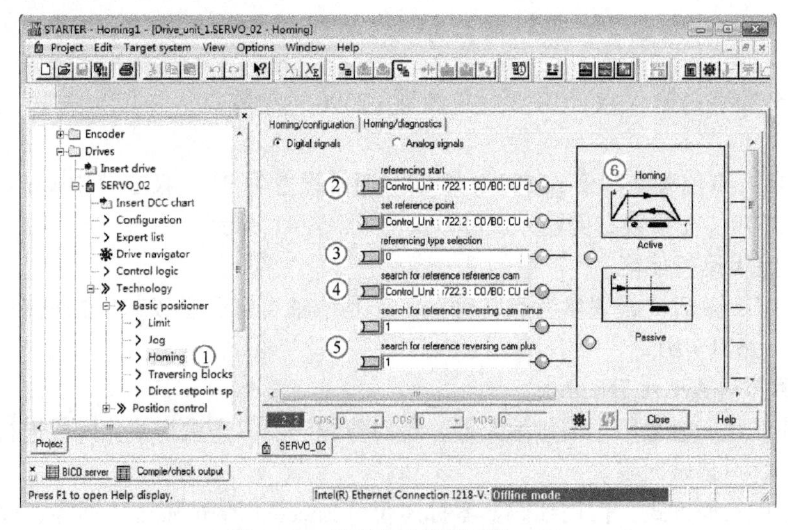

图 5-42　设置主动回零参数（1）

6）双击如图 5-42 所示的标记“6”的下方，弹出 5-43 所示的界面。

7）指定回零方式：接近开关+编码器零脉冲（如图 5-43 的标记“7”）。

8）指定回零开始方向 p2604（0：正向；1：反向；如图 5-43 的标记“8”）。

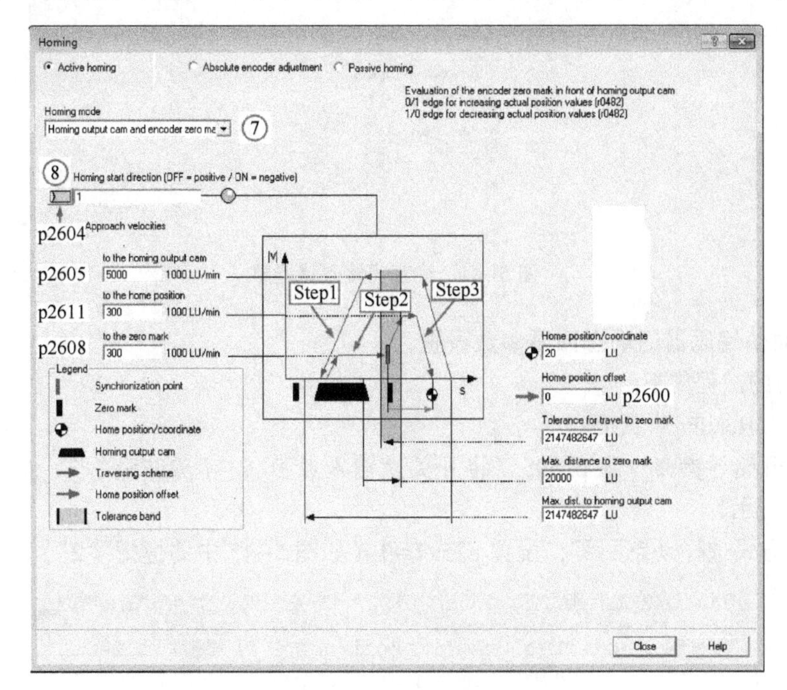

图 5-43　设置主动回零参数（2）

主动回零时，轴动作过程如下。

变频器运行 ON/OFF1 闭合，DI 1 闭合，开始寻参过程。

- 在图 5-43 中，（Step1）轴按照 p2604 定义的搜索方向，以最大加速度 p2572 加速至搜索速度 p2605，到达接近开关后（DI 3 闭合），以最大减速度 p2573 减速停止，进入下一步，即搜索编码器的零脉冲。
- 轴反向加速至速度 p2608，离开接近开关后（DI 3 断开）遇到的编码器的第一个零脉冲后轴停止。进入下一步，即回参考点。
- 在图 5-43 中，（Step3）轴反向加速以速度 p2611 运行偏置距离 p2600 后停止在参考点，完成主动回零过程。

（2）绝对值编码器调整

在图 5-44 中，选择“Absolute encoder adjustment”（绝对值编码器调整）选项卡，在“Home position coordinate”（零点位置坐标）中输入 0，单击“Perform absolute value calibration”（执行绝对值标定）按钮，绝对值编码器调整完成。

4. 动态回零（Passive Homing）

动态回零用于轴工作于任意定位状态时动态修改当前位置值为零（如在点动时、执行程序步时或者执行 MDI 时），执行动态回零后并不影响轴当前的运行状态，轴并不是真正回到零点而只是其当前位置值被置为 0，重新开始计算位置。

动态回零前提条件：p2597＝1。

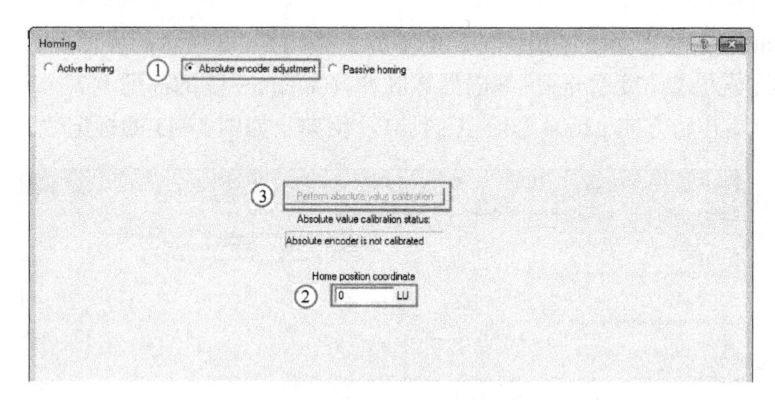

图 5-44　绝对值编码器调整

（1）绝对值编码器的动态回零参数设置

参数设定的过程如下。

1）打开“Homing”页面。

2）定义开始寻参命令源 p2595（将开关量输入点 DI 2 与 p2955 关联，如图 5-45 中的标记“1”处所示）。

3）回零方式选择动态回零，设置 p2597 = 1（如图 5-45 中的标记“2”）。

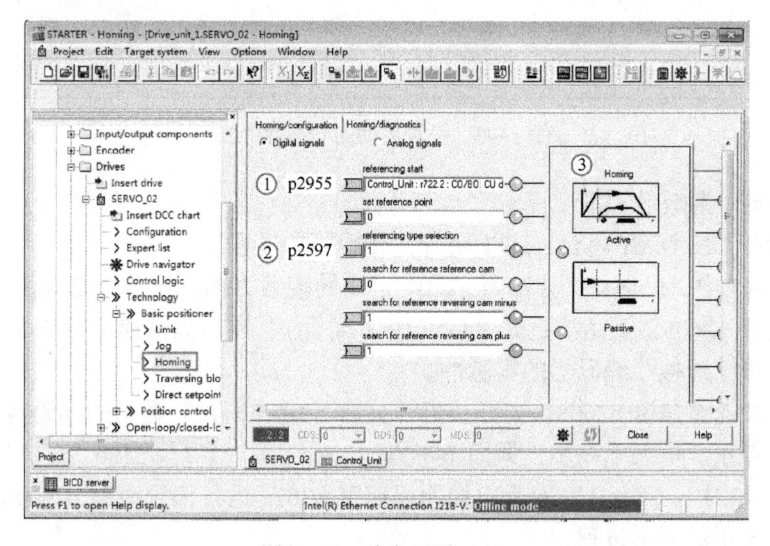

图 5-45　动态回零（1）

4）在图 5-45 中，双击标记“3”下方，弹出如图 5-46 所示的界面。

5）指定接近开关 Bero 为上升沿有效（如图 5-46 中的 p2511）。

6）定义开关量输入点 DI 10（只能为快速 I/O）为接近开关 p488 = 722. 10（如图 5-46 所示）。

（2）绝对值编码器的动态回零过程

动作过程如下。

1）变频器运行（使能 ON/OFF1），选择任意一种命令（如点动、程序步、MDI 等）轴按照所选择的方式运行。

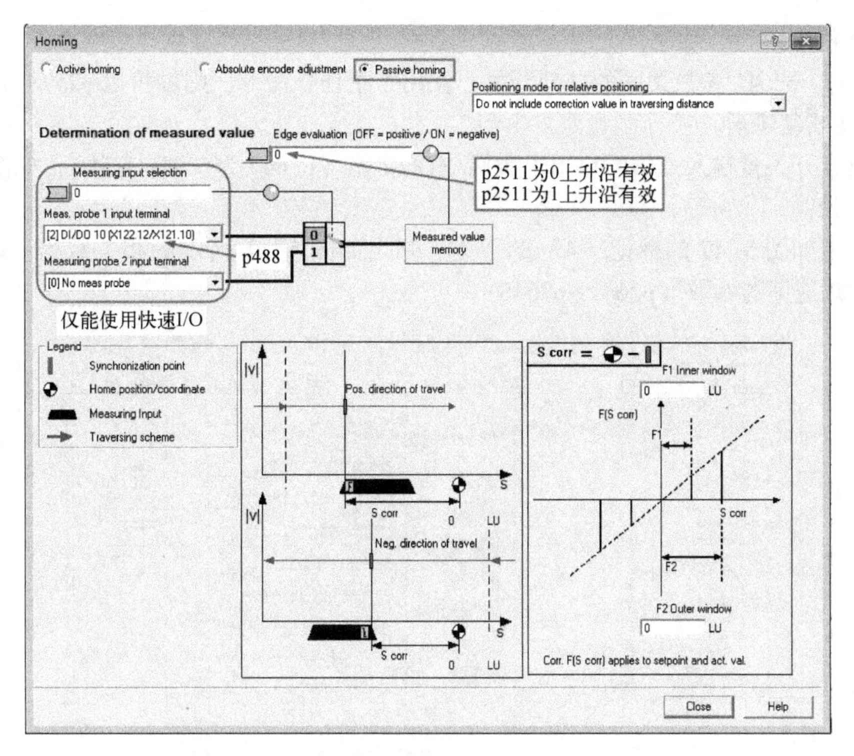

图5-46　动态回零（2）

2）闭合DI 2，开始动态回零。

3）闭合快速开关DI 10，可见到位置实际值立即恢复为0，后重新计值，在整个动态回零过程中轴的运行速度不受影响。

5.2.5　S120的MDI

Direct Setpoint Input/MDI（直接设定点输入方式/手动数据输入方式），MDI的缩写来自于NC技术“Manual Data Input ”。

使用MDI功能可以很轻松地通过外部控制系统来实现复杂的定位程序，通过由上位机控制的连续变化的位置、速度来满足期望的工艺需要。

（1）MDI有两种不同模式。

1）位置（position）模式p2653=0。

2）手动定位或称速度模式（setting up）p2653=1。

这两种模式可在线切换。速度模式是指轴按照设定的速度及加/减速运行，不考虑轴的实际位置。位置模式是指轴按照设定的位置、速度和加/减速运行。位置模式又可分为绝对位置（p2648=1）和相对位置（p2648=0）两种方式。

（2）激活MDI方式及参数配置

1）双击目录树中的MDI，进入直接数据输入MDI模式，如图5-47的标记“1”处。

2）在MDI中，不拒绝任务设置p2641=1、没有停止命令设置p2640=1，如图5-47的标记“2”处。

运行过程中可通过断开与p2640参数关联的外部开关，发出停止命令，则轴将以减速度

p2620 减速停车。

若断开与 p2641 参数关联的外部开关，发出拒绝任务命令，则轴将以 p2573 参数设定的最大减速度减速停车。

3）设定开关量输入点 DI 16 用于激活 MDI 功能（p2647 为“1”有效），如图 5-47 的标记“3”处。

4）双击如图 5-47 的标记“4”的下方，弹出如图 5-48 所示的相关数据，设置位置、速度、加/减速度的参数（p2642～p2645）。

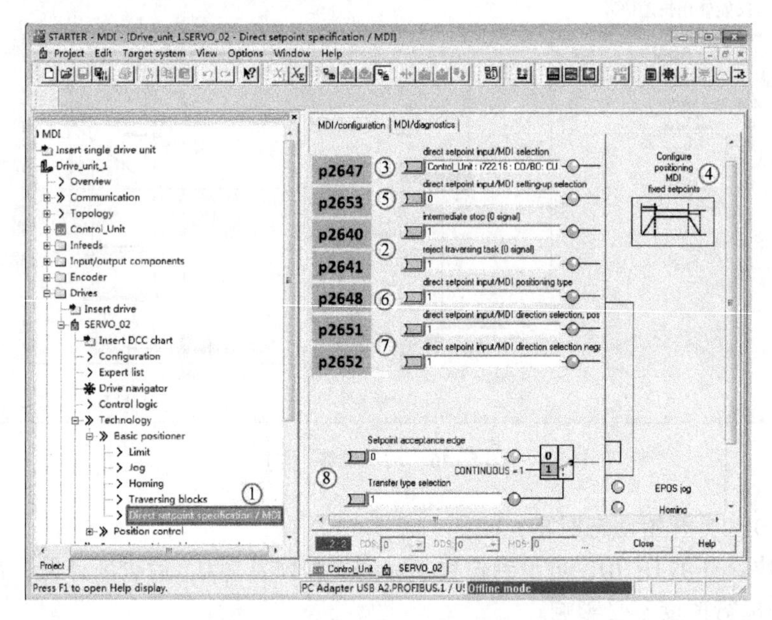

图 5-47　配置参数（p2642～p2645）

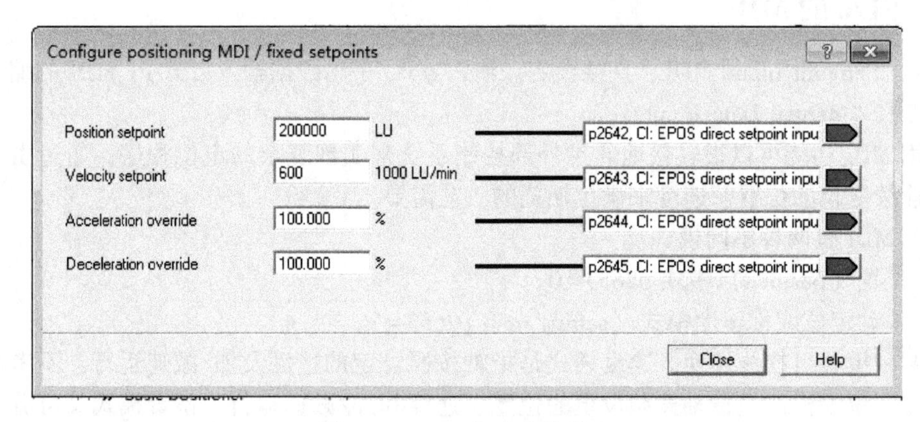

图 5-48　MDI 方式参数配置

5）位置方式选择，当设置 p2653＝1 时，为速度方式；当设置 p2653＝0 时，为位置方式。本例设置 p2653＝0，即位置方式，如图 5-47 的标记“5”处。

6）定位方式选择，当选择绝对位置方式时，设置 p2654＝0（在专家列表中设置）和 p2648＝1；当选择相对定位方式时，p2654＝1（16H），如图 5-47 的标记“6”处。

7）方向设定源为参数 p2651、p2652，如图 5-47 的标记“7”处。

8）数据传输形式参数为 p2649，数据设定值确认命令源参数为 p2650。

S120 中 MDI 的数据传输可采用两种形式，连续传输时，设置参数 p2649=1；单步传输、由上升沿确认时，设置参数 p2649=0。

- 所谓单步传输是指 MDI 数据的传输依赖于参数 p2650 中选择的开关量信号。该命令为“沿”有效，每次执行完一个机器步后，需要再次施加上升沿，新的速度、位置等才能有效。
- 与单步传输不同，一旦激活连续数据传输，MDI 数据（位置、速度、加/减速度）可连续修改且立即有效而无须开关使能。这样就可通过上位机实时调整目标位置及轴的运行速度、加/减速度而不会停机。

（3）运行调试

1）在图 5-49 中，双击项目导航栏中的“Inputs/outputs”，打开输入/输出端子。将回零参考点参数 p2596 与 DI 17 端子关联。

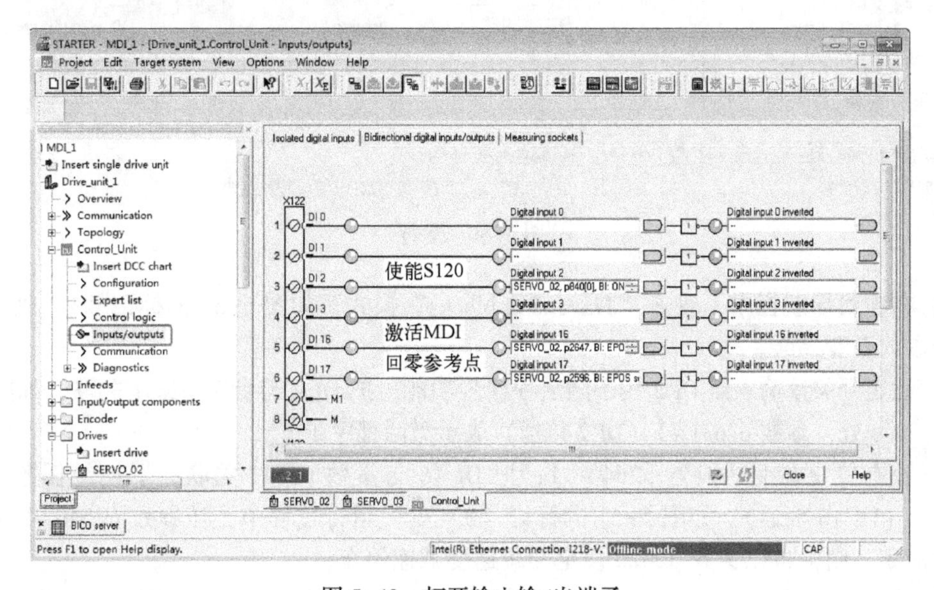

图 5-49　打开输入输/出端子

2）如图 5-50 所示，按顺序勾选 DI 2、DI 17 和 DI 16 右侧的方框，表示模拟接通了 DI 2、DI 17 和 DI 16 端子，此时电动机转动。注意，DI 17 一定要先接通，因为 MDI 模式运行时，需要先回零。

5.2.6　S120 的程序步（Traversing Blocks）

使用“程序步”模式可以自动执行一个完整的定位程序，也可实现单步控制。各程序步之间可通过数字量输入信号切换。但只有当前程序步执行完后，下一程序步才有效。

在 S120 中提供了最多 64 个程序步供用户使用。

1. 程序步执行步骤

程序步的执行步骤如下。

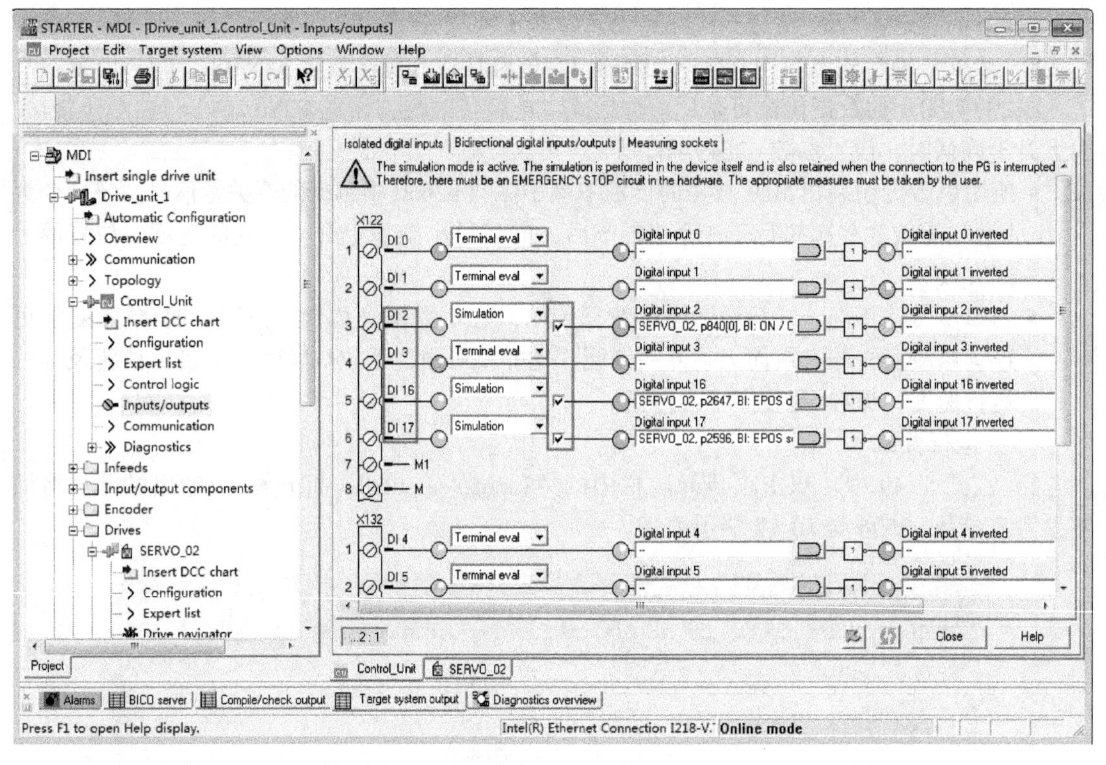

图 5-50　运行

1）在项目导航栏中，双击“Traversing blocks”模式，如图 5-51 的标记“1”处，打开程序步参数设置界面。

2）设定开关量输入点 DI 2 用于激活程序步功能，把 DI 2 与参数 p2631 关联，如图 5-51 的标记“2”处，参数 p2631=1（DI 2 接通）表示激活程序步。

3）没有停止命令，设置 p2640=1；把 DI 16 与参数 p2641 关联，不拒绝任务，设置 p2641=1（DI 16 接通），如图 5-51 的标记“3”处。运行过程中，当参数 p2640=0 时，发出停止命令，则轴将以参数 p2620 设定的减速度减速停车。

若断开 DI 16（r722.16=0）发出拒绝任务命令，即参数 p2641=0，则轴将以参数 p2573 设定的最大减速度减速停车。

4）在图 5-51 中，双击标记“4”下方，弹出如图 5-52 所示的界面。

5）通过 6 个数字量输入点的不同组合选择需要的程序步，如图 5-51 的标记“5”处。

6）按工艺需要设定各个程序步参数，程序步代号决定程序的执行顺序。代号为-1 表示该步不执行（初始代号全部为-1），如图 5-52 所示。

7）变频器运行（p840=1），闭合 DI 2（r722.2=1）激活“Traversing blocks”方式（p2631=1 有效），轴按设定步骤运行。

2. 程序步的结构

1）任务号（No.）：参数为 p2616，每个程序步都要有一个任务号，运行时依此任务号顺序执行（-1 表示无效的任务），如图 5-52 的标记“1”处。

2）工作任务（Job）：参数为 p2621，表示该程序步的任务。

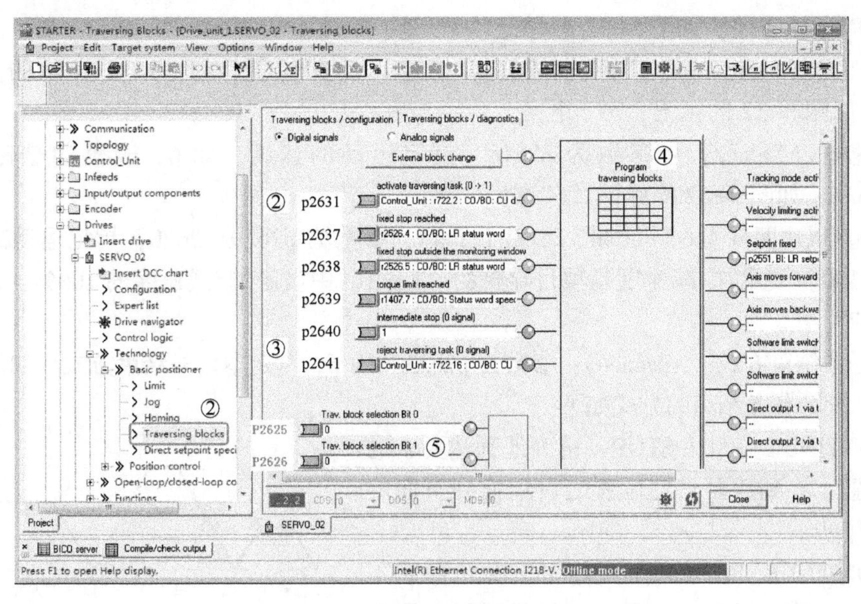

图 5-51　设置程序步的参数

Program traversing blocks

Maximum number of blocks　(64)　Edit

Index	No. ①	Job ②	Parameter ③	Mode ④	Position ⑤	Velocity ⑥	Acceleration ⑦	Deceleration	Advance ⑧	Hide ⑨
1	0	POSITIONING	0	ABSOLUTE ((	5000	6	100	100	CONTINUE_FLYING (2)	
2	1	POSITIONING	0	RELATIVE (1)	2500	8	100	100	CONTINUE_WITH_STO	
3	2	WAITING	2000	ABSOLUTE ((	0	600	100	100	CONTINUE_WITH_STO	
4	3	POSITIONING	0	RELATIVE (1)	-2500	4	100	100	CONTINUE_WITH_STO	
5	4	GOTO	0	ABSOLUTE ((	0	600	100	100		
6	-1	POSITIONING	0	ABSOLUTE ((	0	600	100	100	END (0)	
7	-1	POSITIONING	0	ABSOLUTE ((	0	600	100	100	END (0)	
8	-1	POSITIONING	0	ABSOLUTE ((	0	600	100	100	END (0)	
9	-1	POSITIONING	0	ABSOLUTE ((	0	600	100	100	END (0)	
10	-1	POSITIONING	0	ABSOLUTE ((	0	600	100	100	END (0)	
11	-1	POSITIONING	0	ABSOLUTE ((	0	600	100	100	END (0)	
12	-1	POSITIONING	0	ABSOLUTE ((	0	600	100	100	END (0)	
13	-1	POSITIONING	0	ABSOLUTE ((	0	600	100	100	END (0)	
14	-1	POSITIONING	0	ABSOLUTE ((	0	600	100	100	END (0)	
15	-1	POSITIONING	0	ABSOLUTE ((	0	600	100	100	END (0)	
16	-1	POSITIONING	0	ABSOLUTE ((	0	600	100	100	END (0)	
17	-1	POSITIONING	0	ABSOLUTE ((	0	600	100	100	END (0)	
18	-1	POSITIONING	0	ABSOLUTE ((	0	600	100	100	END (0)	
19	-1	POSITIONING	0	ABSOLUTE ((	0	600	100	100	END (0)	
20	-1	POSITIONING	0	ABSOLUTE ((	0	600	100	100	END (0)	
21	-1	POSITIONING	0	ABSOLUTE ((	0	600	100	100	END (0)	
22	-1	POSITIONING	0	ABSOLUTE ((	0	600	100	100	END (0)	
23	-1	POSITIONING	0	ABSOLUTE ((	0	600	100	100	END (0)	
24	-1	POSITIONING	0	ABSOLUTE ((	0	600	100	100	END (0)	
25	-1	POSITIONING	0	ABSOLUTE ((	0	600	100	100	END (0)	
26	-1	POSITIONING	0	ABSOLUTE ((	0	600	100	100	END (0)	
27	-1	POSITIONING	0	ABSOLUTE ((	0	600	100	100	END (0)	
28	-1	POSITIONING	0	ABSOLUTE ((	0	600	100	100	END (0)	
29	-1	POSITIONING	0	ABSOLUTE ((	0	600	100	100	END (0)	

Close　Help

图 5-52　程序步

有 7 种任务供选择，分别是 POSITIONING（位置方式）、Endless_POS /Endless_NEG（正/反向速度方式）、WAITING（等待 parameter 中指定的时间后执行下一步）、GOTO（跳转到 parameter 中指定的程序步）、Set_O/Reset_O（置位/复位 parameter 中指定的开关量输出点），如图 5-52 的标记“2”处。

3）参数（Parameter）：参数为 p2622，依赖于不同的 Job，对应不同的 Job 有不同的含义，如图 5-52 的标记“3”处。

4）模式（Mode）：参数为 p2623.8/9，定义定位方式，仅当任务（Job）为位置方式

(POSITION) 时有效，如图 5-52 的标记“4”处。

5）位置（Position）：参数为 p2617，指定运动的位置，如 5000，表示的是位移为 5000LU，如图 5-52 的标记“5”处。

6）速度（Velocity）：参数为 p2618，指定运动的速度，如 6，表示的是速度为 6×1000LU/min，如图 5-52 的标记“6”处。

7）加/减速度（Acceleration，Deceleration）：参数为 p2619/p2620，指定运动的加/减速度，如“100”表示加/减速度是项目导航的“Limit”中设定加/减速度的 100%，如图 5-52 的标记“7”处。

8）任务结束方式（Advance）：参数为 p2623.4/5/6，制定本任务结束方式，如图 5-52 的标记“8”处。任务结束的方式如下。

- CONTINUE_WITH_STOP：精确地到达要求的位置，在到达要求的位置之后切换到下面的程序步。
- CONTINUE_FLYING：执行完该次任务后不停止，直接运行下一任务。如果运行方向需改变，则先停止状态再运行下一任务。

如图 5-53a 所示，块 0 的速度变化是从 0 到大，然后降低到 0，然后运行块 1，速度降到 0 后，再运行块 2。其停机模式是 CONTINUE_WITH_STOP。

如图 5-53b 所示，块 0 的速度变化是从 0 到大，不降低速度，然后运行块 1，再运行块 2，其速度不降低到 0。其停机模式是 CONTINUE_FLYING。

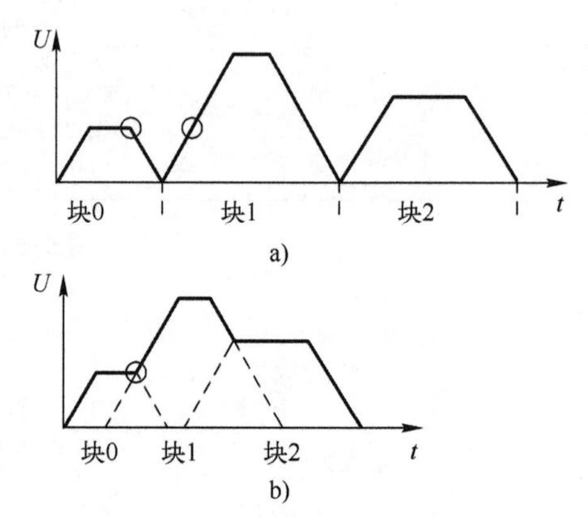

图 5-53　两种任务结束方式对比
a）停机模式—CONTINUE_WITH_STOP
b）停机模式—CONTINUE_FLYING

- CONTINUE_EXTERNAL：和 CONTINUE_FLYING 方式相同，但外部信号可立即切换下一任务。
- CONTINUE_EXTERNAL_WAIT：同 CONTINUE_EXTERNAL 相同，但如果到达目标位置后仍没有外部触发，则会保持在目标位置等待外部信号。
- CONTINUE_EXTERNAL_ALARM：同 CONTINUE_EXTERNAL_WAIT 相同，但如果到达目标位置后仍没有外部信号，将输出报警信号 A07463。

9）隐藏（Hide）：参数为 p2623.0，表示跳过本条程序步后，不执行该任务，如图 5-52 的标记“9”处。

3. 运行程序步

1）在图 5-54 中，双击项目导航栏中的“Inputs/outputs”，打开输入输/出端子。将回零参考点参数 p2596 与 DI 17 端子关联，将 DI 0 与 p840 关联。

2）按顺序勾选 DI 0、DI 2、DI 17 和 DI 16 右侧的方框，表示模拟接通了 DI 0、DI 2、DI 17和 DI 16 端子，如图 5-55 所示。此时，电动机转动。

【例 5-2】 点动 DI 16，电动机以 6000 LU/min 的速度旋转 180°，在此基础上以 9000 LU/min 的速度旋转 90°（要求速度不降低），等待 3 s，再以 5000 LU/min 的速度反向旋转 90°（要求

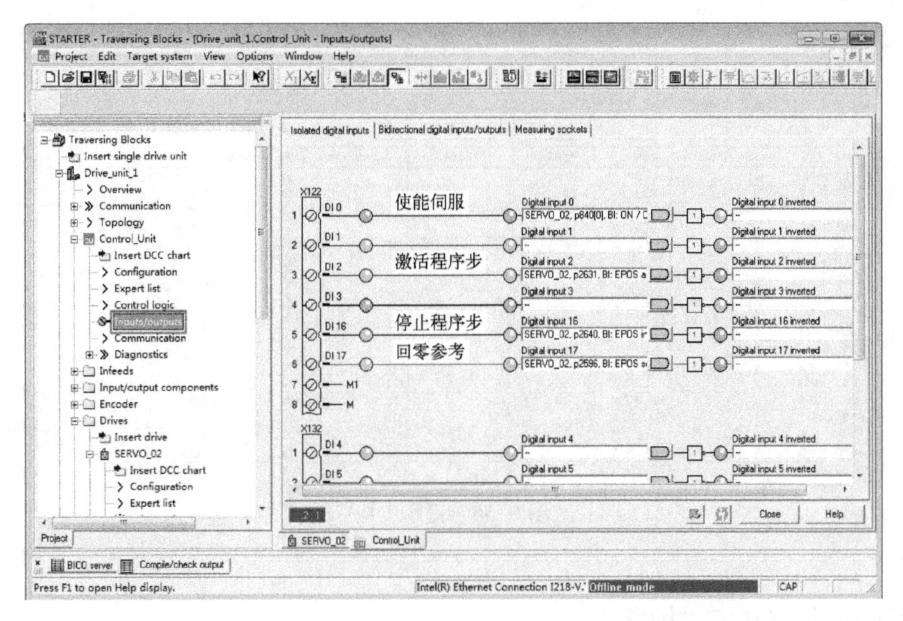

图 5-54　运行程序步（1）

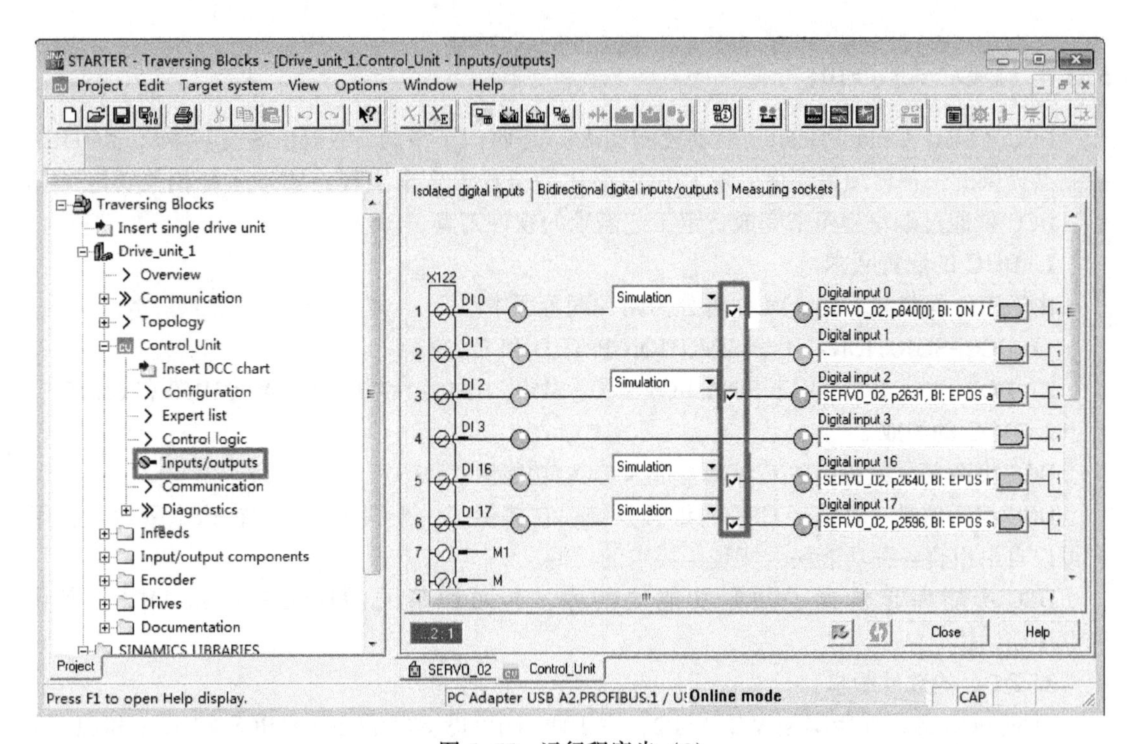

图 5-55　运行程序步（2）

速度降到 0 再反向)，周而复始重复以上过程。

解：

具体的设置过程，不再赘述，仅给出程序步块，如图 5-56 所示。

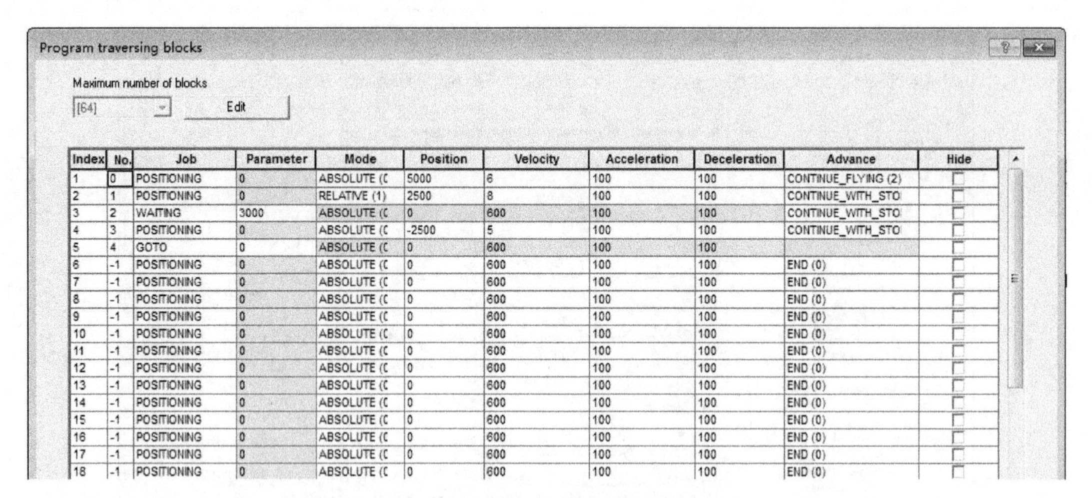

Index	No.	Job	Parameter	Mode	Position	Velocity	Acceleration	Deceleration	Advance	Hide
1	0	POSITIONING	0	ABSOLUTE (C	5000	6	100	100	CONTINUE_FLYING (2)	
2	1	POSITIONING	0	RELATIVE (1)	2500	8	100	100	CONTINUE_WITH_STO	
3	2	WAITING	3000	ABSOLUTE (C	0	600	100	100	CONTINUE_WITH_STO	
4	3	POSITIONING	0	ABSOLUTE (C	-2500	5	100	100	CONTINUE_WITH_STO	
5	4	GOTO	0	ABSOLUTE (C	0	600	100	100		
6	-1	POSITIONING	0	ABSOLUTE (C	0	600	100	100	END (0)	
7	-1	POSITIONING	0	ABSOLUTE (C	0	600	100	100	END (0)	
8	-1	POSITIONING	0	ABSOLUTE (C	0	600	100	100	END (0)	
9	-1	POSITIONING	0	ABSOLUTE (C	0	600	100	100	END (0)	
10	-1	POSITIONING	0	ABSOLUTE (C	0	600	100	100	END (0)	
11	-1	POSITIONING	0	ABSOLUTE (C	0	600	100	100	END (0)	
12	-1	POSITIONING	0	ABSOLUTE (C	0	600	100	100	END (0)	
13	-1	POSITIONING	0	ABSOLUTE (C	0	600	100	100	END (0)	
14	-1	POSITIONING	0	ABSOLUTE (C	0	600	100	100	END (0)	
15	-1	POSITIONING	0	ABSOLUTE (C	0	600	100	100	END (0)	
16	-1	POSITIONING	0	ABSOLUTE (C	0	600	100	100	END (0)	
17	-1	POSITIONING	0	ABSOLUTE (C	0	600	100	100	END (0)	
18	-1	POSITIONING	0	ABSOLUTE (C	0	600	100	100	END (0)	

图 5-56　程序步块

5.3　S120 的 DCC 功能

5.3.1　DCC 入门知识

DCC（Drive Control Chart，驱动控制图表）是西门子专为 SINAMICS 变频器/SIMOTION 控制器提供的一种可编程环境。DCC 用图形化的编程语言来实现与驱动系统相关功能工具包。DCC 是通过编写程序来完成特定工艺需求的软件工具。

1. DCC 的配置版本

由于工作的载体不同，DCC 可分为两种配置版本。

1）DCC-SIMOTION：用于 SIMOTION P/C/D 和 CX32。

2）DCC-SINAMICS：用于 SINAMICS S120、S150、SM150、G130、G150、GM150 和 GL150。

2. DCC 的组成

DCC 由两部分组成，DCC 编辑器以及 DCC 功能库。

DCC 编辑器是一种基于 CFC 的编程系统，它提供了一个编辑平台，在这个平台上，用户可以自由组合各种功能块，实现所要求的功能。

DCC 功能库是包含了预制功能块的库，有两种不同的库文件：SINAMICS 库和 SIMOTION 库。

3. DCC 的软件版本

目前 DCC 的最新版本是 V 2.0 SP2，用于西门子的驱动产品 SINAMICS V2.6.1 和 SIMOTION V4.1.2，而 SINAMICS V2.4.x 系列产品没有 DCC 功能。

4. DCC 的基本功能

DCC 的基本功能包括：

1）逻辑功能（Logic）。包含逻辑与、或、非、定时、计数、脉冲和选择开关功能等。

2）运算功能（Arithmetic）。包含加、减、乘、除、最大值、最小值、数值取反和 20 点 XY 坐标取值功能等。

3）数据类型转换（Conversion）。包含位到字、字到位和整数/实数/字之间的转换功能等。

4）闭环控制（Closed-Loop）。包含 P/PI 控制器、积分器和斜坡发生器功能等。

5）工艺功能（Technology）。包含直径计算、惯量计算、摇摆功能和 CAM 控制器功能等。

6）系统功能（System）。包含数据取样和读写参数功能等。

5. DCC 的安装

（1）对工程软件要求

1）STEP 7 V5.3 或更高版本。

2）CFC 7.0.1.1C 或更高版本。

3）SIMOTION SCOUT/STARTER V4.1.2 或更高版本。

（2）运行 CFC 的 PC 硬件需求

1）最小 600 MHz 处理器。

2）最小 512 MB RAM。

DCC 是基于 CFC 的编程工具，因而使用 DCC 需安装 CFC。在 STARTER 和 SCOUT 的 Setup 中已集成了其安装文件，只需在安装 STARTER 或 SCOUT 时勾选“CFC”选项，即可自动安装 DCC 编辑器（CFC）和 DCC 库（DCB）。如果没有勾选“CFC”选项，在安装完成 STARTER 和 SCOUT 软件后也可以单独安装 CFC。

5.3.2　DCC 应用实例

以下用一个简单的应用为例，介绍 DCC 编程的实施过程。

【例 5-3】 用 DCC 编程，实现 S120 的点动功能。

解：

硬件的配置在前面章节已经介绍，在此不再赘述。

1）新建项目，本例为 DCC_1。

2）下载工艺包。单击工具栏中的“在线”按钮，使 S120 处于在线状态，如图 5-57 所示，选中项目导航栏中的“Drive_unit_1”，单击鼠标右键，弹出快捷菜单，单击“Select technology packages...”（选择工艺包），弹出如图 5-58 所示的界面，在“Action”（动作）列的第一行，选择“Load into target”（装载到目标装置）选项，单击“Perform actions”（执行动作）按钮。

3）在图 5-59 中，选择最下面的选项，单击“选择”按钮 »，再单击“Accept”（接受）按钮。导入 DCB 库成功。

4）在图 5-60 中，选中“Insert DCC chart”（插入 DCC 图表），弹出插入 DCC 图表界面，单击“OK”（确定）按钮，DCC 图表画面打开。

5）编写 DCC 程序。将指令 NOP8_B 拖动到编辑区，如图 5-61 所示。选中指令的输入管脚 I1，单击鼠标右键，弹出快捷菜单，单击“Interconnection to Address...”（关联地址）选项，如图 5-62 所示，弹出如图 5-63 所示的界面，选中“Control_Unit”（控制单元），再选中 r722.0，最后单击“OK”（确定）按钮，管脚 I1 与控制单元的 DI 0 就关联在一起了。

在图 5-64 中，选中指令的输入管脚 I1，单击鼠标右键，弹出快捷菜单，单击“Object

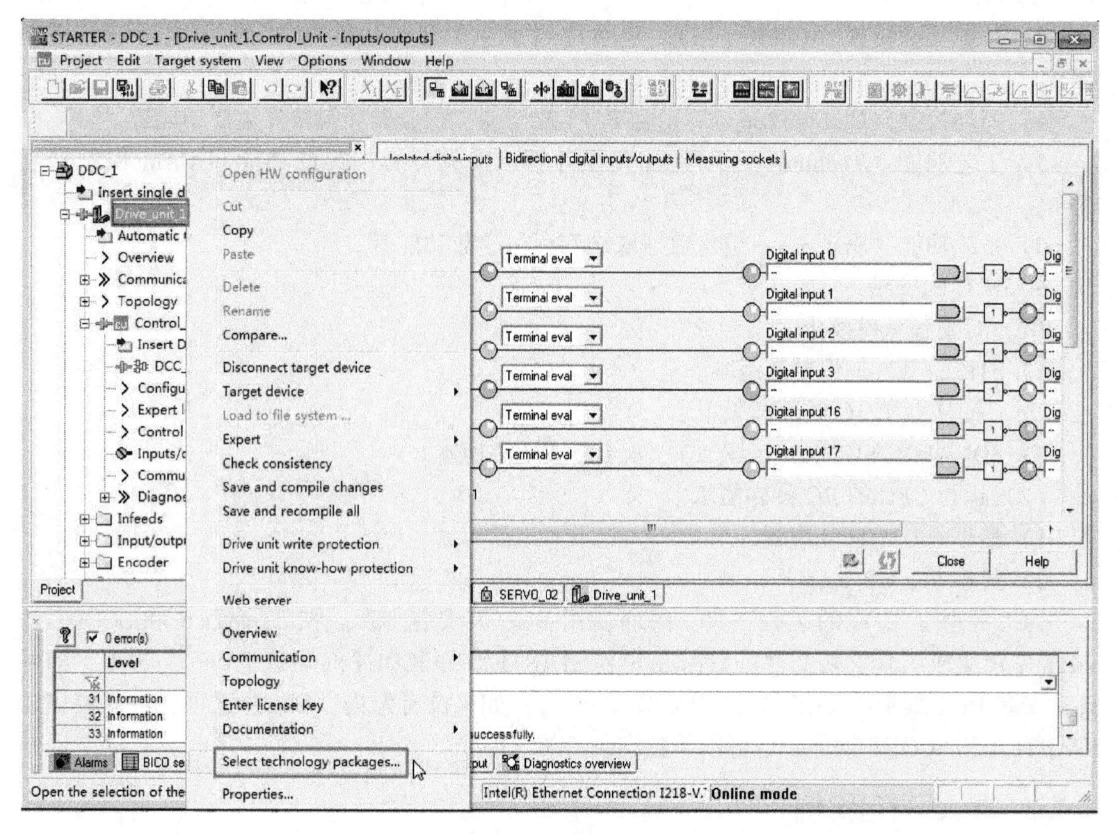

图 5-57　选择工艺包

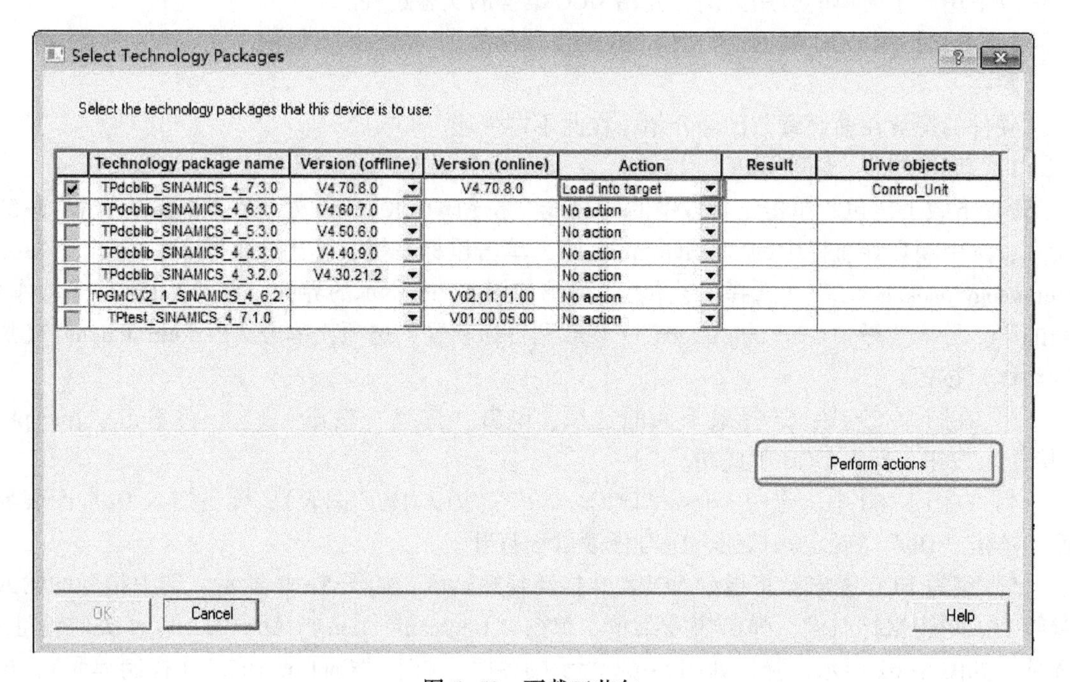

图 5-58　下载工艺包

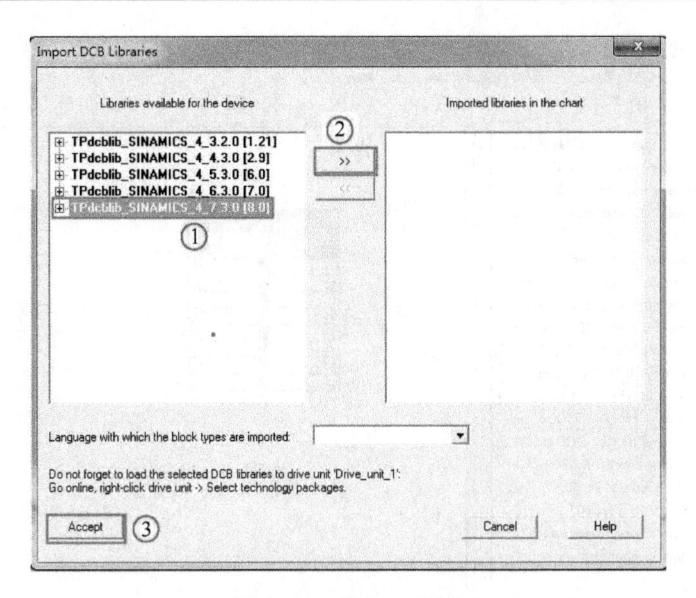

图 5-59　导入 DCB 库

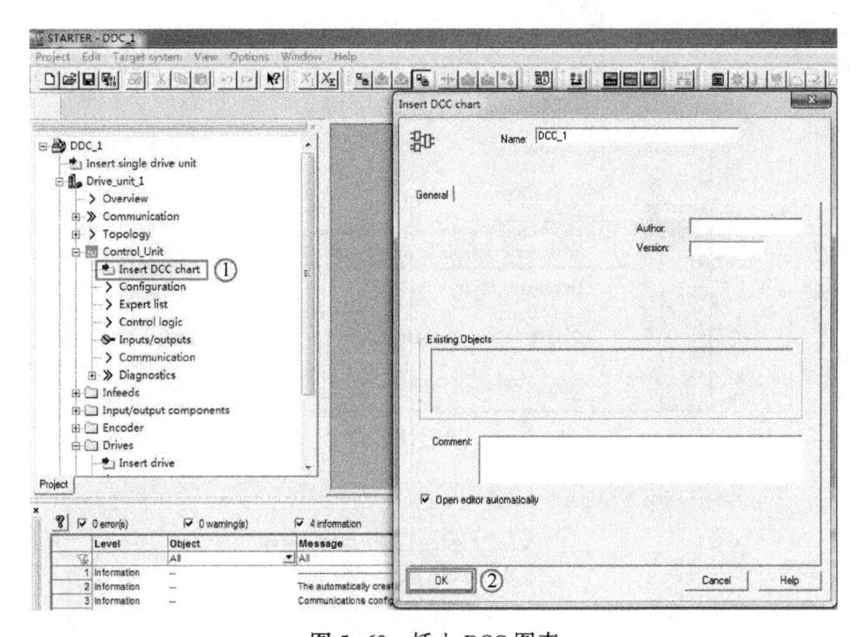

图 5-60　插入 DCC 图表

Properties…”（对象属性）选项，弹出如图 5-65 所示的界面，在“Comment”（注释）中输入“@ * 100 IN1”，其含义是生成参数 IN1，其参数号为 p21600，其中 21600 = 21500+100。最后单击“OK”（确定）按钮，参数 p21600 与控制单元的 DI 0 就关联在一起了。

用同样的方法，将 I2 与点动参数 r722.2 关联在一起，生成新参数 p21601 与 DI 2 关联在一起。

在图 5-66 中，选中指令的输入管脚 Q1，单击鼠标右键，弹出快捷菜单，单击“Interconnection to Address…”（关联地址）选项，弹出如图 5-67 所示的界面，选中“SERVO_02”，再选中 p840，最后单击“OK”（确定）按钮，管脚 Q1 与驱动单元的 p840 就关联在一起了。

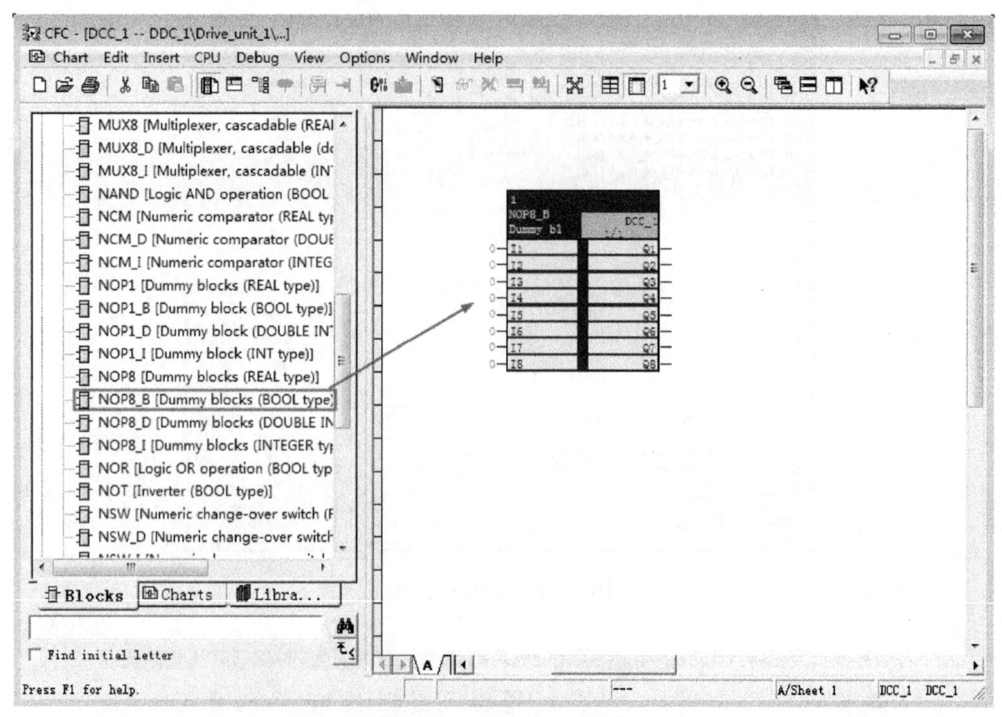

图 5-61　插入 NOP8 指令

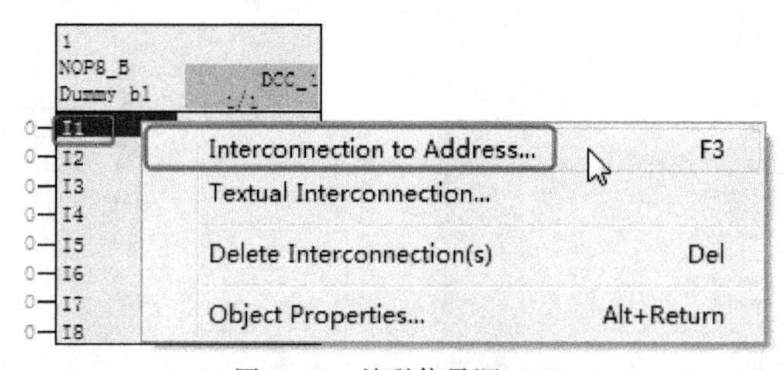

图 5-62　关联信号源（1）

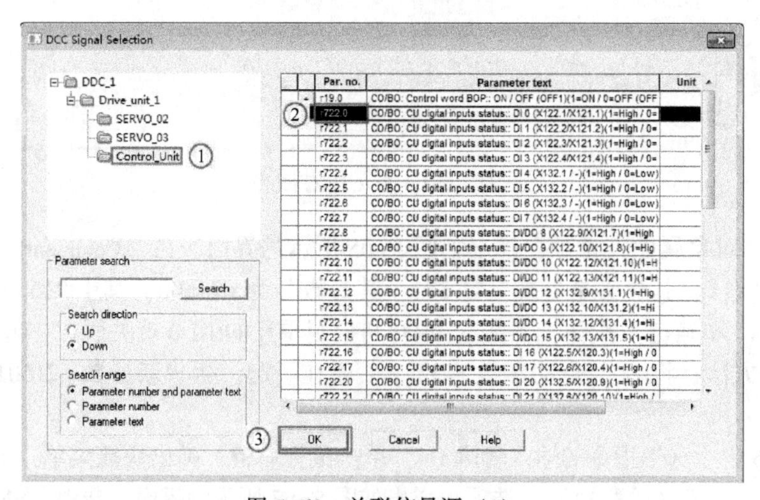

图 5-63　关联信号源（2）

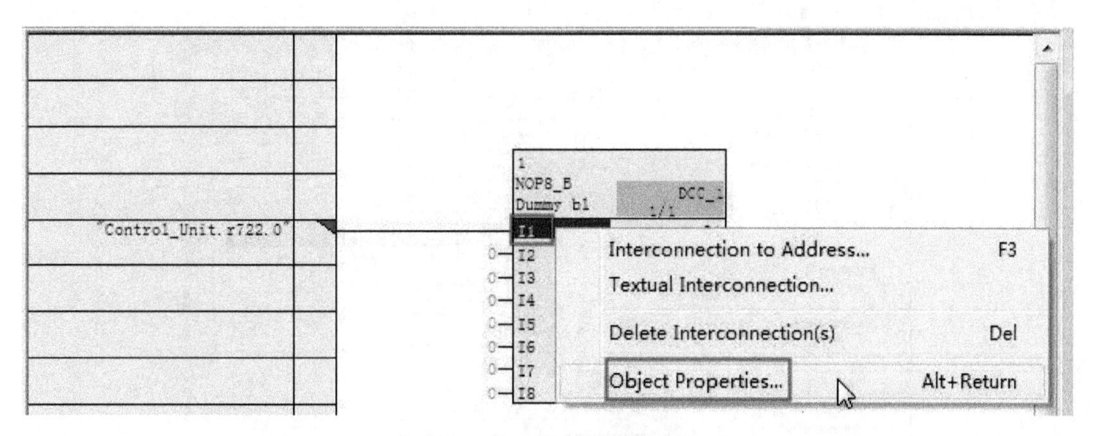

图 5-64　修改信号源属性（1）

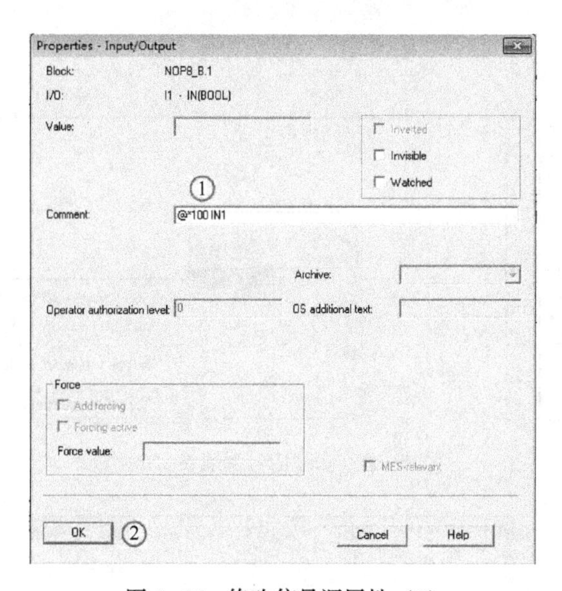

图 5-65　修改信号源属性（2）

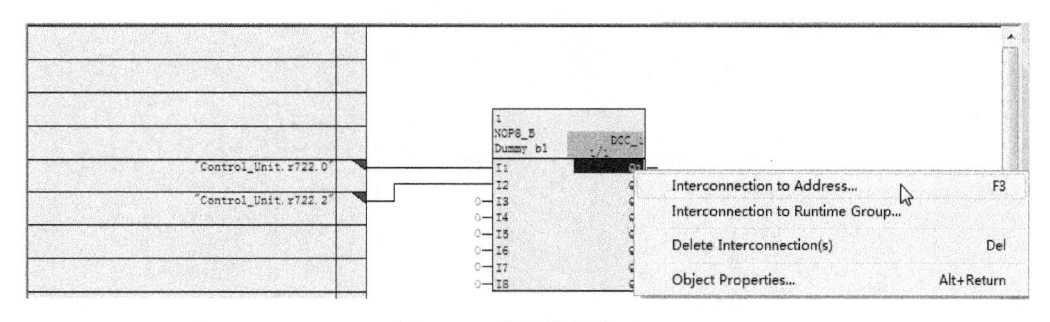

图 5-66　关联信号源（1）

在图 5-68 中，选中指令的输入管脚 Q1，单击鼠标右键，弹出快捷菜单，单击“Object Properties...”（对象属性）选项，弹出如图 5-69 所示的界面，在“Comment”（注释）中输入“@ * 102 out1”，其含义是生成参数 OUT1，其参数号为 p21602，其中 21600 = 21500+102。

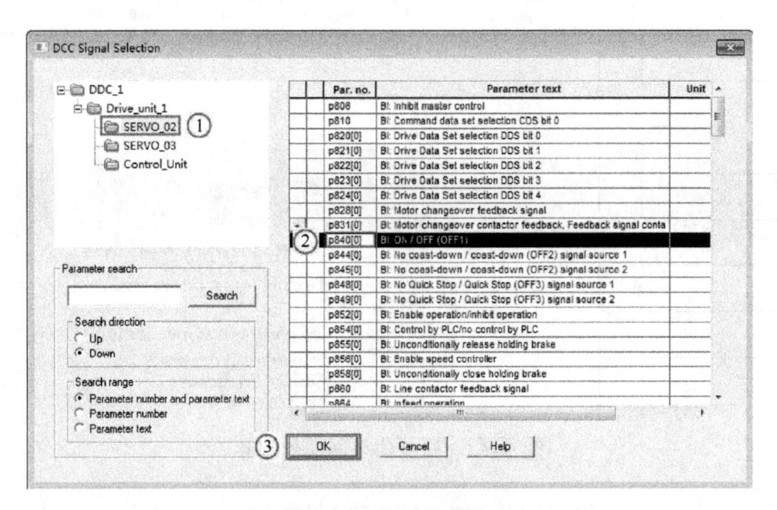

图 5-67　关联信号源（2）

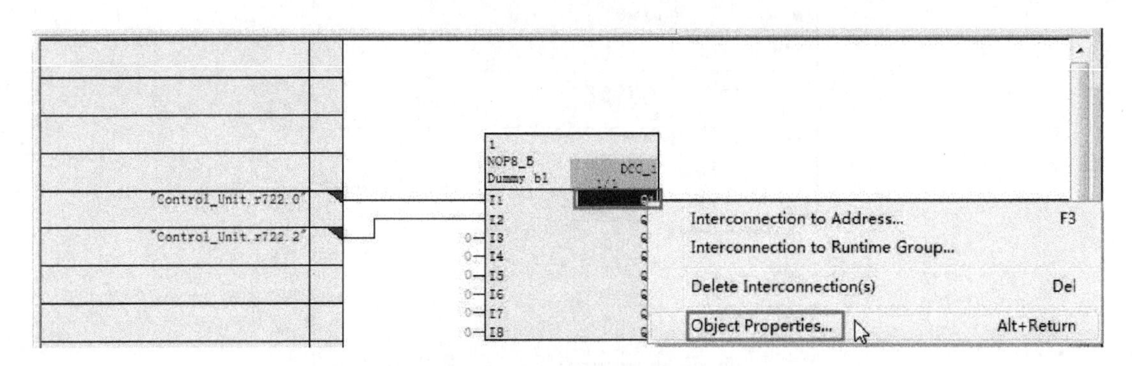

图 5-68　修改信号源属性（1）

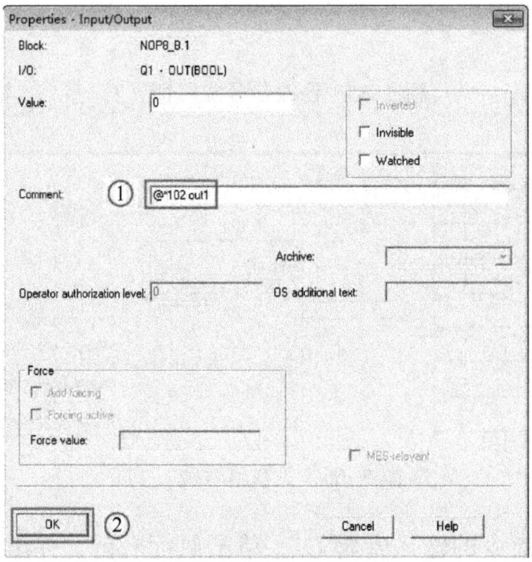

图 5-69　修改信号源属性（2）

最后单击“OK”（确定）按钮，参数 p21602 与控制单元的 p840 就关联在一起了。

用同样的方法，将 Q2 与点动参数 p2589 关联在一起，生成新参数 p21603 与 p2589 关联在一起。最后生成的 DCC 如图 5-70 所示。

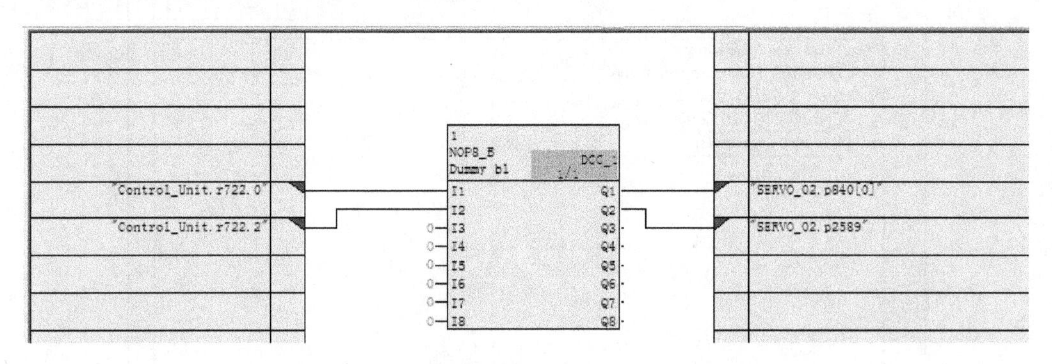

图 5-70　DCC

6）编译 DCC 程序。单击工具栏中的“Compile”（编译）按钮，弹出如图 5-71 所示的界面，选择默认的“Compile all”（全部编译）选项，单击“OK”（确定）按钮进行编译，当编译结束后，弹出编译结果界面如图 5-72 所示，本例显示“0 error(s),0 warning(s)”（0 错误，0 警告）。

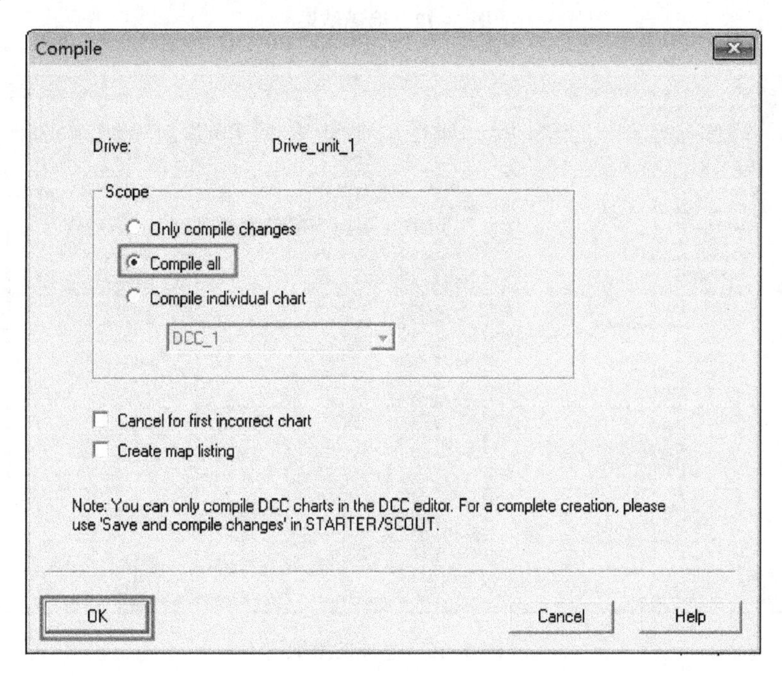

图 5-71　编译

7）查看新生成的参数。在项目导航栏中，双击“Expert list”（专家列表），生成了 4 个参数，如图 5-73 的标记“2”处。

8）运行。闭合控制单元上的 DI 0 和 DI 2 端子，伺服电动机点动旋转。

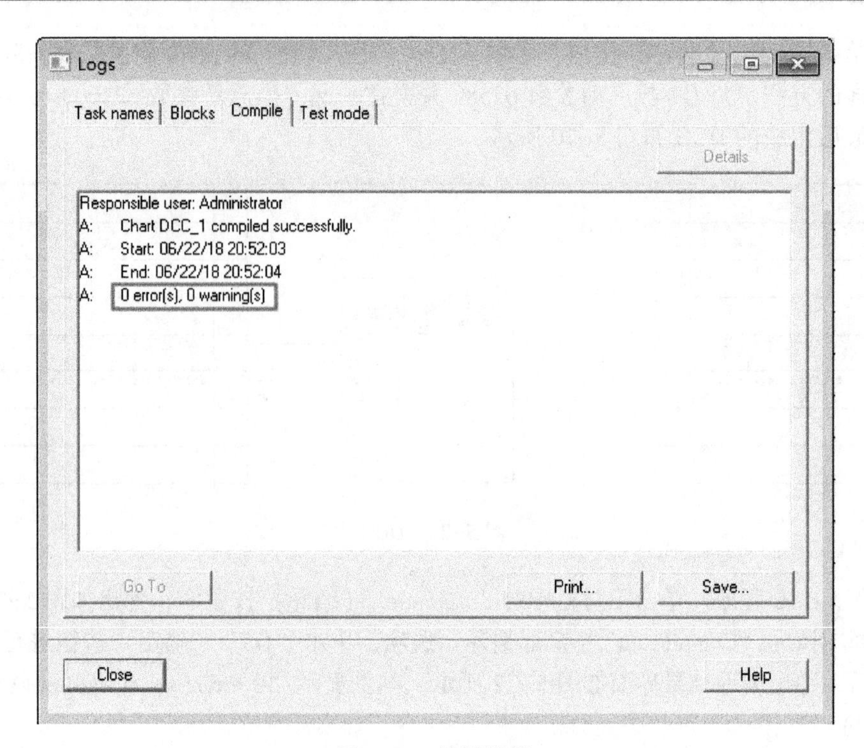

图 5-72　编译结果

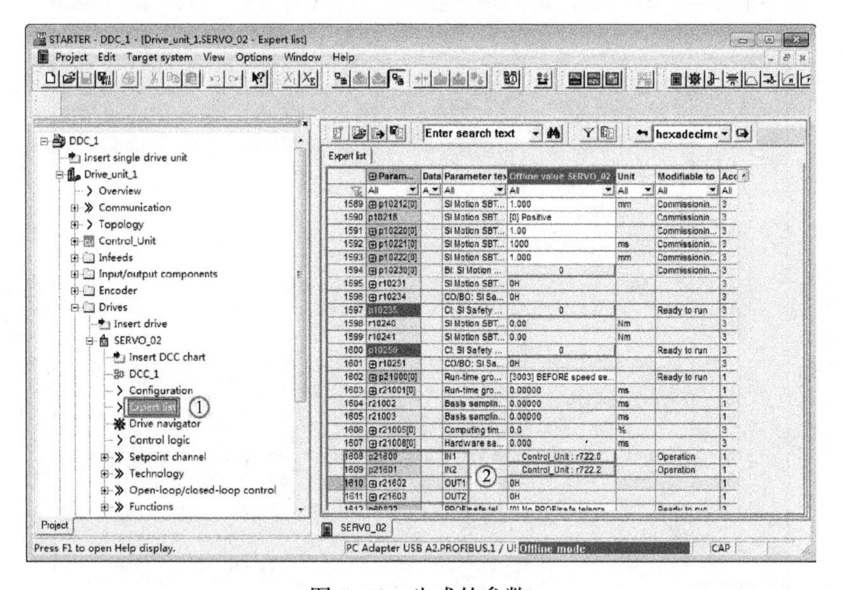

图 5-73　生成的参数

第6章

G120/S120 通信

本章介绍 PROFIdrive 通信以及 G120 的 USS 通信和 Modbus 通信、G120/S120 的 PROFIBUS 通信和 PRIFINET 通信，这部分内容较难掌握，但很常用，读者应认真学习。

6.1 PROFIdrive 通信介绍

PROFIdrive 是西门子 PROFIBUS 与 PROFINET 两种通信方式，针对驱动与自动化控制应用的一种协议框架，也可以称作“行规”，PROFIdrive 使得用户更快捷方便地实现对驱动的控制。PROFIdrive 主要由以下三部分组成。

1）控制器（Controller），包括一类 PROFIBUS 主站与 PROFINET I/O 控制器。

2）监控器（Supervisor），包括二类 PROFIBUS 主站与 PROFINET I/O 管理器。

3）执行器（Drive Unit），包括 PROFIBUS 从站与 PROFINET I/O 装置。

PROFIdrive 定义了基于 PROFIBUS 与 PROFINET 的驱动器功能，如下所示。

1）周期数据交换。

2）非周期数据交换。

3）报警机制。

4）时钟同步操作。

6.2 SINAMICS 通信报文结构解析

在 SINAMCIS 系列产品报文中，取消了 PKW 数据区，参数的访问通过非周期性通信来实现。

PROFIdrive 根据具体产品的功能特点，制定了特殊的报文结构，每一个报文结构都与驱动器的功能一一对应，因此在进行硬件配置的过程中，要根据所要实现的控制功能来选择相应的报文结构。

6.2.1 SINAMICS 通信报文类型

对于 SIMOTION 与 SINAMICS 系列产品，其报文有标准报文和制造商报文。标准报文根据 PROFIdrive 协议构建，过程数据的驱动内部互联根据设置的报文编号在 STARTER 中自动进行。制造商报文根据公司内部定义创建，过程数据的驱动内部互联根据设置的报文编号在

STARTER 中自动进行。标准报文和制造商报文见表 6-1 和表 6-2。

表 6-1　标准报文

报文名称	描　述	应用范围
标准报文 1	16 位转速设定值	基本速度控制
标准报文 2	32 位转速设定值	基本速度控制
标准报文 3	32 位转速设定值，1 个位置编码器	支持等时模式的速度或位置控制
标准报文 4	32 位转速设定值，2 个位置编码器	支持等时模式的速度或位置控制，双编码器
标准报文 5	32 位转速设定值，1 个位置编码器和 DSC	支持等时模式的位置控制
标准报文 6	32 位转速设定值，2 个位置编码器和 DSC	支持等时模式的速度或位置控制，双编码器
标准报文 7	基本定位器功能	仅有程序块选择（EPOS）
标准报文 9	直接给定的基本定位器	简化功能的 EPOS 报文（减少使用）
标准报文 20	16 位转速设定值，状态信息和附加信息符合 VIK-NAMUR 标准定义	VIK-NAMUR 标准定义
标准报文 81	1 个编码器通道	编码器报文
标准报文 82	1 个编码器通道 + 16 位转速设定值	扩展编码器报文
标准报文 83	1 个编码器通道 + 32 位转速设定值	扩展编码器报文

注：表中用粗体字表示的报文是常用报文。

表 6-2　制造商报文

报文名称	描　述	应用范围
制造商报文 102	32 位转速设定值，1 个位置编码器和转矩降低	SIMODRIVE 611 U 定位轴
制造商报文 103	32 位转速设定值，2 个位置编码器和转矩降低	早期的报文
制造商报文 105	32 位转速设定值，1 个位置编码器、转矩降低和 DSC	S120 用于轴控制标准报文（SIMOTION 和 T CPU）
制造商报文 106	32 位转速设定值，2 个位置编码器、转矩降低和 DSC	S120 用于轴控制标准报文（SIMOTION 和 T CPU）
制造商报文 110	基本定位器、MDI 和 XIST_A	早期的定位报文
制造商报文 111	MDI 运行方式中的基本定位器	S120 EPOS 基本定位器功能的标准报文
制造商报文 116	32 位转速设定值，2 个编码器（编码器 1 和编码器 2）、转矩降低和 DSC，负载、转矩、功率和电流实际值	双编码器轴控，可以在数控系统中使用
制造商报文 118	32 位转速设定值，2 个编码器（编码器 2 和编码器 3）、转矩降低和 DSC，负载、转矩、功率和电流实际值	定位，较少使用
制造商报文 125	带转矩前馈的 DSC，1 个位置编码器（编码器 1）	可以提高插补精度
制造商报文 126	带转矩前馈的 DSC，2 个位置编码器（编码器 1 和编码器 2）	可以提高插补精度，双编码器
制造商报文 136	带转矩前馈的 DSC，2 个位置编码器（编码器 1 和编码器 2），4 个跟踪信号	数控使用，提高插补精度
制造商报文 138	带转矩前馈的 DSC，2 个位置编码器（编码器 1 和编码器 2），4 个跟踪信号	扩展编码器报文
制造商报文 139	带 DSC 和转矩前馈控制的转速/位置控制，1 个位置编码器，电压状态、附加实际值	数控使用

（续）

报文名称	描　　述	应用范围
制造商报文 166	配有 2 个编码器通道和 HLA 附加信号的液压轴	用于液压轴
制造商报文 220	32 位转速设定值	金属工业
制造商报文 352	16 位转速设定值	PCS 提供标准块
制造商报文 370	电源模块报文	控制电源模块启停
制造商报文 371	电源模块报文	金属工业
制造商报文 390	控制单元，带输入/输出	控制单元使用
制造商报文 391	控制单元，带输入/输出和 2 个快速输入测量	控制单元使用
制造商报文 392	控制单元，带输入/输出和 6 个快速输入测量	控制单元使用
制造商报文 393	控制单元，带输入/输出和 8 个快速输入测量及模拟量输入	控制单元使用
制造商报文 394	控制单元，带输入/输出	控制单元使用
制造商报文 395	控制单元，带输入/输出和 16 个快速输入测量	控制单元使用
制造商报文 396	用于传输金属状态数据、CU 上的 I/O，控制 8 个 CU 和来自西门子的限位开关	控制单元使用
自由报文 999	自由报文	原有报文连接不变，并可以对它进行修改

注：表中用粗体字表示的报文是常用报文。

6.2.2　SINAMICS 通信报文解析

1. 报文的结构

常用的标准报文结构见表 6-3。

表 6-3　常用的标准报文结构

报文		PZD1	PZD2	PZD3	PZD4	PZD5	PZD6	PZD7	PZD8	PZD9
1	16 位转速设定值	STW1	NSOLL	→ 把报文发送到总线上						
		ZSW1	NIST	← 接收来自总线上的报文						
2	32 位转速设定值	STW1	NSOLL		STW2					
		ZSW1	NIST		ZSW2					
3	32 位转速设定值，1 个位置编码器	STW1	NSOLL		STW2	G1_STW				
		ZSW1	NIST		ZSW2	G1_ZSW	G1_XIST1		G1_XIST2	
5	32 位转速设定值，1 个位置编码器和 DSC	STW1	NSOLL		STW2	G1_STW	XERR		KPC	
		ZSW1	NIST		ZSW2	G1_ZSW	G1_XIST1		G1_XIST2	

注：表格中关键字的含义如下。

STW1：控制字 1　　STW2：控制字 2　　G1_STW：编码器控制字
NSOLL：速度设定值　　ZSW2：状态字 2　　G1_ZSW：编码器状态字
ZSW1：状态字 1　　XERR：位置差　　G1_XIST1：编码器实际值 1
NIST：实际速度　　KPC：位置闭环增益　　G1_XIST2：编码器实际值 2

常用的制造商报文结构见表 6-4。

表 6-4　常用的制造商报文结构

报　　文		PZD1	PZD2	PZD3	PZD4	PZD5	PZD6	PZD7	PZD8	PZD9	PZD10	PZD11
105	32 位转速设定值，1 个位置编码器、转矩降低和 DSC	STW1	NSOLL		STW2	MOMRED	G1_STW	XERR		KPC		
		ZSW1	NIST		ZSW2	MELDW	G1_ZSW	G1_XIST1		G1_XIST2		
111	MDI 运行方式中的基本定位器	STW1	POS_STW1	POS_STW2	STW2	OVERRIDE	MDI_TARPOS		MDI_VELOCITY	MDI_ACC	MDI_DEC	USER
		ZSW1	POS_ZSW1	POS_ZSW2	ZSW2	MELDW	XIST_A		NIST_B	FAULT_CODE	WARN_CODE	USER

注：表格中关键字的含义如下。
STW1：控制字 1　　STW2：控制字 2　　G1_STW：编码器控制字
POS_STW1、POS_STW2：位置控制字　　NSOLL：速度设定值　　ZSW2：状态字 2
G1_ZSW：编码器状态字　　POS_ZSW1、POS_ZSW2：位置状态字　　ZSW1：状态字 1
XERR：位置差　　G1_XIST1：编码器实际值 1　　MOMRED：转矩降低
NIST：实际速度　　KPC：位置闭环增益　　G1_XIST2：编码器实际值 2
MELDW：消息字　　XIST_A：MDI 位置实际值　　MDI_TARPOS：MDI 位置设定值
MDI_VELOCITY：MDI 速度设定值　　NIST_B：MDI 速度实际值　　MDI_ACC：MDI 加速度倍率
MDI_DEC：MDI 减速度倍率　　FAULT_CODE：故障代码　　WARN_CODE：报警代码
OVERRIDE：速度倍率

2. 标准报文的解析

标准报文适用于 SINAMICS、MICROMASTER 和 SIMODRIVE 611 系列变频器的速度控制。标准报文只有 2 个字，写报文时，第一个字是控制字（STW1），第二个字是主设定值；读报文时，第一个字是状态字（ZSW1），第二个字是主监控值。

（1）控制字

当 p2038 等于 0 时，STW1 的内容符合 SINAMICS 和 MICROMASTER 系列变频器，当 p2038 等于 1 时，STW1 的内容符合 SIMODRIVE 611 系列变频器的标准。

当 p2038 等于 0 时，标准报文的控制字（STW1）的各位的含义见表 6-5。

表 6-5　标准报文的控制字（STW1）的各位的含义

信　号	含　义	关联参数	说　明
STW1.0	上升沿：ON（使能） 0：OFF1（停机）	p840[0]=r2090.0	设置指令“ON/OFF（OFF1）”的信号
STW1.1	0：OFF2 1：NO OFF2	p844[0]=r2090.1	缓慢停转/无缓慢停转
STW1.2	0：OFF3（快速停止） 1：NO OFF3（无快速停止）	p848[0]=r2090.2	快速停止/无快速停止
STW1.3	0：禁止运行 1：使能运行	p852[0]=r2090.3	使能运行/禁止运行
STW1.4	0：禁止斜坡函数发生器 1：使能斜坡函数发生器	p1140[0]=r2090.4	使能斜坡函数发生器/禁止斜坡函数发生器
STW1.5	0：禁止继续斜坡函数发生器 1：使能继续斜坡函数发生器	p1141[0]=r2090.5	继续斜坡函数发生器/冻结斜坡函数发生器
STW1.6	0：使能设定值 1：禁止设定值	p1142[0]=r2090.6	使能设定值/禁止设定值

（续）

信　　号	含　　义	关联参数	说　　明
STW1.7	上升沿确认故障	p2103[0]=r2090.7	应答故障
STW1.8	保留	—	—
STW1.9	保留	—	—
STW1.10	1：通过 PLC 控制	p854[0]=r2090.10	通过 PLC 控制/不通过 PLC 控制
STW1.11	1：设定值取反	p1113[0]=r2090.11	设置设定值取反的信号源
STW1.12	保留	—	—
STW1.13	1：设置使能零脉冲	p1035[0]=r2090.13	设置使能零脉冲的信号源
STW1.14	1：设置持续降低电动电位器设定值	p1036[0]=r2090.14	设置持续降低电动电位器设定值的信号源
STW1.15	保留	—	—

读懂表 6-5 是非常重要的，控制字的第 0 位 STW1.0 与起停参数 p840 关联，且为上升沿有效，这点要特别注意。当控制字 STW1 由 16#47e 变成 16#47f（上升沿信号）时，向变频器发出正转起动信号；当控制字 STW1 由 16#47e 变成 16#C7f 时，向变频器发出反转起动信号；当控制字 STW1 为 16#47e 时，向变频器发出停止信号。以上几个特殊的数据读者应该记住。

（2）主设定值

主设定值是一个字，用十六进制格式表示，最大数值是 16#4000，对应变频器的额定频率或者转速。例如 G120 变频器的同步转速一般是 1500 r/min。以下用一个例题介绍主设定值的计算。

【例 6-1】 当变频器通信时，需要对转速进行标准化，计算 1200 r/min 对应的标准化数值。

解：

因为 1500 r/min 对应 16#4000，而 16#4000 对应的十进制是 16384，所以 1200 r/min 对应的十进制是

$$n=\frac{1200}{1500}\times16384=13107.2$$

而 13107 对应的十六进制是 16#3333，所以设置时，应设置数值是 16#3333。初学者容易用 $16\#4000\times\frac{1200}{1500}=16\#3200$，这是不对的。

S7-1200 PLC 与 G120 变频器之间的 USS 通信

6.3　G120 变频器的 USS 通信

6.3.1　USS 通信介绍

USS（Universal Serial Interface 通用串行接口）是西门子公司所有传动产品的通用通信协议，它是一种基于串行总线进行数据通信的协议。USS 协议是主-从结构的协议，规定了在 USS 总线上可以有一个主站和最多 31 个从站。总线上的每个从站都有一个站地址（在从

站参数中设定)，主站依靠它识别每个从站。每个从站也只对主站发来的报文做出响应并回送报文，从站之间不能直接进行数据通信。另外，还有一种广播通信方式，主站可以同时给所有从站发送报文，从站在接收到报文并做出相应的响应后，可不回送报文。

1. 使用 USS 协议的优点

1）对硬件设备要求低，减少了设备之间的布线。

2）无须重新连线就可以改变控制功能。

3）可通过串行接口设置或改变传动装置的参数。

4）可实时监控传动系统。

2. USS 通信硬件连接注意要点

1）条件许可的情况下，USS 主站尽量选用直流型的 CPU。

2）一般情况下，USS 通信电缆采用双绞线即可（如常用的以太网电缆），如果干扰比较大，可采用屏蔽双绞线。

3）在采用屏蔽双绞线作为通信电缆时，把具有不同电位参考点的设备互连，会在互连电缆中产生不应有的电流，从而造成通信口的损坏。所以要确保通信电缆连接的所有设备共用一个公共电路参考点，或是相互隔离的状态，以防止不应有的电流产生。屏蔽线必须连接到机箱接地点或 9 针连接插头的插针 1。建议将传动装置上的“0 V”端子连接到机箱接地点。

4）尽量采用较高的波特率，通信速率只与通信距离有关，与干扰没有直接关系。

5）终端电阻的作用是用来防止信号反射的，并不用来抗干扰。如果在通信距离很近、波特率较低或点对点的通信的情况下，可不用终端电阻。多点通信的情况下，一般也只需在 USS 主站上加终端电阻就可以取得较好的通信效果。

6）不要带电插拔 USS 通信电缆，尤其是正在通信过程中，这样极易损坏传动装置和 PLC 的通信端口。如果使用大功率传动装置，即使传动装置掉电后也要等几分钟，让电容放电后再去插拔通信电缆。

6.3.2 S7-1200 PLC 与 G120 变频器的 USS 通信

S7-1200 PLC 的 USS 通信需要配置串行通信模块，如 CM1241（RS485）、CM1241 RS422/RS485 和 CB 1241 RS485 板，每个 RS-485 端口最多可与 16 台变频器通信。一个 S7-1200 CPU 中最多可安装三个 CM1241 或 RS422/RS485 模块和一个 CB1241 RS485 板。

S7-1200 CPU（V4.1 版本及以上）扩展了 USS 的功能，可以使用 PROFINET 或 PROFIBUS 分布式 I/O 机架上的串行通信模块与西门子的变频器进行 USS 通信。

以下用一个例子介绍 S7-1200 PLC 与 G120C 变频器的 USS 通信应用。

【例 6-2】 用一台 CPU1211C 对变频器拖动的电动机进行 USS 无级调速，已知电动机的功率为 0.75 kW，额定转速为 1440 r/min，额定电压为 380 V，额定电流为 2.05 A，额定频率为 50 Hz。请设计解决方案。

解：

1. 软硬件配置

1）1 套 TIA Portal V15 和 STARTER V5.1。

2）1 台 G120C 变频器。

3）1 台 CPU1211C 和 CM1241（RS485）。

4）1 台电动机。

5）1 根屏蔽双绞线。

原理图如图 6-1 所示，CM1241（RS485）模块串口的 3 和 8 号针脚与 G120C 变频器的通信口的 2 和 3 号端子相连，PLC 端和变频器端的终端电阻置于 ON。

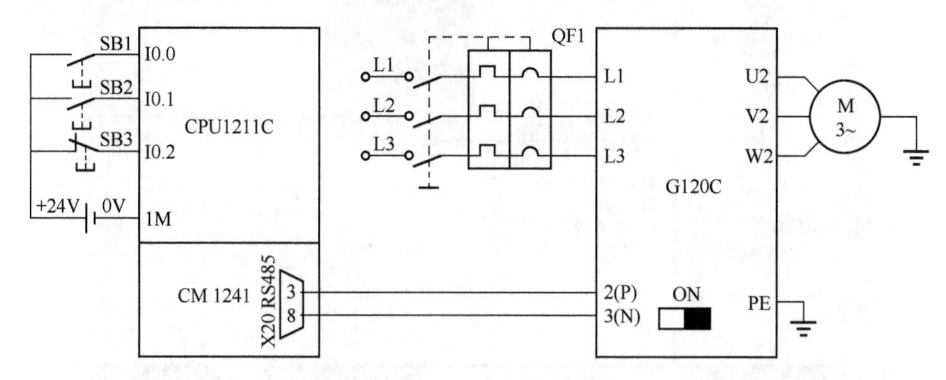

图 6-1　原理图

2. 硬件组态

1）新建项目“USS_1200”，添加新设备，先把 CPU1211C 拖拽到设备视图，再将 CM1241（RS485）通信模块拖拽到设备视图，如图 6-2 所示。

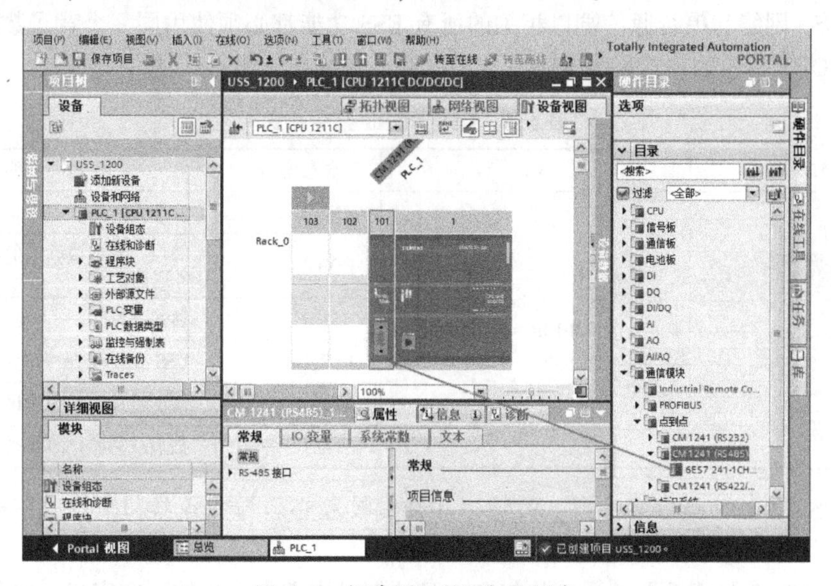

图 6-2　新建项目及添加新设备

2）选中 CM1241（RS485）的串口，再选择“属性”→“常规”→“IO-Link”，不修改“IO-Link”串口的参数（也可根据实际情况修改，但变频器中的参数要和此参数一致），如图 6-3 所示。

3. 指令介绍和程序编写

（1）相关指令简介

USS_PORT 指令处理 USS 程序段上的通信，主要用于设置通信接口参数。在程序中，每

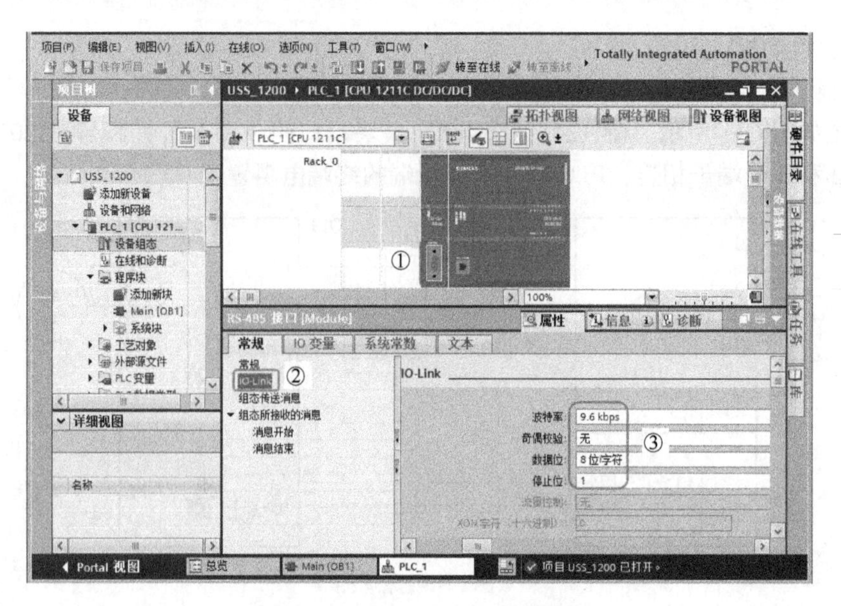

图 6-3 “IO-Link”串口的参数

个串行通信端口使用一条 USS_PORT 指令来控制与一个驱动器的传输。通常，程序中每个串行通信端口只有一个 USS_PORT 指令，且每次调用该功能都会处理与单个驱动器的通信。与同一个 USS 网络和串行通信端口相关的所有 USS 功能都必须使用同一个背景数据块。

USS_PORT 指令的格式见表 6-6。

表 6-6　USS_PORT 指令格式

LAD	SCL	输入/输出	说　明
USS_PORT EN　ENO ERROR STATUS PORT BAUD USS_DB	USS_Port(PORT: =_uint_in_, BAUD: =_dint_in_, ERROR=>_bool_out_, STATUS=>_word_out_, USS_DB: =_fbtref_inout_)	EN	使能
		PORT	端口，表示通过哪个通信模块进行 USS 通信
		BAUD	通信波特率
		USS_DB	USS_DRIVE 指令的背景数据块
		ERROR	输出错误：0-无错误，1-有错误
		STATUS	扫描或初始化的状态

使用 USS_PORT 指令要注意：波特率和奇偶校验必须与变频器和串行通信模块硬件组态一致。

S7-1200 PLC 与变频器的通信是与它本身的扫描周期不同步的，在完成一次与变频器的通信事件之前，S7-1200 PLC 通常完成了多个扫描。用户程序执行 USS_PORT 指令的次数必须足够多，以防止驱动器超时。通常从循环中断 OB 调用 USS_PORT 以防止驱动器超时，确保 USS_DRV 调用最新的 USS 数据更新内容。比 USS_PORT 间隔更频繁地调用 USS_PORT 功能不会增加事务数。

USS_PORT 通信的时间间隔是 S7-1200 PLC 与变频器通信所需要的时间，不同的通信波特率对应不同的 USS_PORT 通信间隔时间。不同的波特率对应的 USS_PORT 最小通信间隔时间见表 6-7。

表 6-7　波特率对应的 USS_PORT 最小通信间隔时间

波特率/(bit/s)	最小时间间隔/ms	最大时间间隔/ms
4800	212.5	638
9600	116.3	349
19200	68.2	205
38400	44.1	133
57600	36.1	109
115200	28.1	85

USS_DRV 功能块用来与变频器进行交换数据，从而读取变频器的状态以及控制变频器的运行。每个变频器使用唯一的一个 USS_DRV 功能块，但是同一个 CM1241（RS485）模块的 USS 网络的所有变频器（最多 16 个）都使用同一个 USS_DRV_DB。USS_DRV 指令必须在主 OB 中调用，不能在循环中断 OB 中调用。USS_DRV 指令的格式见表 6-8。

表 6-8　USS_DRV 指令格式

<table>
<tr><th>LAD</th><th>SCL</th><th>输入/输出</th><th>说　明</th></tr>
<tr><td rowspan="20">USS_DRV
EN　ENO
NDR
RUN　ERROR
OFF2　STATUS
OFF3　RUN_EN
F_ACK　D_DIR
DIR　INHIBIT
DRIVE　FAULT
PZD_LEN　SPEED
SPEED_SP　STATUS1
CTRL3　STATUS3
CTRL4　STATUS4
CTRL5　STATUS5
CTRL6　STATUS6
CTRL7　STATUS7
CTRL8　STATUS8</td><td rowspan="20">"USS_DRV"(
RUN:=_bool_in_,
OFF2:=_bool_in_,
OFF3:=_bool_in_,
F_ACK:=_bool_in_,
DIR:=_bool_in_,
DRIVE:=_usint_in_, PZD_LEN:=_usint_in_, SPEED_SP:=_real_in_, CTRL3:=_word_in_, CTRL4:=_word_in_, CTRL5:=_word_in_, CTRL6:=_word_in_, CTRL7:=_word_in_, CTRL8:=_word_in_, NDR=>_bool_out_, ERROR=>_bool_out_, STATUS=>_word_out_, RUN_EN=>_bool_out_, D_DIR=>_bool_out_, INHIBIT=>_bool_out_, FAULT=>_bool_out_, SPEED=>_real_out_, STATUS1=>_word_out_, STATUS3=>_word_out_, STATUS4=>_word_out_, STATUS5=>_word_out_, STATUS6=>_word_out_, STATUS7=>_word_out_, STATUS8=>_word_out_)</td><td>EN</td><td>使能</td></tr>
<tr><td>RUN</td><td>驱动器起始位:当该输入为真时,将使驱动器以预设速度运行</td></tr>
<tr><td>OFF2</td><td>紧急停止,自由停车</td></tr>
<tr><td>OFF3</td><td>快速停车,带制动停车</td></tr>
<tr><td>F_ACK</td><td>变频器故障确认</td></tr>
<tr><td>DIR</td><td>变频器控制电动机的转向</td></tr>
<tr><td>DRIVE</td><td>变频器的 USS 站地址（有效值 1~16）</td></tr>
<tr><td>PZD_LEN</td><td>PDZ 字长</td></tr>
<tr><td>SPEED_SP</td><td>变频器的速度设定值，用百分比表示</td></tr>
<tr><td>CTRL3</td><td>控制字 3：写入驱动器上用户可组态参数的值。必须在驱动器上组态该参数</td></tr>
<tr><td>CTRL8</td><td>控制字 8：写入驱动器上用户可组态参数的值。必须在驱动器上组态该参数</td></tr>
<tr><td>NDR</td><td>新数据到达</td></tr>
<tr><td>ERROR</td><td>出现故障</td></tr>
<tr><td>STATUS</td><td>扫描或初始化的状态</td></tr>
<tr><td>INHIBIT</td><td>变频器禁止位标志</td></tr>
<tr><td>FAULT</td><td>变频器故障</td></tr>
<tr><td>SPEED</td><td>变频器当前速度，用百分比表示</td></tr>
<tr><td>STATUS1</td><td>驱动器状态字 1：该值包含驱动器的固定状态位</td></tr>
<tr><td>STATUS8</td><td>驱动器状态字 8：该值包含驱动器上用户可组态的状态字</td></tr>
</table>

使用 USS_DRV 功能块时需注意：

1）RUN 的有效信号是高电平一直接通，而不是脉冲信号。

2）OFF3 为高电平自由停车，低电平通过制动快速停车。

（2）编写程序

循环中断块 OB30 中的 LAD 程序如图 6-4 所示，每次执行 USS_PORT 仅与一台变频器通信，主程序块 OB1 中的 LAD 程序如图 6-5 所示，变频器的读写指令只能在 OB1 中。

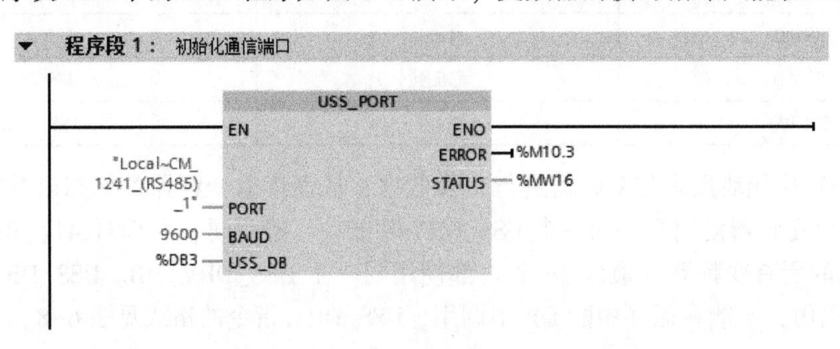

图 6-4　循环中断块 OB30 中的 LAD 程序

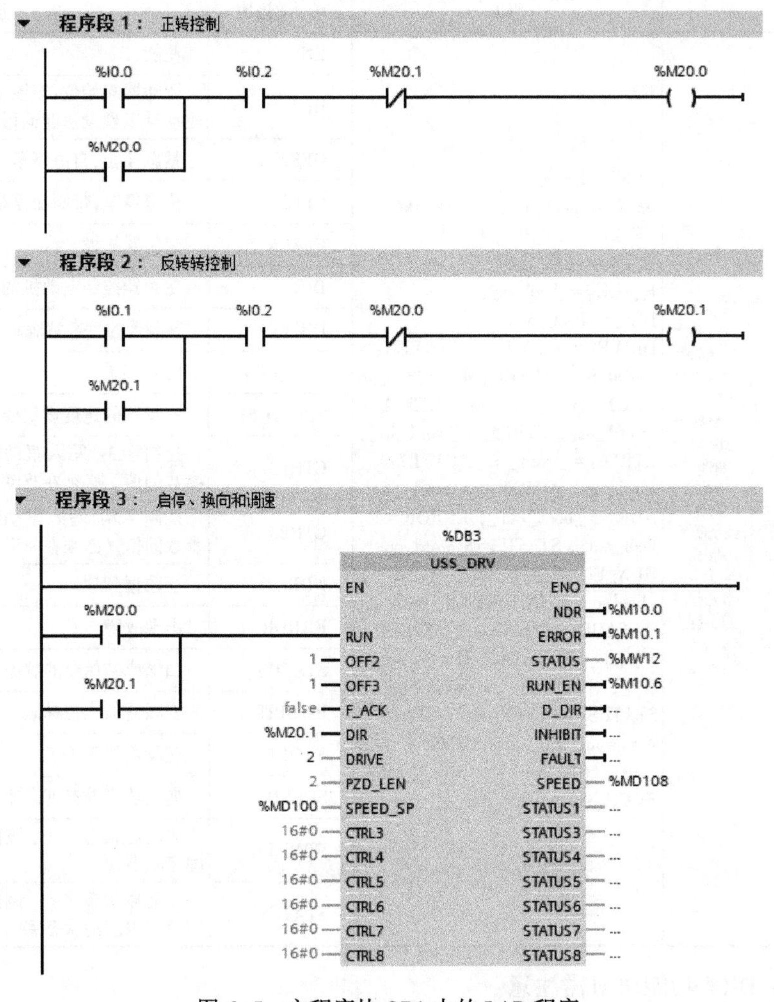

图 6-5　主程序块 OB1 中的 LAD 程序

查表 6-7 知：当波特率是 9600 bit/s 时，最小通信间隔时间为 116.3 ms，因此循环中断块 OB30 的循环时间要小于此间隔时间，本例设置为 50 ms。

变频器中需要修改的参数见表 6-9。依次在变频器中设定表 6-9 中的参数。参数的设定方法常采用基本操作面板（BOP-2）、智能操作面板（IOP）和计算机（PC）借助软件（如 STARTER）等。

表 6-9　变频器参数

序号	变频器参数	设定值	单位	功 能 说 明
1	p0003	3	—	权限级别，3 是专家级
2	p0010	1/0	—	驱动调试参数筛选。先设置为 1，当把 p0015 和电动机相关参数修改完成后，再设置为 0
3	p0015	21	—	驱动设备宏指令
4	p0304	380	V	电动机的额定电压
5	p0305	2.05	A	电动机的额定电流
6	p0307	0.75	kW	电动机的额定功率
7	p0310	50.00	Hz	电动机的额定频率
8	p0311	1440	r/min	电动机的额定转速
9	p2020	6	—	USS 通信波特率，6 代表 9600 bit/s
10	p2021	2	—	USS 地址
11	p2022	2	—	USS 通信 PZD 长度
12	p2031	0	—	无校验
13	p2040	100	ms	总线监控时间

【关键点】 p2011 设定值为 2，与程序中的地址一致，p2010 设定值为 6，与程序中的 9600 bit/s 也是一致的，所以正确设置变频器的参数是 USS 通信成功的前提。

当有多台变频器时，总线监控时间 100 ms 不够，会造成通信不能建立，可将其设置为 0，表示不监控。这点初学者容易忽略，但十分重要。

USS 通信是一种经济的传动通信协议，不适用于对实时性要求高的场合。

6.4　G120 变频器的 Modbus 通信

S7-1200 PLC 与 G120 之间的 Modbus 通信

6.4.1　Modbus 通信介绍

1. Modbus 协议简介

Modbus 是 MODICON 公司于 1979 年开发的一种通信协议，是一种工业现场总线协议标准。1996 年施耐德电气公司推出了基于以太网 TCP/IP 的 Modbus 协议——ModbusTCP。

Modbus 协议是一项应用层报文传输协议，包括 Modbus ASCII、Modbus RTU 和 Modbus TCP 三种报文类型，协议本身并没有定义物理层，只是定义了控制器能够认识和使用的消息结构，而不管他们是经过何种网络进行通信的。

标准的 Modbus 协议物理层接口有 RS-232、RS-422、RS-485 和以太网口。Modbus 串行通信采用 Master/Slave（主/从）方式通信。

Modbus 在 2004 年成为我国国家标准。

2. Modbus RTU 的报文格式

Modbus 在串行通信时，比较常使用 Modbus RTU，其报文格式如图 6-6 所示，Modbus RTU 的报文包括 1 个起始位、8 个数据位、1 个校验位和 1 个停止位。

<table>
<tr><td rowspan="3">启动/暂停</td><td colspan="5">应用数据单元</td></tr>
<tr><td rowspan="2">Slave</td><td colspan="2">协议数据单元</td><td colspan="2" rowspan="2">CRC</td></tr>
<tr><td>功能代码</td><td>数据</td></tr>
<tr><td rowspan="2">≥3.5Byte</td><td rowspan="2">1Byte</td><td rowspan="2">1Byte</td><td rowspan="2">0....252Byte</td><td colspan="2">2Byte</td></tr>
<tr><td>CRC低位</td><td>CRC高位</td></tr>
</table>

图 6-6　Modbus RTU 的报文格式

3. Modbus 的地址（寄存器）

Modbus 地址通常是包含数据类型和偏移量的 5 个字符值。第一个字符确定数据类型，后面四个字符选择数据类型内的正确数值。PLC 等对 G120/S120 变频器的访问是通过访问相应的寄存器（地址）实现的。这些寄存器是变频器厂家依据 Modbus 定义的。例如寄存器 40345 代表 G120 变频器的实际电流值。因此，在编写通信程序之前，必须熟悉需要使用的寄存器（地址）。G120 变频器常用的寄存器（地址）见表 6-10。

表 6-10　G120 变频器常用的寄存器（地址）

Modbus 寄存器号	描　述	Modbus 访问	单位	标定系数	ON/OFF 或数值域		数据/参数
40100	控制字	R/W	--	1			过程数据 1
40101	主设定值	R/W	—	1			过程数据 2
40110	状态字	R	—	1			过程数据 1
40111	主实际值	R	—	1			过程数据 2
40200	DO 0	R/W	—	1	高	低	p0730，r747.0，p748.0
40201	DO 1	R/W	—	1	高	低	p0731，r747.1，p748.1
40202	DO 2	R/W	—	1	高	低	p0732，r747.2，p748.2
40220	AO 0	R	%	100	-100.0~100.0		r0774.0
40221	AO 1	R	%	100	-100.0~100.0		r0774.1
40240	DI 0	R	—	1	高	低	r0722.0
40241	DI 1	R	—	1	高	低	r0722.1
40242	DI 2	R	—	1	高	低	r0722.2
40243	DI 3	R	—	1	高	低	r0722.3
40244	DI 4	R	—	1	高	低	r0722.4
40245	DI 5	R	—	1	高	低	r0722.5
40260	AI 0	R	%	100	-300.0~300.0		r0755[0]
40261	AI 1	R	%	100	-300.0~300.0		r0755[1]

（续）

Modbus 寄存器号	描　　述	Modbus 访问	单位	标定系数	ON/OFF 或数值域	数据/参数
40262	AI 2	R	%	100	-300.0~300.0	r0755[2]
40263	AI 3	R	%	100	-300.0~300.0	r0755[3]
40300	功率栈编号	R	—	1	0~32767	r0200
40301	变频器的固件	R	—	1	0.00~327.67	r0018
40320	功率模块的额定功率	R	kW	100	0~327.67	r0206
40321	电流限值	R/W	%	10	10.0~400.0	p0640
40322	加速时间	R/W	s	100	0.00~650.0	p1120
40323	减速时间	R/W	s	100	0.00~650.0	p1121
40324	基准转速	R/W	r/min	1	6~32767	p2000
40340	转速设定值	R	r/min	1	-16250~16250	r0020
40341	转速实际值	R	r/min	1	-16250~16250	r0022
40342	输出频率	R	Hz	100	-327.68~327.67	r0024
40343	输出电压	R	V	1	0~32767	r0025
40344	直流母线电压	R	V	1	0~32767	r0026
40345	电流实际值	R	A	100	0~163.83	r0027
40346	转矩实际值	R	N·m	100	-325.00~325.00	r0031
40347	有功功率实际值	R	kW	100	0~327.67	r0032
40348	能耗	R	kW·h	1	0~32767	r0039
40400	故障号，下标 0	R	—	1	0~32767	r0947[0]
40401	故障号，下标 1	R	—	1	0~32767	r0947[1]
40402	故障号，下标 2	R	—	1	0~32767	r0947[2]
40403	故障号，下标 3	R	—	1	0~32767	r0947[3]
40404	故障号，下标 4	R	—	1	0~32767	r0947[4]
40405	故障号，下标 5	R	—	1	0~32767	r0947[5]
40406	故障号，下标 6	R	—	1	0~32767	r0947[6]
40407	故障号，下标 7	R	—	1	0~32767	r0947[7]
40408	报警号	R	—	1	0~32767	r2110[0]
40409	当前报警代码	R	—	1	0~32767	r2132
40499	PRM ERROR 代码	R	—	1	0~255	—
40500	工艺控制器使能	R/W	—	1	0…1	p2200，2349.0
40501	工艺控制器 MOP	R/W	%	100	-200.0~200.0	p2240
40510	工艺控制器的实际值滤波器时间常数	R/W	—	100	0.00…60.0	p2265
40511	工艺控制器实际值的比例系数	R/W	%	100	0.00…500.00	p2269
40512	工艺控制器的比例增益	R/W	—	1000	0.000…65.000	p2280
40513	工艺控制器的积分作用时间	R/W	s	1	0…60	p2285

（续）

Modbus 寄存器号	描　述	Modbus 访问	单位	标定系数	ON/OFF 或数值域	数据/参数
40514	工艺控制器差分分量的时间常数	R/W	—	1	0…60	p2274
40515	工艺控制器的最大极限值	R/W	%	100	-200.0~200.0	p2291
40516	工艺控制器的最小极限值	R/W	%	100	-200…200.0	p2292
40520	有效设定值，在斜坡函数发生器的内部工艺控制器 MOP 之后	R	%	100	-100.0…100.0	r2250
40521	工艺控制器实际值，在滤波器之后	R	%	100	-100.0…100.0	r2266
40522	工艺控制器的输出信号	R	%	100	-100.0…100.0	r2294
40601	DS47 Control	R/W	—	—	—	—
40602	DS47 Header	R/W	—	—	—	—
40603~40722	DS47 数据 1~DS47 数据 120	R/W	—	—	—	—

6.4.2　S7-1200 PLC 与 G120 变频器的 Modbus 通信

S7-1200 PLC 的 Modbus 通信需要配置串行通信模块，如 CM1241（RS485）、CM1241 RS422/RS485 和 CB1241 RS485 板。一个 S7-1200 CPU 中最多可安装三个 CM1241 或 RS422/RS485 模块和一个 CB1241 RS485 板。

S7-1200 CPU（V4.1 版本及以上）扩展了 Modbus 的功能，可以使用 PROFINET 或 PROFIBUS 分布式 I/O 机架上的串行通信模块与设备进行 Modbus 通信。

以下用一个例题介绍 S7-1200 PLC 与 G120C 变频器的 Modbus 通信的实施过程。

【例 6-3】 用一台 CPU1211C 对变频器拖动的电动机进行 Modbus 无级调速，已知电动机的功率为 0.75 kW，额定转速为 1440 r/min，额定电压为 380 V，额定电流为 2.05 A，额定频率为 50 Hz。请设计解决方案。

解：

1. 软硬件配置

1）1 套 TIA Portal V15 和 STARTER V5.1。

2）1 台 G120C 变频器。

3）1 台 CPU1211C 和 CM1241（RS485）。

4）1 台电动机。

5）1 根屏蔽双绞线。

原理图如图 6-7 所示，CM1241（RS485）模块串口的 3 和 8 针脚与 G120C 变频器的通信口的 2 和 3 号端子相连，PLC 端和变频器端的终端电阻置于 ON。

2. 硬件组态

1）新建项目“MODBUS_1200”，添加新设备，先把 CPU1211C 拖拽到设备视图，再将 CM1241（RS485）通信模块拖拽到设备视图，如图 6-8 所示。

2）选中 CM1241（RS485）的串口，再选择“属性”→“常规”→“IO-Link”，不修改“IO-Link”串口的参数（也可根据实际情况修改，但变频器中的参数要和此参数一致），如图 6-9 所示。

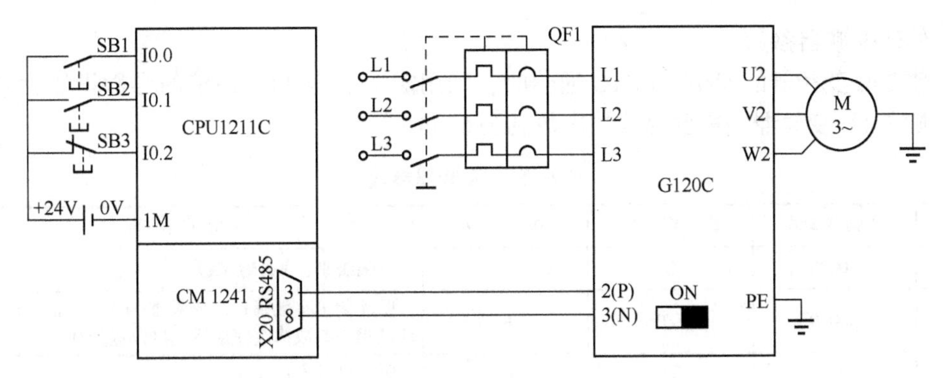

图 6-7　原理图

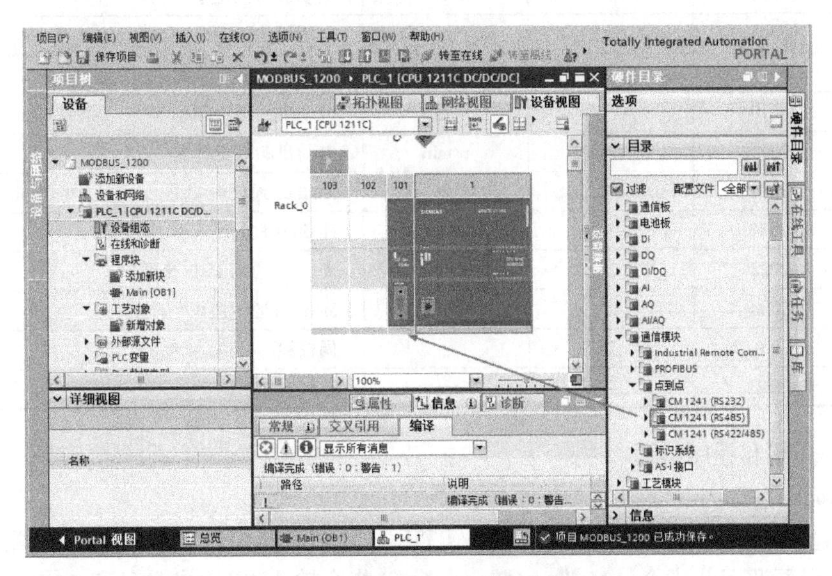

图 6-8　新建项目及添加新设备

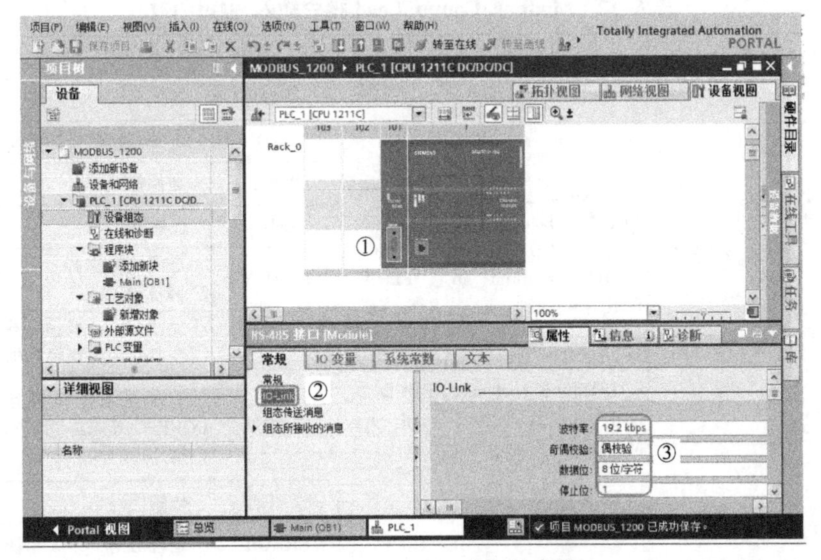

图 6-9　“IO-Link”串口的参数

3. 修改变频器参数

当 G120C 变频器的 Modbus RTU 通信时，采用宏 21，与 USS 通信的参数设置大致相同（p2030 除外），变频器中需要修改的参数见表 6-11。

表 6-11　变频器参数

序　号	变频器参数	设 定 值	单　位	功 能 说 明
1	p0003	3	—	权限级别，3 是专家级
2	p0010	1/0	—	驱动调试参数筛选。先设置为 1，当把 p0015 和电动机相关参数修改完成后，再设置为 0
3	p0015	21	—	驱动设备宏指令
4	p0304	380	V	电动机的额定电压
5	p0305	2.05	A	电动机的额定电流
6	p0307	0.75	kW	电动机的额定功率
7	p0310	50.00	Hz	电动机的额定频率
8	p0311	1440	r/min	电动机的额定转速
9	p2020	7	—	Modbus 通信波特率，7 代表 19200 bit/s
10	p2021	2	—	Modbus 地址
11	p2022	2	—	Modbus 通信 PZD 长度
12	p2030	2	—	Modbus 通信协议
13	p2031	2	—	偶校验
14	p2040	1000	ms	总线监控时间

4. 指令介绍和程序编写

（1）Modbus_Comm_Load 指令

Modbus_Comm_Load 指令用于 Modbus RTU 协议通信的串行通信端口，分配通信参数。主站和从站都要调用此指令，Modbus_Comm_Load 指令输入/输出参数见表 6-12。

表 6-12　Modbus_Comm_Load 指令输入/输出参数

LAD	SCL	输入/输出	说　明
MB_COMM_LOAD EN　ENO REQ　DONE PORT　ERROR BAUD　STATUS PARITY FLOW_CTRL RTS_ON_DLY RTS_OFF_DLY RESP_TO MB_DB	"Modbus_Comm_Load_DB"(REQ:=_bool_in, PORT:=_uint_in_, BAUD:=_udint_in_, PARITY:=_uint_in_, FLOW_CTRL:=_uint_in_, RTS_ON_DLY:=_uint_in_, RTS_OFF_DLY:=_uint_in_, RESP_TO:=_uint_in_, DONE=>_bool_out, ERROR=>_bool_out_, STATUS=>_word_out_, MB_DB:=_fbtref_inout_)	EN	使能
		REQ	上升沿时信号启动操作
		PORT	硬件标识符
		BAUD	波特率
		PARITY	奇偶校验选择：0-无，1-奇校验，2-偶校验
		MB_DB	对 Modbus_Master 或 Modbus_Slave 指令所使用的背景数据块的引用
		DONE	上一请求已完成且没有出错后，DONE 位将保持为 TRUE，持续一个扫描周期时间
		STATUS	故障代码
		ERROR	是否出错：0-无错误，1-有错误

使用 Modbus_Comm_Load 指令时需注意：

1）REQ 是上升沿信号有效，不需要高电平一直接通。

2）波特率和奇偶校验必须与变频器和串行通信模块硬件组态一致。

3）通常运行一次即可，但波特率等修改后，需要再次运行。当 PROFINET 或 PROFIBUS 分布式 I/O 机架上的串行通信模块与设备进行 Modbus 通信时，需要循环调用此指令。

（2）Modbus_Master 指令

Modbus_Master 指令是 Modbus 主站指令，在执行此指令之前，要执行 Modbus_Comm_Load 指令组态端口。将 Modbus_Master 指令插入程序时，自动分配背景数据块。当指定 Modbus_Comm_Load 指令的 MB_DB 参数时将使用该 Modbus_Master 背景数据块。Modbus_Master 指令输入/输出参数见表 6-13。

表 6-13　Modbus_Master 指令输入/输出参数

LAD	SCL	输入/输出	说　明
MB_MASTER EN　ENO REQ　DONE MB_ADDR　BUSY MODE　ERROR DATA_ADDR　STATUS DATA_LEN DATA_PTR	" Modbus _ Master _ DB "（REQ：=_bool_in_，MB_ADDR：=_uint_in_，MODE：=_usint_in_，DATA_ADDR：=_udint_in_，DATA_LEN：=_uint_in_，DONE=>_bool_out_，BUSY=>_bool_out_，ERROR=>_bool_out_，STATUS=>_word_out_，DATA_PTR：=variant_inout）	EN	使能
		MB_ADDR	从站站地址，有效值为 1~247
		MODE	模式选择：0-读，1-写
		DATA_ADDR	从站中的寄存器地址，详见表 6-10
		DATA_LEN	数据长度
		DATA_PTR	数据指针：指向要写入或读取的数据的 M 或 DB 地址（未经优化的 DB 类型）
		DONE	上一请求已完成且没有出错后，DONE 位将保持为 TRUE，持续一个扫描周期时间
		BUSY	0-无 Modbus_Master 操作正在进行，1-Modbus_Master 操作正在进行
		STATUS	故障代码
		ERROR	是否出错：0-无错误，1-有错误

使用 Modbus_Master 指令时需注意：

1）Modbus 寻址支持最多 247 个从站（从站编号 1~247）。每个 Modbus 网段最多可以有 32 个设备，多于 32 个从站时需要添加中继器。

2）DATA_ADDR 必须查询西门子变频器手册。

（3）编写程序

OB100 中的 LAD 程序如图 6-10 所示，OB1 中的 LAD 程序如图 6-11 所示。

变频器的起停控制如下。

1）当系统上电时，激活 Modbus_Comm_Load 指令，使能完成后，设置了 Modbus 的通信端口、波特率和奇偶校验，如果以上参数需要改变时，需要重新激活 Modbus_Comm_Load 指令。

2）当单击 I0.0 按钮时，把主设定值传送到 MW12，停止信号传送到 MW30 中。

在 Modbus 从站寄存器号 DATA_ADDR 中写入 40101，40101 代表速度主设定值寄存器号。

3）在 DATA_PTR（MW12）中写入 16#1000，代表速度主设定值。

4）在 Modbus 从站寄存器号 DATA_ADDR（MW30）中写入 40100，40100 代表控制字寄存器号。

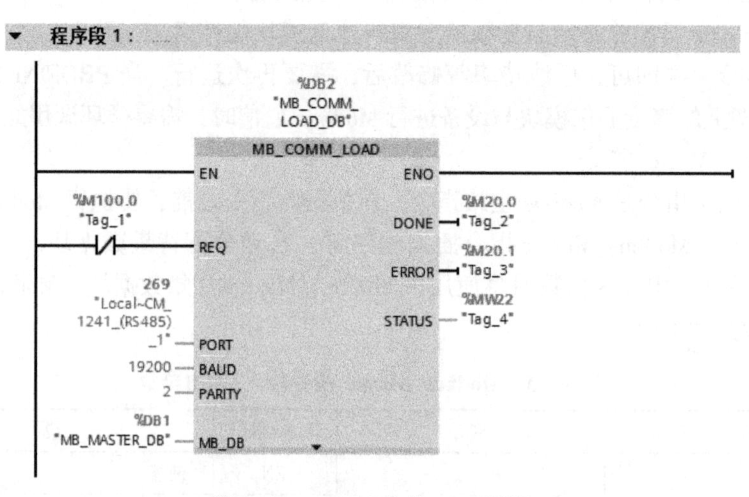

图 6-10　OB100 中的 LAD 程序

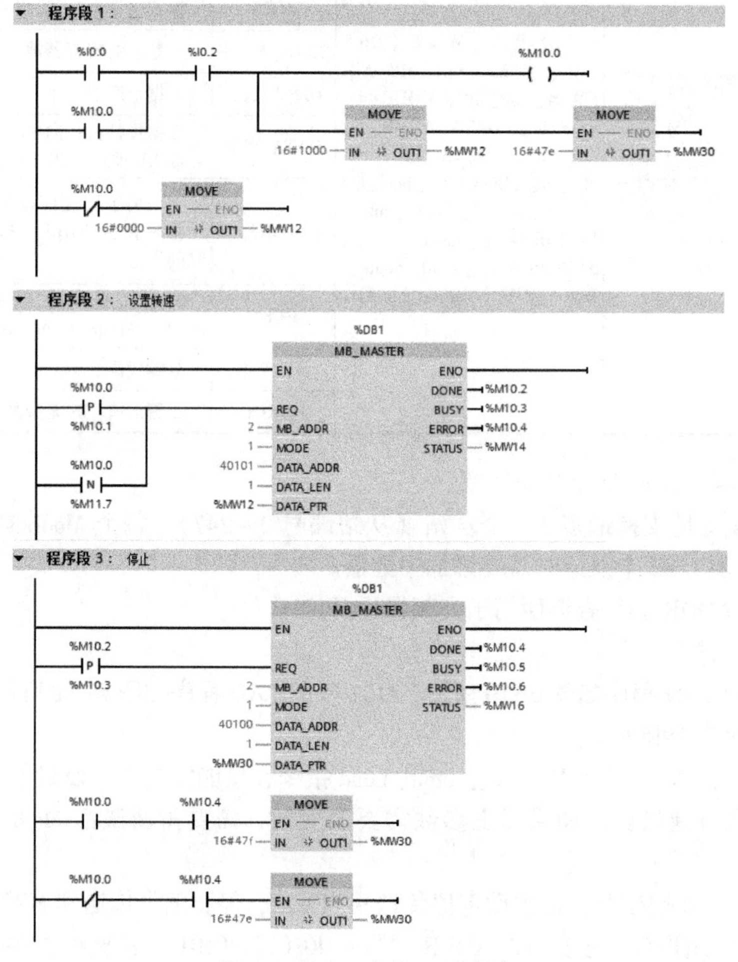

图 6-11　OB1 中的 LAD 程序

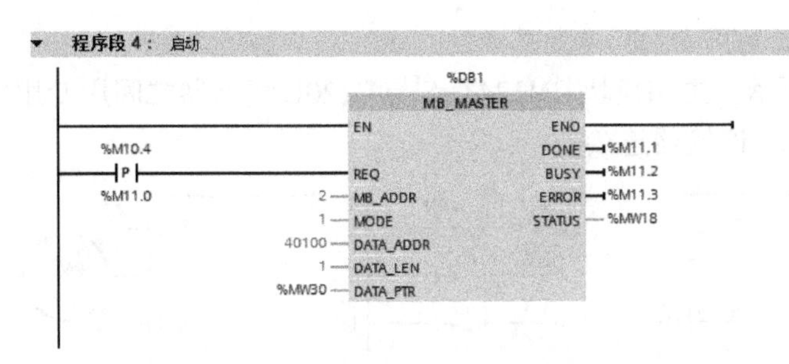

图 6-11　OB1 中的 LAD 程序（续）

5）在 DATA_PTR（MW30）中写入 16#47e，代表使变频器停车。

6）在 DATA_PTR（MW30）中写入 16#47f，代表使变频器起动。

7）当单击停止按钮 I0.2 时，把主设定值（16#0）传送到 MW12，停止信号（16#47e）传送到 MW30 中，变频器停机。

注意：要使变频器起动，必须先发出停车信号，无论之前变频器是否处于运行状态。

6.5　G120/S120 的 PROFIBUS-DP 通信

6.5.1　PROFIBUS-DP 通信介绍

PROFIBUS 是西门子的现场总线通信协议，也是 IEC61158 国际标准中的现场总线标准之一。现场总线 PROFIBUS 满足了生产过程现场级数据可存取的要求，一方面它覆盖了传感器/执行器领域的通信要求，另一方面又具有单元级领域所有网络级通信功能。特别在"分散 I/O"领域，由于有大量的、种类齐全、可连接的现场总线可供选用，因此 PROFIBUS 已成为国际公认的标准。

从用户的角度看，PROFIBUS 提供三种通信协议类型：PROFIBUS-FMS、PROFIBUS-DP 和 PROFIBUS-PA，其中 PROFIBUS-DP 应用最广泛。

6.5.2　S7-1200 PLC 与 G120 的 PROFIBUS-DP 通信

以下用一个例题介绍 S7-1200 PLC 与 G120C 变频器的 PROFIBUS-DP 通信的实施过程。

【例 6-4】 用一台 S7-1200 PLC 对变频器拖动的电动机进行 PROFIBUS-DP 无级调速，已知电动机的功率为 0.75 kW，额定转速为 1440 r/min，额定电压为 380 V，额定电流为 2.05 A，额定频率为 50 Hz。请设计解决方案。

解：

1. 软硬件配置

1）1 套 TIA Portal V15 和 STARTER V5.1。

2）1 台 G120C 变频器。

3）1 台 CPU1211C 和 CM1243-5。

4）1 台电动机。

5）1 根屏蔽双绞线。

原理图如图 6-12 所示，主站模块 CM1243-5 与 G120C 变频器之间用专用的 PROFIBUS-DP 电缆和 PROFIBUS-DP 连接器连接。

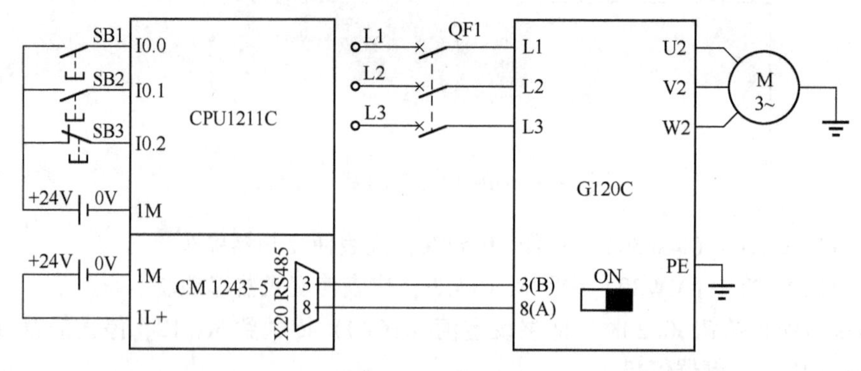

图 6-12　原理图

2. 硬件组态

1）新建项目“DP_1211C”，如图 6-13 所示，选择“设备组态”→“设备视图”，在“硬件目录”中，分别选中 CPU1211C 和 CM1243-5，并将其拖拽到标记“③”和“④”的位置。

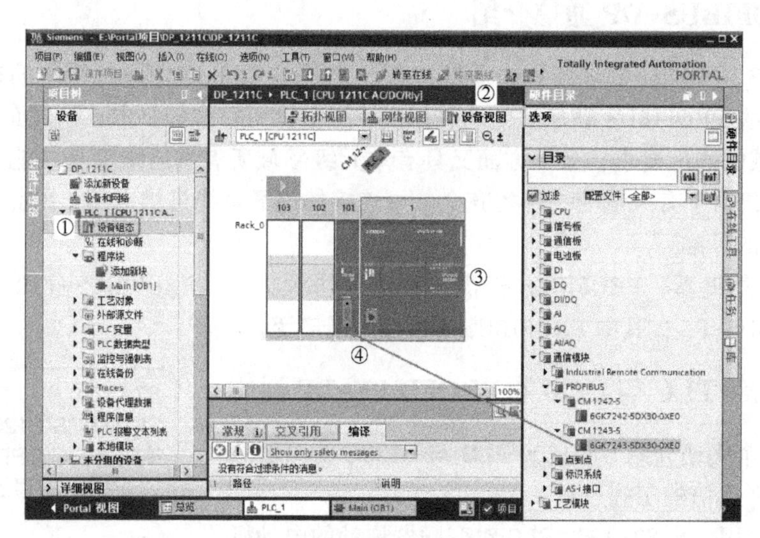

图 6-13　新建项目及插入模块

2）配置 PROFIBUS 接口。选中标记“①”处的 PROFIBUS 接口，单击“属性”→“PROFIBUS 地址”，单击“添加新子网”按钮，新建 PROFIBUS 网络，如图 6-14 所示。

3）安装 GSD 文件。一般当 TIA Portal 软件中没有安装 GSD 文件时，将无法组态 G120C 变频器，因此在组态变频器之前，需要安装 GSD 文件（之前安装了 GSD 文件的，则忽略此步骤）。在图 6-15 中，单击菜单栏中的“选项”→“管理通用站描述文件（GSD）”，弹出安装 GSD 文件的界面如图 6-16 所示，选择 G120C 变频器的 GSD 文件“si0418b. gse”，单击“安装”按钮即可，安装完成后，软件将自动更新硬件目录。

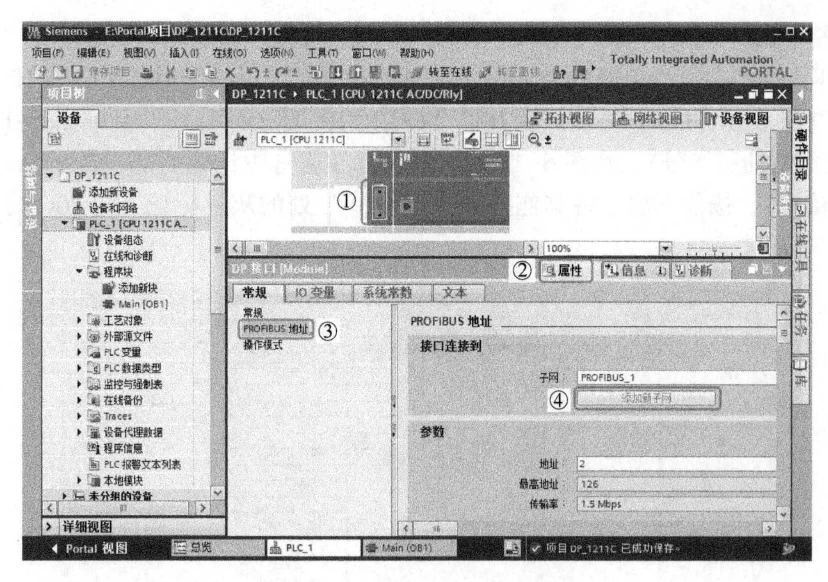

图 6-14　配置 PROFIBUS 接口

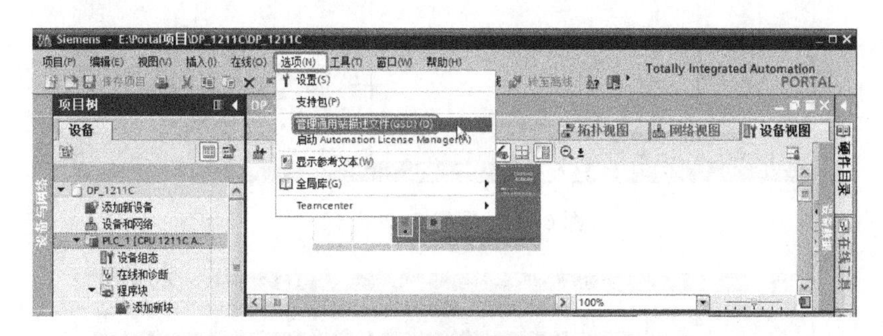

图 6-15　安装 GSD 文件（1）

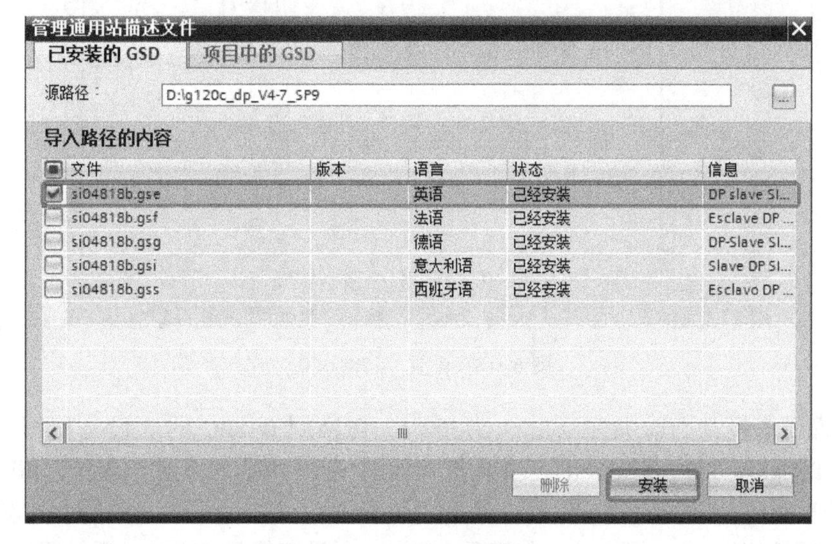

文件	版本	语言	状态	信息
si04818b.gse		英语	已经安装	DP slave SI...
si04818b.gsf		法语	已经安装	Esclave DP ...
si04818b.gsg		德语	已经安装	DP-Slave SI...
si04818b.gsi		意大利语	已经安装	Slave DP SI...
si04818b.gss		西班牙语	已经安装	Esclavo DP ...

图 6-16　安装 GSD 文件（2）

4）配置 G120C 变频器。展开右侧的“硬件目录”，选择“其它现场设备”→“PROFIBUS DP”→“驱动器”→“SIEMENS AG”→“SINAMICS”→“SINAMICS G120C DP(F) V4.7”→“6SL3 210-1KExx-xxPx”，拖拽“6SL3 210-1KExx-xxPx”到如图 6-17 所示的界面（注意变频器的版本号）。在图 6-18 中，用鼠标左键选中标记“①”处的灰色标记（即 PROFIBUS 接口），按住不放，将其拖拽到标记“②”处的灰色标记（G120C 的 PROFIBUS 接口）处，松开鼠标。

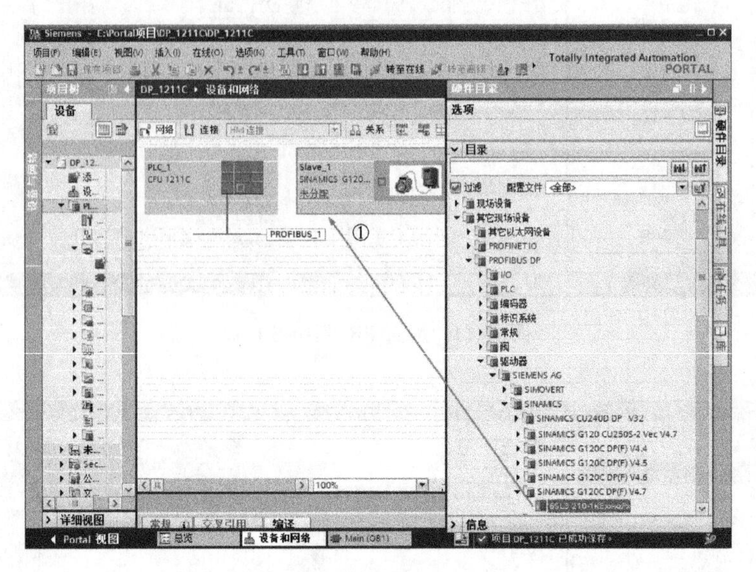

图 6-17　配置 G120C（1）

图 6-18　配置 G120C（2）

5）配置通信报文。选中并双击“G120C”，切换到 G120C 的“设备视图”中，选中“SIEMENS Telegram 352，PZD6/6”，并拖拽到如图 6-19 所示的位置。选择“SIEMENS telegram 352 PZD-6/6”。注意：如果 PLC 侧选择通信报文 352，那么变频器侧也要选择报文 352，这一点要特别注意。报文的控制字是 QW78，主设定值是 QW80（后面还有 4 个字不做介绍），详见标记“②”处。

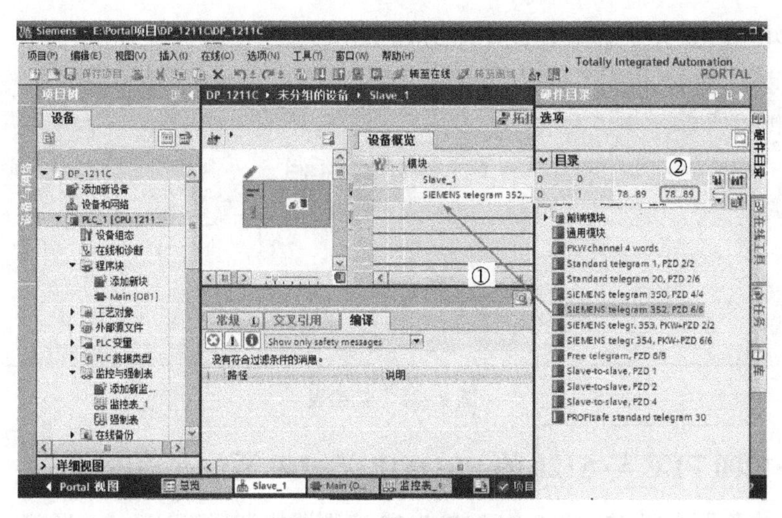

图 6-19　配置通信报文

3. 设置 G120C 变频器的参数

1）先查询 G120C 变频器的说明书，再依次在变频器中设定表 6-14 中的参数。

表 6-14　变频器参数

序　　号	变频器参数	设　定　值	单　　位	功 能 说 明
1	p0003	3	—	权限级别，3 是专家级
2	p0010	1/0	—	驱动调试参数筛选。先设置为 1，当把 p0015 和电动机相关参数修改完成后，再设置为 0
3	p0015	4	—	驱动设备宏 4 指令（352 号报文）
4	p0304	380	V	电动机的额定电压
5	p0305	2.05	A	电动机的额定电流
6	p0307	0.75	kW	电动机的额定功率
7	p0310	50.00	Hz	电动机的额定频率
8	p0311	1440	r/min	电动机的额定转速
9	p0918	3	—	DP 地址

本例的变频器设置的是宏 4 指令，宏 4 指令中采用的是西门子报文 352，与 S7-1200 PLC 组态时选用的报文是一致的（必须一致）。

2）G120C 变频器 PROFIBUS 站地址的设定在变频器上设置完成，变频器上有一排拨钮用于设置地址，每个拨钮对应一个“8-4-2-1”码的数据，所有的拨钮处于“ON”位置时所对应的数据相加的和就是站地址。拨钮示意图如图 6-20 所示，拨钮 1 和 2 处于“ON”位置，所以对应的数据为 1 和 2；而拨钮 3、4、5 和 6 处于“OFF”位置，所对应的数据为 0，站地址为 1+2+0+0+0+0=3。此地址应该与变频器的参数 p0918 中设置的地址一致。

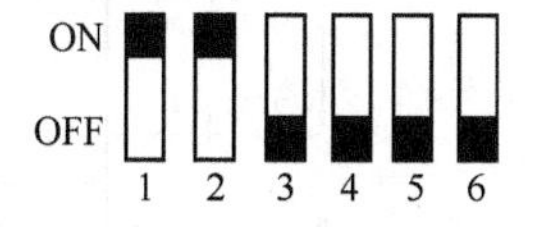

图 6-20　拨钮示意图

4. 调试

在监控表中输入地址和数值，测试 PLC 和 G120 组态是否正确，如图 6-21 所示。先单击“修改选定所有的修改值”按钮，再在标记“①”处输入“16#047f”，再单击“修改选定所有的修改值”，变频器拖动电动机运行。

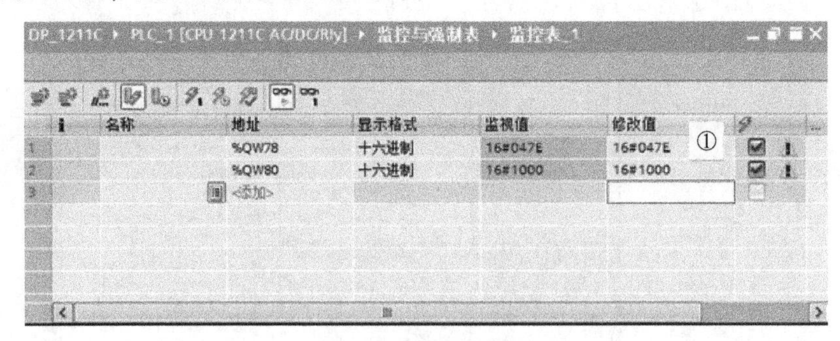

图 6-21　监控表

6.5.3　S7-1200 PLC 与 S120 的 PROFIBUS-DP 通信（速度模式）

以下用一个例题介绍 S7-1200 PLC 与 S120 变频器的 PROFIBUS-DP 通信（速度模式）的实施过程。

S7-1200 PLC 与 S120 变频器之间的 PROFIBUS-DP 通信

【例 6-5】 用一台 CPU1211C 对 S120 变频器拖动的电动机进行无级调速，采用 PROFIBUS-DP 通信方式。请设计解决方案。

解：

1. 软硬件配置

1）1 套 TIA Portal V15 和 STARTER V5.1。

2）1 台 S120 变频器。

3）1 台 CPU1211C 和 CM1243-5。

4）1 台电动机。

5）1 根屏蔽双绞线。

原理图如图 6-22 所示，主站模块 CM1243-5 与 S120 变频器之间用专用的 PROFIBUS-DP 电缆和 PROFIBUS-DP 连接器连接。

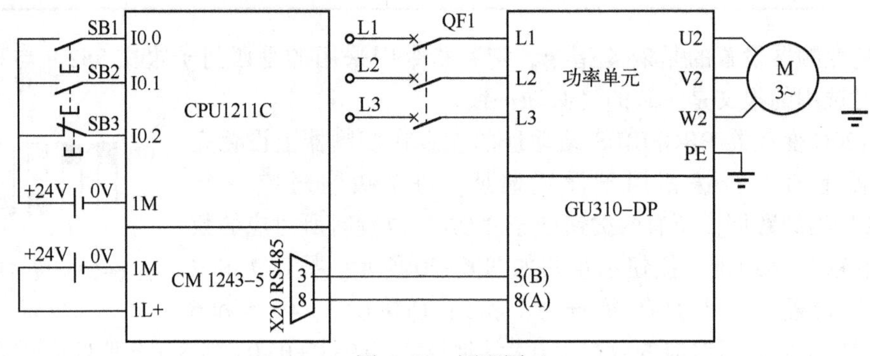

图 6-22　原理图

2. 硬件组态

1）新建项目“DP_1211C_S”，如图 6-23 所示，选择“设备组态”→“设备视图”，在“硬件目录”中，分别选中 CPU1211C 和 CM1243-5，并将其拖拽到标记“③”和“④”的位置。

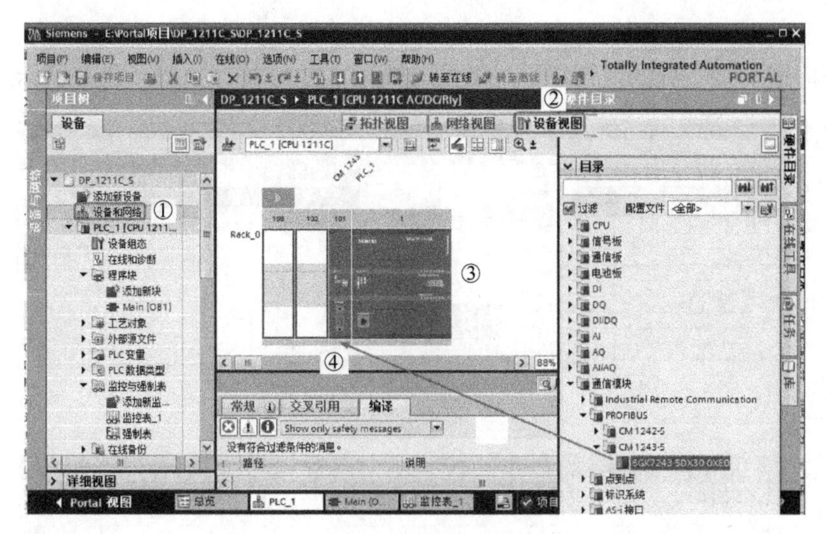

图 6-23　新建项目

2）配置 PROFIBUS 接口。选中标记“①”处的 PROFIBUS 接口，单击“属性”→“PROFIBUS 地址”，单击“添加新子网”按钮，新建 PROFIBUS 网络，如图 6-24 所示。

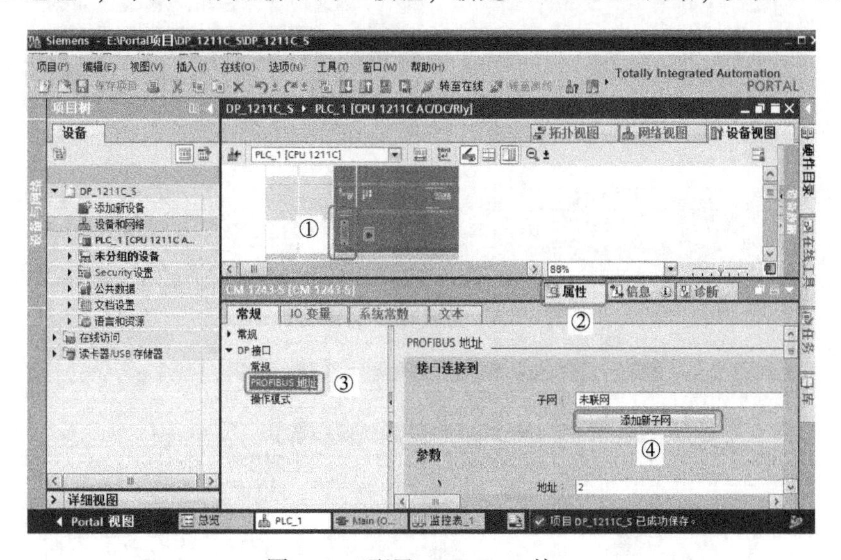

图 6-24　配置 PROFIBUS 接口

3）安装 GSD 文件。一般当 TIA Portal 软件中没有安装 GSD 文件时，将无法组态 S120 变频器，因此在组态变频器之前，需要安装 GSD 文件（之前安装了 GSD 文件的，则忽略此步骤）。在图 6-25 中，单击菜单栏的“选项”→“管理通用站描述文件（GSD）”，弹出安装 GSD 文件的界面，如图 6-26 所示，选择 S120 变频器的 GSD 文件“si2180e5. gse”，单击“安装”按钮即可，安装完成后，软件将自动更新硬件目录。

4）配置 S120 变频器。展开右侧的“硬件目录”，选择“其它现场设备”→“PROFIBUS DP”→“驱动器”→“SIEMENS AG”→“SINAMICS”→“SINAMICS S120/S150 DXB V4. 3”→“6SL3 040-1MA00-0xxx”，拖拽“6SL3 040-1MA00-0xxx”到如图 6-27 所示的界面。在

图 6-28 中，用鼠标左键选中标记“①”处的灰色标记（即 PROFIBUS 接口），按住不放，将其拖拽到标记“②”处的灰色标记（S120 的 PROFIBUS 接口）处，松开鼠标。

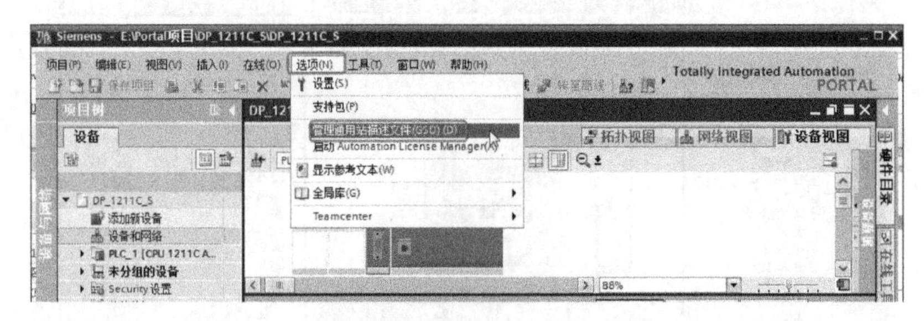

图 6-25　安装 GSD 文件（1）

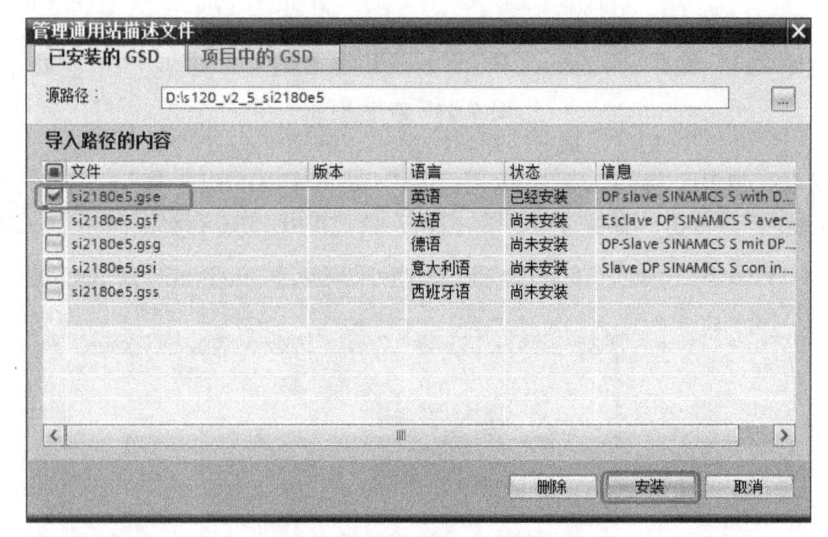

图 6-26　安装 GSD 文件（2）

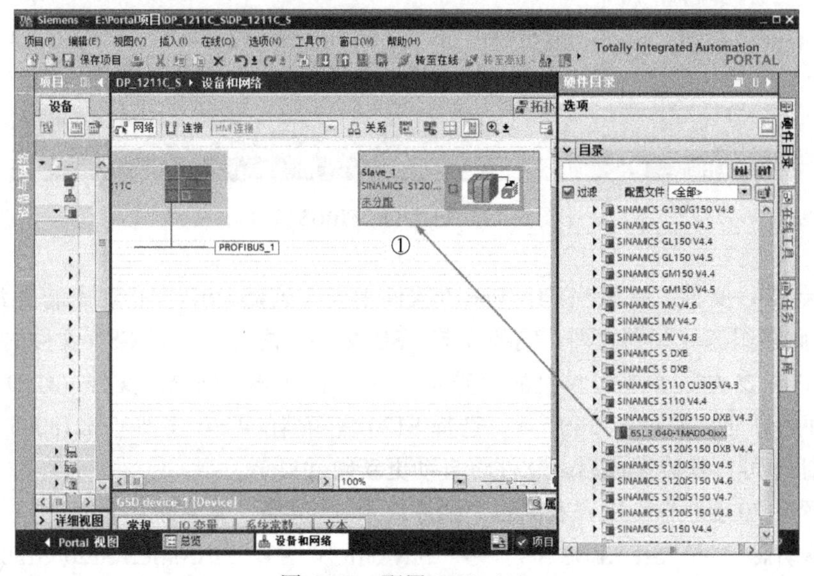

图 6-27　配置 S120（1）

5）配置通信报文。选中并双击“S120”，切换到 S120 的“设备视图”中，选中“Standard telegram 1，PZD-2/2”，并拖拽到如图 6-29 所示的位置。注意：如果 PLC 侧选择通信报文 1，那么变频器侧也要选择报文 1，这一点要特别注意。报文的控制字是 QW78，主设定值是 QW80，详见标记“②”处。

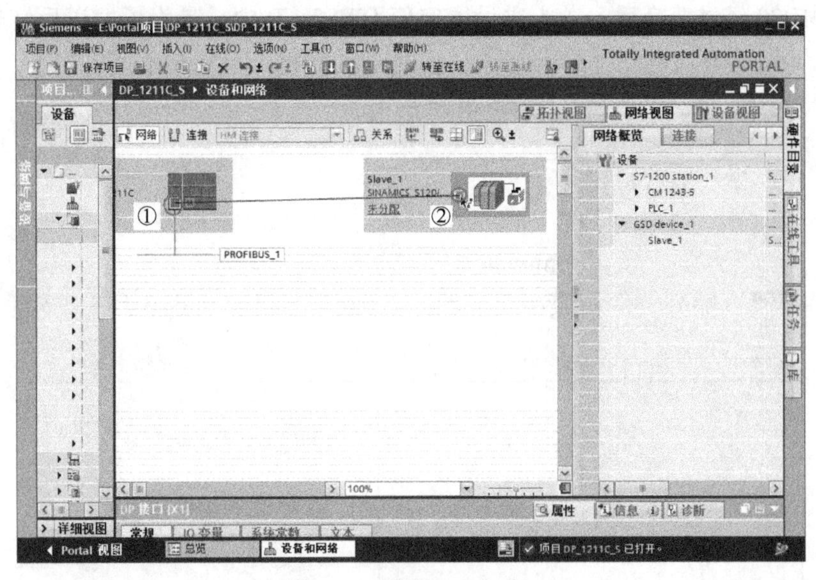

图 6-28　配置 S120（2）

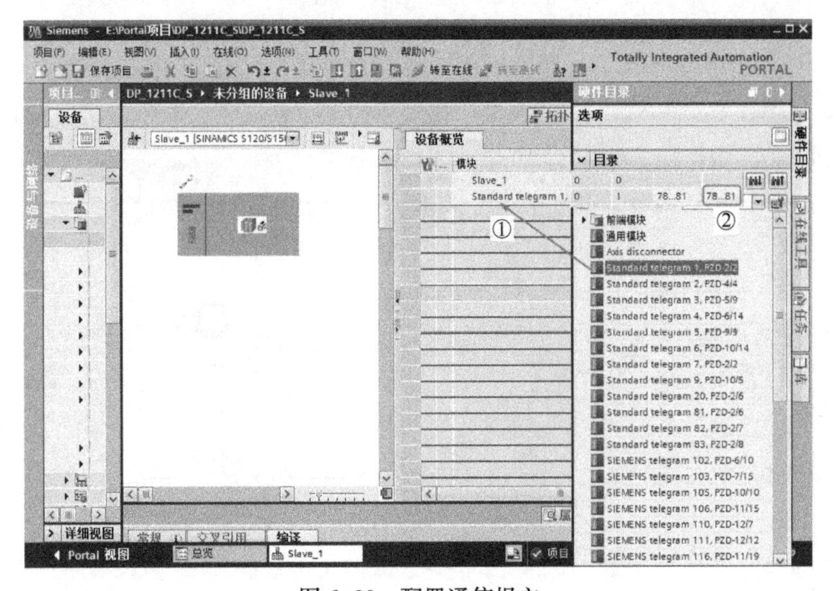

图 6-29　配置通信报文

3. 编写程序

编写控制程序如图 6-30 所示，程序的说明如下。

1）将 16#47e 送入控制字 QW78：P 中，是发送停机信号。

2）将 16#47e 送入控制字 QW78：P 中，延时 100 ms，再将 16#47f 送入控制字 QW78：P 中，是为了发送给变频器一个正转脉冲信号。

3）将 16#C7e 送入控制字 QW78：P 中，延时 100 ms，再将 16#C7f 送入控制字 QW78：P 中，是为了发送给变频器一个反转脉冲信号。

4）将 MD20 经过变换后，送入主设置定值 QW80：P 中，是为了发送正转转速设定值信号。

5）将 MD30 经过变换后，送入主设置定值 QW80：P 中，是为了发送反转转速设定值信号。

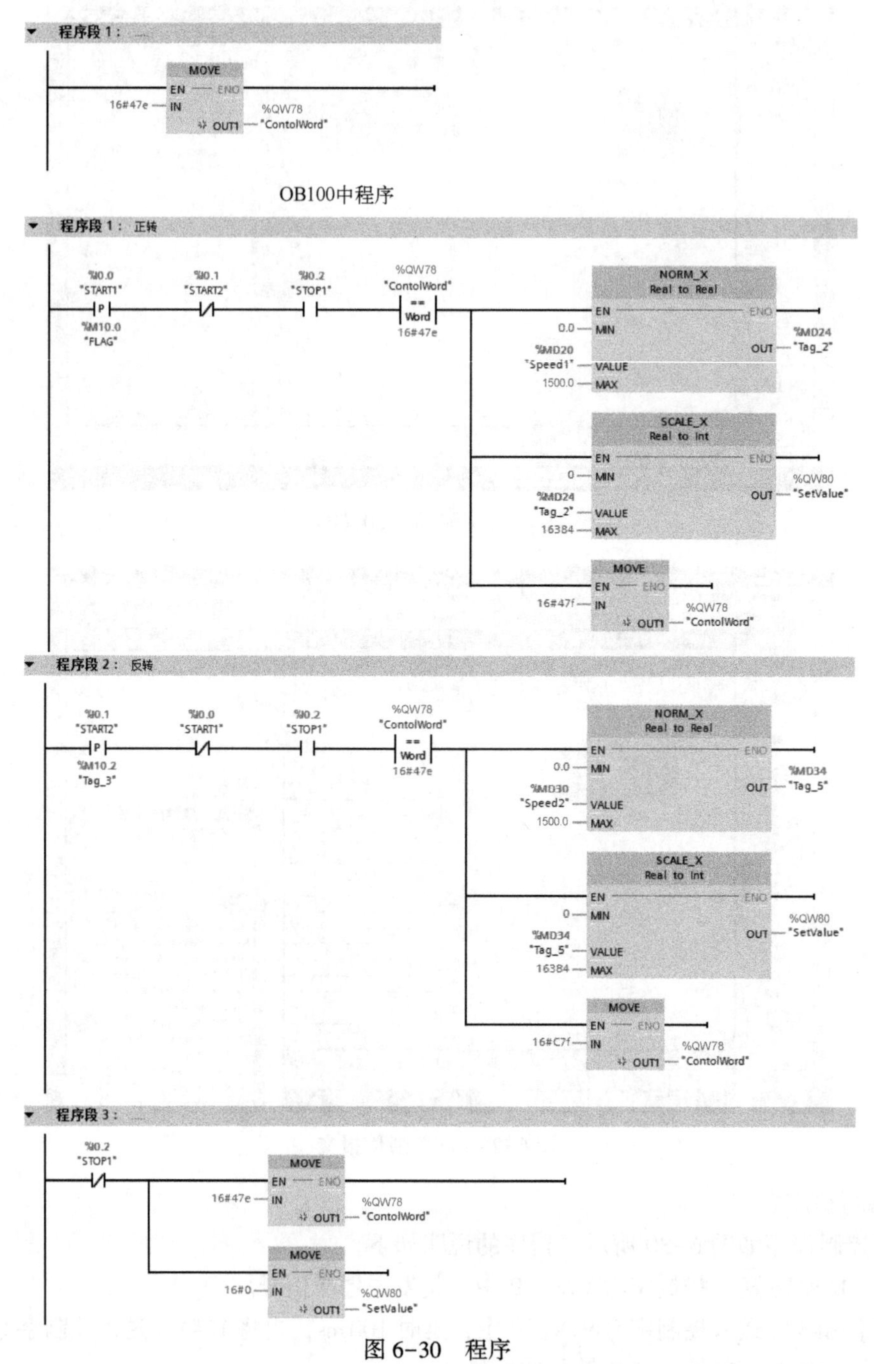

图 6-30　程序

4. 在STARTER软件中配置S120变频器

1）新建项目，连接S120。先打开STARTER软件，新建项目“CU310”。将S120接通电源，再将S120与计算机间连上PC Adapter USB A2. PROFIBUS. 1适配器。单击工具栏上的“Accessible nodes”（可访问节点）按钮，STARTER开始搜索S120，如搜索到S120，则弹出S120的PROFIBUS地址，本例的S120的PROFIBUS地址是3，如图6-31所示，勾选方框，单击“Accept”（接受）按钮。

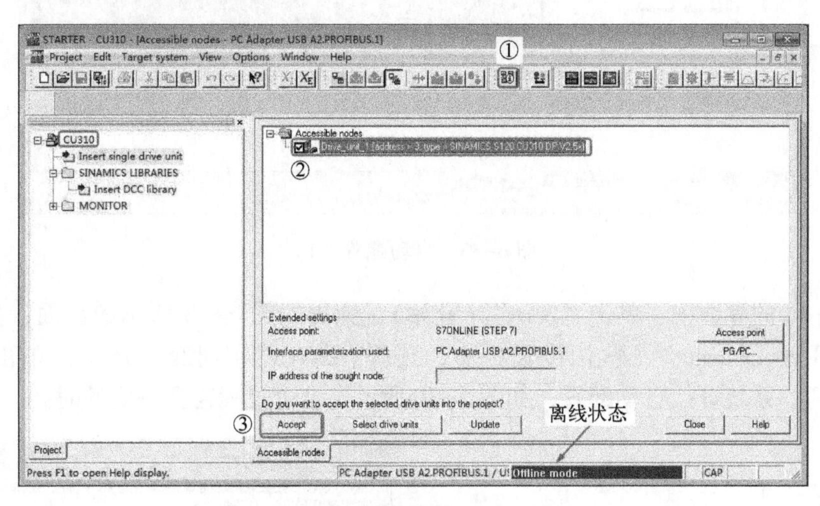

图6-31　搜索可访问节点

单击工具栏上的“Connect to selected target devices”（连接到选择的目标设备）按钮，STARTER开始连接S120，如图6-32所示。

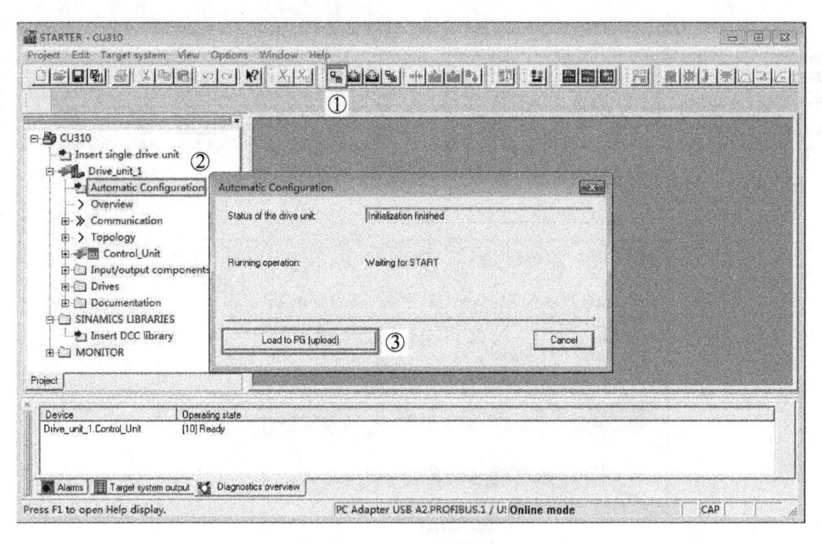

图6-32　连接S120

2）配置驱动单元。STARTER连接到S120，如图6-33所示，双击“Automatic Configuration”（自动配置）选项，弹出如图6-34所示的界面。

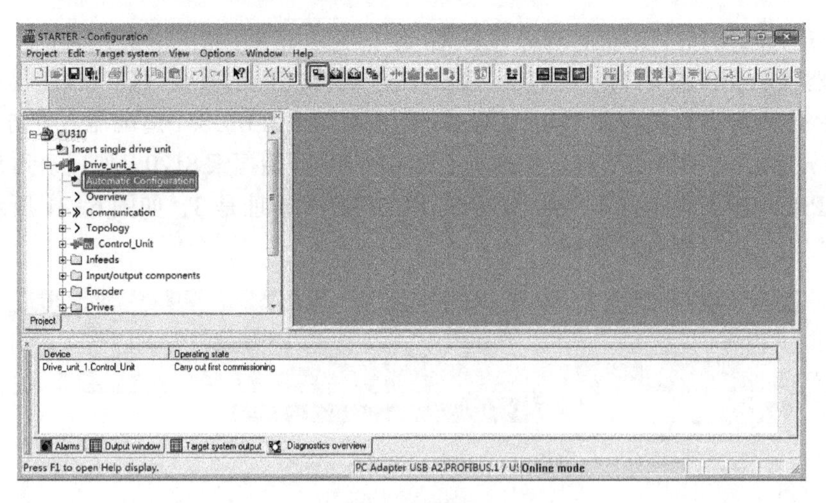

图 6-33　自动配置（1）

在图 6-34 的界面中，单击“Start”（开始），弹出如图 6-35 所示的界面，在“Default setting for all components”（默认设置）中，选择“Servo”（伺服）选项，单击“Create”（创建）按钮，系统开始自动配置，如图 6-36 所示，这个过程需要一定的时间。

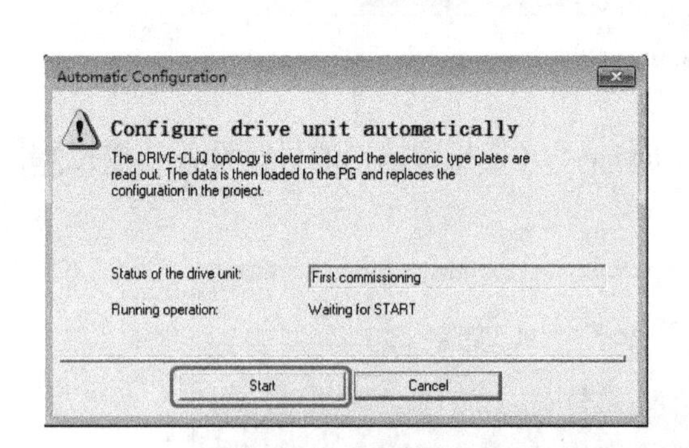

图 6-34　自动配置（2）

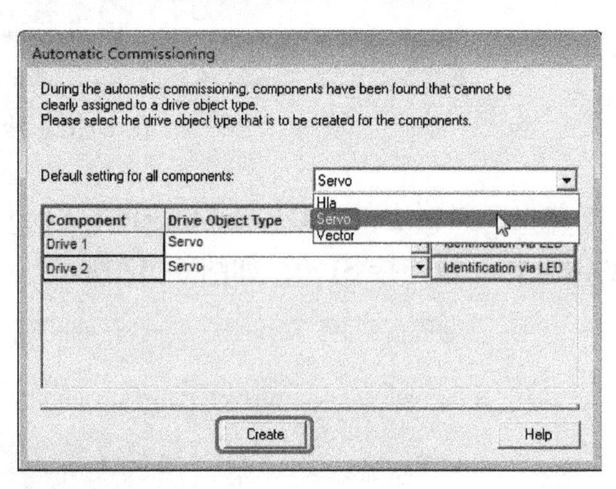

图 6-35　自动配置（3）

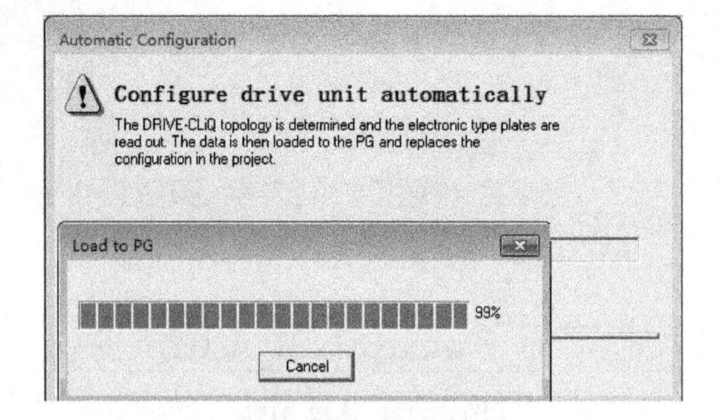

图 6-36　自动配置（4）

3）配置驱动。本例使用的设备中有一台伺服电动机，因此在 Drivers 目录下自动生成了驱动子目录，即 SERVO_02。如图 6-37 所示，选择“Drivers”→“SERVO_02”，双击

“Configuration”（配置）选项，单击“Configure DDS…”（配置 DDS…）按钮，弹出如图 6-38 所示的界面。

【关键点】 配置驱动必须在离线状态下进行。

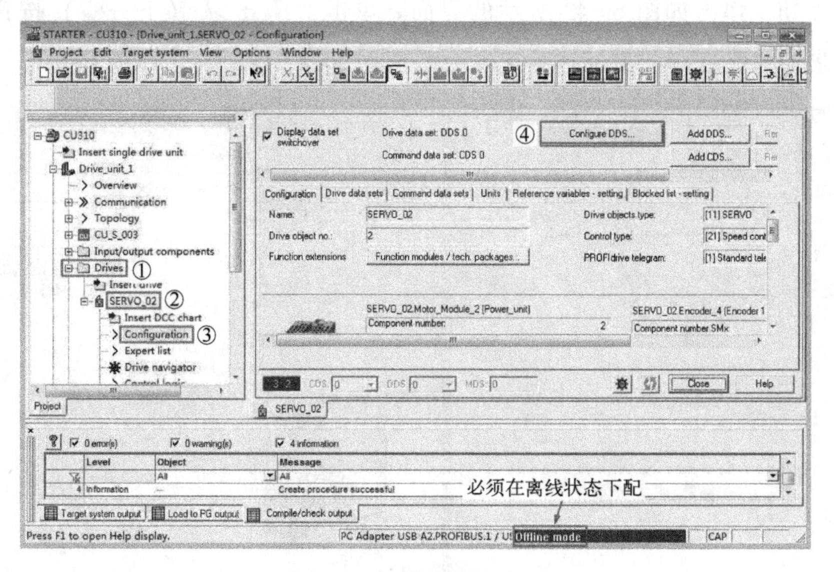

图 6-37　配置驱动（1）

在图 6-38 中，单击“Next >”（下一步）按钮，弹出如图 6-39 所示的界面，所有的选项选择为默认选项，单击“Next >”（下一步）按钮，弹出如图 6-40 所示的界面，单击“Next >”（下一步）按钮，弹出如图 6-41 所示的界面。

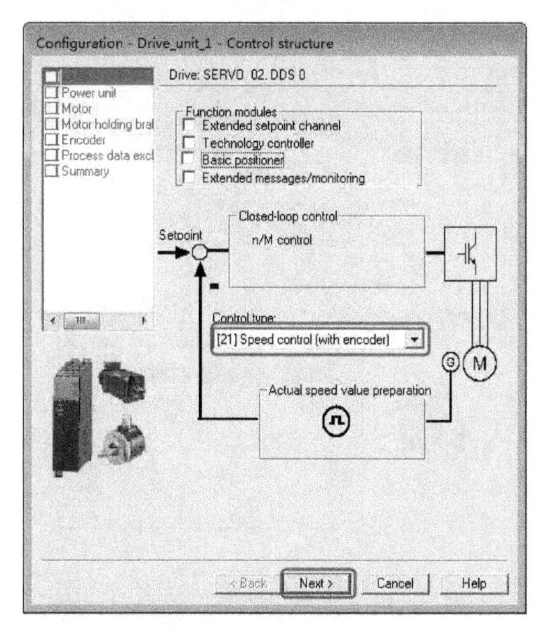

图 6-38　配置驱动（2）

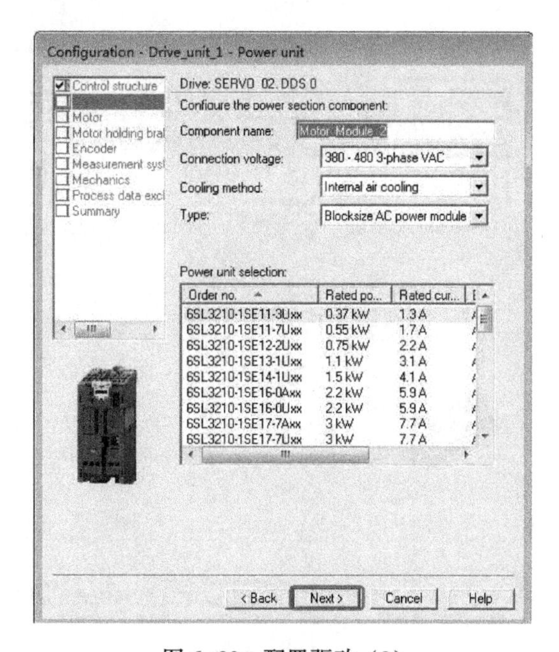

图 6-39　配置驱动（3）

在图 6-41 中，选择“Read out motor again”（再读电动机），单击“Next>”（下一步）按钮，弹出如图 6-42 所示的界面，单击“Next >”（下一步）按钮，弹出如图 6-43 所示的界面，不勾选“Encoder　2”（编码器　2）选项，表示不激活第二编码器，单击“Next >”（下一步）按钮，弹出如图 6-43 所示的界面。单击“Next >”（下一步）按钮，弹出如图 6-44 所示的界面。

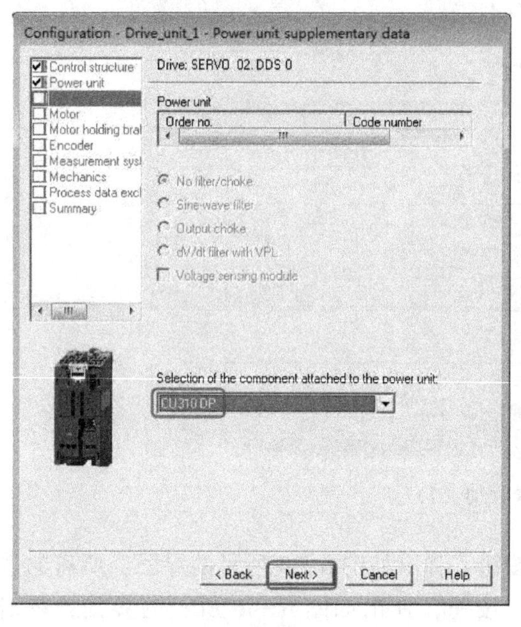

图 6-40　配置驱动（4）

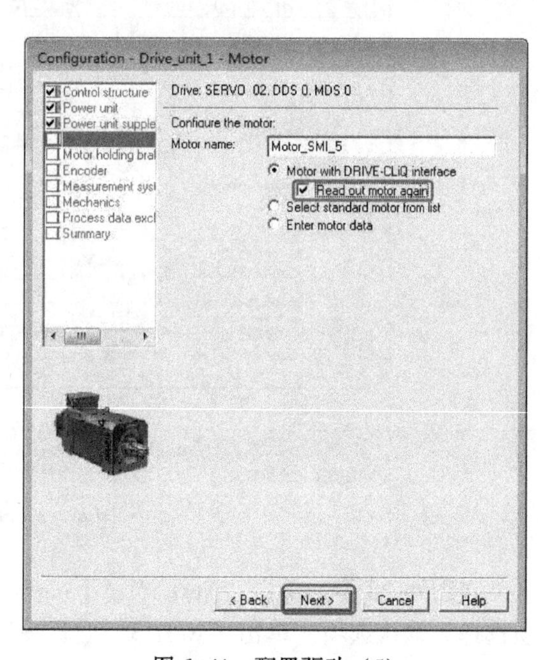

图 6-41　配置驱动（5）

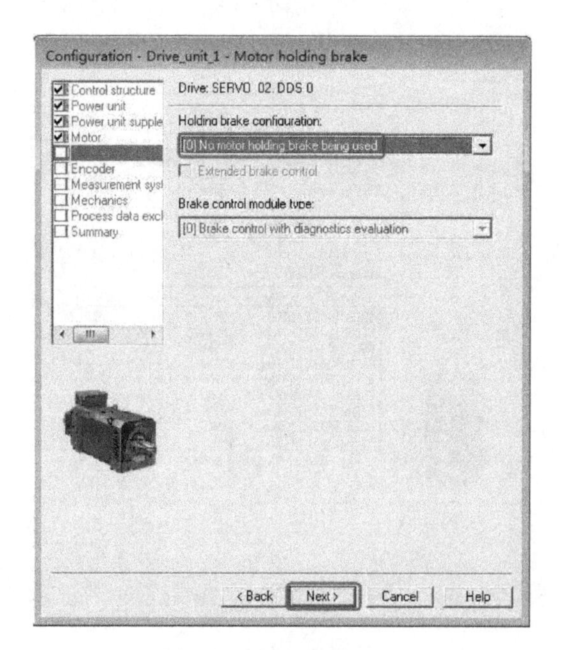

图 6-42　配置驱动（6）

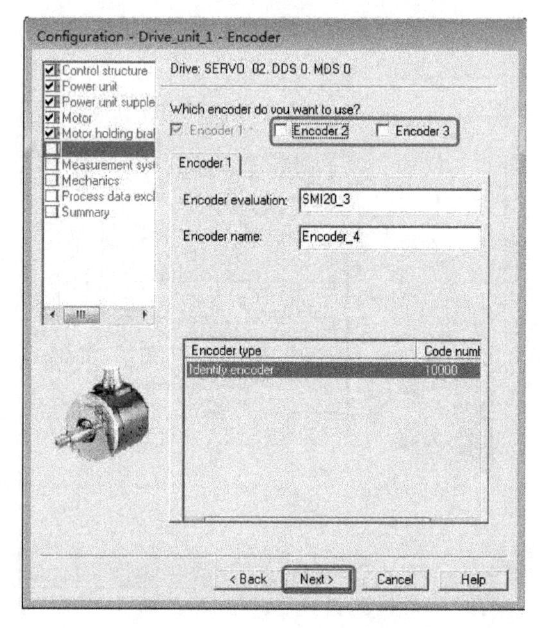

图 6-43　配置驱动（7）

在图 6-45 中，勾选“Activate”（激活）选项，选择“Rotary axis”（旋转轴），默认电动机每圈对应的旋转单位是 360000LU，这个数值是可以修改的，对于旋转轴，此处 1000LU 就是角度的 1°，这一点很重要。单击“Next >”（下一步）按钮，弹出如图 6-46 所示的界面，选择“Standard telegram 1，PZD-2/2”（标准报文 1），与 PLC 硬件组态中的报文要一致。单击“Next >”（下一步）按钮，弹出如图 6-47 所示的界面，单击“Finish”（完成）按钮。

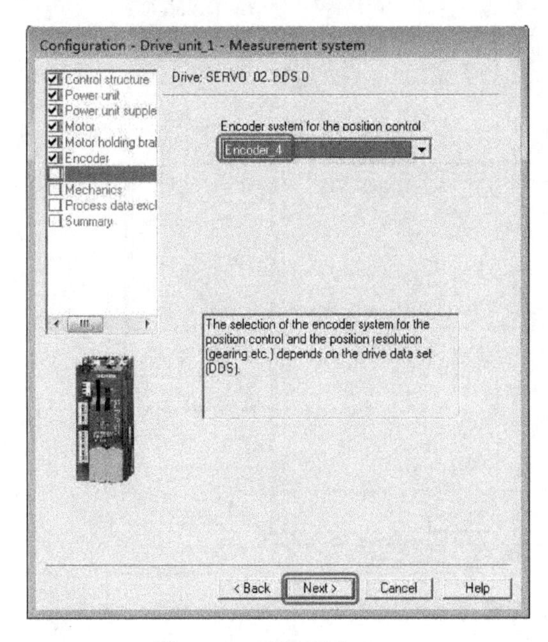

图 6-44　配置驱动（8）

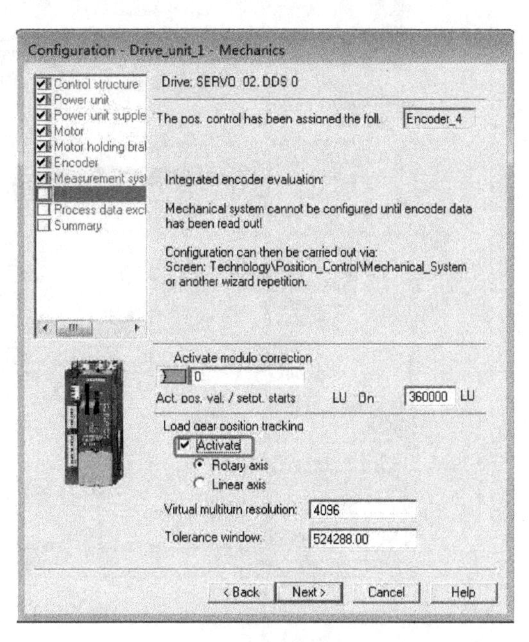

图 6-45　配置驱动（9）

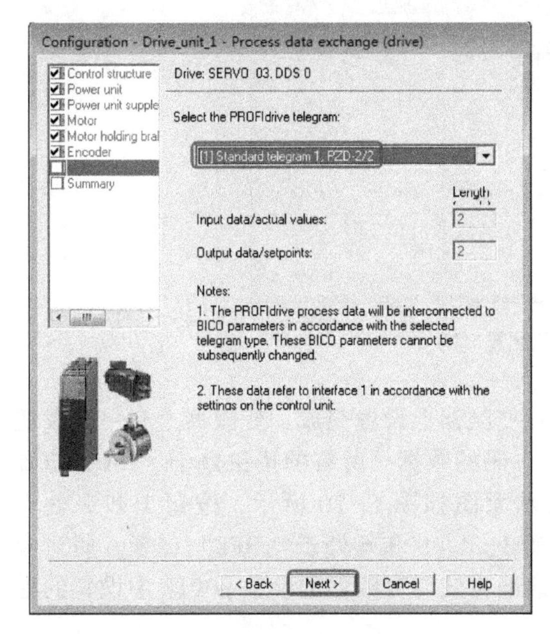

图 6-46　配置驱动（10）

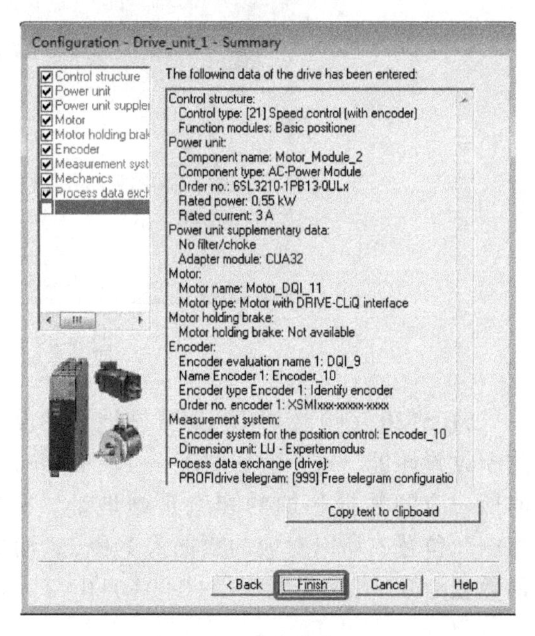

图 6-47　配置驱动（11）

4）下载配置。在图 6-48 中，单击工具栏上的“Connect to selected target devices”（连接到选择的目标设备）按钮，弹出“Online/offline comparison”（在线/离线比较），单击“Download to target device”（下载到目标设备）按钮，弹出如图 6-49 所示的界面，勾选“After loading，copy RAM to ROM”（下载后将 RAM 复制到 ROM），单击“Yes”（确定）按钮，下载完成后，S120 的配置就完成了。

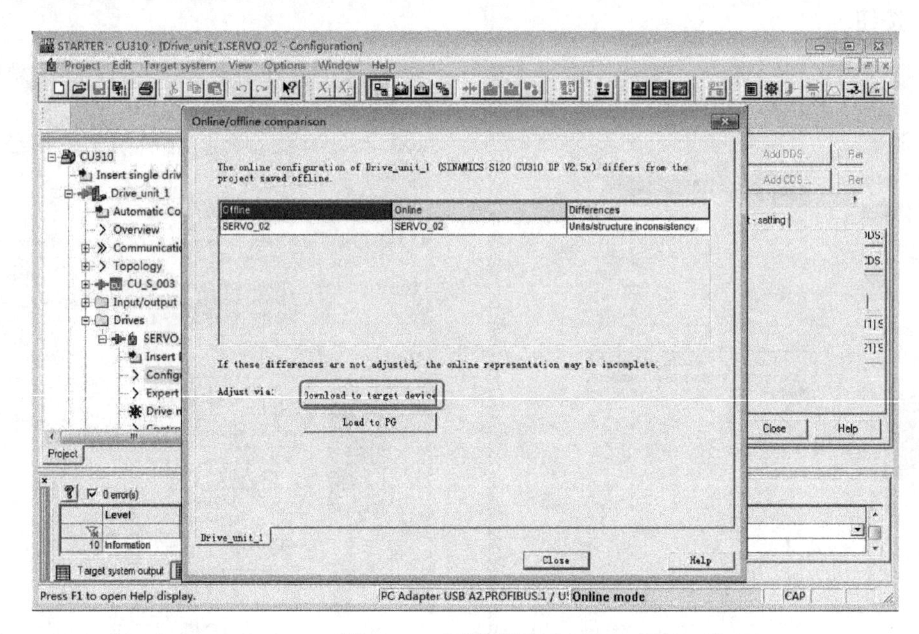

图 6-48　下载配置（1）

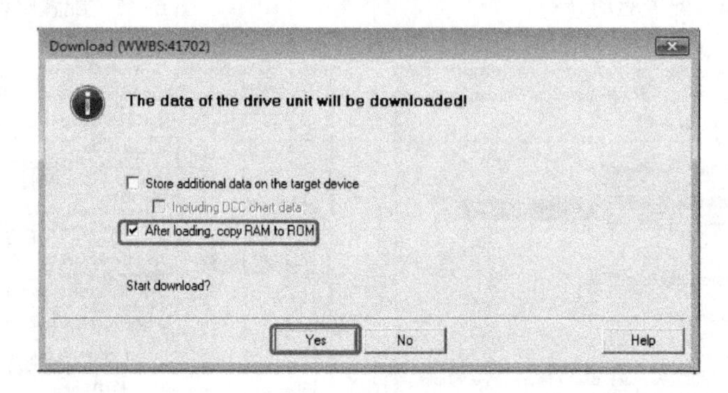

图 6-49　下载配置（2）

5）S120 变频器 PROFIBUS 站地址的设定在变频器上设置完成，变频器上有一排拨钮用于设置地址，每个拨钮对应一个“8-4-2-1”码的数据，所有的拨钮处于“ON”位置时所对应的数据相加的和就是站地址。拨钮示意图如图 6-20 所示，拨钮 1 和 2 处于“ON”位置，所以对应的数据为 1 和 2；而拨钮 3、4、5 和 6 处于“OFF”位置，所对应的数据为 0，站地址为 1+2+0+0+0+0=3。此地址应该与变频器的参数 p0918 中设置的地址一致。

6.6　G120/S120 的 PROFINET 通信

6.6.1　PROFINET 通信介绍

PROFINET 是由 PROFIBUS & PROFINET International（PI）推出的开放式工业以太网标准。PROFINET 基于工业以太网，遵循 TCP/IP 和 IT 标准，可以无缝集成现场总线系统，是实时以太网。

PROFINET 目前是西门子主推的现场总线，已经取代 PROFIBUS 成为西门子公司的标准配置。

1. Ethernet 存在的问题

Ethernet 采用随机争用型介质访问方法，即载波监听多路访问及冲突检测技术（CSMA/CD），如果网络负载过高，无法预测网络延迟时间，即不确定性。如图 6-50 所示，只要有通信需求，各以太网节点（A~F）均可向网络发送数据，因此报文可能在主干网中被缓冲，实时性不佳，而 PROFINET 则解决了此问题。

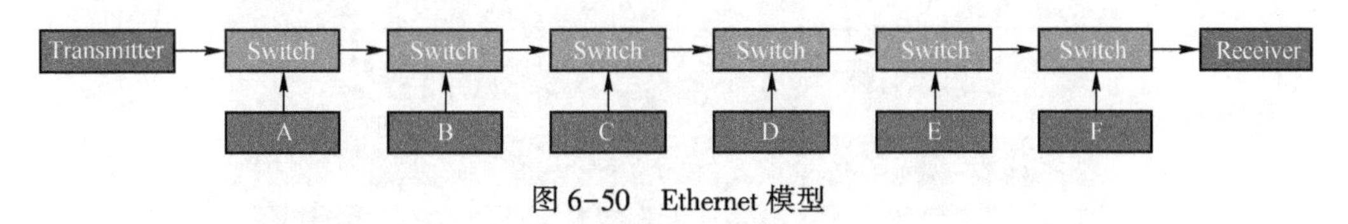

图 6-50　Ethernet 模型

2. PROFINET 的分类

（1）根据响应时间不同有三种通信方式

1）TCP/IP 标准。PROFINET 是工业以太网，采用 TCP/IP 标准通信，响应时间为 100 ms，用于工厂级通信。

组态和诊断信息、装载、网络连接和上位机通信等可采用此通信方式。

2）实时（RT）通信。对于现场传感器和执行设备的数据交换，响应时间约为 5~10 ms。PROFINET 提供了一个优化的、基于第二层的实时通道，解决了实时性问题。

此通信方式用于实时数据优先级传递高性能、循环用户数据传输和事件触发的消息/报警。网络中配备标准的交换机可保证实时性。

3）等时同步实时（IRT）通信。在通信中，对实时性要求最高的是运动控制。100 个节点以下要求响应时间是 1 ms，抖动误差不大于 1 μs。

（2）两种应用方式

1）集成分布式 I/O 的 PROFINET IO。主要用于分布式应用场合，自动化控制中应用较多。

2）用于创建模块化的 PROFINET CBA。主要用于智能站点之间的通信应用场合。PROFINET CBA 应用较少，新推出的 S7-1500 PLC 不再支持 PROFINET CBA。

3. PROFINET 的实时通信

（1）现场通信中的 QoS 要求

现场通信中对服务质量（QoS）有一定的要求，根据服务对象的不同，分为四个级别，每个级别的反应时间不同，实时性要求越高，反应时间越短，现场通信中的 QoS 要求见表 6-15。

表 6-15 现场通信中的 QoS 要求

QoS	应用类型	反应时间	抖动
1	控制器之间	100 ms	—
2	分布式 I/O 设备	10 ms	—
3	运动控制	<1 ms	<1 μs
4	组态编程/参数	尽量快	

（2）PROFINET 的实时性

根据应用场合的不同，对 PROFINET 现场总线的实时性要求不同，PROFINET 的实时性示意图如图 6-51 所示，运动控制对实时性要求最高，而控制器间的通信对实时性要求较低。

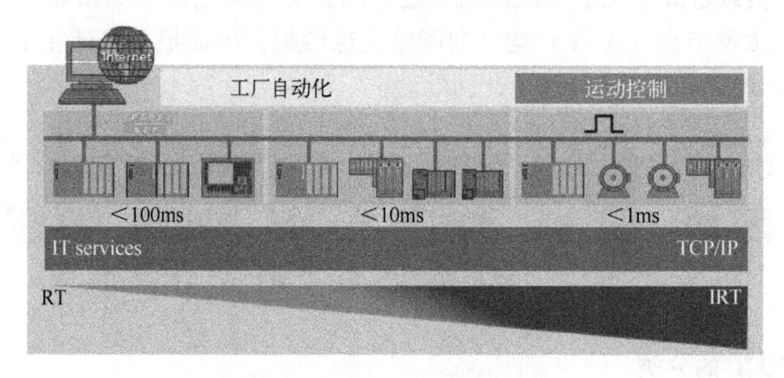

图 6-51 PROFINET 的实时性

6.6.2 S7-1200 PLC 与 G120 变频器的 PROFINET 通信（速度模式）

以下用一个例题介绍 S7-1200 PLC 与 G120C 变频器的 PROFINET 通信（速度模式）的实施过程。

【例 6-6】 用一台 HMI 和 CPU1211C 对变频器拖动的电动机进行 PROFINET 无级调速，已知电动机的功率为 0.75 kW，额定转速为 1440 r/min，额定电压为 380 V，额定电流为 2.05 A，额定频率为 50 Hz。请设计解决方案。

解：

1. 软硬件配置

1）1 套 TIA Portal V15 和 STARTER V5.1。

2）1 台 G120C 变频器。

3）1 台 CPU1211C。

4）1 台电动机。

5）1 根屏蔽双绞线。

原理图如图 6-52 所示，CPU1211C 的 PN 接口与 G120C 变频器 PN 接口之间用专用的以太网屏蔽电缆连接。

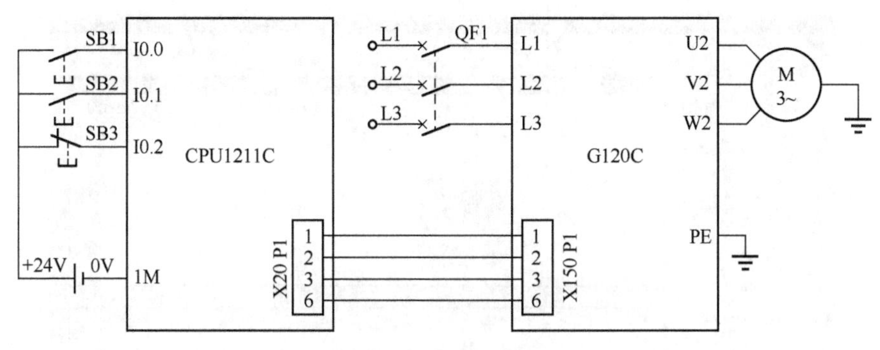

图 6-52　原理图

2. 硬件组态

1）新建项目“PN_1211C”，如图 6-53 所示，选择“设备组态”→“设备视图”，在“硬件目录”中，选中 CPU1211C，并将其拖拽到标记“③”的位置。

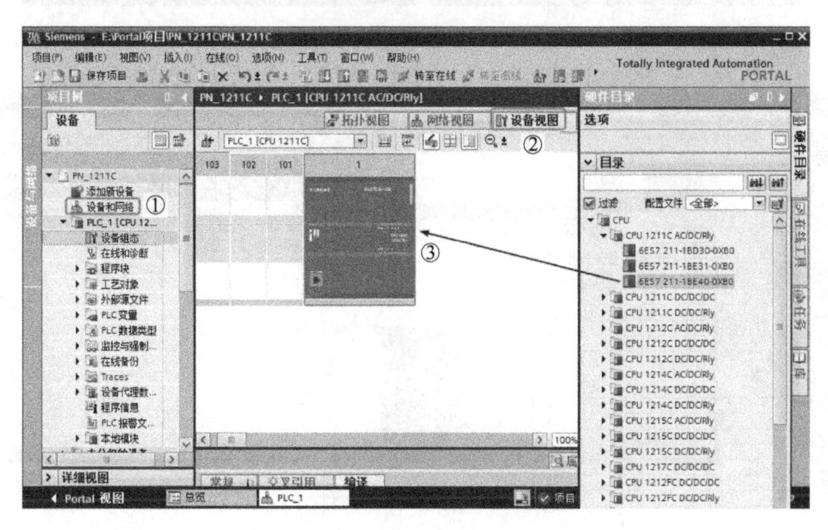

图 6-53　新建项目

2）配置 PROFINET 接口。在“设备视图”中选中 CPU1211C 的图标，单击“属性”→“以太网地址”，单击“添加新子网”按钮，新建 PROFINET 网络，如图 6-54 所示。

3）安装 GSD 文件。一般当 TIA Portal 软件中没有安装 GSD 文件时，将无法组态 G120C 变频器，因此在组态变频器之前，需要安装 GSD 文件（之前安装了 GSD 文件的，则忽略此步骤）。在图 6-55 中，单击菜单栏的“选项”→“管理通用站描述文件（GSD）”，弹出安装 GSD 文件的界面，如图 6-56 所示，选择 G120C 变频器的 GSD 文件“GSDML-V2.25…”和“GSDML-V2.31…”，单击“安装”按钮即可，安装完成后，软件将自动更新硬件目录。

4）配置 G120C 变频器。展开右侧的“硬件目录”，选择“其它现场设备”→“PROFINET IO”→“Drives”→“SIEMENS AG”→“SINAMICS”→“SINAMICS G120C PN V4.7”，拖拽“SINAMICS G120C PN V4.7”到如图 6-57 所示的界面。在图 6-58 中，用鼠标左键选中标记“①”处的灰色标记（即 PROFINET 接口），按住不放，拖拽到标记“②”处的灰色标记（G120C 的 PROFINET 接口）处，松开鼠标。

图 6-54　配置 PROFINET 接口

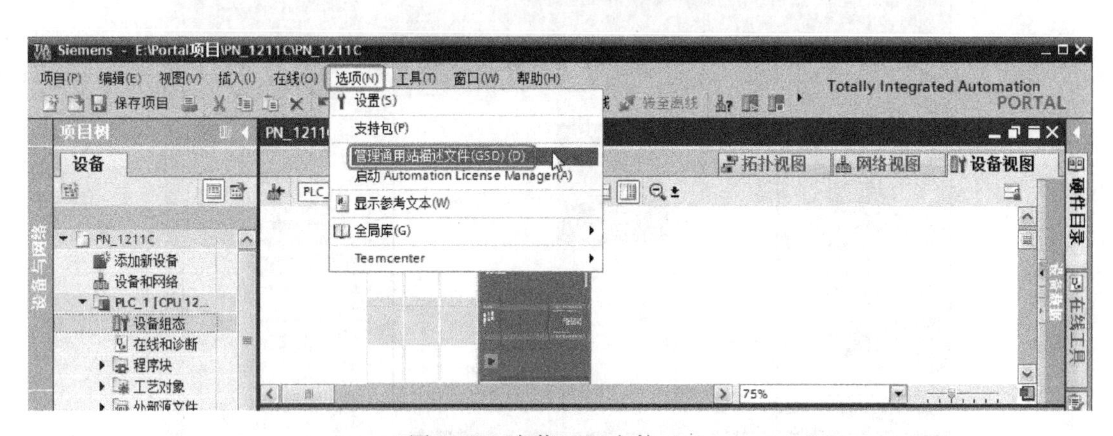

图 6-55　安装 GSD 文件（1）

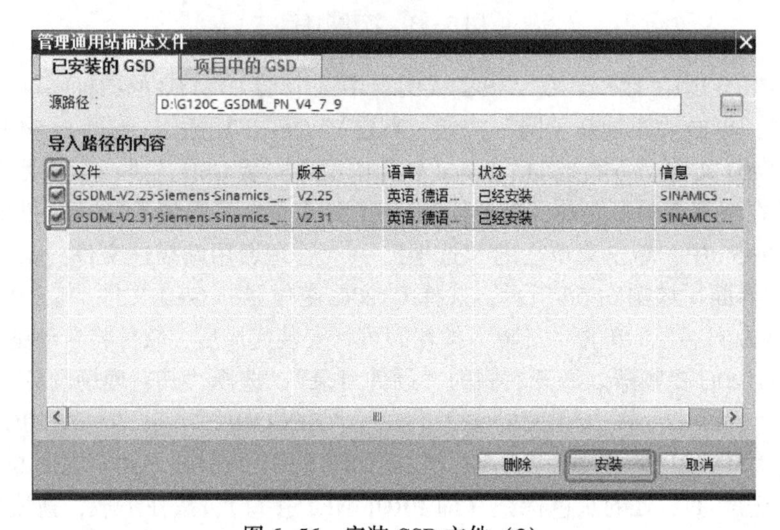
管理通用站描述文件

已安装的 GSD　项目中的 GSD

源路径：D:\G120C_GSDML_PN_V4_7_9

导入路径的内容

文件	版本	语言	状态	信息
GSDML-V2.25-Siemens-Sinamics_...	V2.25	英语, 德语...	已经安装	SINAMICS ...
GSDML-V2.31-Siemens-Sinamics_...	V2.31	英语, 德语...	已经安装	SINAMICS ...

删除　安装　取消

图 6-56　安装 GSD 文件（2）

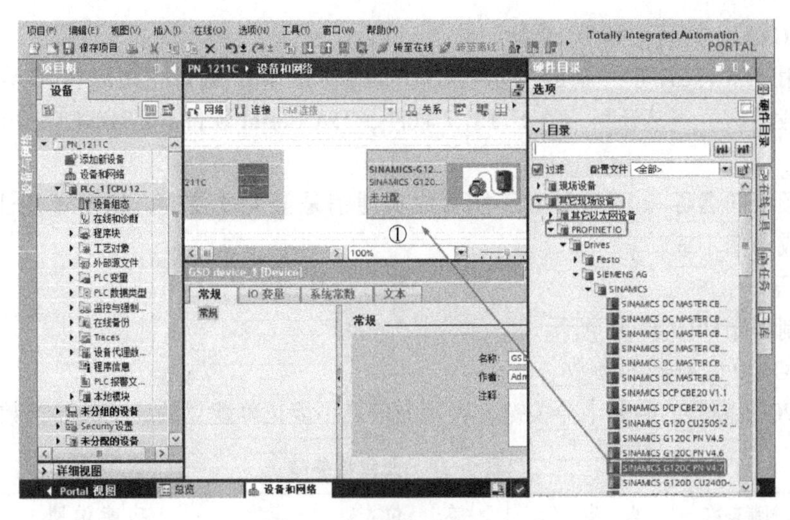

图 6-57　配置 G120C（1）

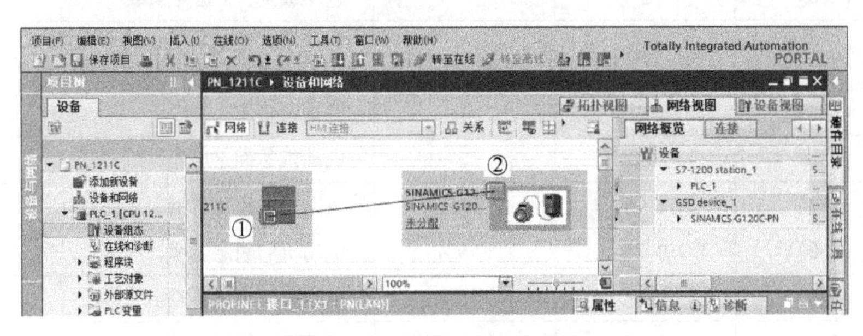

图 6-58　配置 G120C（2）

5）配置通信报文。选中并双击“G120C”，切换到 G120C 的“设备视图”中，选中“西门子报文 352，PZD-6/6”，并拖拽到如图 6-59 所示的位置。注意：如果 PLC 侧选择通信报文 352，那么变频器侧也要选择报文 352，这一点要特别注意。报文的控制字是 QW78，主设定值是 QW80，详见标记“2”处。

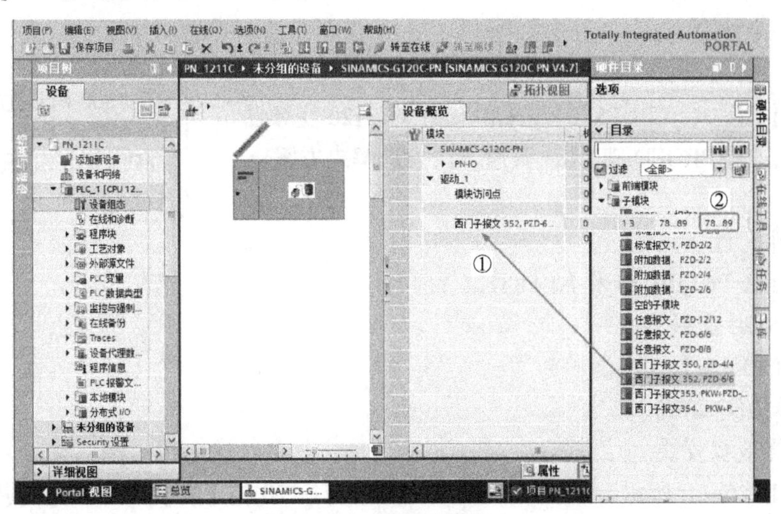

图 6-59　配置通信报文

3. 分配 G120C 的名称和 IP 地址

如果使用 STARTER 软件调试，分配 G120C 的名称和 IP 地址也可以在 STARTER 软件中进行，请参考前文。当然还可以在 STEP 7 软件、TIA Portal 软件、PRONETA 和 BOP-2 中分配等。

分配变频器的名称和 IP 地址对于能否成功通信是至关重要的，初学者往往会忽略这一步，从而造成通信不成功。

4. 编写程序

编写控制程序如图 6-30 所示。

5. 设置 G120 变频器的参数

设置 G120 变频器的参数十分关键，否则通信是不能正确建立的。变频器参数见表 6-16。

表 6-16 变频器参数

序 号	变频器参数	设 定 值	单 位	功 能 说 明
1	p0003	3	—	权限级别，3 是专家级
2	p0010	1/0	—	驱动调试参数筛选。先设置为 1，当把 p0015 和电动机相关参数修改完成后，再设置为 0
3	p0015	4	—	驱动设备宏 4 指令
4	p0304	380	V	电动机的额定电压
5	p0305	2.05	A	电动机的额定电流
6	p0307	0.75	kW	电动机的额定功率
7	p0310	50.00	Hz	电动机的额定频率
8	p0311	1440	r/min	电动机的额定转速

注意：本例的变频器设置的是宏 4 指令，宏 4 指令中采用的是西门子报文 352，与 S7-1200 PLC 组态时选用的报文是一致的（必须一致）。

6.6.3 S7-1500 PLC 与 S120 的 PROFINET 通信（位置模式）

以下用一个例题介绍 S7-1500 PLC 与 S120 变频器的 PROFINET 通信（位置模式）的实施过程。

S7-1500 PLC 与 SINAMICS S120 的 PROFINET 通信

【例 6-7】用一台 CPU1511-1PN 和 HMI 对 S120 变频器拖动的电动机进行 PROFINET 无级调速。请设计解决方案。

解：

1. 软硬件配置

1）1 套 TIA Portal V15 和 STARTER V5.1。

2）1 台 S120 变频器。

3）1 台 CPU1511-1PN。

4）1 台伺服电动机。

5）1 根屏蔽双绞线。

原理图如图 6-60 所示，CPU1511 的 PN 接口与 S120 的 PN 接口之间用专用的以太网屏蔽电缆连接。

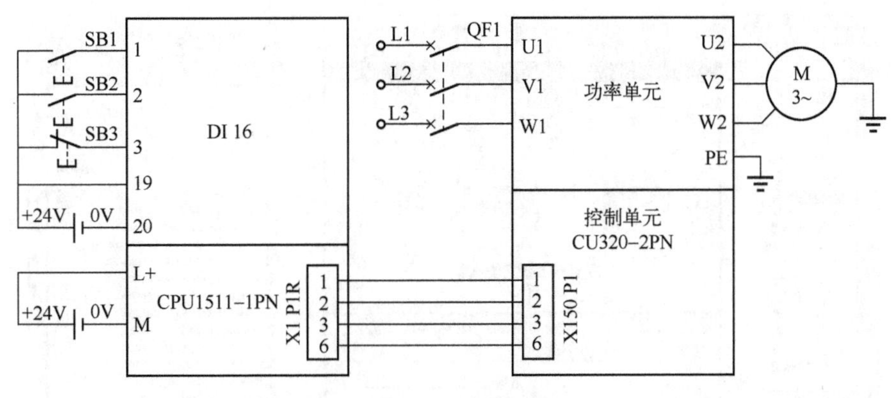

图 6-60 原理图

2. 硬件组态

1）新建项目，插入模块。新建项目“S71500-PN-S120”，如图 6-61 所示，双击项目树中“添加新设备”选项，分别添加 CPU1511-1PN 和 DI 16×24VDC BA 模块。

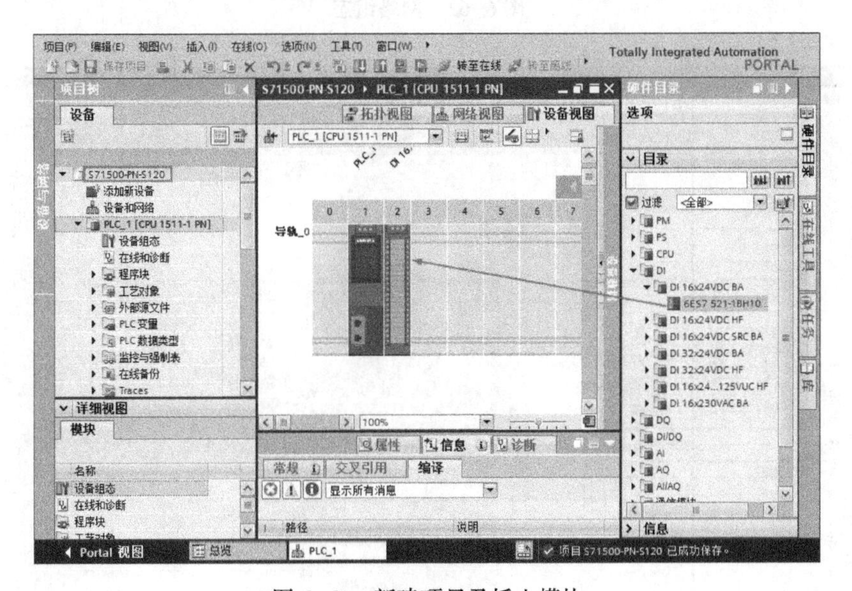

图 6-61 新建项目及插入模块

2）网络组态。在图 6-62 中，单击“设备和网络”→“网络视图”，在“硬件目录”中，选择“其它现场设备”→“PROFINET IO”→“Drivers”→“SIEMENS AG”→“SINAMICS”→“SINAMICS S120/S150 CU320-2 PN V4.7”，拖拽“SINAMICS S120/S150 CU320-2 PN V4.7”到图示位置，用鼠标左键选中标记“A”处，按住不放，拖拽到标记“B”处，松开鼠标，建立 S7-1500 与 S120 之间的网络连接。

3）修改 S120 的名称和 IP 地址。在图 6-63 中，在“设备视图”中选中 S120 变频器的图标，单击“以太网地址”，可以修改 S120 的以太网地址，也可保持默认值。不勾选“自动生成 PROFINET 设备名称”，把 PROFINET 设备名称修改为“CU320”，注意这个名称应与 S120 在 STARTER 中配置时的名称一致。

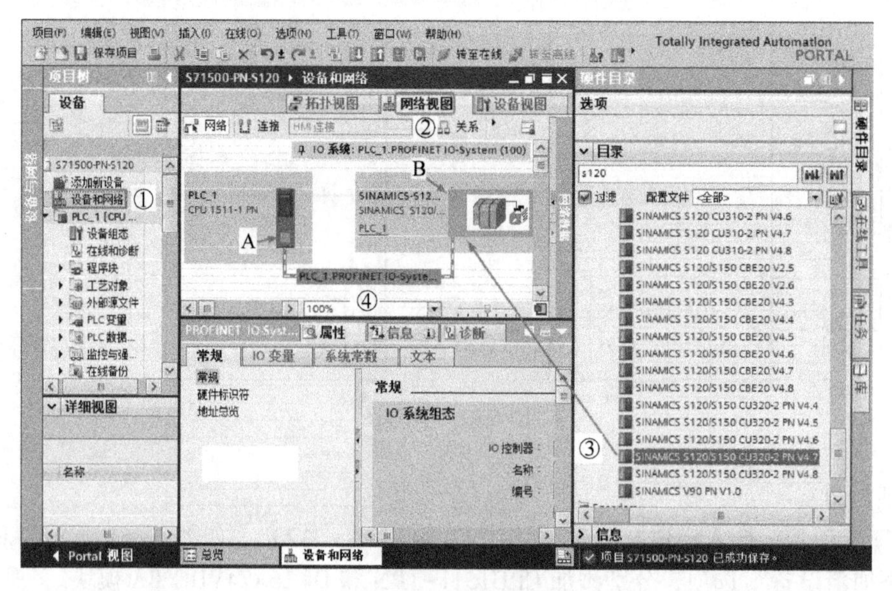

图 6-62　网络组态

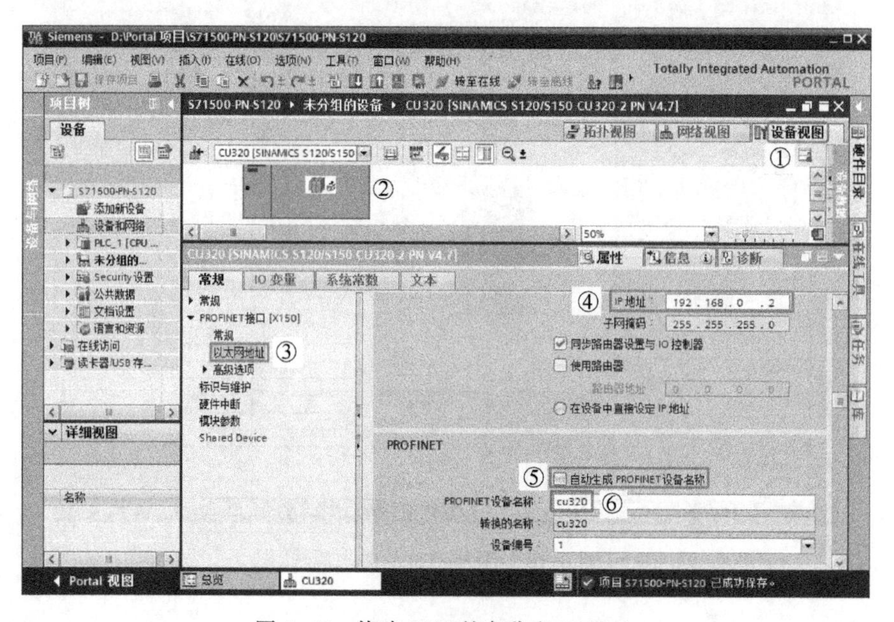

图 6-63　修改 S120 的名称和 IP 地址

4）单击“设备视图”→“设备概览”，在“硬件目录”中，将“模块”→“DO 伺服”拖拽到如图 6-64 所示的位置。在“硬件目录”中，将“子模块”→“西门子报文 111，PZD-12/12”拖拽到如图 6-65 所示的位置。

3. S120 变频器的组态

S120 变频器的组态参考第 5 章介绍的内容进行。组态完成后，将组态下载到 S120 中。

4. 编写程序

定位控制时要用到 FB284，其输入/输出管脚的含义见表 6-17。

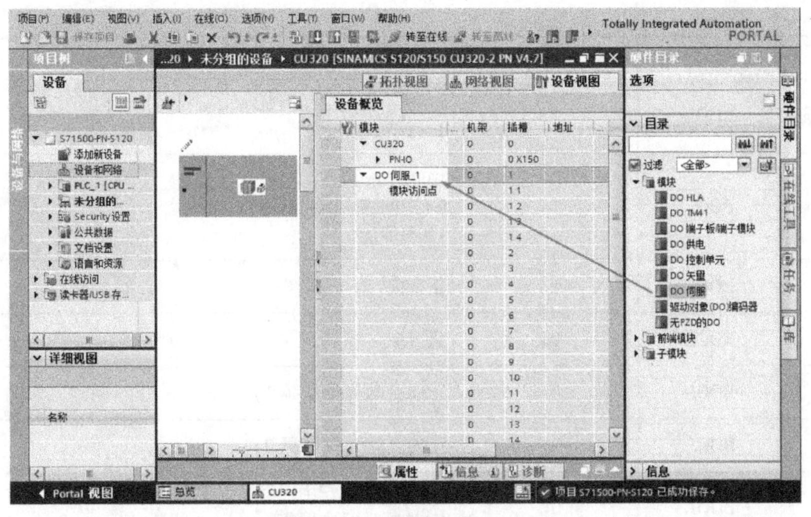

图 6-64　组态报文（1）

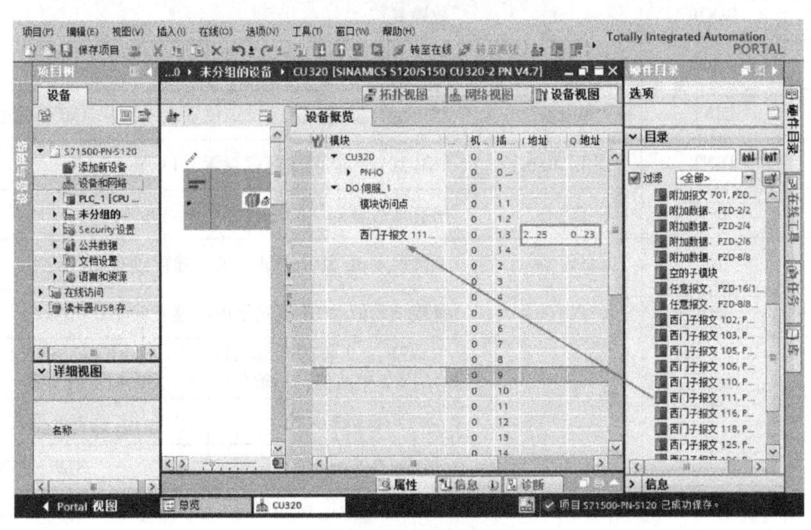

图 6-65　组态报文（2）

表 6-17　FB284 输入/输出管脚的含义

管　脚	数据类型	默认值	描　述
输入			
ModePos	INT	0	运行模式： 1=相对定位 2=绝对定位 3=连续位置运行 4=回零操作 5=设置回零位置 6=运行位置块 0~16 7=点动 jog 8=点动增量
EnableAxis	BOOL	0	伺服运行命令： 0=OFF1 1=ON

（续）

<table>
<tr><th>管　脚</th><th>数据类型</th><th>默 认 值</th><th colspan="2">描　述</th></tr>
<tr><td>CancelTransing</td><td>BOOL</td><td>1</td><td colspan="2">0=拒绝激活的运行任务
1=不拒绝</td></tr>
<tr><td>IntermediateStop</td><td>BOOL</td><td>1</td><td colspan="2">中间停止：
0=中间停止运行任务
1=不停止</td></tr>
<tr><td>Positive</td><td>BOOL</td><td>0</td><td colspan="2">正方向</td></tr>
<tr><td>Negative</td><td>BOOL</td><td>0</td><td colspan="2">负方向</td></tr>
<tr><td>Jog1</td><td>BOOL</td><td>0</td><td colspan="2">正向点动（信号源 1）</td></tr>
<tr><td>Jog2</td><td>BOOL</td><td>0</td><td colspan="2">正向点动（信号源 2）</td></tr>
<tr><td>FlyRef</td><td>BOOL</td><td>0</td><td colspan="2">0=不选择运行中回零
1=选择运行中回零</td></tr>
<tr><td>AckError</td><td>BOOL</td><td>0</td><td colspan="2">故障复位</td></tr>
<tr><td>ExecuteMode</td><td>BOOL</td><td>0</td><td colspan="2">激活定位工作或接收设定点</td></tr>
<tr><td>Position</td><td>DINT</td><td>0[LU]</td><td colspan="2">对于运行模式，直接设定位置值［LU］/MDI 或运行的块号</td></tr>
<tr><td>Velocity</td><td>DINT</td><td>0[LU/min]</td><td colspan="2">MDI 运行模式时的速度设置［LU/min］</td></tr>
<tr><td>OverV</td><td>INT</td><td>100[%]</td><td colspan="2">所有运行模式下的速度倍率 0~199%</td></tr>
<tr><td>OverAcc</td><td>INT</td><td>100[%]</td><td colspan="2">直接设定值/MDI 模式下的加速度倍率 0~100%</td></tr>
<tr><td>OverDec</td><td>INT</td><td>100[%]</td><td colspan="2">直接设定值/MDI 模式下的减速度倍率 0~100%</td></tr>
<tr><td rowspan="15">ConfigEPos</td><td rowspan="15">DWORD</td><td rowspan="15">0</td><td colspan="2">可以通过此管脚传输 111 报文的 STW1、STW2、EPosSTW1 和 EPosSTW2 中的位，传输位的对应关系如下表所示</td></tr>
<tr><td>ConfigEPos 位</td><td>111 报文位</td></tr>
<tr><td>ConfigEPos. %X0</td><td>STW1. %X1</td></tr>
<tr><td>ConfigEPos. %X1</td><td>STW1. %X2</td></tr>
<tr><td>ConfigEPos. %X2</td><td>EPosSTW2. %X14</td></tr>
<tr><td>ConfigEPos. %X3</td><td>EPosSTW2. %X15</td></tr>
<tr><td>ConfigEPos. %X4</td><td>EPosSTW2. %X11</td></tr>
<tr><td>ConfigEPos. %X5</td><td>EPosSTW2. %X10</td></tr>
<tr><td>ConfigEPos. %X6</td><td>EPosSTW2. %X2</td></tr>
<tr><td>ConfigEPos. %X7</td><td>STW1. %X13</td></tr>
<tr><td>ConfigEPos. %X8</td><td>EPosSTW1. %X12</td></tr>
<tr><td>ConfigEPos. %X9</td><td>STW2. %X0</td></tr>
<tr><td>ConfigEPos. %X10</td><td>STW2. %X1</td></tr>
<tr><td>ConfigEPos. %X11</td><td>STW2. %X2</td></tr>
<tr><td>ConfigEPos. %X12</td><td>STW2. %X3</td></tr>
</table>

（续）

管　　脚	数据类型	默 认 值	描　　述	
ConfigEPos	DWORD	0	ConfigEPos. %X13	STW2. %X4
			ConfigEPos. %X14	STW2. %X7
			ConfigEPos. %X15	STW1. %X14
			ConfigEPos. %X16	STW1. %X15
			ConfigEPos. %X17	EPosSTW1. %X6
			ConfigEPos. %X18	EPosSTW1. %X7
			ConfigEPos. %X19	EPosSTW1. %X11
			ConfigEPos. %X20	EPosSTW1. %X13
			ConfigEPos. %X21	EPosSTW2. %X3
			ConfigEPos. %X22	EPosSTW2. %X4
			ConfigEPos. %X23	EPosSTW2. %X6
			ConfigEPos. %X24	EPosSTW2. %X7
			ConfigEPos. %X25	EPosSTW2. %X12
			ConfigEPos. %X26	EPosSTW2. %X13
			ConfigEPos. %X27	STW2. %X5
			ConfigEPos. %X28	STW2. %X6
			ConfigEPos. %X29	STW2. %X8
			ConfigEPos. %X30	STW2. %X9
			可通过此方式传输硬件限位使能、回零开关信号等给 S120。注意：如果程序里对此管脚进行了变量分配，则必须保证 ConfigEPos. %X0 和 ConfigEPos. %X1 都为 1 时驱动器才能运行	
HWIDSTW	HW_IO	0	符号名或 SIMATIC S7-1500 设定值槽的 HW ID（SetPoint）	
HWIDZSW	HW_IO	0	符号名或 SIMATIC S7-1500 实际值槽的 HW ID（Actual Value）	
输出				
Error	BOOL	0	1=错误出现	
Status	Word	0	显示状态	
DiagID	WORD	0	扩展的通信故障	
ErrorId	INT	0	运行模式错误/块错误： 0=无错误 1=通信激活 2=选择了不正确的运行模式 3=设置的参数不正确 4=无效的运行块号 5=驱动故障激活 6=激活了开关禁止 7=运行中回零不能开始	

（续）

管　脚	数据类型	默　认　值	描　　述
AxisEnabled	BOOL	0	驱动已使能
AxisError	BOOL	0	驱动故障
AxisWarn	BOOL	0	驱动报警
AxisPosOk	BOOL	0	轴的目标位置到达
AxisRef	BOOL	0	回零位置设置
ActVelocity	DINT	0［LU/min］	当前速度（LU/min）
ActPosition	DINT	0［LU］	当前位置 LU
ActMode	INT	0	当前激活的运行模式
EPosZSW1	WORD	0	EPos 的 ZSW1 的状态
EPosZSW2	WORD	0	EPos 的 ZSW2 的状态
ActWarn	WORD	0	当前的报警代码
ActFault	WORD	0	当前的故障代码

在全局库中，把函数块 FB284 拖拽到程序编辑区，如图 6-66 所示。

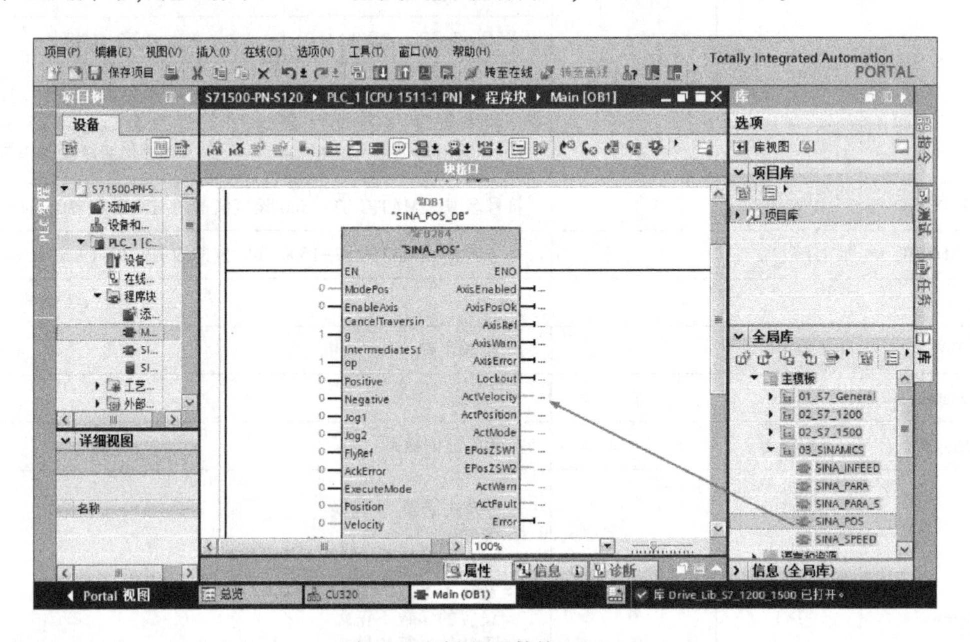

图 6-66　插入函数块 FB284

编写程序如图 6-67 所示。

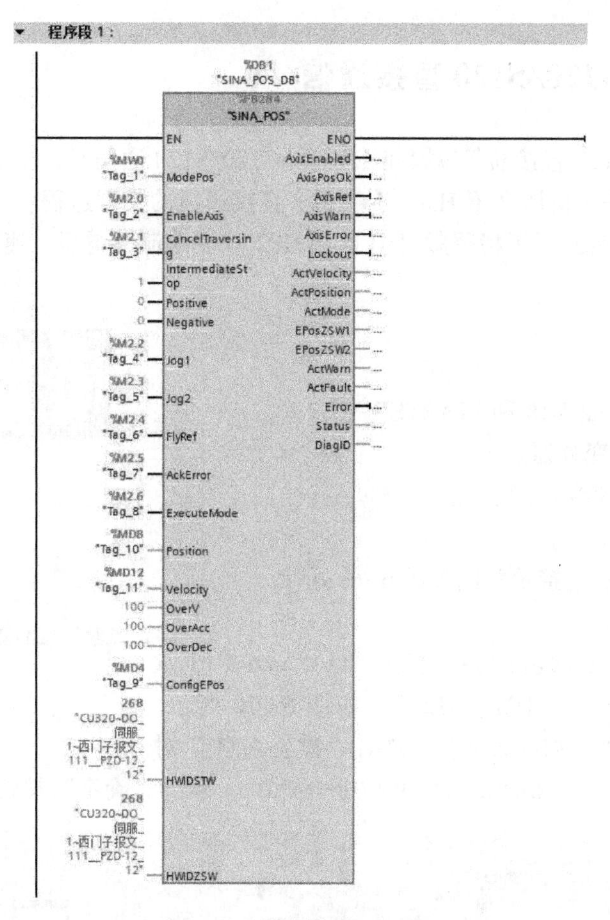

图 6-67　插入函数块 FB284

在图 6-67 中程序的 HWIDSTW 和 HWIDZSW 管脚为 268，实际上是硬件标识符，选中“设备视图”→“西门子报文 111，PZD-12/12”→“系统常数”，就可以看到“硬件标识符”，如图 6-69 的标记“④”处。

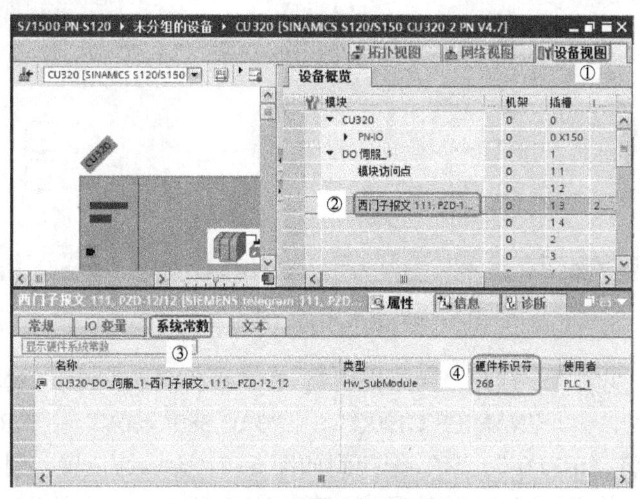

图 6-68　查看硬件标识符

6.7　HMI 与 G120/S120 直接通信

HMI 与 G120/S120 直接通信就是指 HMI 和 G120/S120 通信时，不需要借助 PLC 或者其他控制器。以下用一个例题介绍 HMI 与 G120C 直接通信的实现过程。

【例 6-8】 用一台西门子精智版 HMI 监视 G120C 的电流、电压、速度和运行状态，并能实现起停和速度设定。

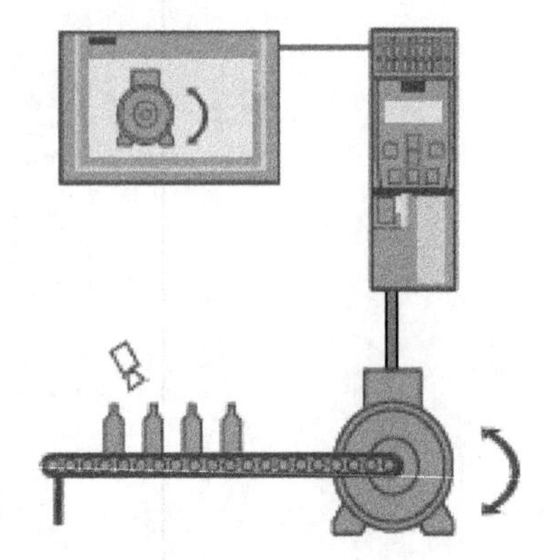

图 6-69　连接示意图

解：

1. 软硬件配置

1）1 套 TIA Portal V15 和 STARTER V5.1。

2）1 台 G120C 变频器。

3）1 根屏蔽双绞线（网线）。

4）1 台电动机。

HMI 与 G120C 的连接示意图如图 6-69 所示。

2. 硬件组态

1）新建项目，添加新设备。打开 TIA Portal V15 软件，新建项目，命名为“HMI_G120”，如图 6-70 所示。在项目树中，双击“添加新设备”，弹出“设备名称”对话框，选择“HMI”→“6AV2 124-0GC01-0AX0”，单击“确定”按钮，完成新设备添加。

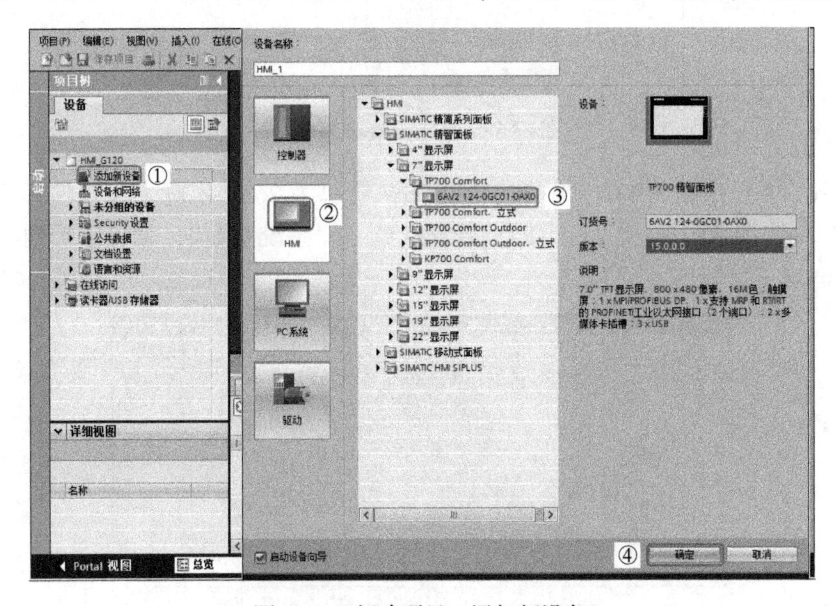

图 6-70　新建项目，添加新设备

2）配置 G120C 变频器。打开“网络视图”，在“硬件目录”中，选择“驱动和启动器”→“SINAMICS 驱动”→“SINAMICS G120C”→“3AC 380-480V”→“PN”→“FSAA”→“Ip20，0.75 kW”，将“Ip20 0.75 kW”拖拽到如图 6-71 所示的位置。用鼠标左键选中标记“A”处，按住不放，拖至标记“B”处释放，建立 HMI 与 G120C 的网络连接。

注：如不使用 TIA Portal 设置变频器参数，此步骤可以省略。

图 6-71　配置 G120C 变频器

选中 G120C，再选择“属性”→“常规”→“以太网地址”，如图 6-72 所示，设置变频器的 IP 地址为 192. 168. 0. 1，设置子网掩码为 255. 255. 255. 0。

注：如不使用 TIA Portal 设置变频器参数，此步骤可以省略。

图 6-72　配置变频器 IP 地址

3）新建连接。在项目树中，双击“连接”选项，弹出“连接”选项卡，双击“添加”按钮，添加新连接，如图 6-73 所示，选择“通信驱动程序”为“SIMATIC S7 300/400”，根据实际使用情况选择通信接口，本例为以太网，保存以上配置。

4）新建变量。在项目树中，双击“默认变量表［7］”选项，如图 6-74 所示，创建 6 个参数，见表 6-18。

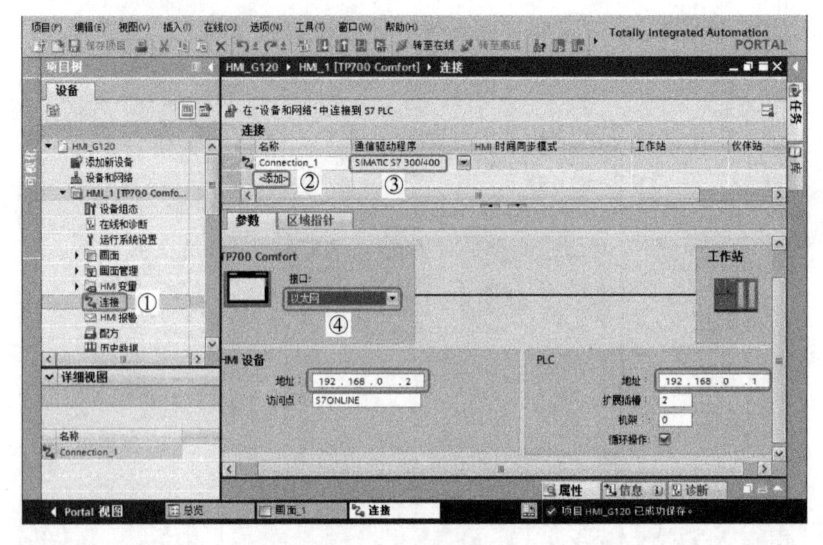

图 6-73　新建连接

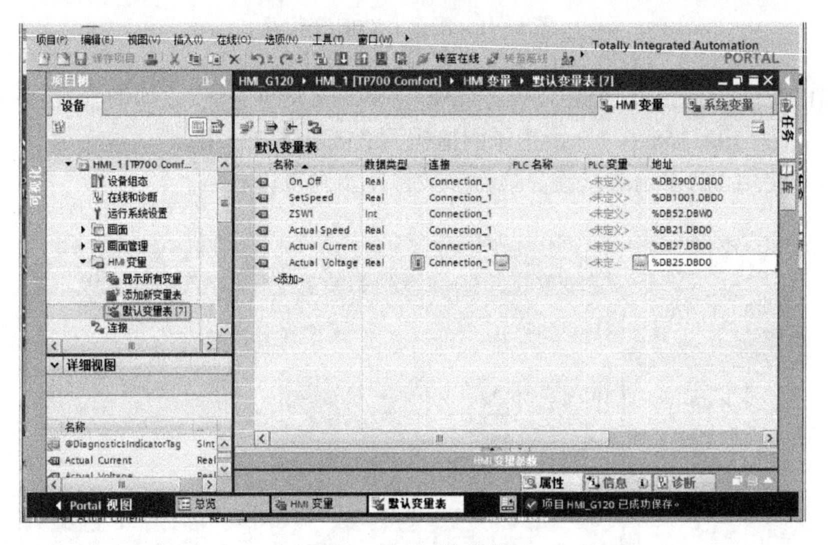

图 6-74　新建变量

表 6-18　新建的变量表

变 量 名 称	数 据 类 型	地　　址	对应变频器参数	备　　注
On_Off	Real	DB2900. DBD0	p2900	数据块的序号对应的是参数号，如 DB2900. DBD0 的数据块序号是 2900，对应参数 p2900
SetSpeed	Real	DB1001. DBD0	p1001	
ZSW1	Int	DB52. DBW0	r0052	
Actual Speed	Real	DB21. DBD0	r0021	
Actual Current	Real	DB27. DBD0	r0027	
Actual Voltage	Real	DB25. DBD0	r0025	

3. 编辑画面

在项目树中，双击“画面_1”选项，弹出图形编辑器界面，分别选中右侧工具箱中的

“文本域” “I/O 域” 和 “按钮” 工具，并将其拖拽到图形编辑器中的位置，如图 6-75 所示。

图 6-75 编辑画面

4. 对象和变量关联

选择“实际转速”文本域右侧的“I/O 域”，单击变量右侧的按钮 ，如图 6-76 所示，弹出之前创建的变量表，选择变量“Actual Speed”，最后单击按钮 ，这样，“实际转速”文本域右侧的“I/O 域”与变量“Actual Speed”就关联在一起了。用同样的方法关联其余的“I/O 域”。

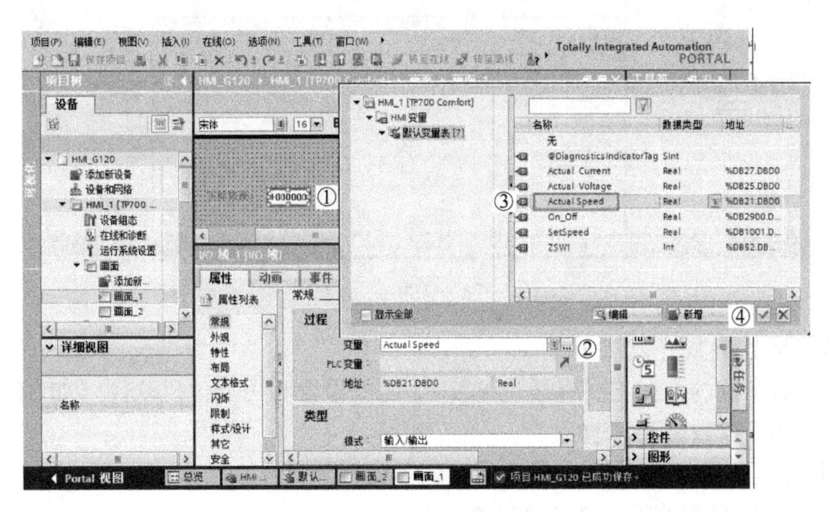

图 6-76 关联变量（1）

在图 6-77 中，单击“启动”按钮→“事件”，单击“单击”选项，选择函数中的“设置变量”，选择变量“On_Off”，其值为“0”，再选择函数中的“设置变量”，选择变量“On_Off”，其值为“100”，目的是为了产生脉冲信号。

在图 6-78 中，单击“停止”按钮→“事件”，单击“单击”选项，选择函数中的“设置变量”，选择变量“On_Off”，其值为“0”。

图 6-77　关联变量（2）

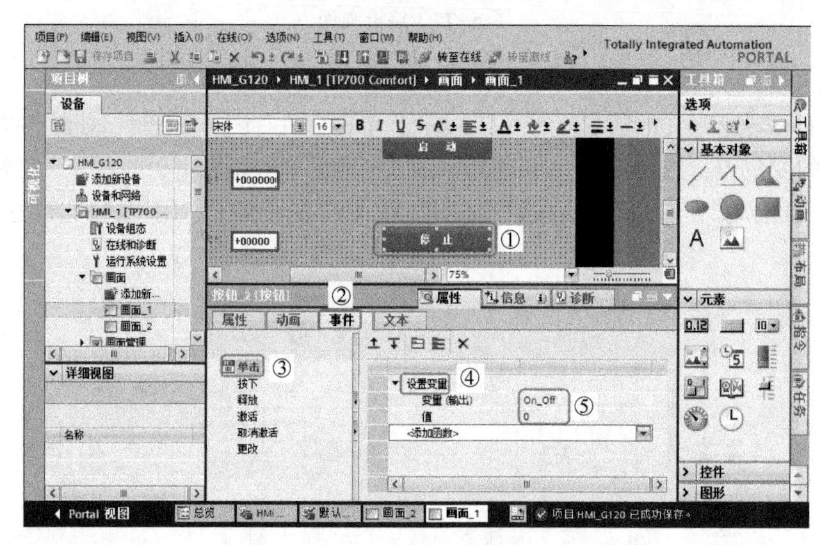

图 6-78　关联变量（3）

5. 设置变频器参数（方法 1）

设置变频器参数的方法主要有通过 BOP-2 面板设置和用上位机软件（如 STARTER）设置。本例中有如下参数需要修改。

1）设置变频器的 IP 地址。新购置的变频器的网址是 0.0.0.0。本例应把网址 IP 修改为 192.168.0.1，子网掩码修改为 255.255.255.0。

2）On_Off 相关参数设置。设置 p0840[0]=2094.0。设置 p2099[0]=2900。

这样设置的原因是当 p2900=100（ON）或者 0（OFF）时，可以产生一个上升沿的脉冲。

3）设置转速参数

设置 p1070=1001，其含义是把固定值 1 作为主设定值。

4）状态字和实际信号

状态字（r0052）、实际转速（r0021）、实际电流（r0027）和实际电压（r0025）的显示，无须对变频器进行设置。

6. 设置变频器参数（方法 2）

除了以上方法，还可以在 TIA Portal 中对参数进行设置，并下载变频器，具体介绍如下。

1）设置固定值。在项目树中，双击“参数”，弹出参数设置界面，单击“固定设定值”选项，设置“直接”和“100.000”，如图 6-79 所示。

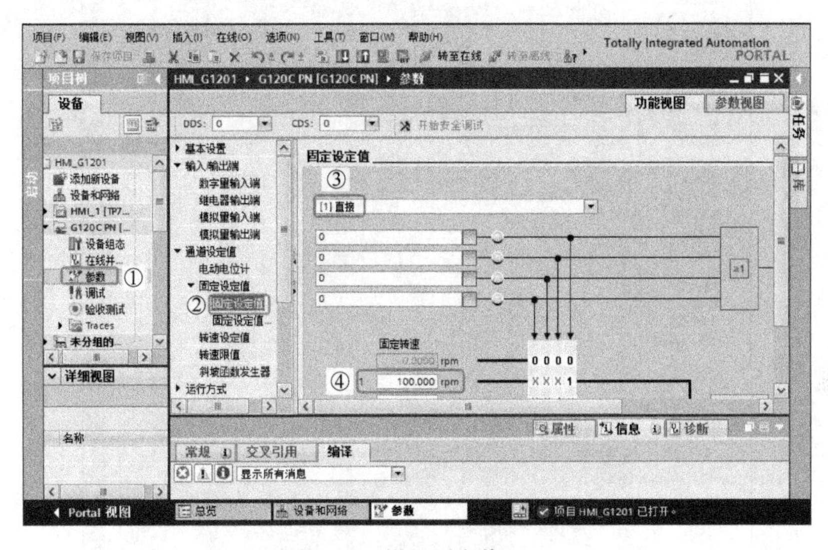

图 6-79　设置固定值（1）

在图 6-80 中，双击“固定设定值连接”选项，选择“p1070[0] CI：主设定值”，这个设置的目的是把主设定值设为固定值。

图 6-80　设置固定值（2）

2）设置关机功能。双击“关机功能”选项，如图 6-81 所示，按照图示的标记“②”~“⑤”进行设置。

3）编译项目、保存项目，并把修改后的参数下载到变频器中。

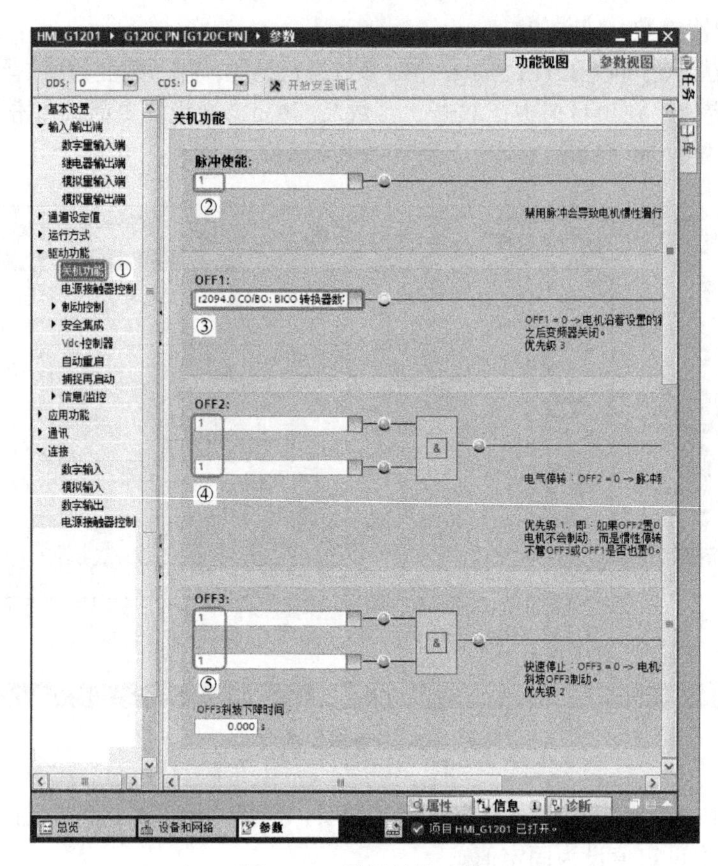

图 6-81　设置关机功能

第 7 章

变频器的常用外围器件与外围电路

变频器的外围器件主要有低压断路器、接触器、快速熔断器、热继电器、电抗器、制动电阻和制动单元等，变频器的外围器件在电路中起到了十分重要的作用，有时甚至是必不可少的。本章另一个重要内容是介绍变频器的常用电路，如变频器控制电动机的正反转、同步控制和保护电路等，是读者要重点掌握的内容。

7.1 变频器的配线和外围开关器件

7.1.1 主电路的配线

变频器的主电路配线是十分重要的，配线过细会产生事故，配线过粗又不经济。一种典型的变频器主电路图如图 7-1 所示。

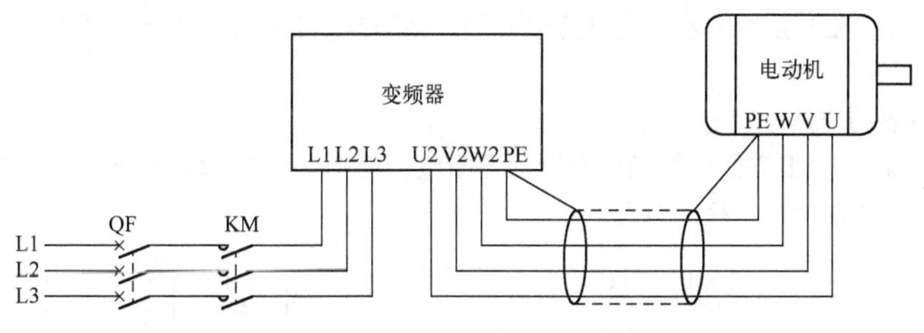

图 7-1 一种典型的变频器主电路图

1. 输入侧配线

一般变频器的输入侧采用三线电缆（单相输入的除外），输入电缆通常连接在变频器的 U1、V1、W1（有的变频器是 L1、L2、L3 或者 R、S、T）端子上。安装环境需干燥，周围没有容易受干扰的设备，特别是要处理好模拟信号设备，如各类带传感器的仪表（电子称重仪）等，有时需采用屏蔽电缆。

【例 7-1】一台 G120 变频器配一台三相异步电动机，已知电动机的技术参数：功率为 4 kW，额定转速为 1445 r/min，额定电压为 380 V，额定电流为 8.9 A，请选择输入电缆的规格。

解：

查表 7-1 得 1 mm²导线的最大载容量是 11.5 A，而 4 kW 电动机的额定电流 8.9 A，所以可以选择 1 mm²三线电缆作为其输入导线。

表 7-1 PVC 绝缘铜导线或电缆的载流容量 I_z

截面积/mm²	载流容量 I_z/A			
	用导线管和电缆管道装置放置和保护导线（单芯电缆）	用导线管和电缆管道装置放置和保护导线（多芯电缆）	没有导线管和电缆管道，电缆悬挂壁侧	电缆水平或垂直装在开式电缆托架上
0.75	7.6			
1.0	10.4	9.6	12.6	11.5
1.5	13.5	12.2	15.2	16.1
2.5	18.5	16.5	21	22
4	25	23	28	30
6	35	29	36	37
10	44	40	50	52
16	60	53	66	70

2. 输出配线

变频器和电动机之间的电缆是输出电缆。输出电缆通常采用有屏蔽层的四芯电缆，其 U2、V2、W2 端子向电动机提供三相交流电，接地端子是 PE 或者 E，两端的屏蔽层与接地端子连接在一起即可。输出电缆也是按照电流来选择导线的横截面积。

当输出电缆的距离较长时，配线时要考虑导线的电压降。

7.1.2 接触器的选用

一般而言，在变频器的输入主电路中要接入接触器，有的主电路比较简单，也可以不接入接触器。

1. 接触器的作用

1）接触器可以很方便地控制变频器的通断电，如图 7-2 所示，按下 SB1 按钮可以切断电源，按下 SB2 按钮可以接通电源。

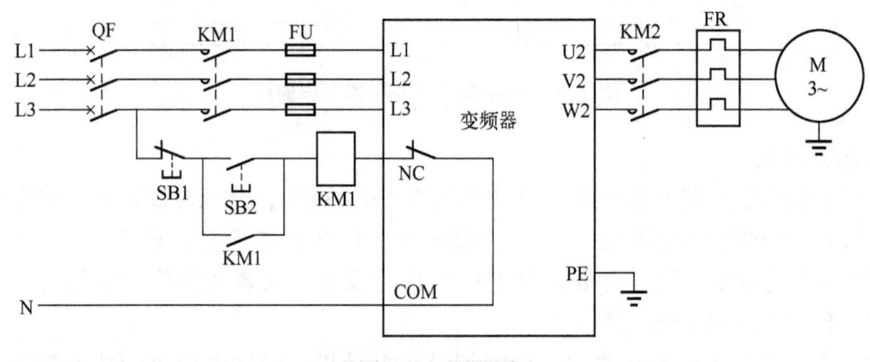

图 7-2 原理图

2）发生故障时，可以自动切断电源，当变频器内部发生故障或者报警时，内部的常闭触点 NC 断开，致使接触器 KM1 线圈断电，从而使得主电路电源被切断。

2. 接触器的选用

1）对于输入侧的接触器，只要其主触点的额定电流大于变频器的主回路输入电流即可，即

$$I_{KM1} \geq I_N$$

2）对于输出侧的接触器，其主触点的额定电流需大于额定电流的 1.1 倍，这是因为输出侧的电流并不是标准的正弦电，有高次谐波，即

$$I_{KM2} \geq 1.1I_N$$

【例 7-2】 一台 G120 变频器配一台三相异步电动机，已知电动机的技术参数：功率为 4 kW，额定转速为 1445 r/min，额定电压为 380 V，额定电流为 8.9 A，请选择接触器的型号。

解：

1）输入侧的接触器：$I_{KM1} \geq I_N$，可以选择 CJX1-9，接触器的额定电流为 9 A。

2）输出侧的接触器：$I_{KM2} \geq 1.1I_N = 9.8$ A，可以选择 CJX1-16，接触器的额定电流为 16 A。

3. 必须接输出接触器的场合

一般的应用场合，变频器的输出端不用接入接触器，但在某些场合，变频器的输出端必须要接入接触器。

一是变频器和工频切换的场合，如图 7-3a 所示。变频器一旦发生故障，立即将电动机从变频器切换到工频电源上。此时如果不与工频切换，则不需要使用热继电器，因为变频器具有电子热保护功能。

二是一台变频器控制多台电动机的场合，如图 7-3b 所示。由于每台电动机上都接有接触器，所以三台电动机可以分别控制。对于一台变频器控制多台电动机的场合，每台电动机必须单独使用热继电器。

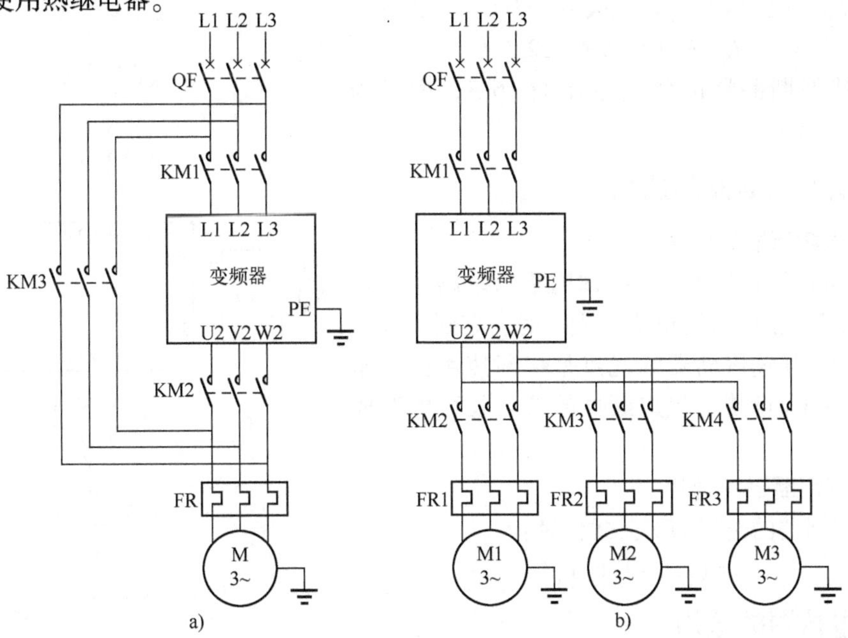

图 7-3　必须接输出接触器的场合

7.1.3 断路器的选用

1. 断路器的作用

1）在变频器的维修和保养期间，断路器起隔离电源的作用。当主电路没有设计接触器时，断路器也可以起到对主电路接通和切断电源的作用。

2）一般变频器都有比较好的输出回路断路保护功能，但变频器内部和输入侧的断路保护一般要借助于断路器。

2. 断路器的选用

选择断路器，最为主要的是选择其额定电流，可以按照如下公示计算：

$$I_{QN} \geqslant \frac{P_N}{\sqrt{3}U_S\lambda_\eta}$$

式中 I_{QN}——断路器的额定电流（A）；

P_N——变频器的输出功率（W）；

U_S——电源线电压（V）；

λ——变频器全功率因数；

η——变频器效率。

很显然上面的公示比较烦琐，一般用下面的公式估算：

$$I_{QN}=(1.3\sim1.4)I_N$$

【例 7-3】一台 G120 变频器配一台三相异步电动机，已知电动机的技术参数：功率为 4 kW，额定转速为 1445 r/min，额定电压为 380 V，额定电流为 8.9 A，请选择断路器的型号。

解：

因为 $I_{QN}=(1.3\sim1.4)I_N$，取系数为 1.4，则有

$$I_{QN}=1.4I_N=1.4\times8.9\text{ A}=12.5\text{ A}$$

所以选择断路器的额定电流为 16 A，型号为 DZ47-63/3，D16。

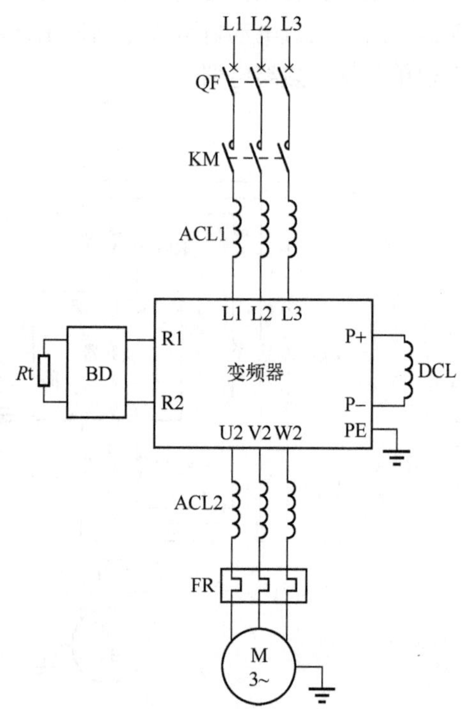

图 7-4 主电路图（含电抗器）

7.1.4 快速熔断器的选用

1. 快速熔断器的作用

快速熔断器在主电路中的作用是当电路中有短路（8~10 倍以上的额定电流）发生时，熔断器起短路保护作用。快速熔断器的优点是熔断速度比低压断路器的脱扣速度快。但熔断器的缺点是可能造成主电路缺相。

2. 快速熔断器的选用

快速熔断器的选用如下公式估算：

$$I_{FN}=(1.5\sim1.6)I_N$$

7.1.5 电抗器的选用

如图 7-4 所示的主电路图（含电抗器），ACL1

是输入侧的交流电抗器，ACL2 是输出侧的交流电抗器，DCL 是直流电抗器，BD 是制动单元，Rt 是制动电阻。

1. 交流电抗器的选用

交流电抗器分为电源输入侧交流电抗器（ACL1）和变频器输出侧交流电抗器（ACL2）。

（1）电源输入侧交流电抗器的作用

“交-直-交，电压型”变频器的电源输入侧是整流和滤波电路，只有当线电压 U_S的瞬时值大于电容两端的直流电压 U_D时，进线中才有充电电流，如图 7-5 所示。因此，充电电流是不连续的脉冲形状，也就是有很强的高次谐波成分。

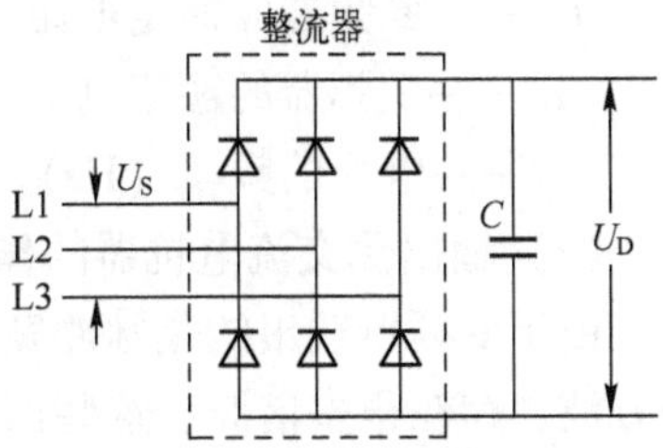

图 7-5　输入电路图

电源输入侧交流电抗器可减少变频器、整流回路和回馈单元的谐波。电抗器的作用取决于电网短路容量与传动装置容量之比。一般推荐电网短路容量与传动装置容量之比大于 33∶1，进线电抗器能够限制由于电网的电压的跳跃或者电网操作时产生的脉冲。

（2）电源输入侧交流电抗器的选用

在以下 4 种情况下，需要考虑在输入侧接入交流电抗器。

1）多台变频器接同一电源，如图 7-6a 所示。

2）同一电源上接有大容量的晶闸管设备，如图 7-6b 所示。

3）变压器容量超过变频器容量 10 倍以上 ，如图 7-6c 所示。

4）电源电压不平衡度≥3%。

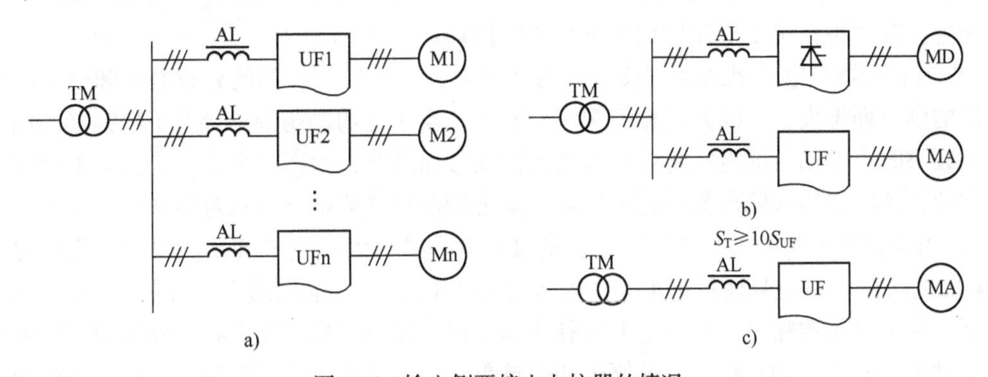

图 7-6　输入侧要接入电抗器的情况

一般而言，电压源逆变器、电源侧交流电抗器的电感量，采用 3%阻抗即可防止突变电压造成接触器跳闸，使总谐波电流畸变下降到原来的 44%左右。实际使用时，为了节省费用，常采用 2%阻抗的电感量，但这对环保而言是不利的。比较好的做法是使用 4%阻抗的电感量（或者采用更大的电抗器）。因此，一般而言选用 2%～4%的压降阻抗，这个百分数是相对于电压而言，对于用户，需要考虑电感值和电流值两个方面，电流值一定要大于额定值，电感值略大或小都是可行的，若偏大，则有利于降低高次谐波，但输入侧的电压降会超过 3%。因此，选型时要考虑电源的内阻阻抗，当电源变压器的功率大于 10 倍变频器的功率，而且线路较短时，电源的内阻很小，不仅需要使用电源输入侧交流电抗器，而且要选用较大的电感值，例如选用 4%～5%阻抗的电感量。

电源输入侧交流电抗器的选用还可以用如下公式计算：

$$L=\frac{(2\sim5)\%U_{N}}{2\pi fI_{N}}$$

式中 L——交流电抗器的电感量（H）；

U_{N}——变频器的额定电压（V）；

I_{N}——变频器的额定电流（A）；

f——电源的频率（Hz）。

（3）输出侧交流电抗器的作用

由于变频器输出的是脉冲宽度调制的电压波（PWM 波），它是前后沿很陡的一连串脉冲方波，存在很多谐波，这些谐波有损电动机的寿命，当电动机的绕组匝间瞬间电压变化过快（即 d*v*/d*t*）时，容易造成电动机匝间击穿，谐波还会对周围的电器产生干扰。当负载端电容量分量大时，会造成变频器的开关器件流过过大的冲击电流，从而导致开关器件的损坏。使用输出侧交流电抗器有如下作用。

1）平滑滤波，减小电动机的绕组匝间瞬间电压（即 d*v*/d*t*）的变化，延长电动机的绝缘寿命。

2）降低电动机的噪声。

3）降低输出高次谐波造成的漏电流。

4）减少对其他设备的电磁干扰。

5）保护变频器内部的功率开关器件。

（4）输出侧交流电抗器的选用

通常，在两种情况下要使用输出侧交流电抗器。

1）当变频器和电动机的距离较远（通常大于 30 m）时，线路的分布电容和分布电感随着导线的延长而增大，而线路的振荡频率会减小。当线路的振荡频率接近于变频器的输出电压载波频率时，电动机的电压将可能因进入谐振带而升高，过高的电压可能击穿电动机的绕组。因此，此时要接入输出侧交流电抗器。输出侧使用交流电抗器示意图如图 7-7 所示。

2）当电动机的功率大于变频器的功率时要接入输出侧交流电抗器。假设系统使用的是 90 kW 的电动机（系统只使用到电动机容量为 45 kW），可以选用的变频器是 55 kW。在这种情况下，由于变频器输出的电压是电压脉冲串系列，输出电流成锯齿状。容量 90 kW 的电动机与容量 55 kW 的电动机相比，其绕组的阻抗更小，所以每个电压脉冲中，电流冲击幅值更大。而容量 55 kW 变频器是针对容量 55 kW 电动机设计的，当驱动容量 90 kW 的电动机时，过大的冲击电流可能会缩短变频器的寿命。输出侧使用交流电抗器示意图如图 7-8 所示。

选用公式可以使用电源输入交流电抗器的公式。其系数也可以更加低可为 1%。

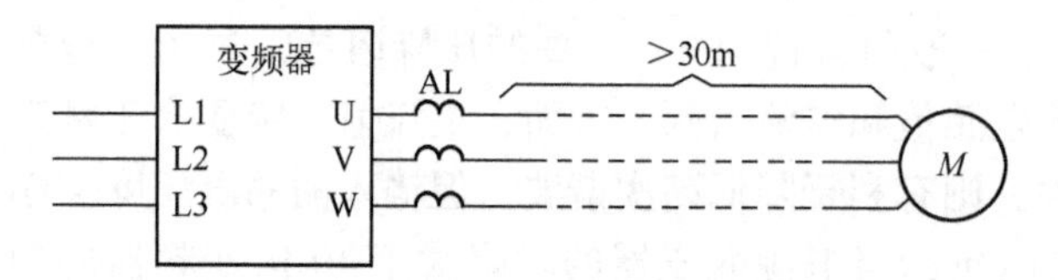

图 7-7 输出侧使用交流电抗器示意图

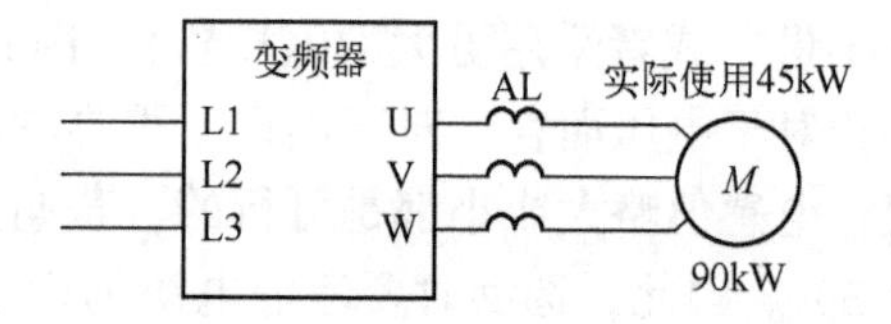

图 7-8 输出侧使用交流电抗器示意图

7.1.6　直流电抗器的选用

直流电抗器接在整流桥和滤波电容之间，输入电路图如图 7-9 所示。

图 7-9　输入电路图

1. 直流电抗器的作用

直流电抗器（DCL）用于改善电容滤波造成的输入电流畸变、改善功率因数、减少及防止因冲击电流造成整流桥损坏和电容过热。

2. 直流电抗器的选用

在如下的情况下，要使用直流电抗器。

1）电源变压器的容量大于 500 kV · A，或者变压器容量大于电动机 10 倍以上时，应使用直流电抗器。

2）在同一电源变压器上连接有晶闸管变流装置时，应使用直流电抗器。

3）供电电源的三相电压不平衡率大于 2%时，应使用直流电抗器。

4）为了降低高次谐波时，应使用直流电抗器。

5）当供电网络上连接由 ON-OFF 控制的功率因数补偿电容器时，为防止变频器发生过电压跳闸故障，应使用直流电抗器。

6）建议功率大于 22 kW 的变频器都使用直流电抗器。

一般直流电抗器的电感值为电源输出端交流电抗器的 2~3 倍，最小可以为 1.7 倍。

7.2　变频器起动与正反转控制电路

使用了变频器的电路中，电动机的起动和正反转是最为常见的电路，以下将详细介绍。

7.2.1　变频器的起动控制电路

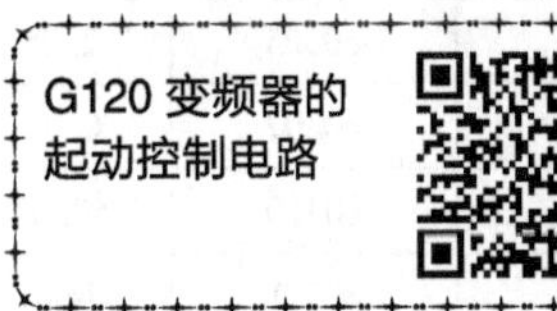

变频器的起停控制原理图如图 7-10 所示，变频器以西门子 G120C 为例讲解，DI0 实际是控制端子 5，+24 V OUT 是端子 9。当 DI0 和+24 V OUT 短接时，变频器起动。

1. 电路中各元器件的作用

1）QF 断路器，主电源通断开关。

2）KM 接触器，变频器通断开关。

3）按下 SB1 按钮，变频器通电。

4）按下 SB2 按钮，变频器断电。

5）按下 SB3 按钮，变频器正转起动。

6）按下 SB4 按钮，变频器停止。

7）KA 中间继电器，正转控制。

2. 设定变频器参数

按照表 7-2 设定变频器的参数。

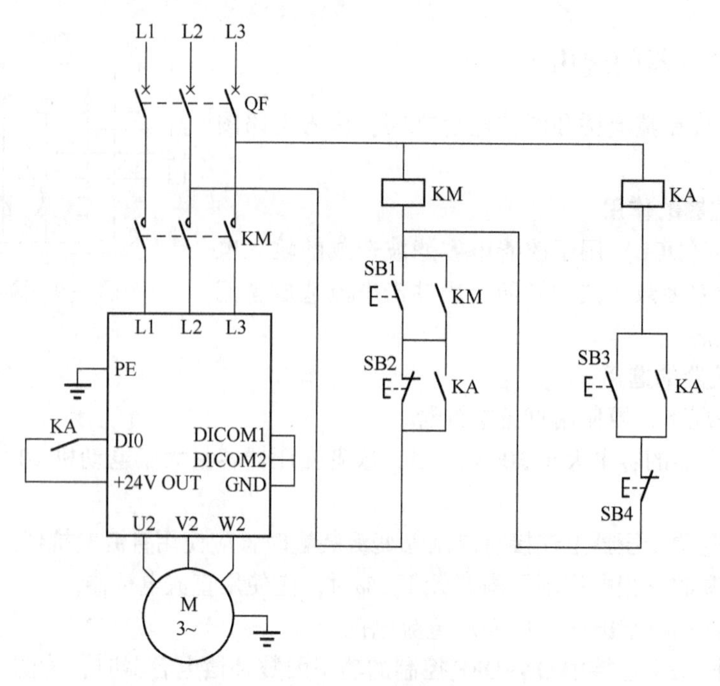

图 7-10 变频器的起动控制原理图

表 7-2 变频器参数

序号	变频器参数	设定值	单位	功能说明
1	p0003	3	—	权限级别
2	p0010	1/0	—	驱动调试参数筛选。先设置为 1，当把 p0015 和电动机相关参数修改完成后，再设置为 0
3	p0015	2	—	驱动设备宏指令
4	p0304	380	V	电动机的额定电压
5	p0305	2.05	A	电动机的额定电流
6	p0307	0.75	kW	电动机的额定功率
7	p0310	50.00	Hz	电动机的额定频率
8	p0311	1440	r/min	电动机的额定转速
9	p1001	180	r/min	固定转速 1

3. 控制过程

（1）变频器通断电的控制

当按下 SB1 按钮，KM 线圈通电，其触点吸合，变频器通电；按下 SB2 按钮，KM 线圈失电，触点断开，变频器断电。

（2）变频器起停的控制

按下 SB3 按钮，中间继电器 KA 线圈得电吸合，其触点将变频器的 DI0 与+24 V OUT 短路，电动机正向转动。此时 KA 的另一常开触点封锁 SB2，使其不起作用，这就保证了变频器在正向转动期间不能使用电源开关进行停止操作。

当需要停止时，必须先按下 SB4 按钮，使 KA 线圈失电，其常开触点断开（电动机减速停止)，这时才可按下 SB2 按钮，使变频器断电。

7.2.2　电动机的正反转控制电路

很多生产机械都要利用变频器的正反转控制，其原理图如图 7-11 所示，以西门子 G120C 变频器为例讲解，DI0 实际是控制端子 5，DI1 实际是控制端子 6，+24 V OUT 是端子 9。当 DI0、DI4 和+24 V OUT 短接时，变频器正转；当 DI1、DI5 与+24 V OUT 短接时，变频器反转。

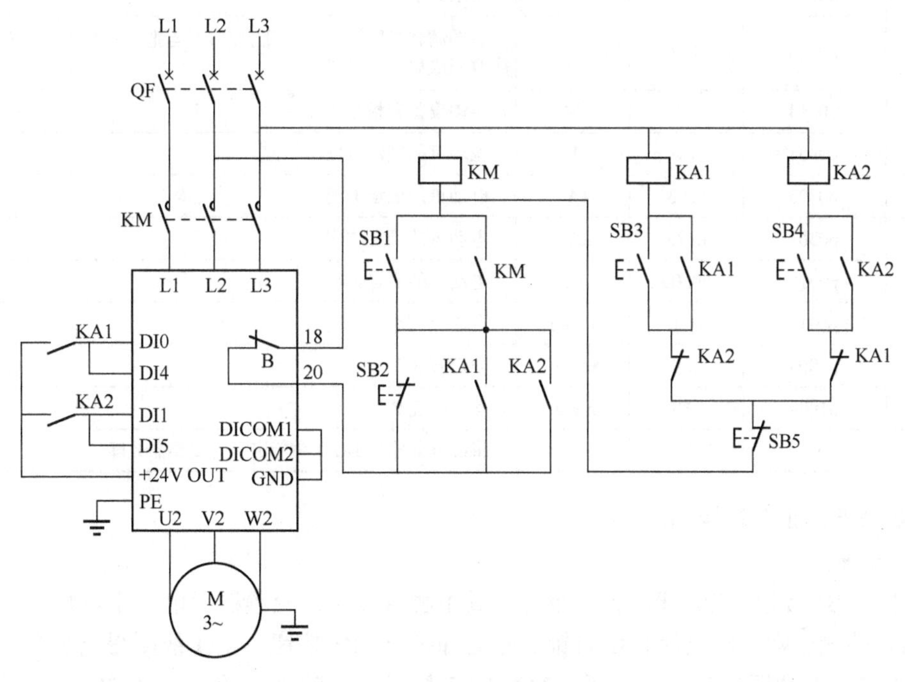

图 7-11　正反转控制原理图

1. 电路中各元器件的作用

1）按下 SB1 按钮，变频器通电。

2）按下 SB2 按钮，变频器断电。

3）按下 SB3 按钮，正转起动。

4）按下 SB4 按钮，反转起动。

5）按下 SB5 按钮，电动机停止。

6）KA1 继电器，正转控制。

7）KA2 继电器，反转控制。

2. 电路的设计要点

1）KM 接触器仍只作为变频器的通、断电控制，而不作为变频器的运行与停止控制。因此，断电按钮 SB2 仍由运行继电器 KA1 或 KA2 封锁，使运行时 SB2 不起作用。

2）控制电路串接报警输出接点 18 和 20，当变频器故障报警时切断控制电路，KM 断开而停机。

3）变频器的通、断电，正、反转运行控制均采用主令按钮。

4）正反转继电器 KA1 和 KA2 互锁，正反转切换不能直接进行，必须先停机再改变转向。

3. 设定变频器参数

按照表 7-3 设定变频器的参数。

表 7-3　变频器参数

序号	变频器参数	设定值	单位	功能说明
1	p0003	3	—	权限级别
2	p0010	1/0	—	驱动调试参数筛选。先设置为 1，当把 p0015 和电动机相关参数修改完成后，再设置为 0
3	p0015	1	—	驱动设备宏指令
4	p0304	380	V	电动机的额定电压
5	p0305	2.05	A	电动机的额定电流
6	p0307	0.75	kW	电动机的额定功率
7	p0310	50.00	Hz	电动机的额定频率
8	p0311	1440	r/min	电动机的额定转速
9	p1003	180	r/min	固定转速 1
10	p1004	360	r/min	固定转速 2
11	p0730	52.3	—	将继电器输出 DO 0 功能定义为变频器故障

4. 变频器的正反转控制

（1）正转

当按下 SB1 按钮，KM 线圈得电吸合，其主触点接通，变频器通电处于待机状态。与此同时，KM 的辅助常开触点使 SB1 自锁。这时如按下 SB3 按钮，KA1 线圈得电吸合，其常开触点 KA1 接通变频器的 DI0、DI4 和+24 V OUT 端子，电动机正转。与此同时，其另一常开触点闭合使 SB3 自锁，常闭触点断开，使 KA2 线圈不能通电。

（2）反转

如果要使电动机反转，先按下 SB4 按钮使电动机停止。然后按下 SB4 按钮，KA2 线圈得电吸合，其常开触点 KA2 闭合，接通变频器 DI1、DI5 和+24 V OUT 端子，电动机反转。与此同时，其另一常开触点 KA2 闭合使 SB4 自锁，常闭触点 KA2 断开使 KA1 线圈不能通电。

（3）停止

当需要断电时，必须先按下 SB5 按钮，使 KA1 和 KA2 线圈失电，其常开触点断开（电动机减速停止），并解除 SB2 的旁路，这时才能可按下 SB2 按钮，使变频器断电。变频器故障报警时，控制电路被切断，变频器主电路断电。

（4）控制电路的特点

1）自锁保持电路状态的持续。KM 自锁，持续通电；KA1 自锁，持续正转；KA2 自锁，持续反转。

2）互锁保持变频器状态的平稳过渡，避免变频器受冲击。KA1、KA2 互锁，正、反转运行不能直接切换；KA1、KA2 对 SB2 的锁定，保证运行过程中不能直接断电停机。

3）电路的通断由控制电路控制，操作更安全可靠。

【例 7-4】变频器的通断电是在停止输出状态下进行的，为什么在运行状态下一般不允许切断电源？

解：

1）变频器内部电路的原因。突然断电对主电路安全工作不利。

2）负载的原因。电源突然断电，变频器立即停止输出，运转中的电动机处于自由停止状态，这对于某些运行场合会造成影响。

7.3　变频器并联控制电路

变频器的并联运行、比例运行多用于传送带、流水线的控制场合。以下主要介绍由模拟电压输入端子控制的并联运行电路和由升降速端子控制的同速运行电路。

7.3.1　模拟电压输入端子控制的并联运行电路

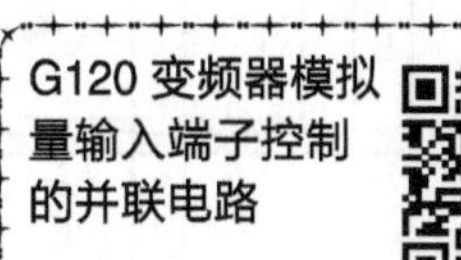

1. 运行要求

1）变频器的电源通过接触器由控制电路控制。

2）通电按钮能保证变频器持续通电。

3）运行按钮能保证变频器连续运行，且运行过程中变频器不能断电。

4）停止按钮只用于停止变频器的运行，而不能切断变频器的电源。

5）任何一个变频器故障报警时都要切断控制电路，从而切断变频器的电源。

2. 主电路的设计过程

模拟电压输入端子控制的并联运行电路的电路图如图 7-12 所示。

1）低压断路器 QF 控制电路总电源，KM 控制两台变频器的通、断电。

2）两台变频器的电源输入端并联。

3）两台变频器的 AI0+、AI0-端并联，这能保证两台变频器模拟量的输入数值相等，从而保证电动机运行速度相同，从而达到同步。

4）两台变频器的运行端子由同一个继电器的两个常开触头控制，保证了电动机的起停同步。

3. 控制电路的运行过程说明

1）SB1 是上电按钮，当按下 SB1 按钮时，接触器 KM 线圈得电自锁，两台变频器同时上电，但此时电动机并不转动。

2）只有当 KM 线圈得电自锁后，当按下 SB3 按钮时，继电器 KA 线圈才能得电自锁，使得变频器的 DI0 和+24 V 短接，从而控制两台电动机同时起动。当按下 SB4 按钮时，继电器 KA 线圈断电，从而控制两台电动机同时停止。电动机起动的前提是变频器的输入端要先通电。

3）当继电器 KA 线圈得电自锁时，即使按下 SB2 按钮，也不能断开 KM 线圈，必须先使 KA 线圈断电，才能使 KM 线圈断电。

4）运行按钮与运行继电器 KA 的常开触头并联，使 KA 能够自锁，保持变频器连续运行。

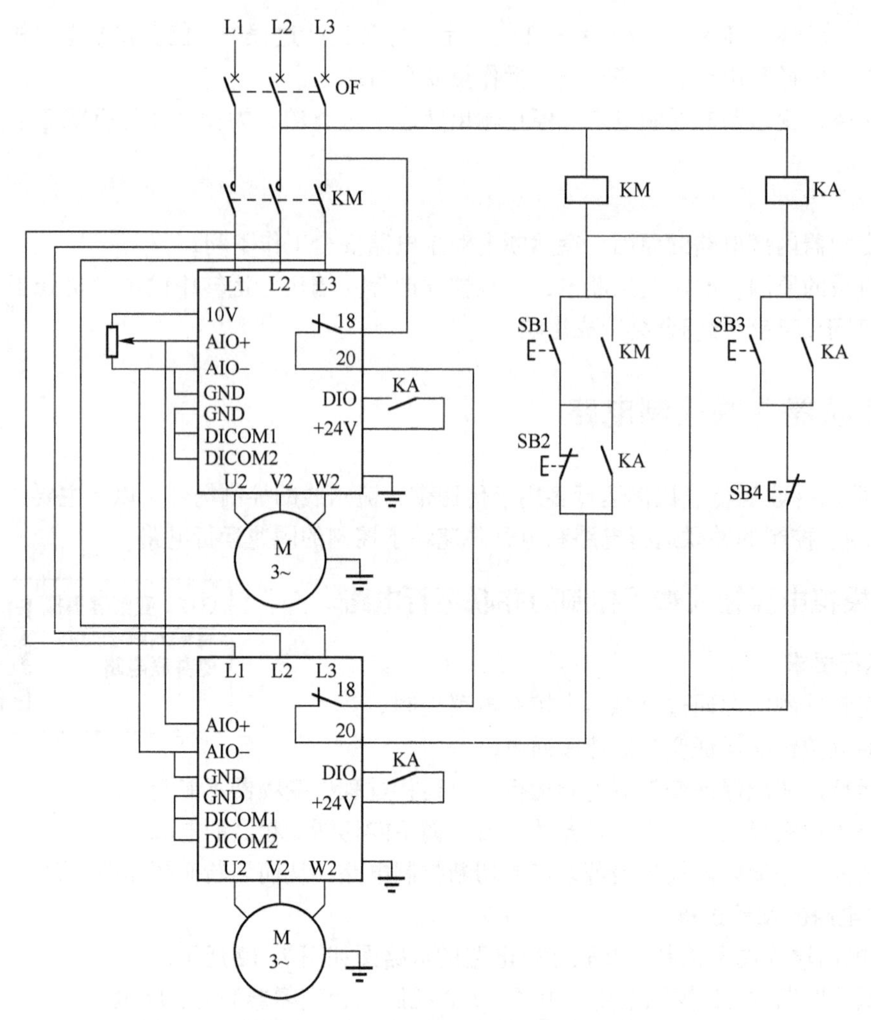

图 7-12　模拟电压输入端子控制的并联运行电路的电路图

5）停止按钮与 KA 线圈串联，但不影响 KM 的状态。

4. 变频器功能参数码设定

两台变频器的速度给定使用同一电位器。若同速运行，可将两变频器的频率增益等参数设置为相同。若比例运行，根据不同比例分别设置各自的频率增益。每台变频器的输出频率由各自的多功能输出端子接频率表指示。变频器参数见表 7-4。

表 7-4　变频器参数

序号	变频器参数	设定值	单位	功 能 说 明
1	p0003	3	—	权限级别
2	p0010	1/0	—	驱动调试参数筛选。先设置为 1，当把 p0015 和电动机相关参数修改完成后，再设置为 0
3	p0015	12	—	驱动设备宏指令
4	p0304	380	V	电动机的额定电压
5	p0305	2.05	A	电动机的额定电流

（续）

序号	变频器参数	设定值	单位	功 能 说 明
6	p0307	0.75	kW	电动机的额定功率
7	p0310	50.00	Hz	电动机的额定频率
8	p0311	1440	r/min	电动机的额定转速
9	P756	0	—	模拟量输入类型，0 表示电压范围 0~10 V
10	p0730	52.3	—	将继电器输出 DO 0 功能定义为变频器故障

7.3.2　由升降速端子控制的同速运行电路

变频器升降速 MOP 输入端子控制的并联电路

1. 控制要求

1）两台变频器要同时运行，运行速度一致。

2）调速通过各自的升速、降速端子实现，变频器的升、降速频率是由点动开关的闭合时间控制的。利用升速和降速端子进行升降速度控制，西门子的变频器称之为电动电位器功能，简称“MOP”。

3）两台变频器的升速、降速端子要由同一个器件控制，且能通过各自的升速、降速端子微调输出频率。

4）两台变频器要用同一型号产品，以便有相同的调速功能。

5）两台变频器的加、减速时间的设置必须相同，参考频率也必须相同，以保证各变频器在相同的加、减速时间内有相同的速度升和速度降。

6）任何一个变频器故障报警时均能切断控制电路，使变频器主电路由 KM 断电。

7）各台变频器的输出频率要由面板上的显示屏进行指示。

8）此控制电路多应用于控制精度不很高的场合，如纺织、印染、造纸等多个控制单元的联动传动中。

2. 主电路的设计过程

由升降速端子控制的同速运行电路的电路图如图 7-13 所示。

1）低压断路器 QF 控制电路总电源，KM 控制两台变频器的通、断电。

2）两台变频器的电源输入端并联。

3）两台变频器的起动端子（DI0）、升速端子（DI1）、降速端子（DI2）分别由同一继电器的动合触点控制。

4）两台变频器的升速端子（DI1）、降速端子（DI2）接入按钮可进行频率微调。

3. 控制电路的设计过程

1）两台变频器的故障输出接点串联在控制电路中，可在发生故障报警时切断变频器电源。

2）通电按钮与 KM 的动合触点并联，使 KM 能够自锁。

3）断电按钮与 KM 线圈串联，同时与控制运行的继电器动合触点并联，受运行继电器的封锁。

4）运行按钮与运行继电器 KA 的动合触点并联，使 KA 能够自锁。

5）停止按钮与 KA 线圈串联，但不影响 KM 的状态。

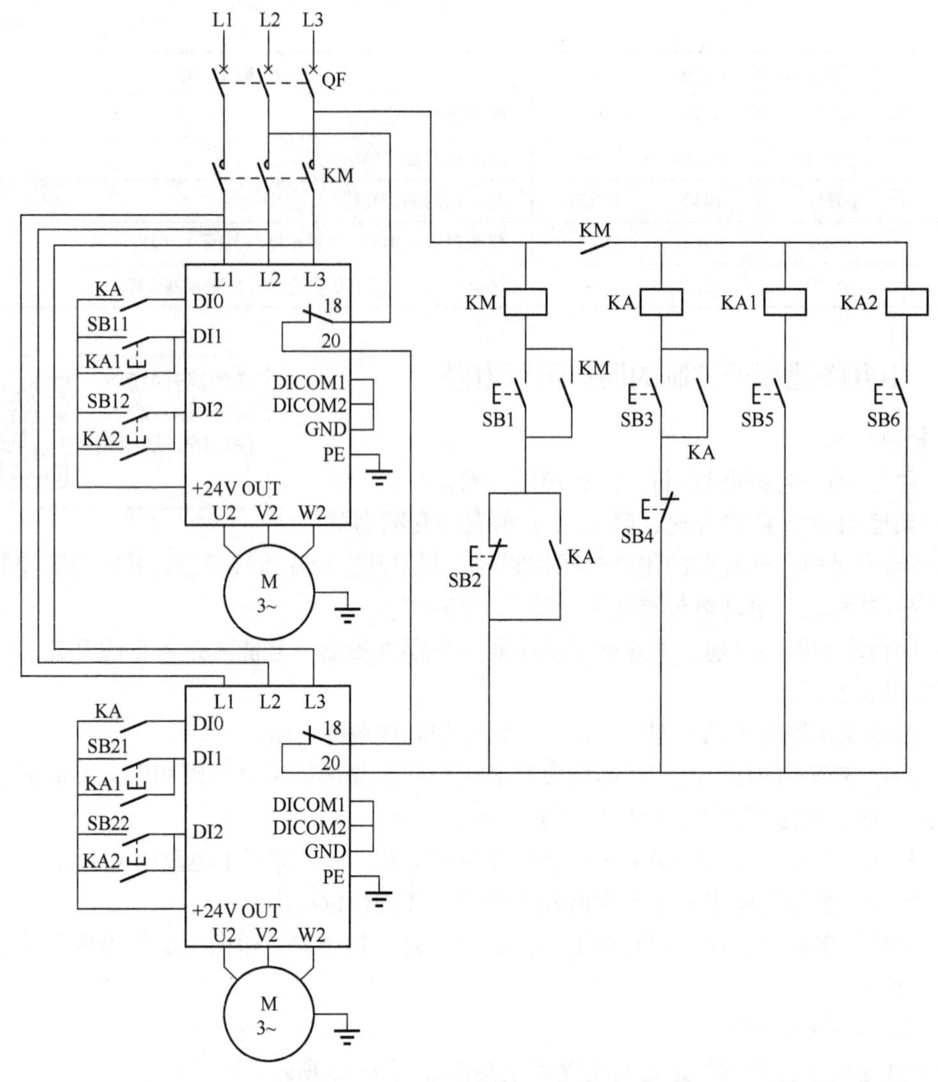

图 7-13　由升降速端子控制同速运行电路的电路图

6）主电路断电时变频器运行控制无效，可将 KM 辅助动合触点串联在运行控制电路中。

4. 变频器功能参数码设定

1）分别设定两台变频器的多功能输入端子为升速端子（DI1）、降速端子（DI2）。

2）变频器由外端子控制运行。

3）设定输出频率显示在面板的显示屏上。

G120C 变频器的参数设置见表 7-5。

表 7-5　变频器参数

序号	变频器参数	设定值	单位	功 能 说 明
1	p0003	3	—	权限级别
2	p0010	1/0	—	驱动调试参数筛选。先设置为 1，当把 p0015 和电动机相关参数修改完成后，设置为 0

（续）

序号	变频器参数	设定值	单位	功能说明
3	p0015	9	—	驱动设备宏指令
4	p0304	380	V	电动机的额定电压
5	p0305	2.05	A	电动机的额定电流
6	p0307	0.75	kW	电动机的额定功率
7	p0310	50.00	Hz	电动机的额定频率
8	p0311	1440	r/min	电动机的额定转速
9	p1070	1050	—	电动电位器作为主设定值
10	p0730	52.3	—	将继电器输出 DO 0 功能定义为变频器故障

7.4　停车方式与制动控制电路

7.4.1　电动机四象限运行

如图 7-14 所示，当电动机在第一象限运行时，转速为正，输出转矩也为正，电动机处于正向电动运行状态，电能从变频器传递至电动机。当电动机在第二象限运行时，转速还是为正，但转矩为负，电动机处于正向制动状态，因此能量从电动机侧传递到变频器侧。当电动机在第三、第四象限运行时与第一、第二象限相似，不过电动机的转速方向相反。在四象限运行中，第二、第四象限电动机转子运动机械能要传递到变频器侧，因此讨论在这一过程中对变频器的影响就非常有必要。

电梯传动电动机是比较典型的四象限运行情况。假设电梯轿厢向上运动时电动机正转，则电梯轿厢向下运动时电动机反转。电梯向上运行时电动机起动及正常运行，电动机运行在第一象限，是正向电动运行；电梯向上运行停止过程电动机运行在第二象限，是正向制动状态，这时电能从电动机传递到变频器；电梯向下运行起动及正常运行时，电动机是反向电动运行，对应于第三象限；电梯向下运行的停止过程是反向制动状态，电动机运行在第四象限（重负载反向运行全过程有可能均是反向制动状态）。变频器在电动机第二、第四象限运行时处于制动状态，有时又称再生制动状态。

如图 7-15 所示是异步电动机电梯传动示意图。

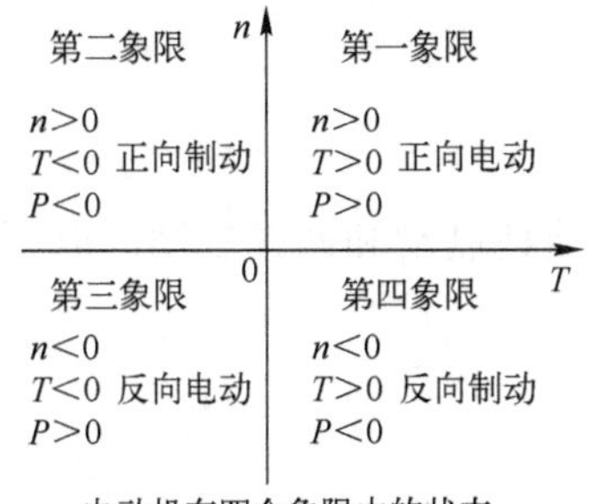

图 7-14　电动机四象限运行

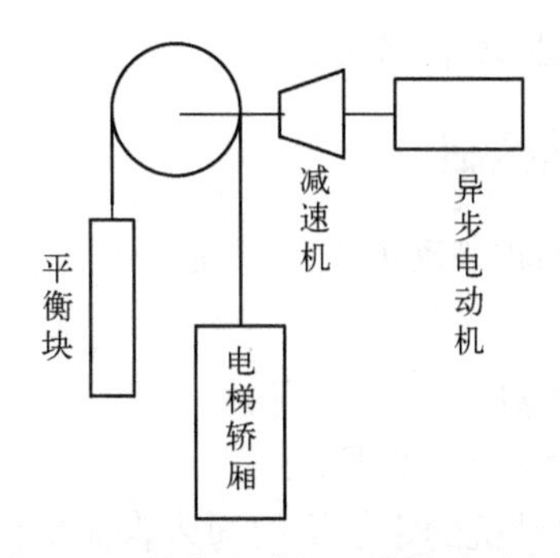

图 7-15　异步电动机电梯传动示意图

如图 7-16 所示，表示了变频器的两种工作状态。

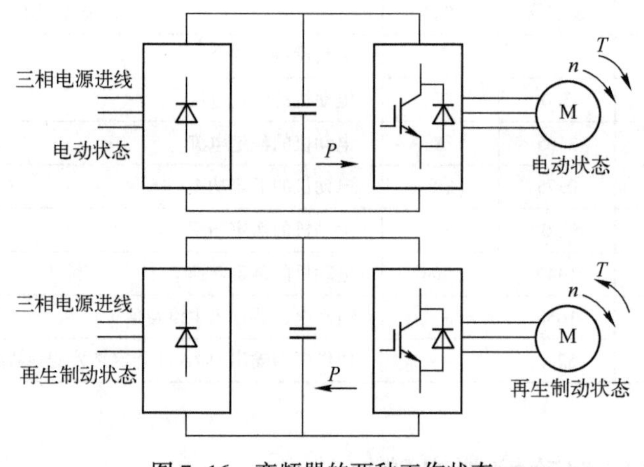

图 7-16　变频器的两种工作状态

7.4.2　停车方式

停车指的是将电动机的转速降到零速的操作，G120 支持的停车方式即 OFF1、OFF2 和 OFF3，详细描述见表 7-6。

表 7-6　G120 停车方式描述

停车方式	功 能 描 述	对应参数	参 数 描 述
OFF1	变频器将按照 p1121 所设定的斜坡下降时间减速	p0840	OFF1 停车信号源
OFF2	变频器封锁脉冲输出，电动机靠惯性自由旋转停车 如果使用抱闸功能，变频器立即关闭抱闸	p0844	OFF2 停车信号源 1
		p0845	OFF2 停车信号源 2
OFF3	变频器将按照 p1135 所设定的斜坡下降时间减速	p0848	OFF3 停车信号源 1
		p0849	OFF3 停车信号源 2

停车方式优先级：OFF2 > OFF3 > OFF1。

通过 BICO 功能在 OFFx 停车信号源中定义停车命令，在该命令为低电平时执行相应的停车命令。如果同时使能了多种停车方式，变频器按照优先级最高的停车方式停车。

注意：如果 OFF2、OFF3 命令已经激活，必须首先取消 OFF2、OFF3 命令，重新发出起动命令，变频器才能起动。

7.4.3　制动控制

G120 有四种制动方式：直流制动、复合制动、能耗制动和回馈制动。以下分别介绍这些制动方式。

1. 直流制动

(1) 直流制动工作原理

当异步电动机的定子绕组通入直流电流时，所产生的磁场是空间位置不变的恒定磁场，而转子因为惯性继续以原来的速度旋转，因转子的转动切割静止磁场而产生制动转矩。系统因旋转动能转换成电能，消耗在电动机的转子回路，进而实现电动机快速制动的效果。

直流制动不适用于向电网回馈能量的应用，如 G120 的 PM250 和 PM260 功率单元。

直流制动的典型应用有：离心机、锯床、磨床和输送机等。

（2）G120 变频器直流制动的主要参数介绍

G120 变频器的直流制动需要设置一系列的参数，见表 7-7。

表 7-7　G120 变频器直流制动的相关参数

参数	含　义		
		设定值	说　明
p1230	激活直流制动（出厂值：0）	0	失效
		1	生效
p1231	配置直流制动（出厂值：0）	0	无直流制动
		4	直流制动的常规使能
p1232	直流制动的电流（出厂值：0 A）	5	OFF1/OFF3 上的直流制动
p1233	直流制动的持续时间（出厂值：1 s）	14	低于转速时的直流制动
p1234	直流制动的初始转速（出厂值：210000 r/min）。完成设置 p1232 和 p1233 后，一旦转速低于此阈值，即可进入直流制动		
p0347	电动机的去磁时间由 p0347=1（完整计算），3（计算闭环控制参数）计算得出，一般在快速调试时计算得到		
p2100	设置触发直流制动的故障号（出厂值：0）		
p2101	故障响应设置（出厂值：0）		

（3）G120 变频器直流制动的方式

1）低于预先设置的转速时触发直流制动。

设置的参数为 p1230=1，p1231=14，p1234（直流制动时的转速，如 1000 r/min）。当电动机的转速低于 p1234 设定的转速时开始直流制动。如制动结束，电动机的运行信号还在，则继续按照设定的转速运行。

2）故障时触发直流制动。

故障号和故障响应通过 p2100 和 p2101 设置，p1231=4。当响应“直流制动”故障时，电动机通过斜坡减速下降，直到直流制动的初速度后激活直流制动。

3）通过控制指令激活直流制动。

设置 p1231=4，p1230 设置成控制指令对应的端子（如设置成 722.0 则对应 DI0 启动直流制动），如直流制动期间撤销直流制动，则变频器中断直流制动。

4）关闭电动机时激活直流制动。

设置的参数为 p1231=5 或 p1230=1 和 p1231=14，当变频器执行 OFF1 或 OFF3 关闭电动机时，电动机通过斜坡减速下降，直到达到直流制动的初速度后激活直流制动。

2. 复合制动

（1）复合制动介绍

在常规的制动过程中，只有交流转矩或者直流转矩，复合制动直流母线电压有过电流趋势的时候（超出母线电压阈值 r1282），变频器在原来的电动机交流电上叠加一个直流电，将能量消耗掉，防止直流母线电压上升过高。

复合制动不适用于向电网回馈能量的应用，如 G120 的 PM250 和 PM260 功率单元。

复合制动的典型应用是一些要求电动机有恒速工作，并且需要长时间才能达到静态的场合，例如离心机、锯床、磨床和输送机等。

复合制动不适合应用的场合如下。

1）捕捉起重。

2）直流制动。

3）矢量控制。

（2）G120 变频器的复合制动

G120 变频器复合制动的相关参数见表 7-8。

表 7-8　G120 变频器复合制动的相关参数

参数	含　义	具体说明
p3856	复合制动的制动电流（%）	在 U/f 控制中，为加强效果而另外产生的直流电的大小 p3856=0 禁用复合制动 p3856=1~250，复合制动的制动电流为电动机额定电流 p0305 的百分比值 推荐：p3856<100%×(r0209−r0331)/p0305/2
p3859.0	复合制动状态字	p3859.0=1 表示复合制动已经启用

3. 电阻制动

（1）电阻制动介绍

电阻制动是最常见的一种制动方式。当直流回路电压有过高趋势时，制动电阻开始工作，使得电能转化成电阻的热能，防止电压过高。

电阻制动不适用于向电网回馈能量的应用，如 G120 的 PM250 和 PM260 功率单元。

电阻制动的典型应用是一些要求电动机按照不同的转速工作，而且不断的转换方向的场合，例如起重机和输送机等。

电阻制动除了需要制动电阻外，还需要制动单元，制动单元类似于一个开关，决定制动电阻是否工作。当变频器的直流母线电压升高时，制动单元接通制动电阻，将再生功率转化为制动电阻的内热，达到制动的效果。

（2）G120 变频器的电阻制动

G120 变频器电阻制动的相关参数见表 7-9。

表 7-9　G120 变频器电阻制动的相关参数

参数	含　义	具体说明
p0219	制动电阻功率（出厂设置：0 kW）	设置应用中制动电阻消耗的最大功率 在制动功率较低的情况下，会延长电动机的减速时间 在应用中，电动机每 10 s 停车一次，此时制动电阻必须每 2 s 消耗 1 kW 的功率。因此需要持续功率为 1 kW×2 s/10 s=0.2 kW，需要消耗的最大功率为 p0219=1 kW
p0844	无惯性停车/惯性停车（OFF2）信号源 1	p0844=722.x，通过变频器的某个数字量端子（如 722.1 代表 DI1）来监控电阻是否过热

（3）G120 变频器制动电阻的接线

制动电阻连接到功率模块的 R1 和 R2 接线端子上。制动电阻的接地直接连接到控制柜的接地母排上即可。

如制动电阻上采用温度监控，则有两种接线方式。温度控制方式 1 的接线如图 7-17 所示，一旦温度监控响应，接触器 KM 的线圈断电，从而切断变频器功率模块的供电电源。温度控制方式 2 的接线如图 7-18 所示，电阻的温控监控触点和变频器的一个数字输入连接到一起，将此端子设置为 OFF2 或者外部故障。

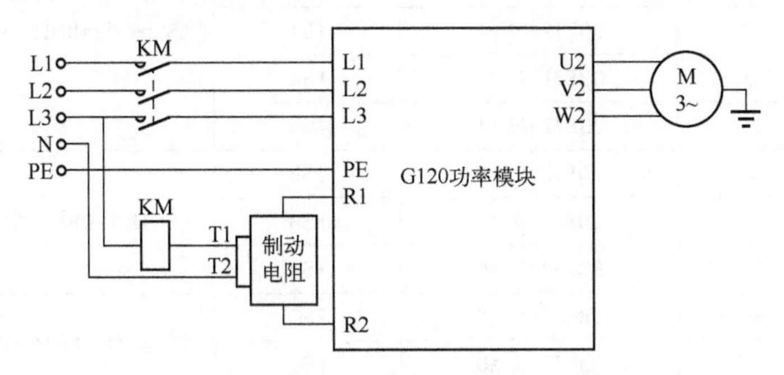

图 7-17　温度控制方式 1

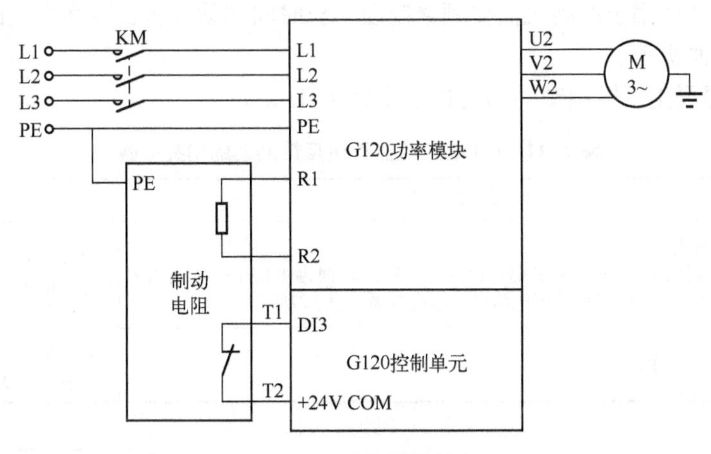

图 7-18　温度控制方式 2

（4）制动电阻的选用

根据现场工艺要求选择制动电阻。外形尺寸 FSA 至 FSF 的 PM240 功率模块内置制动单元连接制动电阻即可实现能耗制动。采用制动电阻进行能耗制动时，需要禁止最大直流电压控制器：*U/f* 控制时 p1280=0；矢量控制时 p1240=0。

推荐制动电阻的功率是以 5%的工作停止周期选配。如果实际工作周期大于 5%，需要将功率加大，电阻阻值不变，确保制动电阻和制动单元不被烧毁。制动电阻的推荐选型见表 7-10。

4. 再生反馈制动

前面讲述的三种制动方式，电动机的能量实际是消耗在电动机上或者制动电阻上，实际上是能耗制动，对于大功率的电动机采用能耗制动，将会造成比较大的浪费。而再生反馈制动可以将这部分能量反馈到电网，变频器最多能将 100%的功率反馈给电网，其好处是提高了能源的利用效率，节约了成本，也减小了控制柜的空间。再生反馈制动适用于有回馈功能的功率单元，如 G120 的 PM250 和 PM260 功率单元。

表 7-10　制动电阻的推荐选型

变频器功率		G120 PM240 功率单元		制动电阻订货号	阻值/Ω
kW	HP	订货号 6SL3224-…	尺寸		
0.37	0.5	0BE13-7UA0	FSA	6SE6400-4BD11-0AA0	3900
0.55	0.75	0BE15-5UA0	FSA		
0.75	1.0	0BE17-5UA0	FSA		
1.1	1.5	0BE21-1UA0	FSA		
1.5	2	0BE21-5UA0	FSA		
2.2	3	0BE22-2. A0	FSB	6SL3201-0BE12-0AA0	1600
3.0	4	0BE23-0. A0	FSB		
4.0	5	0BE24-0. A0	FSB		
7.5	10	0BE25-5. A0	FSC	6SE6400-4BD16-5CA0	560
11.0	15	0BE27-5. A0	FSC		

再生反馈制动适用于电动机需要频繁制动、长时间制动或者长时间发电的场合，如提升机、离心机和卷曲机等。

G120 变频器再生反馈制动的相关参数见表 7-11。

表 7-11　G120 变频器再生反馈制动的相关参数

参数	具体说明	备　注
p0640	电动机电流限幅 在 *U/f* 控制中，只能限制电动机电流，间接限制再生功率一旦超出限值长达 10 s，变频器将关闭电动机，输出故障信息 F07806	在 *U/f* 控制中的再生反馈限制（p1300<20）
p1531	再生功率限制	在矢量控制中的再生反馈限制（p1300≥20）

7.4.4　抱闸功能控制电路

G120 变频器电磁抱闸制动电路

电动机抱闸可以防止电动机静止时意外旋转，也可以在位能性负载中起到提升转矩的作用。变频器内有一个内部逻辑用于控制抱闸。

1. 变频器在 OFF1 和 OFF3 停车时的抱闸逻辑

常用的抱闸逻辑为变频器执行 OFF1/OFF3 停车指令时抱闸，抱闸控制时序如图 7-19 所示。控制过程如下。

1）变频器发出 ON 指令（接通电动机）后，变频器开始对电动机进行励磁。励磁时间（p0346）结束后，变频器发出打开抱闸的指令。

2）此时电动机保持静止，直到延迟 p1216 时间后，抱闸才会实际打开。

3）延迟时间结束后，电动机开始加速到目标速度。

4）变频器发出 OFF 指令（OFF1 或 OFF3）后，电动机减速，如果发出 OFF2 指令则抱闸立刻闭合。

5）如果当前转速低于阈值 p1226，监控时间 p1227 或 p1228 开始计时。

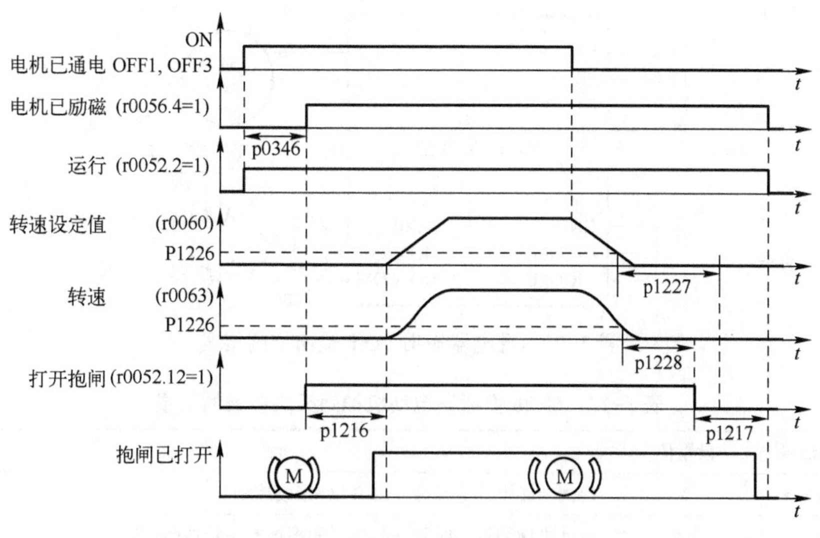

图 7-19　抱闸控制时序图

6）一旦其中一个监控时间（p1227 或 p1228）结束，变频器控制抱闸闭合。电动机静止，但仍保持通电状态。

7）在 p1217 时间内抱闸闭合。

8）在 p1217 时间后变频器停止输出。

G120 变频器电动机抱闸相关参数的含义见表 7-12。

表 7-12　G120 变频器电动机抱闸相关参数的含义

序号	参数号	说　明
1	p1215	抱闸功能模式 0：禁止抱闸功能 1：使用西门子抱闸继电器控制 2：抱闸一直打开 3：由 BICO 连接控制（使用控制单元数字量输出控制中间继电器）
2	p1216	电动机抱闸打开时间（该时间应配合抱闸机构打开时间）
3	p1217	电动机抱闸闭合时间（该时间应配合抱闸机构闭合时间）
4	p1351	电动机起动频率
5	p1352	*U/f* 控制方式时电动机抱闸起动频率的信号源
6	p1475	矢量控制方式时电动机抱闸起动转矩的信号源
7	r0052. 12	电动机抱闸打开状态

2. 抱闸应用实例

【例 7-5】某 G120 变频器，使用控制单元数字量输出控制中间继电器，在 *U/f* 控制方式下，使用继电器输出 DO 0 作为抱闸控制信号，要求绘制与抱闸相关的接线图，并设置重要的参数。

解：

1）接线如图 7-20 所示。

2）设置抱闸相关的参数，见表 7-13。

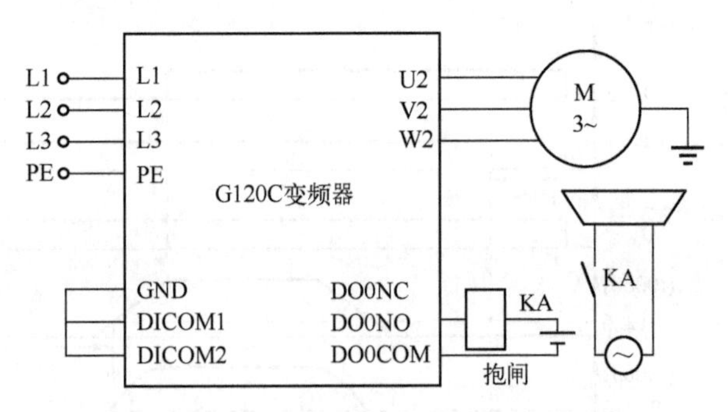

图 7-20　继电器输出 DO 0 输出抱闸接线

表 7-13　G120 变频器电动机抱闸相关参数的设置

序号	参数号	设置值	说　明
1	p1215	3	抱闸功能模式定义为：由 BICO 连接控制
2	p1216	100	电动机抱闸打开时间（具体时间根据抱闸特性而定）
3	p1217	100	电动机抱闸闭合时间（具体时间根据抱闸特性而定）
4	p1352	1315	将 p1351 作为 *U/f* 控制方式时电动机抱闸起动频率的信号源
5	p1351	50	电动机起动频率定义为滑差频率的 50%（具体数值根据负载特性而定）
6	p0730	52. 12	将继电器输出 DO 0 功能定义为抱闸控制信号输出

【例 7-6】 某 G120 变频器，使用西门子抱闸继电器。该抱闸继电器由预制电缆连接到功率模块，提供一个最大容量 AC 440 V/3. 5 A、DC 24 V/12 A 的常开触点。要求绘制与抱闸相关的接线图、设置重要的参数。

解：

1）接线如图 7-21 所示。

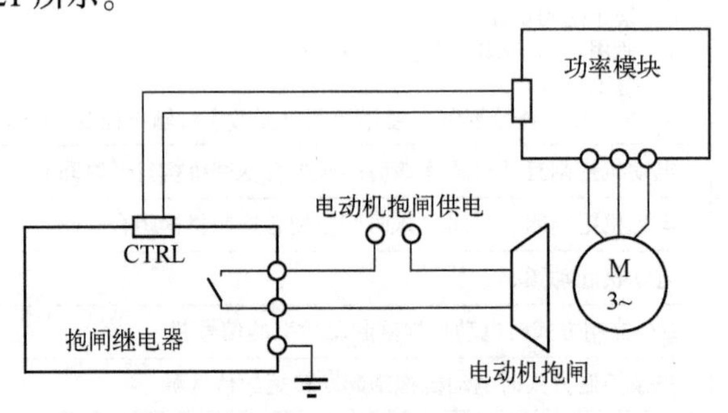

图 7-21　抱闸继电器接线

2）设置抱闸相关的参数，见表 7-14。

表 7-14　G120 变频器电动机抱闸相关参数的设置

序号	参数号	设置值	说　明
1	p1215	1	抱闸功能模式定义为：使用西门子抱闸继电器控制
2	p1216	100	电动机抱闸打开时间（具体时间根据抱闸特性而定）
3	p1217	100	电动机抱闸闭合时间（具体时间根据抱闸特性而定）
4	p1352	1315	将 p1351 作为 *U/f* 控制方式时电动机抱闸起动频率的信号源

（续）

序号	参数号	设置值	说　明
5	p1351	50	电动机起动频率定义为滑差频率的 50%（具体数值根据负载特性而定）
6	p0730	52. 12	将继电器输出 DO 0 功能定义为抱闸控制信号输出

3. 电磁抱闸制动实例

【例 7-7】电磁抱闸制动的电路图如图 7-22 所示，VD1 是整流二极管，为了获得直流电；VD2 是续流二极管，起保护线圈的作用；*L* 是抱闸线圈；KA2 是抱闸继电器。请分析工作过程。

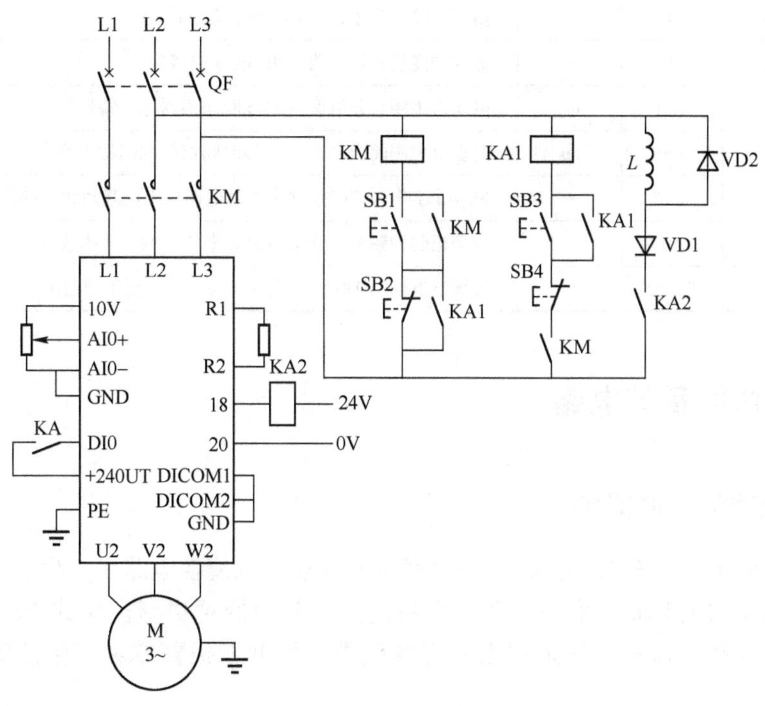

图 7-22　电磁抱闸制动电路图

解：

工作过程分析如下。

1）抱闸控制。制动过程中，当 $f<0.5\,\text{Hz}$ 时，输出端子 18 与 20 断开→抱闸继电器线圈失电→机械弹簧将闸片压紧转轴→ 转子不转动，电动机静止。

2）松闸控制。起动过程中，当 $f>0.5\,\text{Hz}$ 时，输出端子 18 与 20 闭合→抱闸继电器线圈得电→电磁力将闸片吸开→转轴自由转动→电动机起动运行。

G120C 变频器参数设置见表 7-15。

表 7-15　变频器参数

序号	变频器参数	设定值	单位	功 能 说 明
1	p0003	3	—	权限级别
2	p0010	1/0	—	驱动调试参数筛选。先设置为 1，当把 p0015 和电动机相关参数修改完成后，再设置为 0

（续）

序号	变频器参数	设定值	单位	功 能 说 明
3	p0015	12	—	驱动设备宏指令
4	p0304	380	V	电动机的额定电压
5	p0305	2.05	A	电动机的额定电流
6	p0307	0.75	kW	电动机的额定功率
7	p0310	50.00	Hz	电动机的额定频率
8	p0311	1440	r/min	电动机的额定转速
9	P756	0	—	模拟量输入类型，0 表示电压范围 0~10 V
10	p1215	3	—	抱闸功能模式定义为：由 BICO 连接控制
11	p1216	100	ms	电动机抱闸打开时间（具体时间根据抱闸特性而定）
12	p1217	100	ms	电动机抱闸闭合时间（具体时间根据抱闸特性而定）
13	p1352	1315	—	将 p1351 作为 U/f 控制方式时电动机抱闸起动频率的信号源
14	p1351	50	—	电动机起动频率定义为滑差频率的 50%（具体数值根据负载特性而定）
15	p0730	52.12	—	将继电器输出 DO 0 功能定义为抱闸控制信号输出

7.5 保护功能及其电路

7.5.1 变频器的温度保护

不考虑环境温度的影响，变频器的温度主要由输出电流在电路中产生的欧姆耗损和随着功率模块频率的上升而产生的开关耗损决定的。变频器对功率模块的 I^2t、芯片的温度和散热片的温度都有监控，如果超出一定的范围，则触发报警或者产生故障，以下分别进行介绍。

1. I^2t 监控

功率模块的 I^2t 监控是根据电流参考值来检查变频器的负载率（相对于额定运行），参数是 r0036。

1）当前电流>参考值时，当前负载率变大。

2）当前电流≤参考值时，当前负载率变小或者保持为 0。

2. 功率模块芯片温度的监控

A05006 和 F30004 能报告功率器件 IGBT 和散热片之间的温差超出了允许的限制和临保护功率器件芯片界值，监控用于温度不超过给定的阻挡层温度最大值。

3. 散热片监控

A05000 和 F30004 能报告功率模块散热片的温度。当散热片的温度过高时，变频器会报告出相应的报警或故障。

变频器的过温阈值和响应由 p0290 和 p0292 决定，见表 7-16。

表 7-16　变频器的过温阈值和响应

序号	参数	描　述
1	p0290	0：降低输出电流或输出频率 1：无降低，达到过载阈值时跳闸 2：降低输出电流或输出频率或脉冲频率（不通过 I^2t） 3：降低脉冲频率（不通过 I^2t）
2	p0292	功率单元的过热报警阈值。该值是和跳闸温度的差值 驱动：在超出阈值时会输出一条过载报警，并执行 p0290 设置的反应 整流单元：在超出阈值时只输出一条过载报警
3	p0294	功率单元的 I^2t 过载报警阈值 在超出阈值时，会输出一条过载报警，并执行 p0290 设置的反应

7.5.2　电动机的温度保护

电动机热保护功能用于监控电动机的温度，在电动机过热时发出报警或者故障信息。电动机的温度可以利用电动机内的传感器检测，也可以借助于温度模型从电动机运行数据中计算得出。当检测或者计算出临界电动机温度时，便立即触发电动机保护措施。

1. 通过温度传感器进行保护

为了防止电动机过热损坏电动机，将电动机的温度传感器连接到 G120 变频器的 14 号和 15 号端子上，如图 7-23 所示。G120 变频器可以连接 PTC 传感器、KTY84 传感器和温度开关来保护电动机。以下分别介绍。

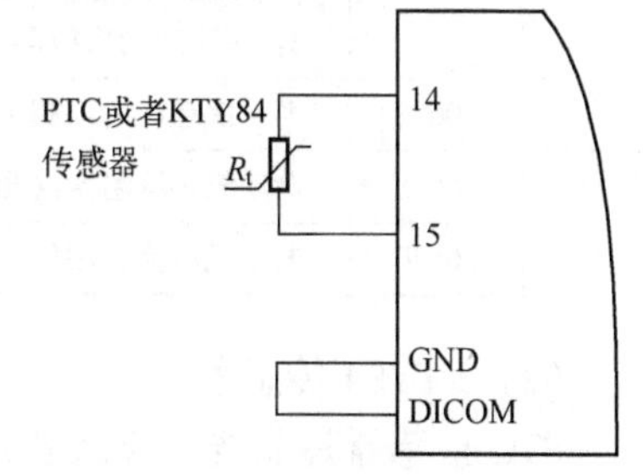

图 7-23　G120 变频器与温度传感器的连接

（1）PTC 传感器

当电阻大于 1650Ω 时，变频器判定电动机过热，并根据参数 p0610 的设置进行响应，例如 p0610 设置为 0 时，变频器输出报警 A07910，无故障信息。当电阻小于 20Ω 时，变频器判定电动机温度传感器回路短路，并发出报警信息 A07015。当报警持续超过 100 ms 时，变频器发出故障信息 F07016 并停车。与传感器相关的报警和故障参数含义见表 7-17。

表 7-17　与传感器相关的报警和故障参数含义

序号	参数	描　述
1	r0035	电动机的当前温度
2	p0601	监控电动机温度的传感器类型 0：无传感器 1：PTC 传感器 2：KTY84 传感器 4：温度开关（接双金属常闭触点）
3	p0604	电动机温度模型 2 或 KTY 中用于监控电动机温度的报警阈值，出厂设置值为 130℃ 在超出此报警阈值后会输出报警 A07910，并启动限时元件（p0606） 如果在延迟时间到达后仍未低于报警阈值，就会输出故障 F07011
4	p0605	电动机温度模型 1/2 或 KTY 中用于监控电动机温度的阈值，出厂设置值为 145℃ 电动机温度模型 1（p0612.0=1）：报警阈值，超出此报警阈值后会输出报警 A07012 电动机温度模型 2（p0612.1=1）或 KTY：故障阈值，超出此故障阈值后会输出故障 F07011

（续）

序号	参数	描　述
5	p0610	达到电动机温度报警阈值时的反应，出厂设置值为 12 0：无反应，仅报警，不降低最大电流 1：输出报警 A07910，降低最大电流 2：输出报警 A07910，不降低最大电流 12：输出报警 A07910，不降低最大电流，保存温度
6	p0611	I^2t 电动机热模型时间常数 时间常量设定了冷态定子绕组以电动机停机电流（没有设置电动机停机电流时为电动机额定电流）负载加热到持续允许绕组温度的 63% 的时间
7	p0612	激活电动机温度模型 位 00 为 1，激活电动机温度模型 1（I^2t） 位 01 为 1，激活电动机温度模型 2 位 02 为 1，激活电动机温度模型 3
8	p0615	电动机温度模型 1（I^2t）故障阈值 用于监控电动机温度的故障阈值，超出此故障阈值后会输出故障 F07011
9	p0621	重新起动后检测定子电阻 0：无 R_s（定子电阻）检测（出厂设置） 1：在第一次起动后检测 R_s 2：每次起动后检测 R_s
10	p0622	第一次起动后检测 R_s 的电动机励磁时间
11	p0625	电动机环境温度（出厂设置为 20℃）
12	p0640	电动机电流极限值（A）

（2）KTY84 传感器

PTC 传感器是非线性传感器，可以作为开关使用，而 KTY84 传感器是线性传感器，适合长期测量和监视。

当变频器连接 KTY84 传感器时，变频器可以检测-48～248℃的电动机的温度，可通过参数 p0604 和 p0605 设定报警阈值和故障阈值温度。

过热报警。当参数 p0610 设置为 0，KTY84 传感器检测到温度高于参数 p0604 设定的温度时，变频器发出过热报警 A07910。

过热故障。当参数 p0610 设置不为 0，KTY84 传感器检测到温度高于参数 p0605 设定的温度时，变频器发出过热故障 F07016。

（3）温度开关

G120 可以连接双金属片的温度开关，温度开关通常有一对常开触点和常闭触点，当温度上升到一定数值时温度开关动作，即常开触点闭合，常闭触点断开。当电阻大于或等于 100Ω 时，变频器判定温度开关断开，并根据变频器设定的参数 p0610 进行响应，例如 p0610 设置为 0 时，变频器输出报警 A07910，无故障信息。

2. 通过温度模型计算进行保护

变频器根据电动机的热模型计算电动机温度，通过一系列参数计算出电动机的温度，部分参数见表 7-17。

3. 电动机的维护报警

在新一代的 G120 的控制单元中，增加了电动机的维护报警。在电动机运行一段时间后，提示用户对电动机进行维护，电动机的维护报警相关参数见表 7-18。

表 7-18　电动机的维护报警相关参数

序　号	参　数	描　述
1	p0650	当前电动机运行小时数
2	p0651	电动机维修间隔（小时）

7.5.3　电动机的过电流保护

在矢量控制中，可以通过转矩限幅的方法将电动机的电流始终限制到转矩限定的范围内。但使用 U/f 控制时则无法设置转矩限值。U/f 控制可以通过限值输出频率和电动机的输出电压防止电动机过载，即使用 I_{max} 控制器。

I_{max} 控制器的工作原理为：当变频器检测到电动机的电流过大时，会激活 I_{max} 控制器用于抑制输出频率和电动机电压。

如果在加速时电动机的电流达到极限值，则 I_{max} 控制器会延长加速时间。

如果稳定运行时电动机的负载过大，即电动机的电流达到极限值，则 I_{max} 控制器会降低转速，并降低电动机电压，直到电动机电流降至允许的范围内。

如果在减速时电动机的电流达到极限值，则 I_{max} 控制器会延长减速时间。

I_{max} 控制器的参数含义见表 7-19。

表 7-19　I_{max} 控制器的参数含义

序　号	参　数	描　述
1	p0305	电动机的额定电流（A）
2	p0640	电动机电流极限值（A）
3	p1340	I_{max} 控制器比例增益，用于降低转速
4	p1341	I_{max} 控制器设置积分时间参数，用于降低转速
5	r0056. 13	I_{max} 控制器的激活状态
6	r1343	I_{max} 控制器频率输出

7.5.4　报警及保护控制电路

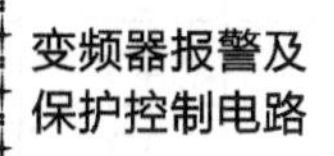

1. 报警及保护控制电路的作用

1）当变频器出现故障时，变频器输出报警信号。

2）当变频器出现过载等问题时，变频器应停止输出。

2. 工作原理

报警及保护控制电路如图 7-24 所示。

工作过程分析如下。

1）变频器的 19、20 端子是总报警输出，当出现报警时，其常开触头闭合，外电路接有电铃 HA、指示灯 HL1，发出声光报警。

2）23 和 25 是变频器的故障输出端子，设定为“运行中，常闭接点控制”，当变频器运行时，该端子呈导通状态，KA 得电，常开触头闭合，HL2 发光指示，说明变频器处于运行状态；当变频器停止输出时，23 和 25 的常闭触点断开，KA 失电，KA 常开触头断开，HL2 灭熄，说明变频器处于停止工作状态。

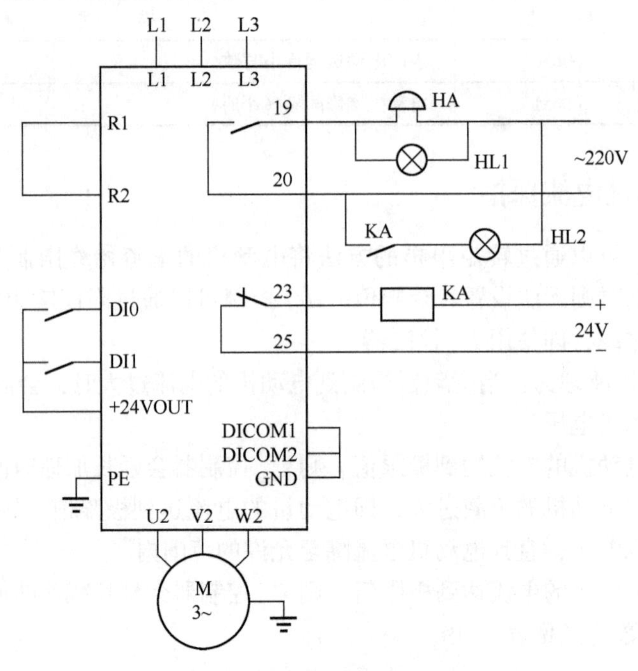

图 7-24　报警及保护控制电路

G120 变频器参数设置见表 7-20。

表 7-20　变频器参数

序号	变频器参数	设定值	单位	功能说明
1	p0003	3	—	权限级别
2	p0010	1/0	—	驱动调试参数筛选。先设置为 1，当把 p0015 和电动机相关参数修改完成后，设置为 0
3	p0015	2	—	驱动设备宏指令
4	p0304	380	V	电动机的额定电压
5	p0305	2.05	A	电动机的额定电流
6	p0307	0.75	kW	电动机的额定功率
7	p0310	50.00	Hz	电动机的额定频率
8	p0311	1440	r/min	电动机的额定转速
9	p1001	180	r/min	固定转速 1
10	p1002	180	r/min	固定转速 2
11	p1070	1024	—	固定设定值作为主设定值
12	p0730	52.7	—	变频器报警，从 DO0 输出
13	p0732	52.3	—	变频器故障，从 DO2 输出

7.6　工频-变频切换控制电路

变频器的工频-变频切换控制电路

工频-变频切换是指将工频下运行的电动机（电动机接 50 Hz 电源），通过旋转开关切换到变频器控制运行，或相反的切换。本节的内容包含继电器控制的变频/工频自动切换和 PLC 控制的变频/工频自动切换。

工频-变频切换的应用场合主要有：

1）投入运行后就不允许停机的设备。变频器一旦出现跳闸停机，应马上将电动机切换到工频电源。

2）应用变频器拖动是为了节能的负载。如果变频器达到满载输出时，也应将变频器切换到工频运行。

继电器控制的切换电路如图 7-25 所示。

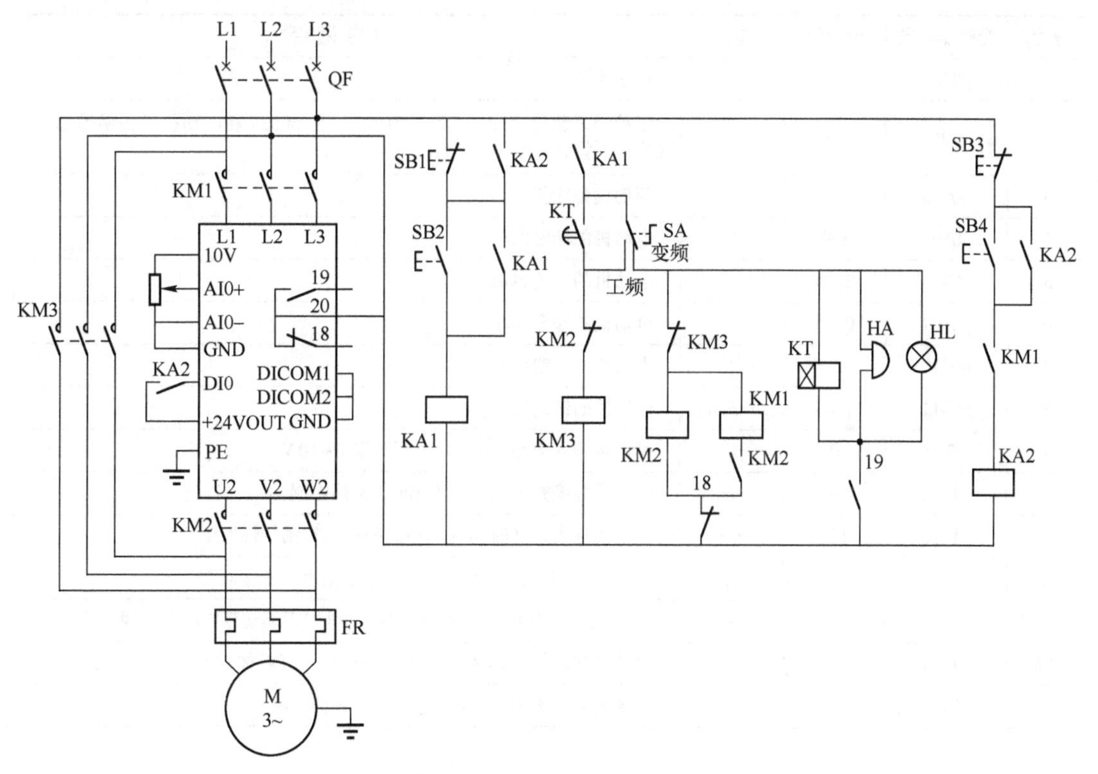

图 7-25　继电器控制的切换电路

切换控制电路的工作过程分析如下。

（1）工频运行

SB1 为断电按钮，SB2 为通电按钮，KA1 为上电控制继电器，当按下 SB2 按钮时，KA1 线圈得电自锁，KA1 常开触头闭合。SA 为变频、工频切换旋转开关，KM3 为工频运行接触器。当 KA1 常开触头闭合时，SA 切到工频位置，KM3 线圈得电，KM3 吸合，电动机由工频供电。

(2) 变频运行

SB3 为变频器停止按钮，SB4 为变频器起动按钮，KM1、KM2 为变频运行接触器。当 KA1 常开触头闭合时，SA 切到变频位置，KM3 线圈断电，KM3 的主触头断开，KM1、KM2 得电吸合，电动机由变频器控制；按下 SB4，KA2 得电吸合，变频器控制电动机起动。

(3) 故障保护及切换

1) 当变频器正常工作时，变频器的 18、20 常闭触头闭合，19、20 常开触头断开，报警电路不工作。

2) 当变频器出现故障时，18、20 常闭触头断开，KM1、KM2 失电断开，变频器与电源及电动机断开。同时，19、20 常开触头闭合，电铃 HA、电灯 HL 通电，产生声光报警。时间继电器 KT 线圈通电，经过延时后使 KM3 得电吸合，电动机切换为由工频供电。操作人员发现报警后将 SA 开关旋转到工频运行位置，声光报警停止，时间继电器断电。

G120 变频器参数设置见表 7-21。

表 7-21　变频器参数

序号	变频器参数	设定值	单位	功能说明
1	p0003	3	—	权限级别
2	p0010	1/0	—	驱动调试参数筛选。先设置为 1，当把 p0015 和电动机相关参数修改完成后，再设置为 0
3	p0015	12	—	驱动设备宏指令
4	p0304	380	V	电动机的额定电压
5	p0305	2.05	A	电动机的额定电流
6	p0307	0.75	kW	电动机的额定功率
7	p0310	50.00	Hz	电动机的额定频率
8	p0311	1440	r/min	电动机的额定转速
9	P756	0	—	模拟量输入类型，0 表示电压范围 0~10 V
10	p1215	3	—	抱闸功能模式定义为：由 BICO 连接控制
11	p1216	100	ms	电动机抱闸打开时间（具体时间根据抱闸特性而定）
12	p1217	100	ms	电动机抱闸闭合时间（具体时间根据抱闸特性而定）
13	p1352	1315	—	将 p1351 作为 U/f 控制方式时电动机抱闸起动频率的信号源
14	p1351	50	—	电动机起动频率定义为滑差频率的 50%（具体数值根据负载特性而定）
15	p0730	52.3	—	将继电器输出 DO 0 功能定义为变频器故障

7.7 工程案例

【例 7-8】 某控制系统由 CPU1211C 与 G120 变频器等组成，主控制柜（主要安装 CPUSR20）离 G120 的距离较远。因为 G120 变频器拖动风机，工艺要求 G120 变频器停机时间不能超过 10 min，即使 CPUSR20 处于故障停机状态，也要求风机正常运行，变频器频率为模拟量给定。要求用“远程”和“就地”两种模式控制风机的起停。请设计此系统，并编写控制程序。

解：

1. 系统软硬件配置

1）1 套 TIA Portal V15.1。

2）1 台 CPU1211C。

3）1 根编程电缆。

4）1 台 G120C 变频器。

远程端的电气原理图如图 7-26 所示，就地端的电气原理图如图 7-27 所示。注意 SA1 是三档旋钮式按钮，三档分别是“远程”、“停止”和“就地”，SA1 安装在就地端的控制柜上。

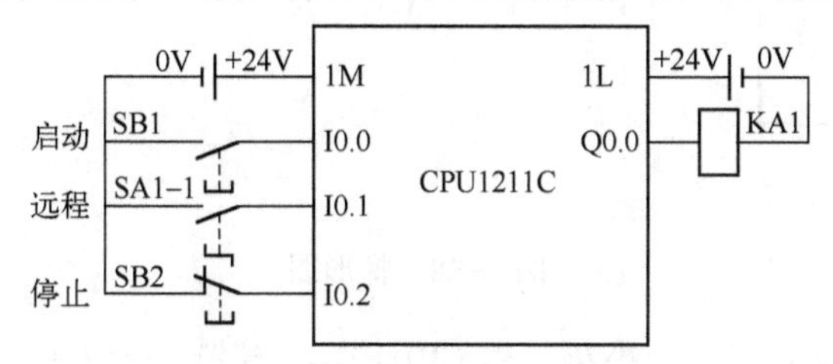

图 7-26　电气原理图（远程端）

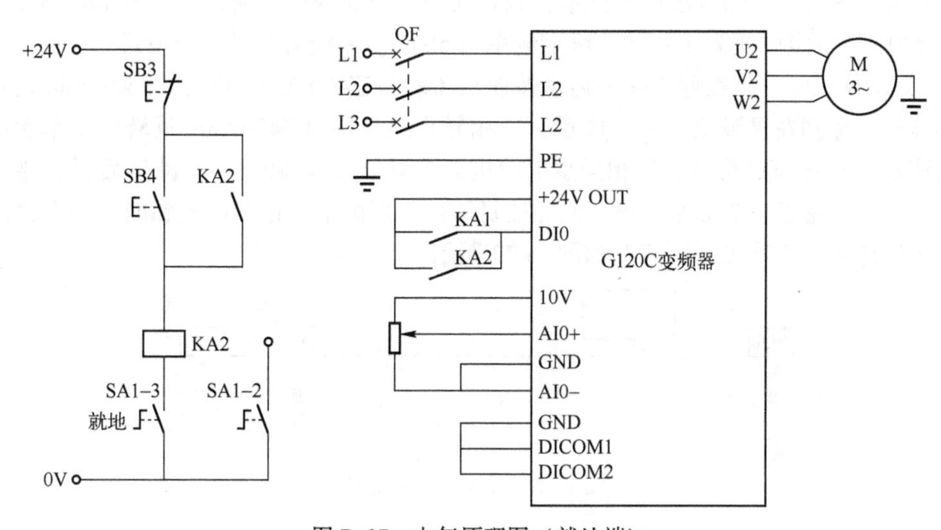

图 7-27　电气原理图（就地端）

当系统处于“远程”模式控制时，三档旋钮式按钮旋转到 SA1-1 位置，KA1 触头闭合，变频器起动运行，变频器的运行频率由电位器设定。

当系统处于“就地”模式控制时，三档旋钮式按钮旋转到 SA1-3 位置，当按下 SB4 按钮时，KA2 触头闭合自锁，变频器起动运行，变频器的运行频率同样由电位器设定。

当系统处于“停止”模式控制时，三档旋钮式按钮旋转到 SA1-2 位置，这种情况下无论“远程”还是“就地”模式都不能起动变频器，风机处于停机状态。

2. 变频器参数设定

按照表 7-22 设定参数。

3. 编写控制程序

编写梯形图程序如图 7-28 所示。

表 7-22　变频器参数

序号	变频器参数	设定值	单位	功能说明
1	p0003	3	—	权限级别
2	p0010	1/0	—	驱动调试参数筛选。先设置为 1，当把 p0015 和电动机相关参数修改完成后，再设置为 0
3	p0015	12	—	驱动设备宏指令

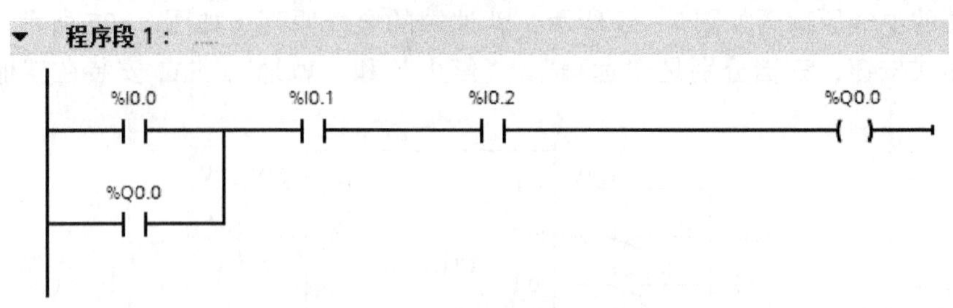

图 7-28　梯形图

【例 7-9】某生产线上有一台小车，由 CPU1214C 控制一台 G120C 变频器拖动，原始位置有限位开关 SQ1。已知电动机的技术参数：功率为 0.75 kW，额定转速为 1440 rpm，额定电压为 380 V，额定电流为 2.05 A，额定频率为 50 Hz。系统有 2 种工作模式。

1）自动模式时，当在原点按下启动按钮 SB1 时，三相异步电动机以 360 r/min 正转，驱动小车前进，碰到左极限位开关 SQ2 后，三相异步电动机以 540 r/min 反转，小车后退，当碰到减速限位开关 SQ3 后时，三相异步电动机以 180 r/min 反转，小车减速后退，碰到原点限位开关 SQ1，完成一个工作循环，如此往复运行。当按下停止 SB2 按钮时，小车完成一个工作循环后停机。小车工作示意图如图 7-29 所示。

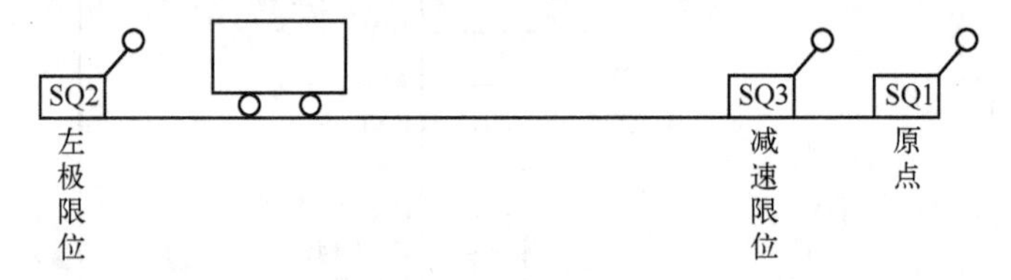

图 7-29　小车工作示意图

2）手动模式时，有前进和后退点动按钮，点动的转速都是 180 r/min。

变频器采用多段速频率给定方式。任何时候，按下急停 SB3 按钮，系统立即停机。要求设计方案，并编写程序。

解：

1. 系统的软硬件

1）1 套 TIA Portal V15。

2）1 台 CPU1214C。

3）1 根编程电缆。

4）1 台 G120C 变频器。

2. PLC 的 I/O 分配

PLC 的 I/O 分配见表 7-23。

表 7-23　PLC 的 I/O 分配表

名　　称	符号	输入点	名　　称	符号	输出点
起动按钮	SB1	I0. 0	正转	DI0	Q0. 0
停止按钮	SB2	I0. 1	反转	DI1	Q0. 1
点动按钮（向左）	SB3	I0. 2	低速	DI4	Q0. 2
点动按钮（向右）	SB4	I0. 2	中速	DI5	Q0. 3
原点	SQ1	I0. 3	高速	DI4、DI5	Q0. 2、Q0. 3
左极限位置	SQ2	I0. 4			
减速位置	SQ3	I0. 5			
手/自转换按钮	SA1	I0. 6			
急停按钮	SB5	I0. 7			

3. 控制系统的接线

控制系统的原理图如图 7-30 所示。

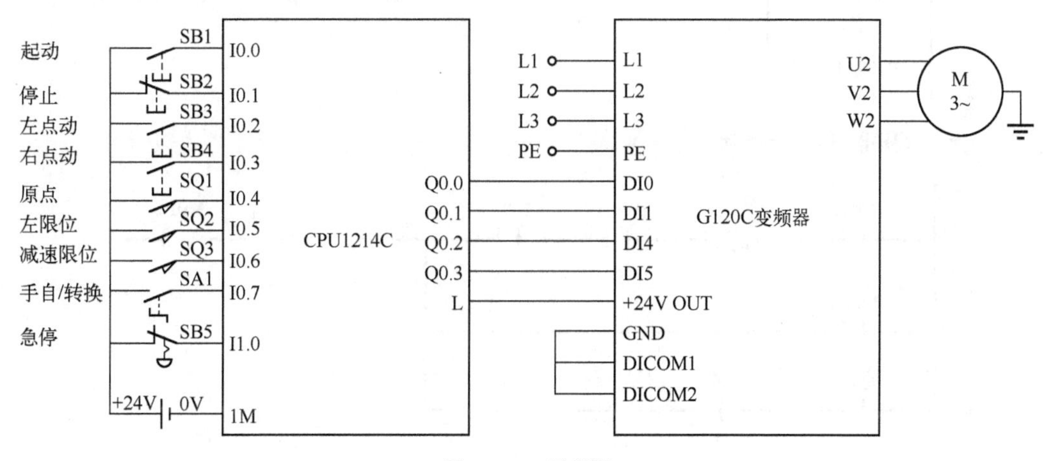

图 7-30　原理图

4. 设置变频器参数

设置变频参数，见表 7-24。

表 7-24　变频器参数

序号	变频器参数	设定值	单位	功 能 说 明
1	p0003	3	—	权限级别
2	p0010	1/0	—	驱动调试参数筛选。先设置为 1，当把 p0015 和电动机相关参数修改完成后，再设置为 0
3	p0015	1	—	驱动设备宏指令
4	p1003	360	r/min	固定转速 1
5	p1004	540	r/min	固定转速 2

5. 编写控制程序

梯形图程序如图 7-31 所示。

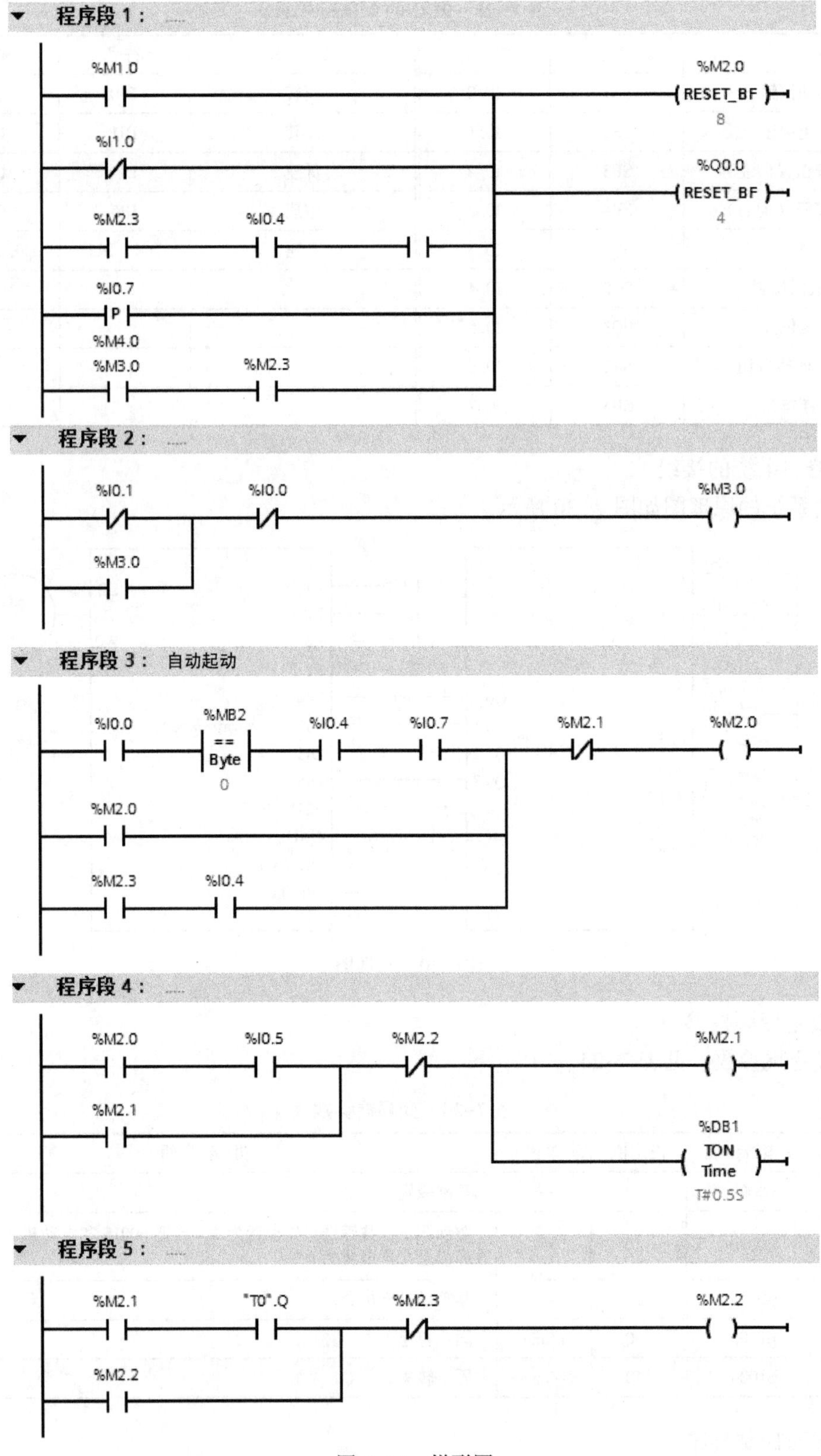

程序段 1： ......
%M1.0
%I1.0
%M2.3
%I0.4
%I0.7
P
%M4.0
%M3.0
%M2.3
%M2.0
RESET_BF
8
%Q0.0
RESET_BF
4
程序段 2： ......
%I0.1
%I0.0
%M3.0
%M3.0
程序段 3： 自动起动
%I0.0
%MB2
==
Byte
0
%I0.4
%I0.7
%M2.1
%M2.0
%M2.0
%M2.3
%I0.4
程序段 4： ......
%M2.0
%I0.5
%M2.2
%M2.1
%M2.1
%DB1
TON
Time
T#0.5S
程序段 5： ......
%M2.1
"T0".Q
%M2.3
%M2.2
%M2.2

图 7-31　梯形图

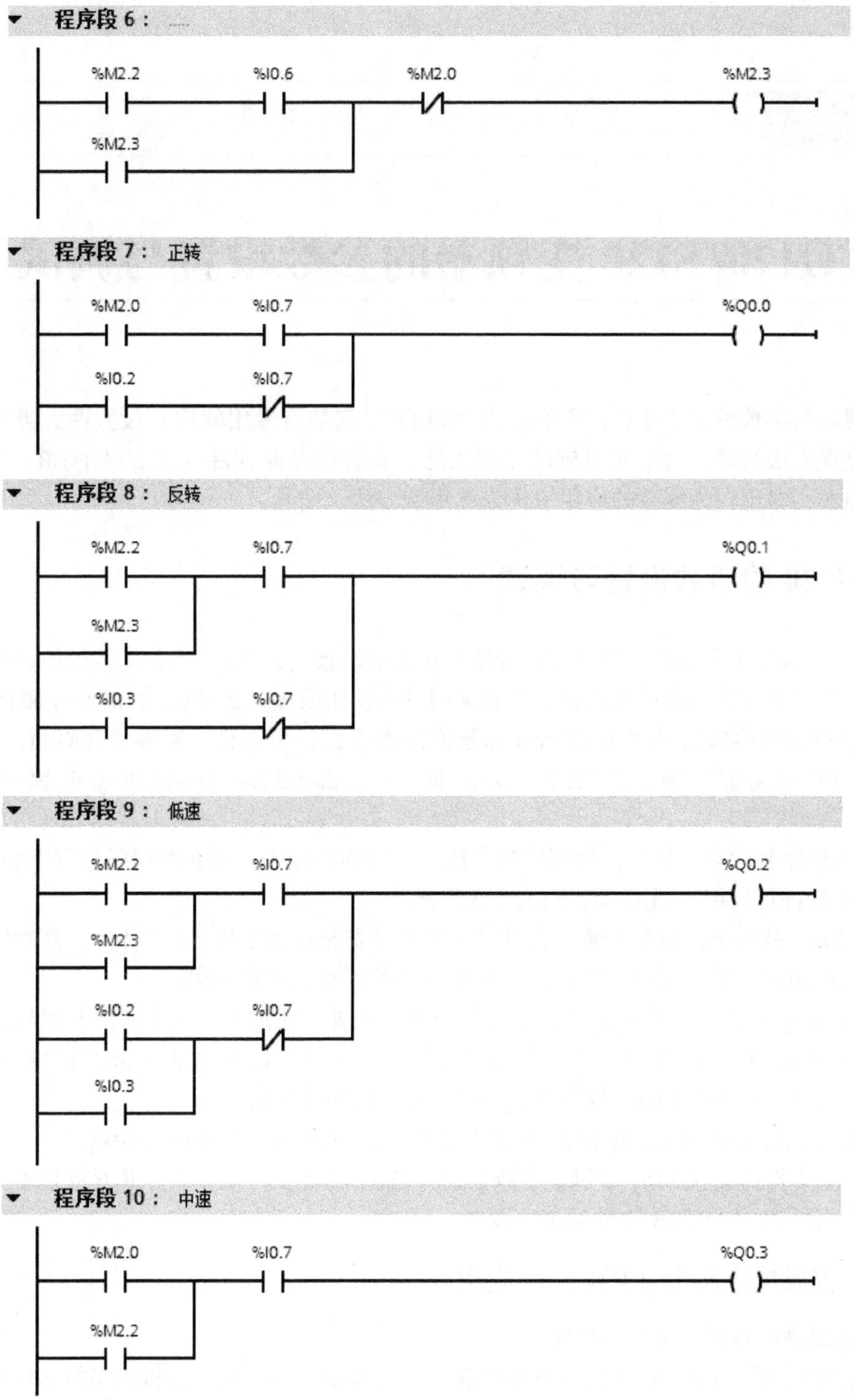

程序段 6：......

%M2.2　%I0.6　%M2.0　%M2.3

%M2.3

程序段 7：正转

%M2.0　%I0.7　%Q0.0

%I0.2　%I0.7

程序段 8：反转

%M2.2　%I0.7　%Q0.1

%M2.3

%I0.3　%I0.7

程序段 9：低速

%M2.2　%I0.7　%Q0.2

%M2.3

%I0.2　%I0.7

%I0.3

程序段 10：中速

%M2.0　%I0.7　%Q0.3

%M2.2

图 7-31　梯形图（续）

第 8 章

G120/S120 变频器的参数设置与调试

变频器的参数设置主要有操作面板设置和 PC（安装有专用软件）设置两大类方法。操作面板设置方法简单，对于简单应用方便快捷。安装有专业软件（如 STARTER）的 PC 设置功能强大，对于较为复杂的应用应优先选用该方法。

8.1 G120 的参数设置与调试

G120 变频器在采用标准供货方式时装有状态显示板（SDP），状态显示板的内部没有任何电路，因此要对变频器进行调试，通常采用基本操作面板（BOP）、智能操作面板（IOP）和 PC 等方法进行调试。基本操作面板和智能操作面板是可选件，需要单独订货。使用 PC 调试时，PC 中需要安装 STARTER、Drive Monitor、StartDrive、Technology 或者 SCOUT 等软件。

STARTER 软件易学易用，使用较为广泛，无须购买授权，可在西门子官网上免费下载，STARTER 软件可以用于调试 G120/S120 变频器。

StartDrive 软件可以单独安装，也可以作为组件安装在 TIA Portal 软件中，其功能仍然在完善中。StartDrive 软件无须购买授权，可在西门子官网上免费下载。

Technology 软件是一个插件包，此插件安装在经典 STEP 7 中，其运行界面与使用方法与 STARTER 软件非常相似，此插件包需要购买授权。如果 TIA Portal 软件中安装了 StartDrive 软件，则 TIA Portal 软件具备 Technology 软件的功能。

SCOUT 软件功能强大，包含 STARTER 软件。SCOUT 软件需要购买授权。

使用基本操作面板 BOP-2 调试变频器的方法在前面已经讲解了，以下将介绍如何使用智能操作面板和 STARTER 软件调试变频器。

8.1.1 智能操作面板（IOP）的应用

1. 智能操作面板（IOP）的特点

使用智能操作面板可以设置变频器参数、启动变频器和监测电动机的当前运行情况以及获取有关故障和报警的重要信息。其主要优点如下。

1）快速调试，无需专业知识。

2）维护时间最短化。

3）高可用性，操作直观。

4）使用灵活。

2. 智能操作面板（IOP）的功能

IOP 是一个基于菜单的设备，其外形如图 8-1 所示。IOP 的功能分为以下三部分。

1）Wizards（向导）：帮助设置标准应用。

2）Control（控制）：可以更改设定值、旋转方向和实时激活点动功能。

3）Menu（菜单）：用于访问所有可能的功能。

图 8-1　IOP 的外形

3. 智能操作面板（IOP）的应用

IOP 主要通过旋钮进行操作。5 个附加按键使其可以显示某些数值或在手动和自动模式之间切换。各按键分别为 ON 键、OFF 键、ESC 键、INFO 键和 HAND/AUTO 键。以下用手动起停电动机介绍智能操作面板的应用。

1）旋转改变选择，按下确认选择。

2）在手动模式下起动电动机。

3）在手动模式下停止电动机。

4）返回上一屏幕。

5）显示附加信息。

6）在 HAND 和 AUTO 模式之间切换命令源。

8.1.2　用 STARTER 软件对 G120 设置参数和调试

1. STARTER 软件概述

STARTER 软件是 SINAMICS 传动系统的调试工具，STARTER 软件有三种安装形式，分别是：独立安装；集成在 Drive ES 软件中，用于对 SINAMICS 的应用；集成在 SCOUT 软件中，用于对 SIMOTION 的应用。

本书使用 STARTER V5.1 进行讲解，该软件版本可以安装在 Windows 7/Windows 8/Windows 10 操作系统中。计算机的同一操作系统中，如已安装 STEP 7 和插件 Technology，则不能安装 STARTER 软件。此外，STARTER 和 STEP7-Micro/WIN SMART 软件也不能安装在同一个操作系统中。

2. STARTER 软件的功能

STARTER 软件的功能强大，是调试和诊断 SINAMICS 传动系统的重要工具，其主要功能如下。

1）恢复出厂值。

2）有不同的操作向导功能。

3）配置驱动器和为驱动器设置参数。

4）提供虚拟控制面板，用于对电动机进行控制。

5）执行跟踪（Trace）功能，用于驱动器的优化。

6）将项目从编程器装载到目标设备中。

7）将数据从 RAM 复制到 ROM 中。

8）将项目从目标设备上传到编程器中。

9）激活安全功能。

10）激活写保护。

3. STARTER 与传动装置间常用的通信连接方式

STARTER 与传动装置可以通过以下三种常用的通信方式建立连接。

（1）RS-232 串口通信（USS 通信协议）

需要使用 PC to G120 组件（订货号：SSE6400-1PC00-0AA0），组件安装在 BOP-2 板的插孔上（使用 BOP 链路），使用计算机的 RS-232C 接口即可，如果笔记本电脑没有 RS-232C 接口，也可以在笔记本电脑上使用 USB 转换器。上位机软件使用“Drive Monitor”或者“STARTER”。

（2）RS-485 串口通信（USS 通信协议）

G120 的 2（P+）和 3（N-）控制接线端子是用于 RS-485 串行通信的通信口（COM 链路）。其连接示意图如图 8-2 所示。采用这种连接方式调试切不可将 2 号接线端子和 3 号接线端子接反，否则将产生烧毁接口的严重后果。上位机软件使用“Drive Monitor”或者“STARTER”。

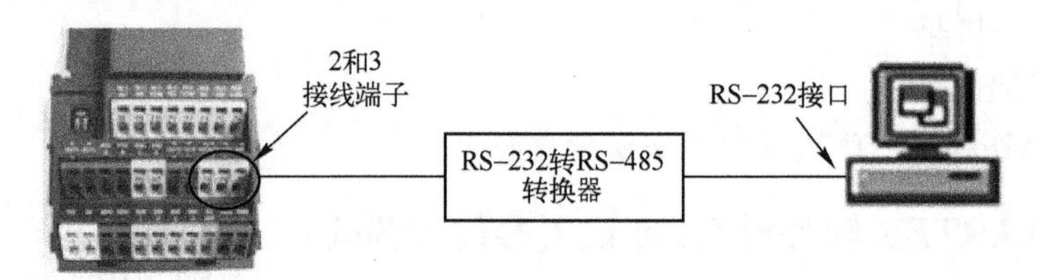

图 8-2　采用 RS-485 口进行调试的连接图

带 PPOFINET 接口和 PROFIBUS-DP 接口的 G120 变频器没有 USS 通信功能。

（3）PROFIBUS 通信

当采用 PROFIBUS 通信协议调试 G120 时，变频器的控制单元上要有 PROFIBUS 接口（如 CU240E-2DP），计算机上需要安装 CP5621 等通信模块或者使用 PC ADAPTER USB A2 适配器。PC ADAPTER USB A2（或 CP5621）与变频器均有 PROFIBUS 接口。

（4）以太网通信

当采用以太网通信协议调试 G120 时，变频器的控制单元上要有以太网接口（如 CU240E-2PN），计算机上只需要安装普通网卡即可，其连接示意图如图 8-3 所示，计算机和 G120 变频器用普通网线连接。

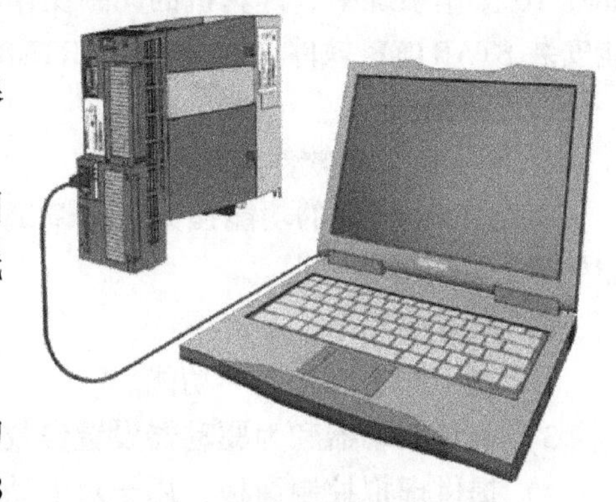

图 8-3　采用以太网（USB）通信进行调试的连接图

（5）USB 通信

当采用 USB 通信协议调试 G120 时，变频器的控制单元上要有 USB 接口（G120 变频器均有 USB 接口），计算机上只需要 USB 接口即可，其连接示意图如图 8-3 所示。计算机和 G120 变频器用普通

USB 线连接。

4. 用 STARTER 软件调试 G120 实例

当控制系统使用的变频器数量较大，且很多参数相同时，使用 PC 进行变频器调试，可以大大地节省调试时间，提高工作效率。以下用一个例子介绍如何用 STARTER 软件设置参数并调试 G120 变频器。

【例 8-1】 某设备上有一台 G120，要求：对变频器进行参数设置，并使用 STARTER 软件上的调试面板对电动机进行起停控制。

解：

1. 软硬件配置

1）1 套 STARTER 5.1（或者 SCOUT）。

2）1 台 G120C 变频器。

3）1 根网线。

4）1 台电动机。

在调试 G120 变频器之前，先把计算机和 G120 变频器按如图 8-3 所示连接。

2. 具体调试过程

（1）新建项目

打开 STARTER 软件，新建项目，命名为“G120_1”，如图 8-4 所示。

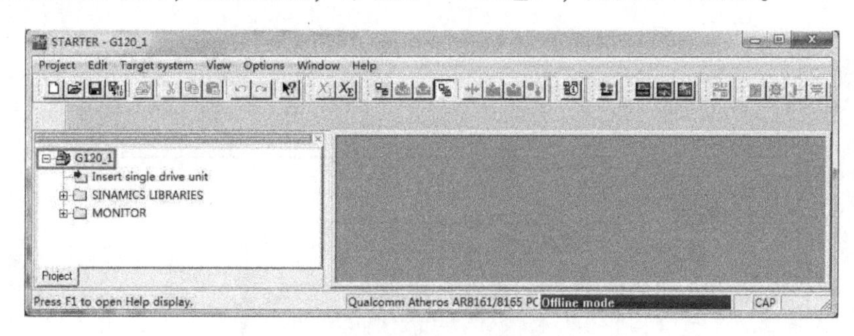

图 8-4　新建项目

（2）设置“PG/PC”接口

单击菜单栏的“Options”→“Set PG/PC interface…”，如图 8-5 所示，弹出如图 8-6 所示的界面，选择本机所采用的网卡，本例为“Qualcomm Atheros AR8161/8165”，单击“确定”按钮，“PG/PC”接口设置完成。

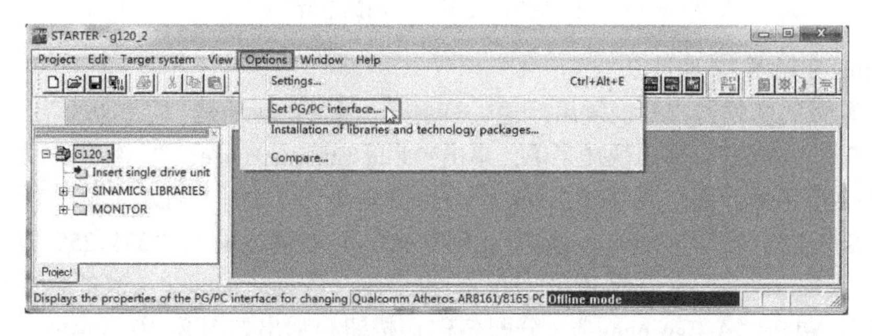

图 8-5　设置“PG/PC”接口（1）

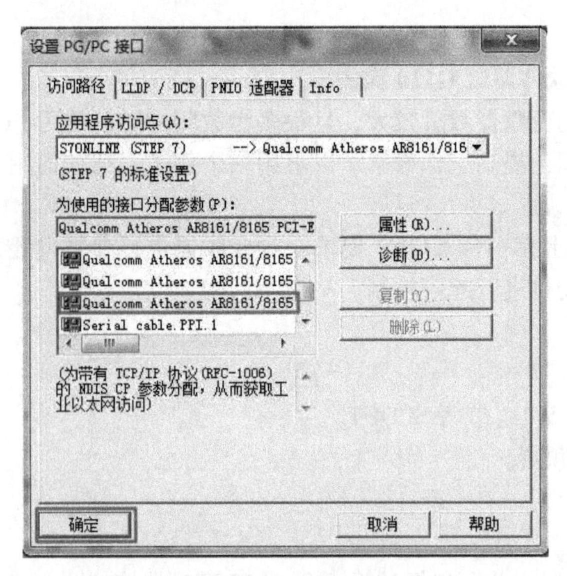

图 8-6　设置“PC/PG”接口（2）

（3）搜索可访问的节点

单击工具栏上的“可访问节点”按钮，STARTER 开始搜索可访问的节点，如图 8-7 所示。

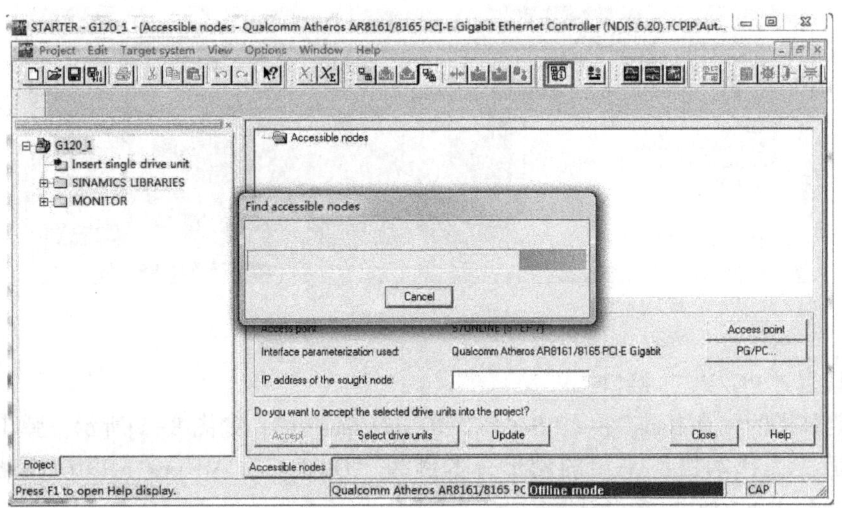

图 8-7　搜索可访问的节点

（4）修改变频器 IP 地址

对于新购置的变频器或者恢复出厂值的变频器，其 IP 地址是“0.0.0.0”，如图 8-8 所示，右击“Bus node...”，弹出快捷菜单，单击“Edit Ethernet node...”（编辑以太网节点...），弹出如图 8-9 所示的界面，在“IP Address:”（IP 地址:）右侧，输入变频器 IP 地址，本例为“192.168.0.2”，在“Subnet mask:”（子网掩码:）右侧，输入“255.255.255.0”。单击“Assign IP Configuration”（分配 IP 地址）按钮，在“Device name”（设备名称）右侧，输入“G120C”，单击“Assign name”（分配名称）按钮，弹出如图 8-10 所示的界面，表示参数已经成功分配，单击“Close”（关闭）关闭此界面。

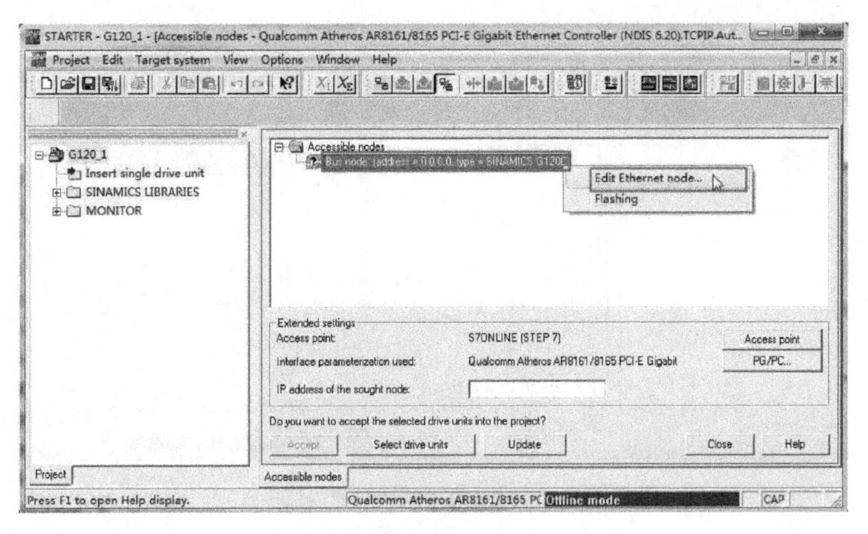

图 8-8　修改变频器 IP 地址（1）

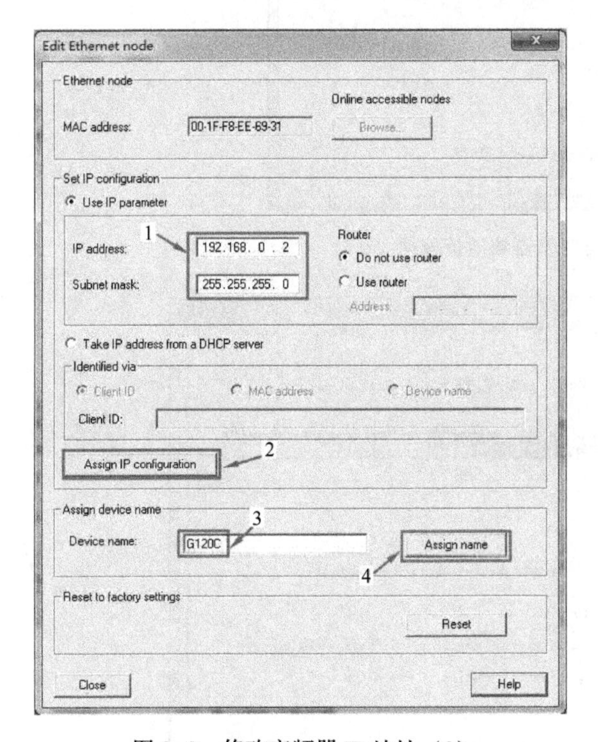

图 8-9　修改变频器 IP 地址（2）

图 8-10　修改变频器 IP 地址（3）

（5）上传参数到 PG

在图 8-11 中，勾选“Drive_uint_1...”选项，单击“Accept”（接收）按钮，如已经建立连接，将弹出如图 8-12 所示的界面，单击“Close”（关闭）关闭此界面。

在图 8-13 所示的界面中，单击“Load HW configuration to PG”（上传硬件组态到 PG）按钮，硬件组态上传到 PG 后的界面如图 8-14 所示。

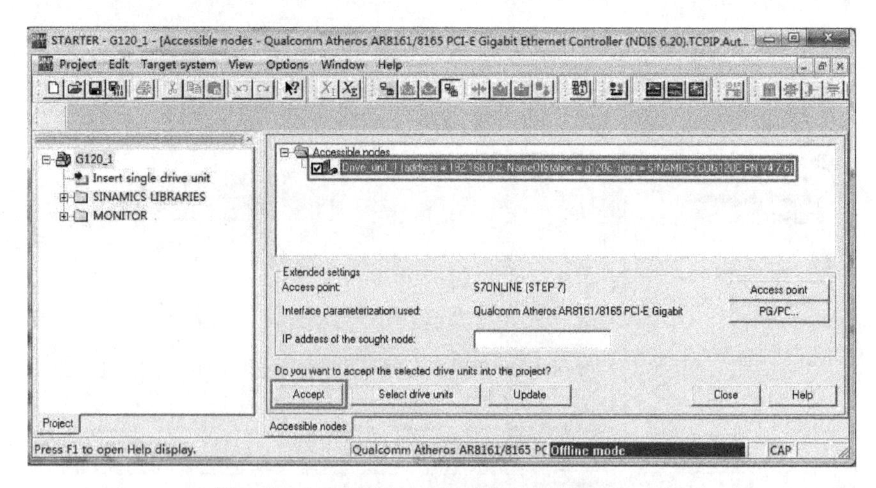

图 8-11　建立 PG 与变频器的通信连接（1）

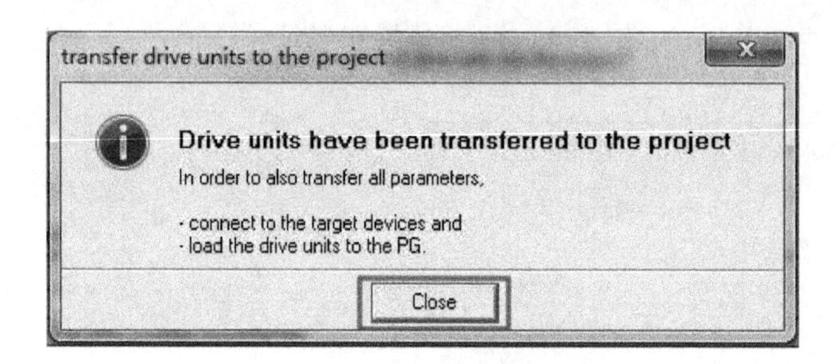

图 8-12　建立 PG 与变频器的通信连接（2）

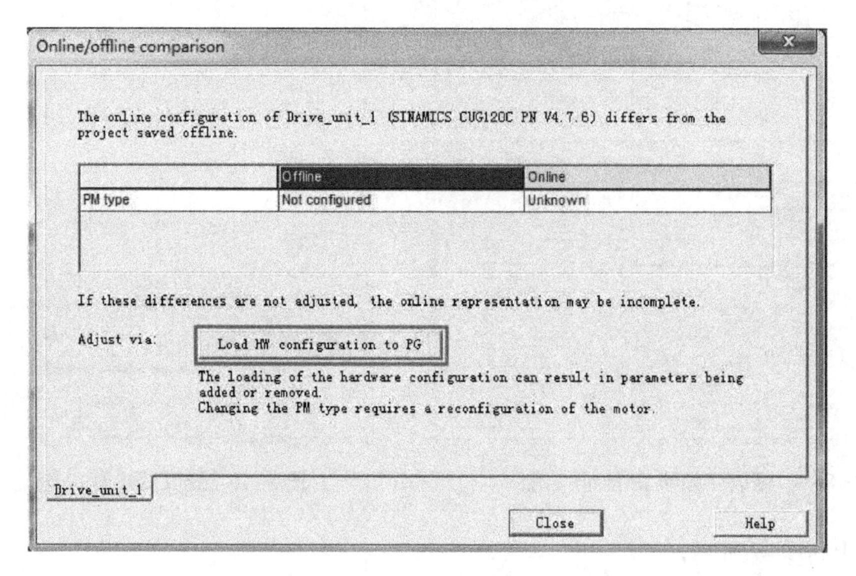

图 8-13　上传硬件组态到 PG

（6）修改参数，并下载参数

在图 8-14 中修改参数，单击工具栏中的“下载”按钮，将参数下载到变频器中，最后单击“Yes”按钮，如图 8-15 所示，参数即从变频器的 RAM 传输到 ROM 中。

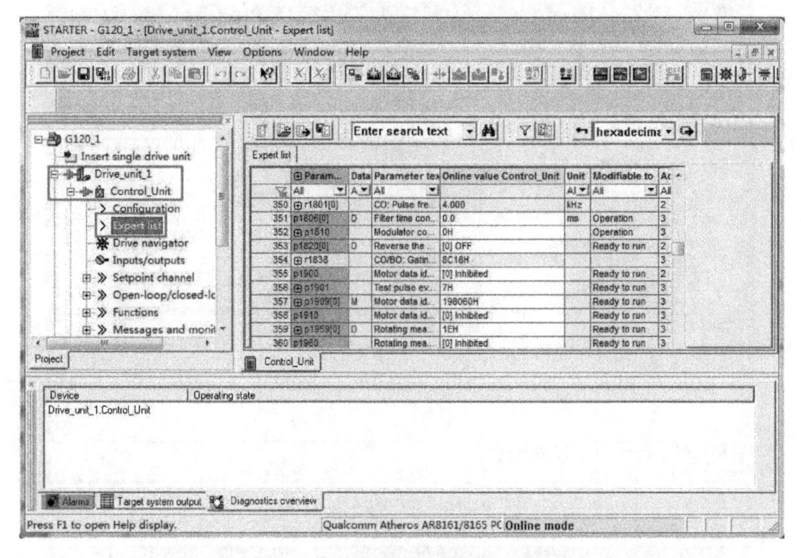

图 8-14　修改变频器的参数

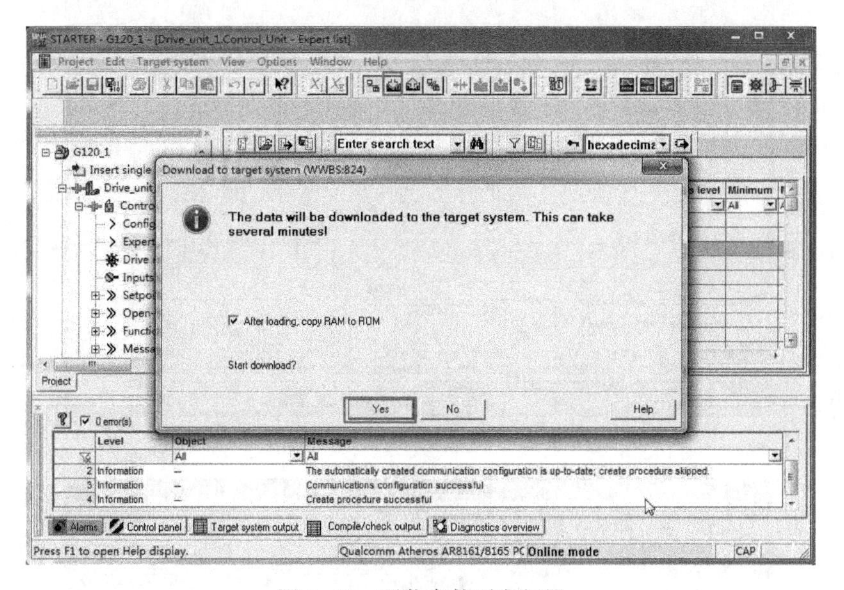

图 8-15　下载参数到变频器

（7）调试

如图 8-16 所示，单击“Control_Uint”→“Commissioning”→“Control Panel”，打开控制面板，如图 8-17 所示。单击“Assume Control Priority”（获得控制权）按钮，此按钮名称变成“Give up control priority”（释放控制权），如图 8-18 所示，勾选“Enables”（使能）选项，“起动”按钮被激活，变为绿色，“停止”按钮也被激活，变为红色。在转速输入框中输入转速，本例输入“88.0”，单击“启动”按钮，电动机开始运行，参数 r22 中是实际转速，也是“88.0”。单击“停止”按钮，电动机停止运行。

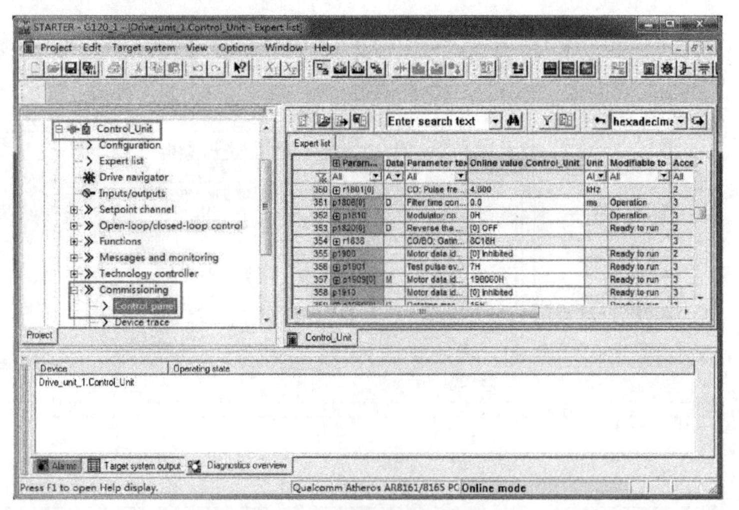

图 8-16　打开控制面板

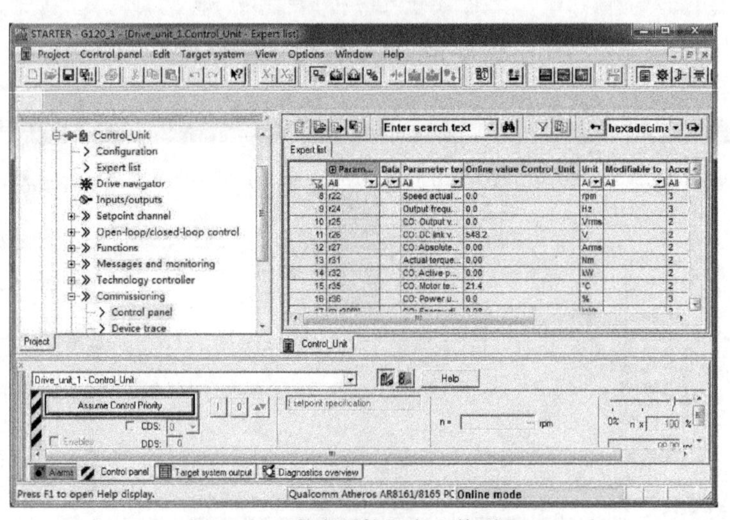

图 8-17　完成硬件组态上传到 PG

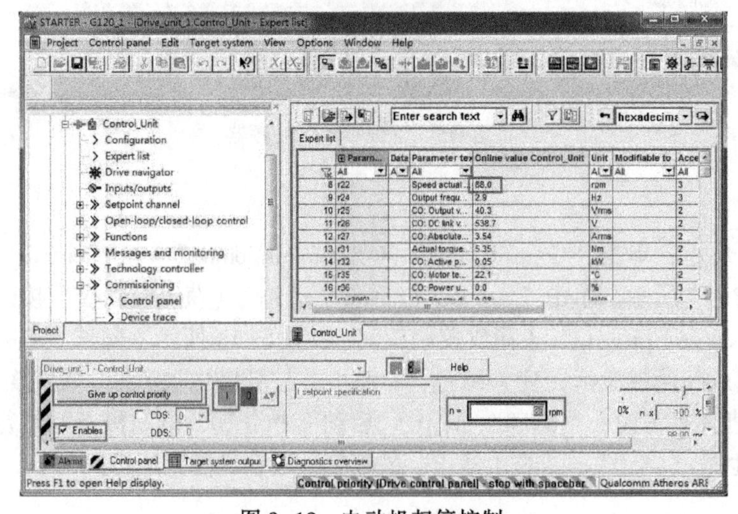

图 8-18　电动机起停控制

8.1.3　用 TIA Portal 软件对 G120 设置参数和调试

TIA Portal 软件是西门子推出的，面向工业自动化领域的新一代工程软件平台，主要包括以下三个部分。

用 TIA Portal 软件设置 G120 变频器的参数

1）SIMATIC STEP 7。用于组态 SIMATIC S7-1200、S7-1500、S7-300/400 和 WinAC 控制器系列的工程组态软件。

2）SIMATIC WinCC。使用 WinCC Runtime Advanced 或 SCADA 系统 WinCC Runtime Professional 可视化软件。组态 SIMATIC 面板、SIMATIC 工业 PC 以及标准 PC 的工程组态软件。

3）SINAMICS StartDrive。可以独立安装，也可以集成安装到 TIA Portal 中，TIA Portal 必须安装 SINAMICS StartDrive 软件才能设置变频器的参数。

当控制系统使用的变频器数量较大，且很多参数相同时，使用 PC 进行变频器调试，可以大大地节省调试时间，提高工作效率。以下用一个例子介绍如何用 TIA Portal 设置参数并调试 G120 变频器。

【例 8-2】 某设备上有一台 G120，要求：对变频器进行参数设置，并使用 TIA Portal 上的调试面板对电动机进行起停控制。

解：

1. 软硬件配置

1）1 套 TIA Portal V15（含 SINAMICS StartDrive）。

2）1 台 G120C 变频器。

3）1 根 USB 线。

4）1 台电动机。

在调试 G120 变频器之前，先把计算机和 G120 变频器按如图 8-3 所示连接。

2. 具体调试过程

（1）打开 TIA Portal 软件的参数视图

打开 TIA Portal 软件，双击项目树中的“更新可访问的设备”（标记“①”处），再单击“参数”（标记“②”处），单击“所有参数”（标记“③”处），选中“参数视图”（标记“④”处）。参数 p15 栏目中有锁型标记，表示此参数已经被锁定，不能修改，如图 8-19 所示。

（2）设置参数 p15

本例需要将 p15=21 设置成 18，由于 p15 已经锁定，所以必须先将 p10 设置为 1，再将 p15 设置为 18，如图 8-20 所示，最后将 p10 设置为 0，使变频器处于运行状态。

（3）保存设置的参数

已经设置的参数若不保存，则断电后修改值就会丢失。保存设置的参数方法如下：单击项目树中的“调试”（标记“①”处），再单击“保存/复位”选项，最后单击“保存”按钮，如图 8-21 所示。

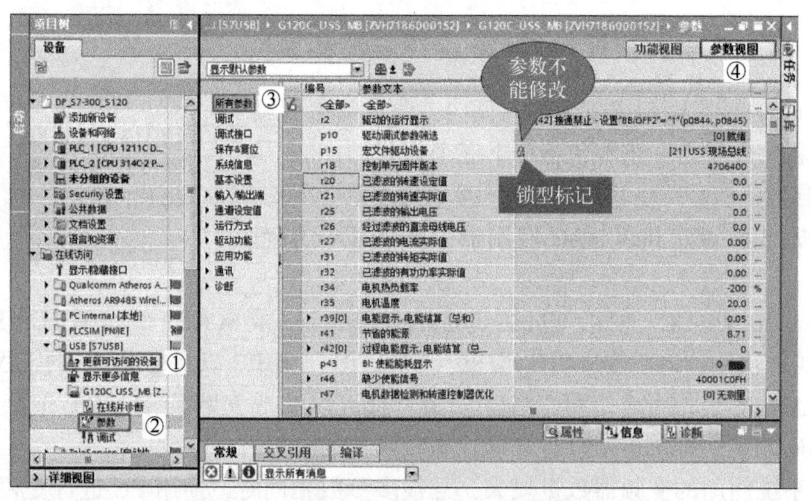

图 8-19　打开 TIA Portal 软件的参数视图

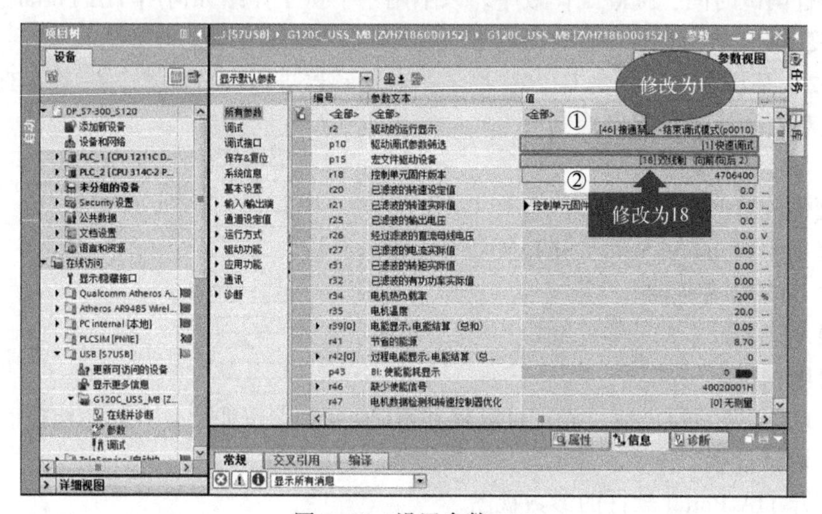

图 8-20　设置参数 p15

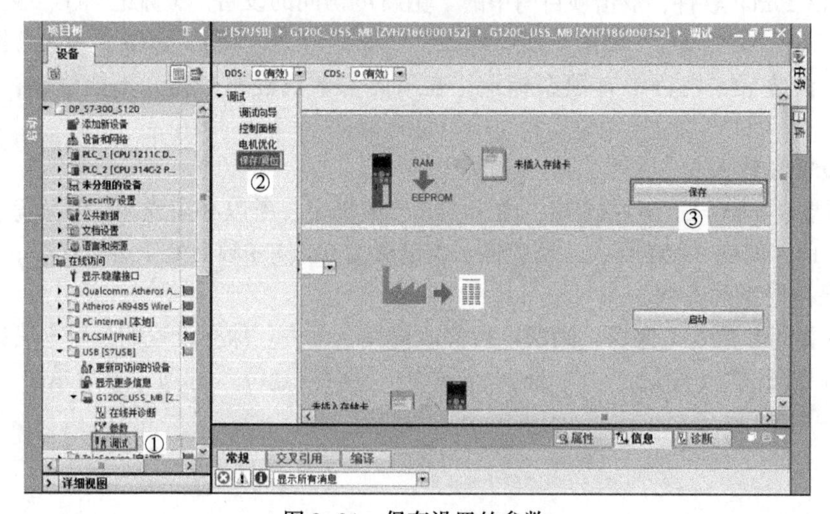

图 8-21　保存设置的参数

（4）虚拟控制面板调试

用 TIA Portal 软件调试 G120 变频器

TIA Portal 中有调试功能，且有虚拟调试面板，可以很方便地对电动机进行调试。

单击项目树中的“调试”（标记“①”处），再单击“控制面板”选项，最后单击“激活”按钮，如图 8-22 所示，如变频器已经激活，则此按钮变为“取消激活”按钮。之后弹出如图 10-23 所示的界面，单击“应用”按钮即可。

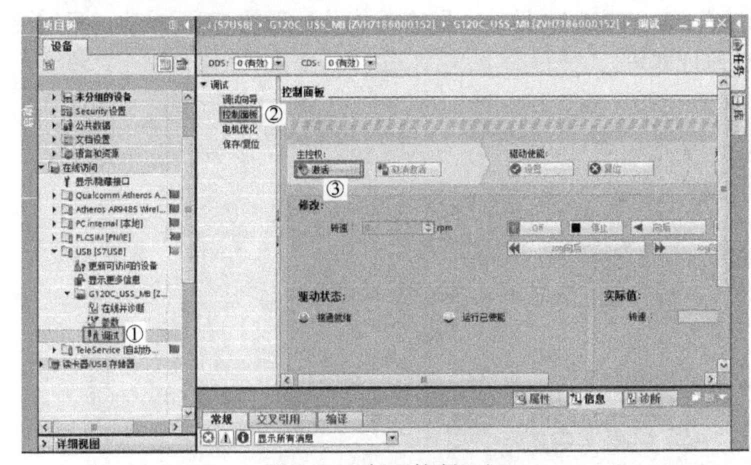

图 8-22　打开控制面板

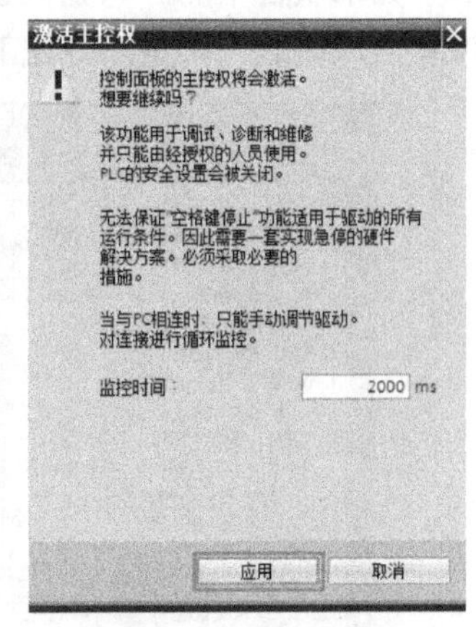

图 8-23　激活控制权

在如图 8-24 所示的界面中，输入转速“100”（标记“①”处），单击“向后”按钮，变频器起动，电动机反向运行。单击“停止”按钮，电动机停止运行。

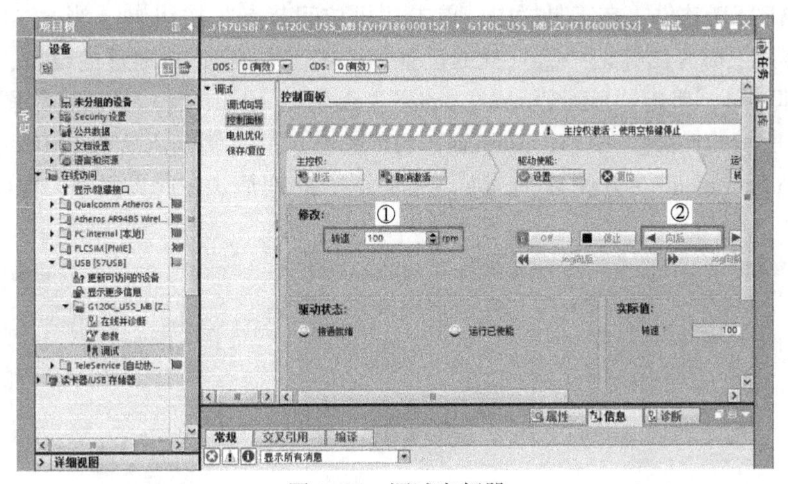

图 8-24　调试变频器

8.1.4　用软件设置 G120/S120 变频器的 IP 地址

用软件设置 G120 变频器的 IP 地址

4 种常见的设置 G120/S120 变频器 IP 地址的软件：

1）TIA Portal，含 SIMATIC STEP 7、SIMATIC WinCC 和 SIMATIC StartDrive。

2）经典 SIMATIC STEP 7，主要用于组态 S7-300/400，但要安装插件 Technology。

3）STARTER，SINAMICS 传动系统的调试工具。

4）Proneta，用于配置 Profinet 网络参数。

1. 用 TIA Portal 设置 G120/S120 的 IP 地址

打开 TIA Portal 软件，在项目树中双击“更新可访问设备”，单击“在线并诊断”→“分配 IP 地址”，在标记“④”处，输入 IP 地址和子网掩码，然后单击“分配 IP 地址”按钮，即可成功分配 IP 地址，如图 8-25 所示。

如果项目中的“可访问设备”的右侧是 IP 地址，则有可能分配新的 IP 不成功，只需要恢复出厂值后，再重新分配 IP 地址即可。

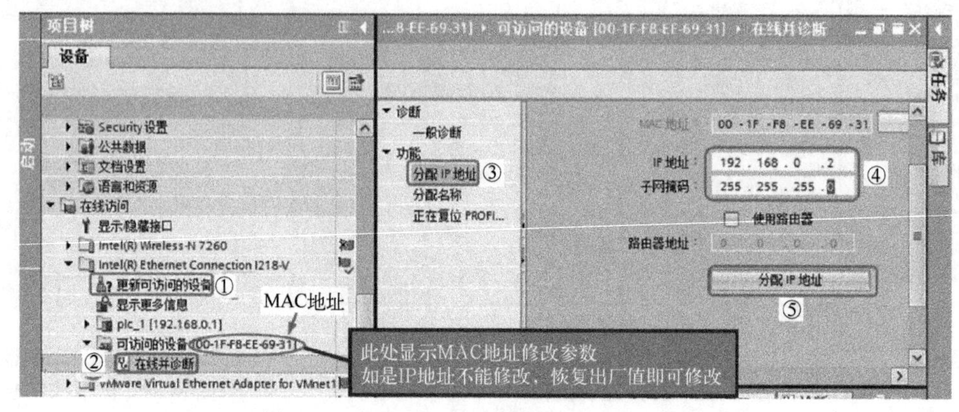

图 8-25 用 TIA Portal 设置 G120 的 IP 地址

2. 用 STARTER 设置 G120/S120 的 IP 地址

打开 STARTER 软件，在工具栏中，单击“可访问节点”按钮，当 STARTER 软件与 G120/S120 连接上时弹出标记“②”处的设备，选中需要修改 IP 地址的设备，单击鼠标右键，弹出快捷菜单，单击“Edit Ethernet node”（编辑以太网节点）选项，如图 8-26 所示，弹出如 8-27 所示的界面。在“IP Address”（IP 地址）的右侧输入所需的 IP 地址，再单击“Assign IP configuration”（分配 IP 地址），完成分配 IP 地址。在此界面中，也可以分配变频器的名称。

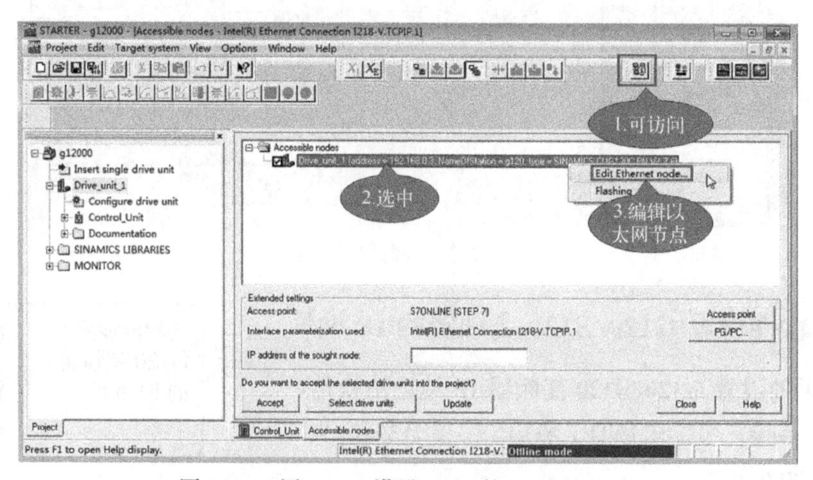

图 8-26 用 Starter 设置 G120 的 IP 地址（1）

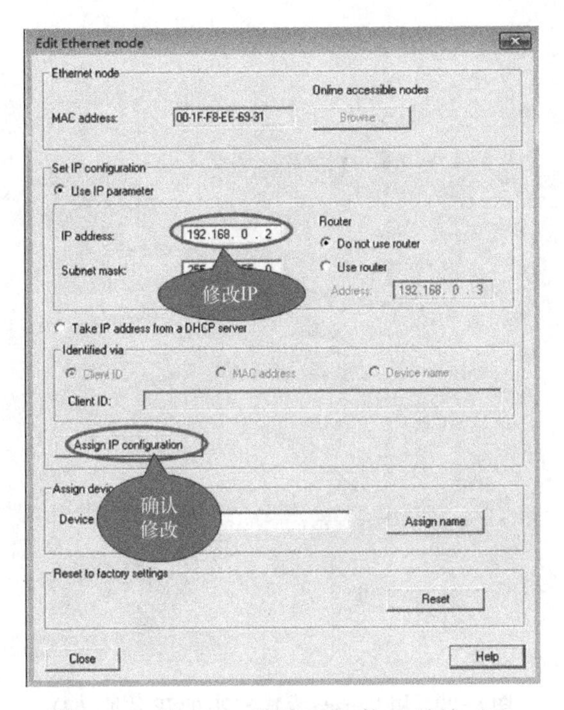

图 8-27　用 Starter 设置 G120 的 IP 地址（2）

3. 用 Pronata 设置 G120/S120 的 IP 地址

打开 Pronata 软件，如图 8-28 所示，选中“Online”（在线）选项卡，再双击“cu320a”（IP 地址为 192. 168. 0. 18），弹出如图 8-29 的界面，选中“IP configuration”（IP 地址）选项，输入新的 IP 地址，然后单击“Set”（设置）按钮，完成分配 IP 地址。

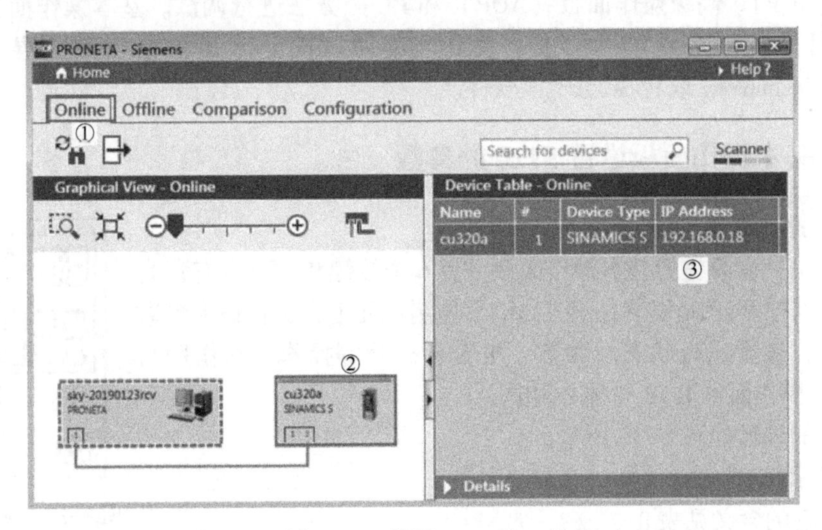

图 8-28　用 Pronata 设置 S120 的 IP 地址（1）

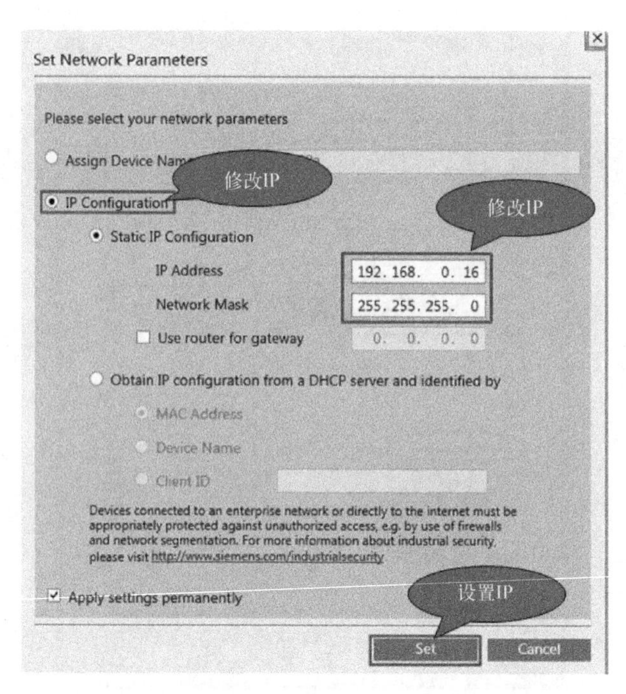

图 8-29　用 Pronata 设置 S120 的 IP 地址（2）

8.2　S120 的参数设置与调试

S120 变频器的控制单元上没有调试面板，因此要对变频器进行调试时，通常采用基本操作面板（BOP）、高级操作面板（AOP）和 PC 等方法进行调试。基本操作面板和高级操作面板是可选件，需要单独订货。使用 PC 调试时，计算机中需要安装 STARTER、StartDrive、Technology 或者 SCOUT 等软件。

8.2.1　用基本操作面板设置 S120 的参数

1. 基本操作面板 BOP20 介绍

BOP20 是一款简易的基本操作面板，有 6 个按键和 1 个带有背光的屏幕。可以把 BOP20 安装在 SINAMICS 控制单元上，进行输入参数和激活功能、查看运行状态及参数、报警和故障等操作。其作用与 G120 的基本操作面板 BOP-2 基本相同。

BOP20 的外形如图 8-30 所示。

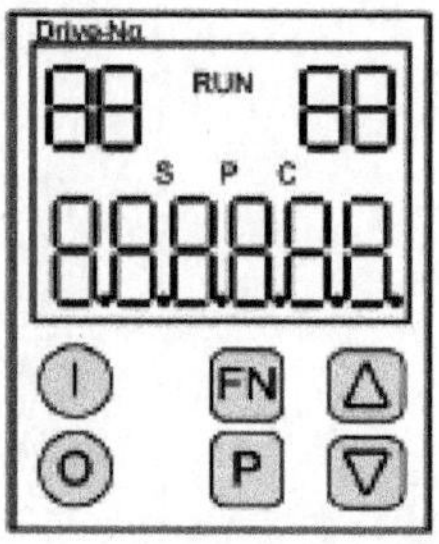

（1）显示信息

显示信息的含义见表 8-1。

图 8-30　基本操作面板 BOP20 的外形

表8-1　显示信息的含义

序　号	显　示	含　义
1	左上方，2位	此处显示BOP20当前生效的驱动对象（DO），显示与按键操作均与此驱动对象相关
2	RUN	当驱动组中至少一个驱动处于RUN（运行）状态时亮起，RUN（运行）也通过相应驱动的位r0899.2显示
3	右上方，2位	在此区域显示以下内容 超过6个数字：存在但没有显示的字符 故障：选择/显示其他有故障的驱动 BICO输入的标记（bi，ci） BICO输出的标记（bo，co） 非当前生效驱动对象的BICO连接源对象
4	S	在至少更改了一个参数，并尚未将值保存到非易失性存储器时亮起
5	P	在按下“P”键后参数赋值才生效时亮
6	C	在至少更改了一个参数，并且一致性数据管理的计算尚未启动时亮起
7	下方，6位	显示例如参数、指数、故障和报警

(2) 按键信息

按键信息的含义见表8-2。

表8-2　按键信息的含义

按　键	名　称	含　义
I	ON	接通BOP20发出的“ON/OFF1”指令应到达的驱动装置。按下该键后，二进制互联输出r0019.0置位
O	OFF	断开BOP20发出的“ON/OFF1”、“OFF2”或“OFF3”指令应到达的驱动装置。按下此键会同时复位二进制互联输出r0019.0、.1和.2。松开此键后，二进制互联输出r0019.0、.1和.2重新设置为“1”信号
FN	功能	该按键的含义取决于当前的显示 提示：可以通过BICO设置来定义这些按键在故障应答时的作用
P	参数	该按键的含义取决于当前的显示 长按此键3s会执行“将RAM复制到ROM”功能。BOP20显示屏中的“S”消失
△	升高	该按键的含义取决于当前的显示，用于增加或减小数值
▽	降低	

(3) BOP20的功能

BOP20的功能见表8-3。

表8-3　BOP20的功能

名　称	含　义
背景灯	可通过p0007对背景灯进行设置，使其在设定的时间内无操作的情况下自动关闭
切换至生效的驱动	通过p0008或者“FN”和“升高”箭头键来定义BOP20视图中生效的驱动
单位	BOP20不显示单位

（续）

名　称	含　义
访问级别	通过 p0003 可以定义 BOP 的访问级别。访问级别越高，可以通过 BOP20 选择的参数也越多
参数过滤器	通过 p0004 中的参数过滤器按照功能对可用参数进行过滤
选择运行显示	通过运行显示可以显示实际值和设定值，可通过 p0006 来设置运行显示
用户参数列表	通过 p0013 中的用户参数列表可定义访问时的参数选项
带电插拔	可以带电插拔 BOP20 当“ON”和“OFF”键生效时拔出 BOP20 时驱动停机。插入后必须重新给驱动通电 当“ON”和“OFF”键不生效时，插拔不会对驱动造成影响
按键操作	适用于按键“P”和“FN”：在与其他键组合使用时，总是要首先按下“P”或“FN”，接着再按其他的键

2. BOP20 的显示和操作

（1）运行显示

可通过 p0005 和 p0006 来设置各驱动对象的运行显示。通过运行显示可切换至参数显示或者别的驱动对象。可执行下列功能。

1）切换生效的驱动对象。

按下“FN”键和“升高”箭头键，驱动对象号在左上方闪烁。

按下箭头键选择所需的驱动对象。

按下“P”键确认。

2）参数显示

按下“P”键。

按下箭头键选择所需参数。

按下“FN”键，显示参数 r0000。

按下“P”键，切换回运行显示。

（2）参数显示

通过编号在 BOP20 中选择参数。按下“P”键从运行显示切换至参数显示，按下箭头键可以搜索参数，再次按下“P”键显示参数的值。同时按下“FN”键和箭头键可以在驱动对象之间进行选择。在参数显示中按下“FN”键可以在 r0000 和上一个显示的参数之间进行切换。

参数显示的操作过程如图 8-31 所示。

（3）数值显示

按下“P”键从参数显示切换至数值显示。在数值显示中可通过“升高”和“降低”的箭头键更改可调参数的值。可以通过“FN”键选择光标。

数值显示的操作过程如图 8-32 所示。

以下是一个例子，其操作是把 p0013 = 3 修改成 p0013 = 300。其设置过程如图 8-33 所示。

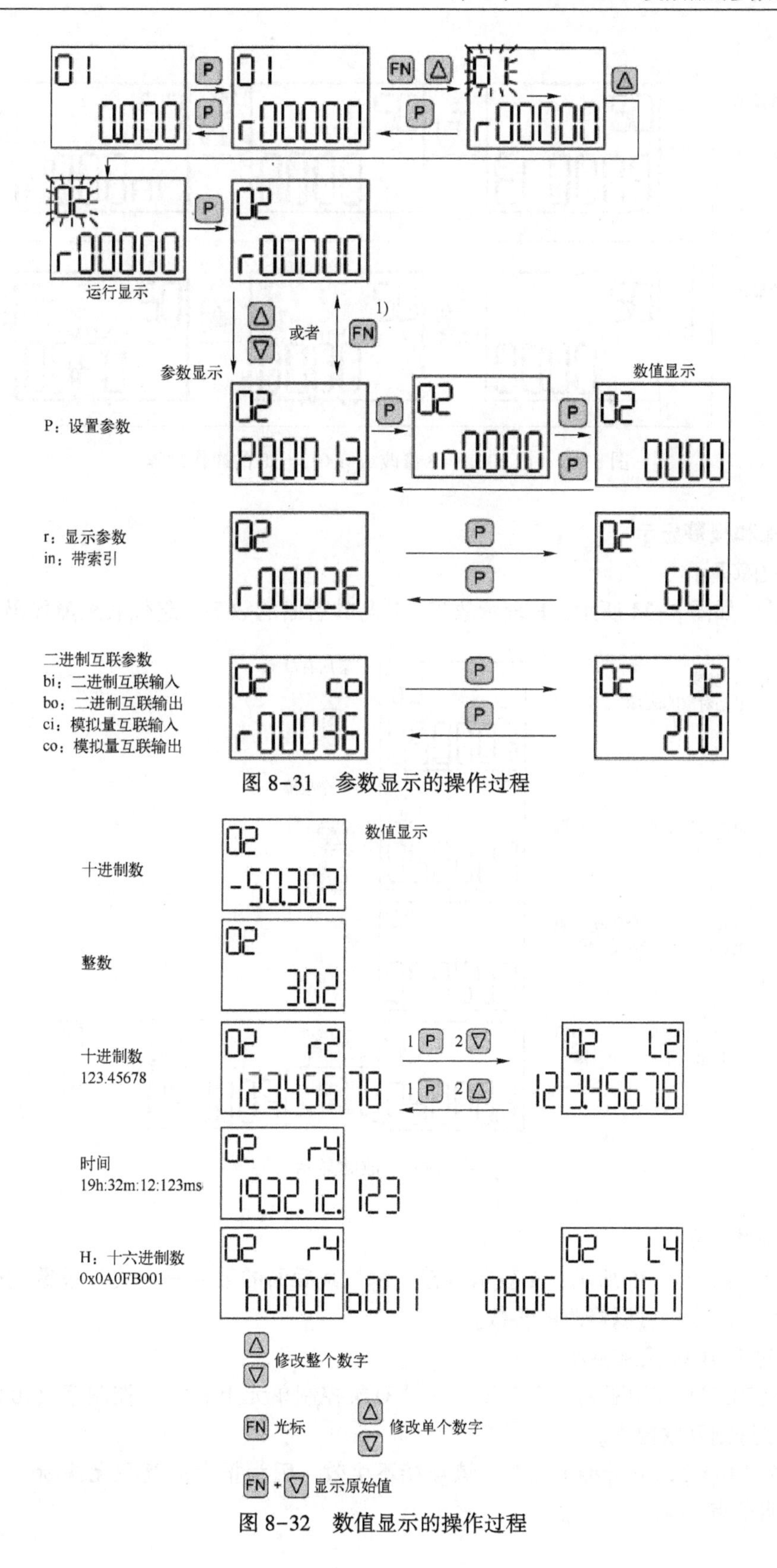

图 8-31　参数显示的操作过程

图 8-32　数值显示的操作过程

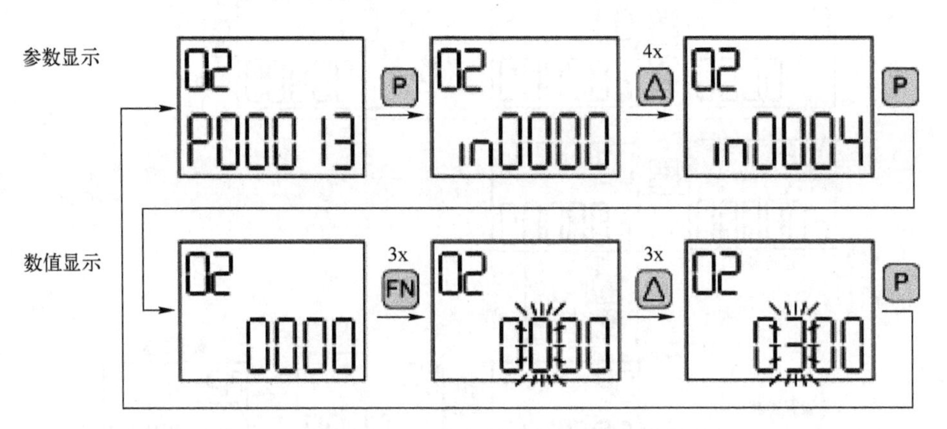

图 8-33　把 p0013=3 修改成 p0013=30 的操作过程

3. 故障和报警显示

（1）故障显示

故障显示如图 8-34 所示，F 表示故障，F 与其后面的数字一起代表故障代码。

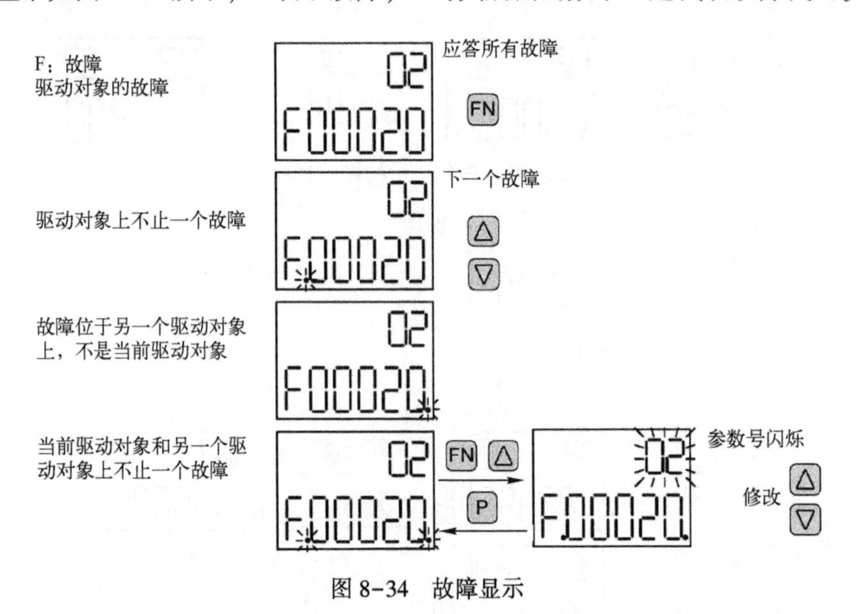

图 8-34　故障显示

（2）报警显示

报警显示如图 8-35 所示，A 表示报警，A 与其后面的数字一起代表报警代码。P 与其后面的数字一起表示可以修改的参数。

4. 通过 BOP20 控制驱动

可通过 BOP20 控制驱动用于调试。驱动对象控制单元上有可用控制字（r0019），可连接相应的二进制互联输入。

当选择 PROFIdrive 标准报文时，该连接不生效，因为报文的互联无法断开。BOP20 的控制字功能见表 8-4。

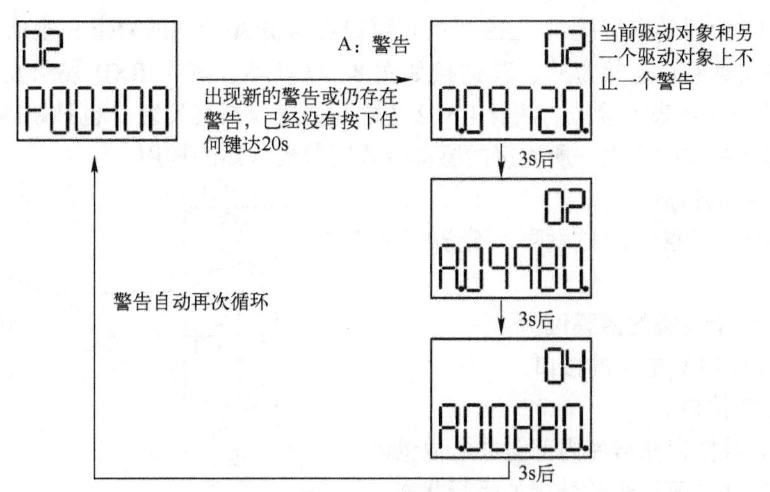

图 8-35　报警显示

表 8-4　BOP20 的控制字功能

位（r0019）	信 号 名 称	1 信号	0 信号	连接参数示例
00	ON/OFF（OFF1）	ON	OFF	p0840
01	无缓慢停止/缓慢停止（OFF2）	无缓慢停止	缓慢停止（OFF2）	p0844
02	无急停/急停（OFF3）	无急停	急停（OFF3）	p0848
07	应答故障（0→1）	是	否	p2102
13	电动机电位器升高	是	否	p1035
14	电动机电位器降低	是	否	p1036

8.2.2　用高级操作面板设置 S120 的参数

1. 高级操作面板 AOP30 介绍

高级操作面板 AOP30 是应用于 S120 变频器系列的输入/输出选件。高级操作面板可以进行调试、符合运行的操作和诊断等一系列应用。AOP30 适合安装在控制柜的柜门上。AOP30 的外形线框图如图 8-36 所示。

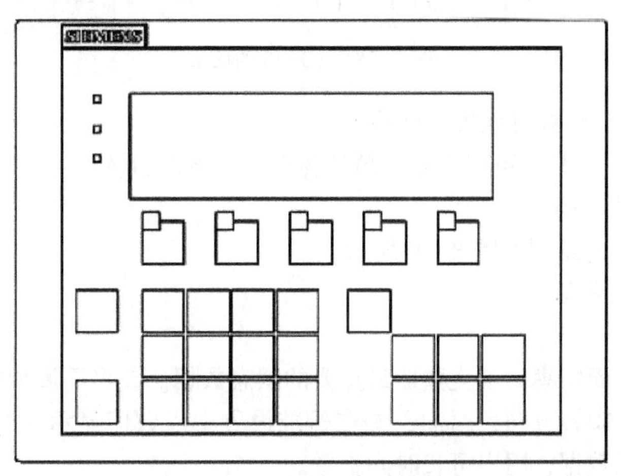

图 8-36　AOP30 的外形线框图

通过带 PPI 协议的串行接口（RS-232）可以在 AOP30 和 SINAMICS 驱动装置之间进行通信。通信采用点到点连接方式，其连接如图 8-37 所示，其中 RXD 表示发送数据，TXD 表示接收数据，GND 表示接地。注意 RS-232 之间的连线是交叉线（也称跳线）。AOP30 在通信过程中起到主站的作用，所连接的驱动装置则起到从站的作用。

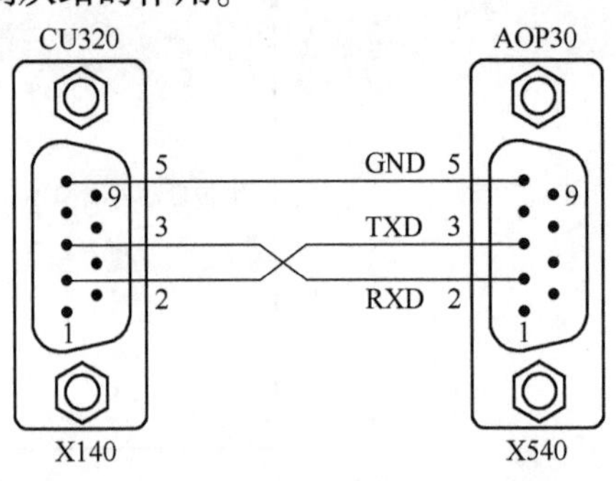

图 8-37　AOP30 与 CU320 的连接图

（1）AOP30 的特点

1）配有绿色背景灯的显示屏，分辨率为 240×64 像素。

2）配有 26 个按键的薄膜键盘。

2）连接 DC 24 V 电源的接口。

3）RS-232 接口。

4）时间和数据存储器由内部缓冲电池供电。

5）4 个 LED 灯显示驱动装置的运行状态：

RUN（正在工作）绿色；

ALARM（警告）黄色；

FAULT（故障）红色；

LOCAL/REMOTE（本地/远程）绿色。

（2）描述

操作面板用于设定参数（调试）、显示状态数据、控制驱动和诊断故障/报警。所有功能都可以通过一个菜单访问。按下黄色的“MENU”键，便可以进入主菜单，如图 8-38 所示，访问功能如下。

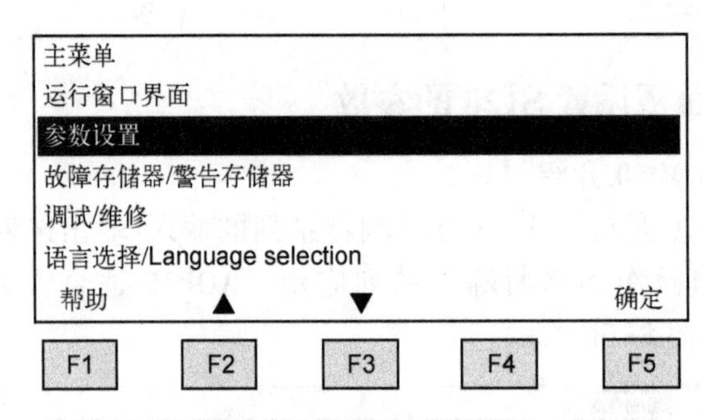

图 8-38　AOP30 的面板

按下“MENU”键始终可以进入屏幕。

按下“F2”和“F3”键可以在主菜单的各个菜单项内切换。

（3）操作面板的结构

AOP30 操作面板的结构如图 8-39 所示。

2. 菜单运行窗口界面

（1）描述

菜单运行窗口界面中集成了变频器最重要的状态数据。在出厂设置中，该界面上会显示变频器的运行状态、旋转方向、时间，并在标准设置中以数值显示 4 个驱动数据（参数）、以条带显示两个驱动数据，用户可长时间查看。

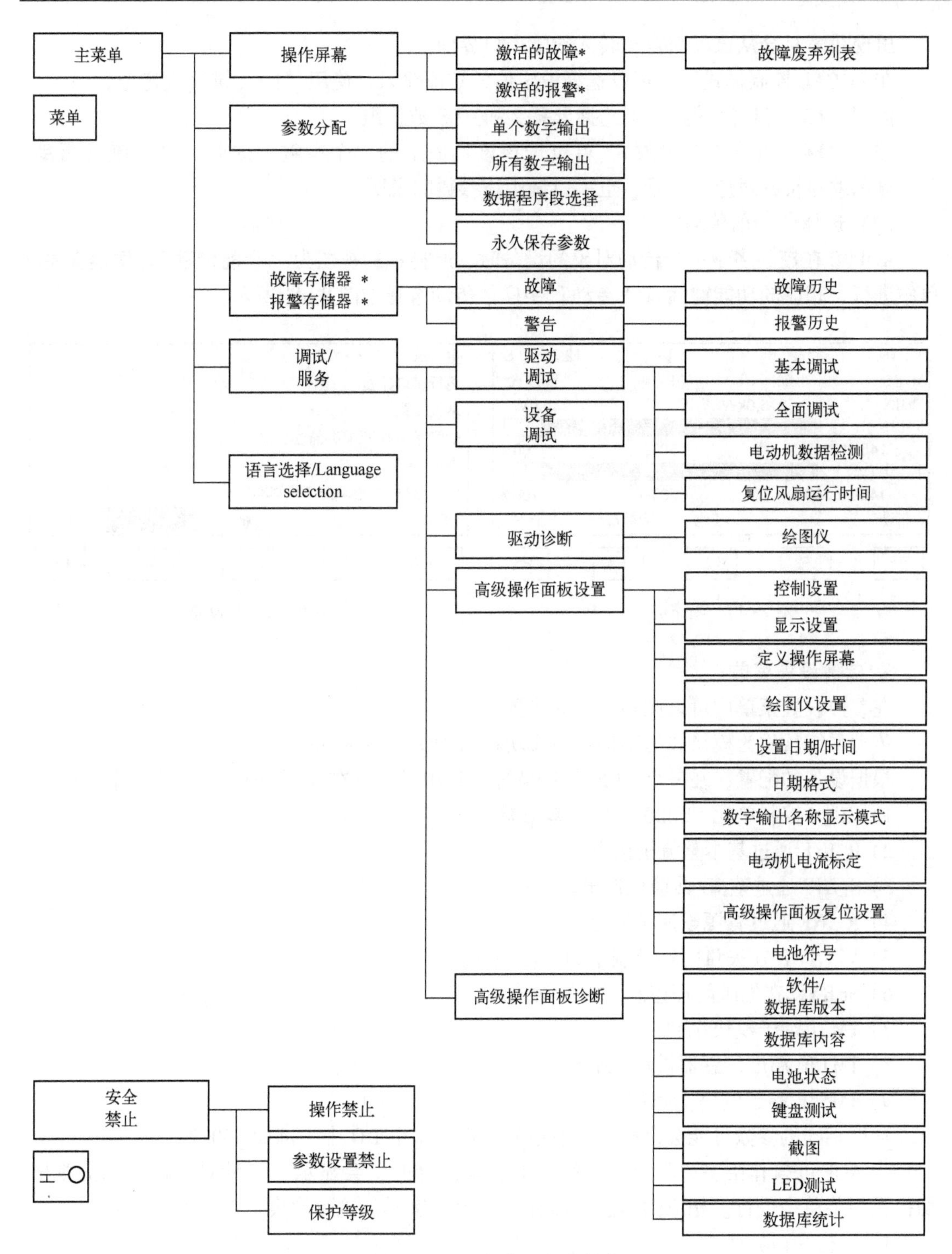

图 8-39　AOP30 操作面板的结构

注：* 表示所有警告和故障都可调用帮助文本

进入操作屏幕有两种方式，即通电后启动结束时和按下“MENU”键和“F5”键（确定）。操作屏幕如图 8-40 所示。

出现故障时会从该界面自动转入故障窗口界面。

在 LOCAL 控制模式下，可以选择设定值的数值输入，使用“F2”键（设定值）。

使用“F3”键（其他），可选择屏幕 2 和 CDS 数据组。

按下“F4”键（选择参数），可以选择该界面上的单个参数。按下“F1”键（帮助）可以显示缩写符的对应参数号，也可以调用该参数的说明。

（2）选择“当前传动”

AOP30 在控制多于一个传动对象的设备时，所显示的视图为“当前传动”。切换在主菜单中进行，相应的功能键标有“传动”字样。传动选择如图 8-41 所示。

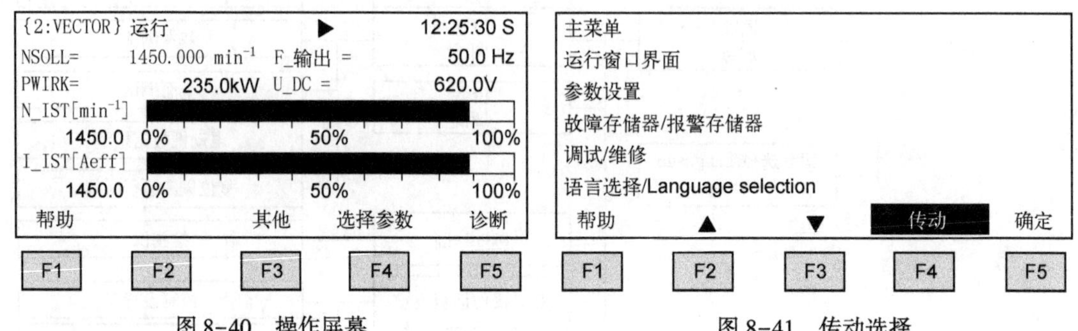

图 8-40 操作屏幕

图 8-41 传动选择

3. 参数设置菜单

在参数设置菜单中可以调整设备的设置。

传动系统软件为模块式的结构。各模块称为 DO（Drive Object）。

根据设备的配置，在一个 S120 变频调速柜组中可以存在以下 DO（一个或多个）。

1）CU_S 控制单元 CU320-2 的常规参数。

2）B_INF 通过基本整流柜馈电。

3）S_INF 通过整流/回馈柜馈电。

4）A_INF 通过有源整流柜馈电。

5）VECTOR 在矢量闭环控制下的传动控制。

6）SERVO 在伺服闭环控制下的传动控制。

7）TM31 端子模块 TM31。

8）TM150 温度传感器模块 TM150。

9）TM54F 端子模块 TM54F。

功能相同的参数可能会以相同的参数号出现在多个 DO 中，例如 p0002。

当 AOP30 操作由多个驱动装置组成的驱动组合时，会显示一个针对当前驱动的视图。切换在主菜单中进行。相应的功能键标有“驱动”字样。该驱动决定了以下内容。

1）运行窗口界面。

2）故障/报警显示。

3）驱动的控制状态（开、关…）。

可以根据需要选择 AOP 两个显示类型中的一种。

1）所有参数

其中列出了设备所有的参数。当前选中参数所属的 DO 会显示在窗口左上方的括弧中。

2）DO 选择

在该视图中可以预先选择一个 DO，但只显示该 DO 的参数。（STARTER 中的专家列表显示只识别这种 DO 视图）

在上述两种显示类型中，参数的显示范围都取决于设定的访问级别。访问级别可以在菜单“安全锁”中设定，按下钥匙键即可打开该菜单。

访问级别 1 和 2 已足够满足简单应用。

在访问级别 3“专家级”中，可以借助所谓 BICO 参数的互联来修改功能的结构。在菜单“数据组选择”中可以选择哪些数据组将显示在操作面板上。数据组参数由参数号和参数标识符之间的一个字母 c、d、m、e、p 标出。修改数据组参数时，“数据组选择”会临时切换。

数据组界面如图 8-42 所示，运行窗口界面的说明如下。

1）在“最大”下面显示了驱动中设定的、并因此可以选择的数据组的数量。

2）在“驱动装置”下面显示了哪些数据组当前在驱动中生效。

3）在“AOP”下面显示了哪些数据组当前显示在操作面板上。

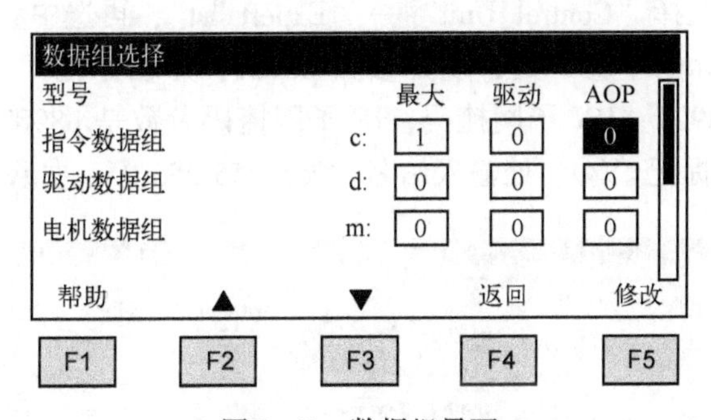

图 8-42　数据组界面

8.2.3　用 STARTER 软件设置 S120 的参数

用 STARTER 软件设置 S120 参数的方法与设置 G120 的参数是类似的，以下以修改 S120 的 PN 站名称和 PN IP 地址为例，介绍 S120 变频器的地址修改方法。

注意：S120 的 PN IP 地址和 IE IP 地址不在同一网段，请读者注意区分。

修改变频器参数的方法很多，除了用 BOP20 和 AOP30 修改，还可以用 STARTER 软件修改，用 STARTER 软件修改参数有两种方法，前面章节介绍了一种方法，以下介绍另一种方法，步骤如下。

1）建立 STARTER 软件和 S120 变频器的在线连接，单击“上传”按钮，将项目上传到控制单元的存储卡里，方法在前面章节已经介绍了。

2）在项目树中，选择“Control_Unit”→“Expert list”，再选中参数 p8920（PN 站名称，IE 站名参数是 p8900），即标记“①”处，展开参数 p8920，并在标记“①”处输入站名“C U 3 2 0”，如图 8-43 所示。

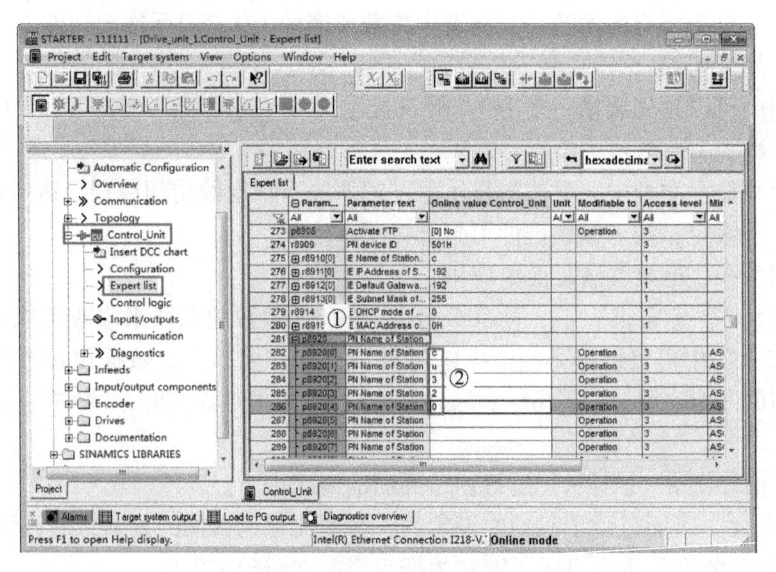

图 8-43 修改 PN 站名称

3）在项目树中，选择“Control_Unit”→“Expert list”，再选中参数 p8921（PN IP，IE IP 参数是 p8901），即标记“①”处，展开参数 p8921，并在标记“②”处输入站名“192 168 0 2”；选中参数 p8923（PN 子网掩码，IE 子网掩码参数是 p8903），即标记“③”处，展开参数 p8923，并在标记“④”处输入站名“255 255 255 0”，如图 8-44 所示。

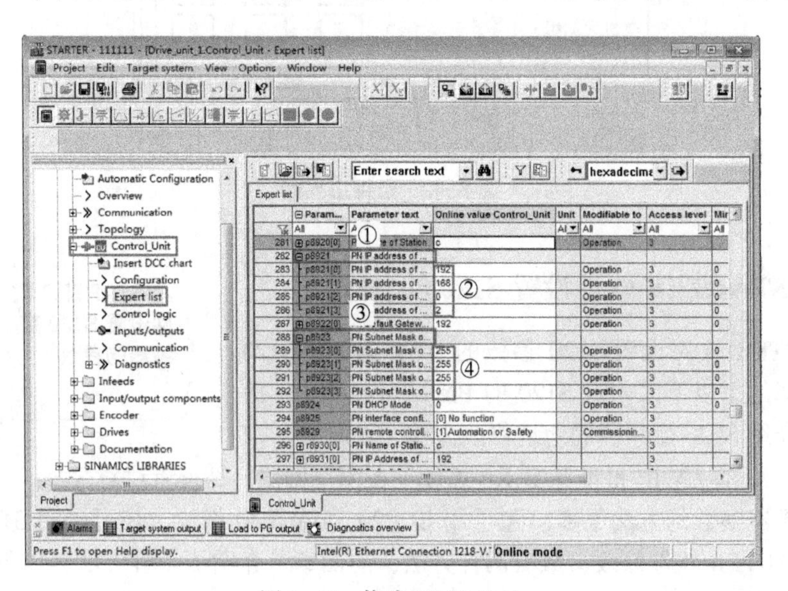

图 8-44 修改 PN IP 地址

4）在图 8-45 中，选中参数 p8925，并设置为“[2]…”，含义是激活和存储配置。这样，站地址和 IP 地址值修改完成。

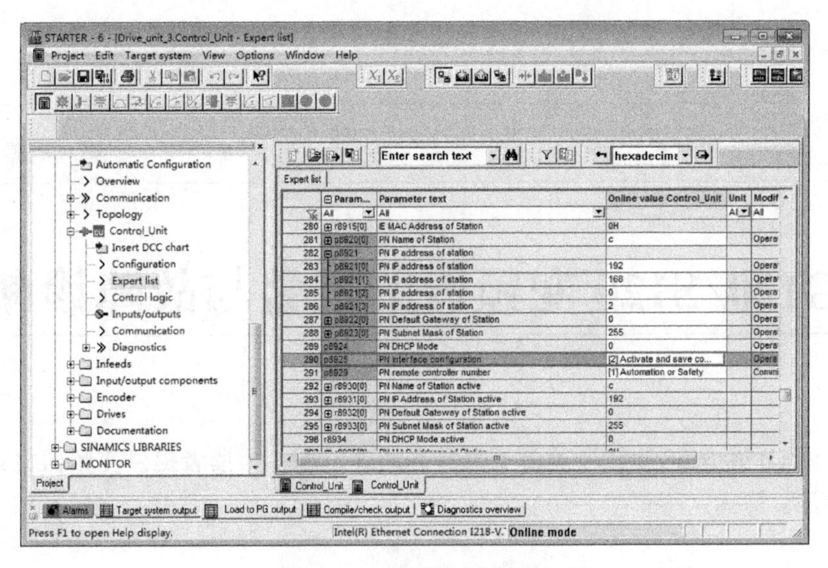

图 8-45　激活和存储配置

第 9 章

G120/S120 变频器的报警与故障诊断

本章介绍 G120/S120 变频器的常见报警和故障诊断，为读者提供变频器报警与故障诊断的必要方法。

9.1 G120 变频器的报警与故障诊断

9.1.1 G120 变频器的状态显示

G120 变频器的故障显示一般有以下两个途径。

1）LED 灯。变频器正面的 LED 灯能指示变频器的运行状态。

2）控制面板或者安装了 STARTER 软件的 PC。变频器通过现场总线、输入/输出端子把报警或者故障信息传送到控制面板或者 STARTER 软件中。

先介绍 LED 灯的运行状态。在电源接通后，RDY（准备）灯暂时变为橙色，一旦 RDY 灯变为红色或者绿色，它显示的状态就是变频器的状态。

LED 灯除了“常亮”和“熄灭”外，还有两种不同频率的闪烁状态，其中 1Hz 频率闪烁是快速闪烁，0.5 Hz 频率闪烁是缓慢闪烁，代表了不同的含义。

G120 变频器 LED 灯的状态信息见表 9-1~表 9-4。

表 9-1　G120 变频器的诊断

LED 指示灯		说　明
RDY 指示灯	BF 指示灯	
绿色，常亮	—	当前无故障
绿色，缓慢闪烁	—	正在调试或恢复出厂设置
红色，快速闪烁	—	当前存在一个故障
红色，快速闪烁	红色，快速闪烁	错误的存储卡

表 9-2　G120 变频器 PROFINET 通信诊断

LINK 指示灯	说　明
绿色，常亮	PROFINET 通信成功建立
红色，缓慢闪烁	PROFINET 通信建立中（没有过程数据）
红色，快速闪烁	无 PROFINET 通信

表 9-3　G120 变频器 RS-485 通信诊断

BF 指示灯	说　明
绿色，常亮	接收过程数据
红色，缓慢闪烁	总线活动中（没有过程数据）
红色，快速闪烁	没有总线活动

表 9-4　G120 变频器 PROFIBUS 通信诊断

BF 指示灯	说　明
绿色，常亮	周期性数据交换（或不使用 PROFIBUS，p2030=0）
红色，缓慢闪烁	总线故障（配置错误）
红色，快速闪烁	总线故障（没有数据交换、搜索波特率、没有连接）

9.1.2　G120 变频器的报警

变频器报警的特点如下。

1）报警的原因排除后，报警自动消失。

2）无须应答。

3）报警有三种方式：方式 1 为状态字 1（r0052）中的第 7 位；方式 2 为操作面板上的 Axxxxx 中显示报警；方式 3 为 STARTER 软件中显示报警信息。

1. 报警缓冲器

变频器把报警信息保存在报警缓冲器中，报警缓冲器的结构如图 9-1 所示。

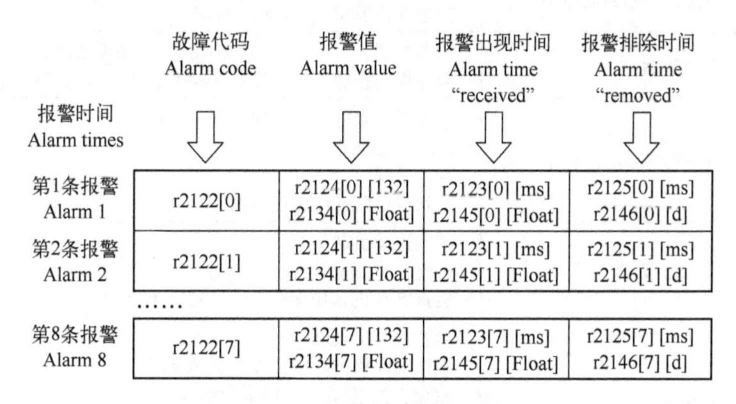

图 9-1　报警缓冲器的结构

r2124 和 r2134 中包含了对诊断非常有用的报警值。r2123 和 r2145 中保存的是报警出现的时间。r2125 和 r2146 中保存的是报警排除的时间。

报警缓冲器中最多可以保存 8 条信息。注意第 8 条报警是最新的一条报警。当第 9 条报警到来是，一般第 1 条报警被覆盖，如第 1 条报警未排除，则覆盖第 2 条报警。

2. 常见的报警

(1) 报警和故障的区别

报警的代码是以 A 开头的，通常不会在变频器内产生直接影响。在排除原因后自动消失无须应答。故障的代码是以 F 开头的，通常指变频器工作时出现的严重异常现象。故障发生后，必须首先解除故障原因，然后应答故障。

(2) 常见的报警

SINAMICS G120 变频器常见的报警见表 9-5。

表 9-5　G120 变频器常见的报警

代　码	原　因	解决办法
A01028	配置错误	所读入的参数设置是通过其他类型（订货号、MLFB）的模块生成的。应检查模块的参数，必要时重新配置
A01900	PROFIBUS 配置报文出错	PROFIBUS 主站尝试用错误的配置报文来建立连接，应检查主站和从站的配置
A01920	PROFIBUS 循环连接中断	与 PROFIBUS 主站的循环连接中断，建立 PROFIBUS 连接，并激活可以循环运行的 PROFIBUS 主站
A05000 A05001 A05002 A05004 A05006	功率模块过热	进行以下检测： 环境温度是否在定义的限值内； 负载条件和工作周期配置是否相符； 冷却是否有故障
A07012	电动机温度模型过热	进行以下检测： 检查电动机负载，如有必要，降低负载； 检查电动机的环境温度； 检查热时间常数（p0611）； 检查过热故障阈值（p0605）
A07015	电动机温度传感器的报警	检查传感器是否正确连接 检查参数设置（p0600，p0601）
A07321	自动重启激活	如有需要，可禁止（p1210=0），自动重新启动（WEA） 通过撤销接通指令（BI：p0840），也可以直接中断，重新启动过程
A07409	*U/f* 控制电流限值控制器生效	采取以下措施后，报警自动消失： 提高电流限值（p0640）； 降低负载； 延长设定转速的加速斜坡
A07805	功率单元过载	减小连续负载 调整工作周期 检查电动机和功率单元的额定电流分配
A07910	电动机超温	检查电动机负载 检查电动机的环境温度和通风情况 检查 PTC 或者双金属常闭触点 检查监控限值（p0604，p0605） 检查电动机温度模型的激活情况（p0612） 检查电动机温度模型的参数（p0626 及后续参数）
A30049	内部风扇损坏	检查内部风扇，必要时更换风扇
A30920	温度传感器异常	检查传感器是否正确连接

【例 9-1】 如图 9-2 所示，这是 TIA Portal 监控的 G120 变频器的参数截图，请判断有无报警和故障。

编号	参数文本	值
<全部>	<全部>	<全部>
▸ r51	驱动数据组DDS有效	0H
▾ r52	状态字 1	EBC0H
r52.0	接通就绪	0=否
r52.1	运行就绪	0=否
r52.2	运行使能	0=否
r52.3	存在故障	0=否
r52.4	缓慢停转当前有效（OFF2）	0=是
r52.5	快速停止当前有效（OFF3）	0=是
r52.6	接通禁止当前有效	1=是
r52.7	存在报警	1=是
r52.8	设定/实际转速偏差	1=否
r52.9	控制请求	1=是
r52.10	达到最大转速	0=否
r52.11	达到 I, M, P 极限	1=否
r52.12	电机抱闸打开	0=否
r52.13	电机超温报警	1=否
r52.14	电机正向旋转	1=是
r52.15	变频器过载报警	1=否

无故障

存在报警

图 9-2　变频器参数表

状态字 r52 是 EBC0H，要确定是否有故障和报警只要监控此参数即可。r52. 3=0 表示没有故障，r52. 7=1 表示有报警。

进一步查看报警代码 r2122，可以看到如图 9-3 所示的报警代码。“30016” 表示没有连接输入交流电源，“8526” 表示没有循环连接。经检查变频器的确没有接入交流电源。

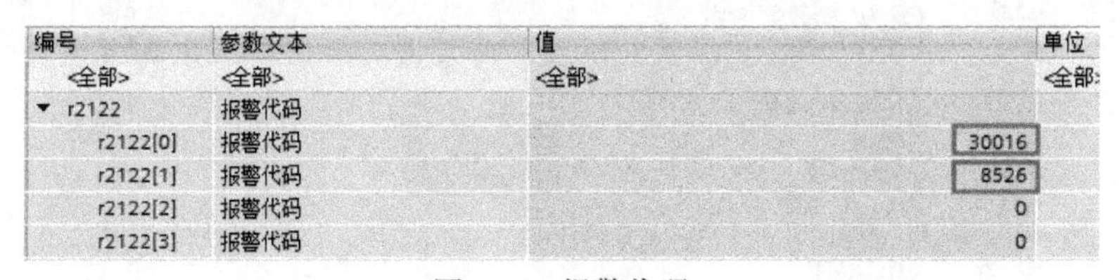

编号	参数文本	值	单位
<全部>	<全部>	<全部>	<全部>
▾ r2122	报警代码		
r2122[0]	报警代码	30016	
r2122[1]	报警代码	8526	
r2122[2]	报警代码	0	
r2122[3]	报警代码	0	

图 9-3　报警代码

9. 1. 3　G120 变频器的故障

变频器故障报告的方式如下。

1）在操作面板上显示 Fxxxxx。

2）变频器上的 RDY 灯显示为红色。

3）状态字 1（r0052）的位 3 为 1。

4）在 STARTER 软件的状态输出窗口显示。

1. 故障缓冲器

变频器把故障信息保存在故障缓冲器中，故障缓冲器的结构如图 9-4 所示。

每个故障都有唯一的故障代码，还有一个故障值，这些信息可以供故障诊断时查询。注意：必须先排除故障，然后应答故障，才能消除变频器上显示的故障。

【例 9-2】 如图 9-5 所示，这是 TIA Portal 监控的 G120 变频器的参数截图，请判断有无报警和故障。

解：

状态字 r52 是 EBC8H，要确定是否有故障和报警只要监控此参数即可。r52. 3=1 表示没有故障，r52. 7=1 表示有报警。

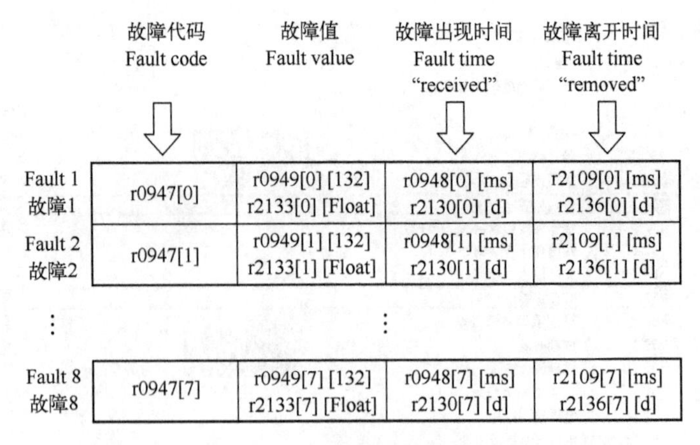

图 9-4　故障缓冲器的结构

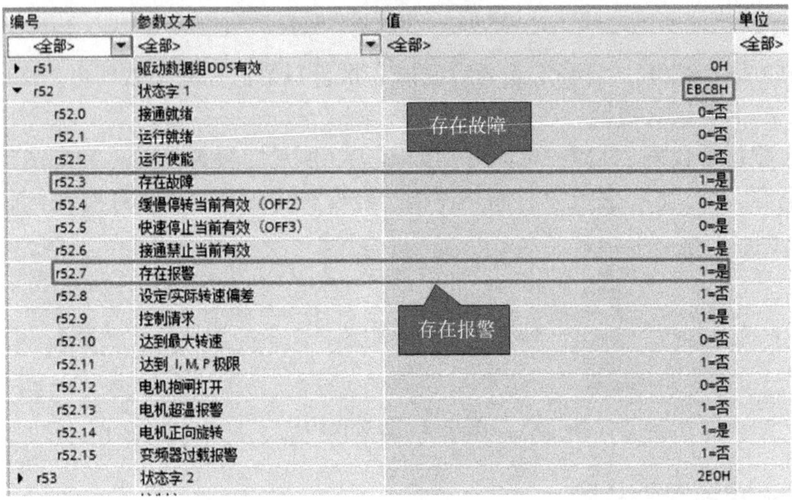

编号	参数文本	值	单位
<全部>	<全部>	<全部>	<全部>
r51	驱动数据组DDS有效	0H	
r52	状态字 1	EBC8H	
r52.0	接通就绪	0=否	
r52.1	运行就绪	0=否	
r52.2	运行使能	0=否	
r52.3	存在故障	1=是	
r52.4	缓慢停转当前有效（OFF2）	0=是	
r52.5	快速停止当前有效（OFF3）	0=是	
r52.6	接通禁止当前有效	1=是	
r52.7	存在报警	1=是	
r52.8	设定/实际转速偏差	1=否	
r52.9	控制请求	1=是	
r52.10	达到最大转速	0=否	
r52.11	达到 I, M, P 极限	1=否	
r52.12	电机抱闸打开	0=否	
r52.13	电机超温报警	1=否	
r52.14	电机正向旋转	1=是	
r52.15	变频器过载报警	1=否	
r53	状态字 2	2E0H	

存在故障
存在报警

图 9-5　变频器参数表

进一步查看故障代码 r947，可以看到如图 9-6 的故障代码。“7802” 表示整流单元或功率单元未就绪，“8501” 表示 PROFINET 接收的设定值超时。

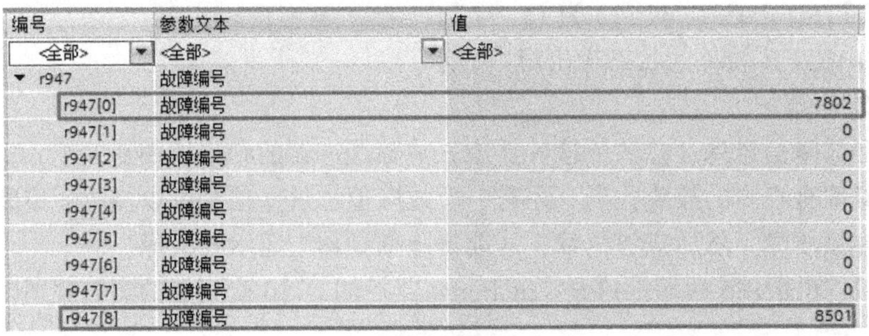

编号	参数文本	值
<全部>	<全部>	<全部>
r947	故障编号	
r947[0]	故障编号	7802
r947[1]	故障编号	0
r947[2]	故障编号	0
r947[3]	故障编号	0
r947[4]	故障编号	0
r947[5]	故障编号	0
r947[6]	故障编号	0
r947[7]	故障编号	0
r947[8]	故障编号	8501

图 9-6　故障代码

2. 常见的故障

常见的故障的代码、原因和解决方法见表 9-6。

表 9-6　G120 变频器常见的故障

代　码	原　因	解决办法
F07801	电动机过电流	检查电流限值（p0640） 矢量控制：检查电流环（p1715，p1717） U/f 控制：检查限流控制器（p1340 ... p1346） 延长斜坡上升时间（p1120）或者减小负载 检查电动机和电动机电缆的短路和接地 检查电动机的星形/三角形连接和铭牌参数设置 检查功率单元和电动机的组合 如果变频器是在电动机旋转的时候起动，选择捕捉起动
F30001	功率单元过电流	检查输出电缆和电动机的绝缘性，查看是否有接地故障 检查 U/f 控制电动机和功率模块的额定电流之间的配套性 检查电源电压是否有大的波动 检查功率电缆的连接 检查功率电缆是否短路或有接地故障 检查功率电缆的长度 更换功率模块
F30002	直流母线过电压	提高减速时间（p1121） 设置圆弧时间（p1130、p1136） 激活 Vdc 电压控制器（p1240、p1280） 检查主电源电压 检查电源相位
F30003	直流母线欠电压	检查主电源电压 激活动态缓冲（p1240，p1280）
F30004	变频器过热	检查变频器风扇是否工作 检查环境温度是否在规定范围内 检查电动机是否过载 降低脉冲频率
F30005	变频器过载	检查电动机功率模块的额定电流 检查电动机数据输入是否和实际匹配 降低电流极限 p0640U/f 特性曲线，降低 p1341
F30011	主电源缺相	检查变频器的进线熔断器 检查电动机电源线
F30015	电动机电源线缺相	检查电动机电源线 提高加速时间、减速时间
F30021	接地	检查功率线路连接 检查电动机 检查电流互感器 检查抱闸电缆和接触情况
F30027	直流母线预充电时间监控响应	检查输入端子上的主输入电压 检查主电源电压的设置
F30035	进风温度过高	检查风扇是否运行 检查滤网 检查环境温度是否在允许的范围内 检查电动机重量输入是否准确
F30036	内部过热	检查风扇是否运行 检查风扇板 检查环境温度是否在允许的范围内
F30037	整流器温度过高	参见 F30035 的解决办法，另外还有： 检查电动机负载； 检查电源相位
F30059	内部风扇损坏	检查内部风扇，必要时更换风扇

9.1.4　用 TIA Portal 软件诊断 G120 变频器的故障

用 TIA Portal 软件诊断 G120 变频器的故障可以获得比较详细的报警和故障信息，以下将介绍此诊断故障的方法。

如图 9-7 所示，在项目树中，双击“更新可访问的设备”（标记“①”处），搜索到变频器（本例为“g120c”），选中变频器并单击“在线并诊断”→“当前信息”，就可以看到当前故障和报警信息。其中标记“④”处是故障信息，标记“⑤”处是报警信息。

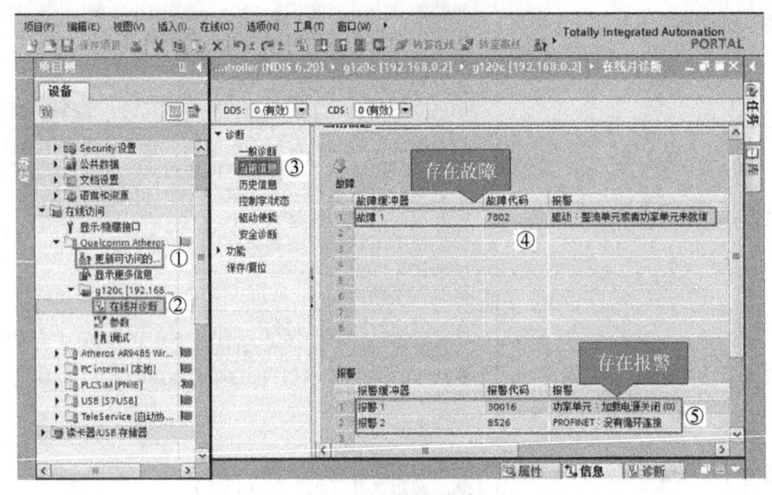

图 9-7　当前故障

如图 9-8 所示，在项目树中，双击“更新可访问的设备”（标记“①”处），搜索到变频器（本例为“g120c”），选中变频器并单击“在线并诊断”→“历史信息”，就可以看到历史故障和报警信息。其中标记“④”处是历史故障信息，标记“⑤”处是报警信息。

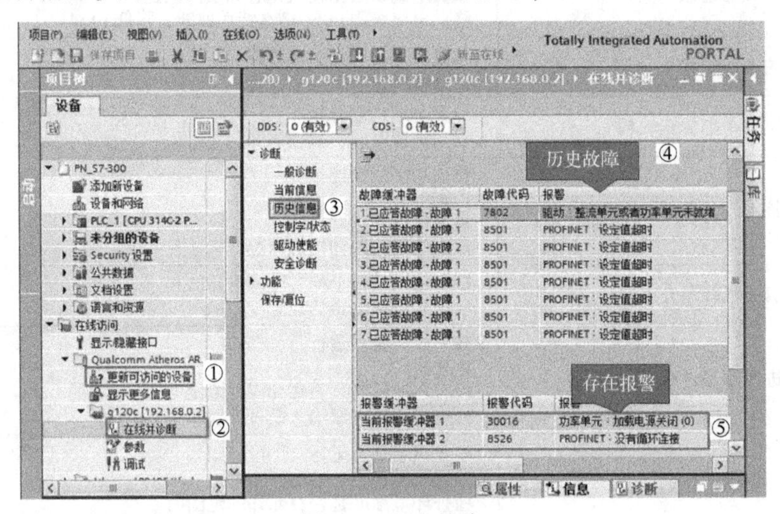

图 9-8　历史故障

9.2　S120 变频器的故障诊断

S120 和 G120 变频器有许多共同之处，它们的报警缓冲器和故障缓冲器的格式是一样的，因此，在此将不重复讲解以上内容，以下仅介绍 S120 变频器的故障诊断。

9.2.1　用 LED 灯诊断 S120 变频器的故障

S120 变频器的面板上一般有 RDY（准备）、DP/PN（PROFIdrive 循环运行）和 OPT（选件）等 LED 指示灯，这些指示灯的亮灭、颜色和闪烁状态代表 S120 变频器的运行状态。

控制单元 CU320-2 DP 和 CU320-2 PN 启动期间 LED 的运行状态见表 9-7。

表 9-7　CU320-2 DP 和 CU320-2 PN 启动期间 LED 的运行状态

LED			状　态	注　　释
RDY	DP	OPT		
红色	橙色	橙色	复位	硬件复位，RDY-LED 红色持续亮，所有其他 LED 橙色持续亮
红色	红色	熄灭	BIOS 已载入	—
红色闪烁（2 Hz）	红色	熄灭	BIOS 出错	载入 BIOS 时出错
红色闪烁（2 Hz）	红色闪烁（2 Hz）	熄灭	文件出错	存储卡不存在或者出错 存储卡上没有软件或者软件出错
红色	橙色闪烁	熄灭	正在载入固件	RDY-LED 红色持续亮，DP-LED 橙色闪烁（无固定闪烁周期）
红色	熄灭	熄灭	固件已装载	—
熄灭	红色	熄灭	固件已校验（无 CRC 错误）	—
红色闪烁（0.5 Hz）	红色闪烁（0.5 Hz）	熄灭	固件已校验 CRC（错误）	CRC 出错

控制单元 CU320-2 DP 和 CU320-2 PN 运行期间 LED 的运行状态见表 9-8。

表 9-8　CU320-2 DP 和 CU320-2 PN 运行期间 LED 的运行状态

LED	颜　色	状　态	说　明	解决办法
RDY	—	熄灭	无电子电源或者超出允许公差范围	检查电子电源
	绿色	持续亮	组件准备就绪并启动循环 DRIVE-CLiQ 通信	—
		闪烁（0.5 Hz）	调试/复位	—
		闪烁（2 Hz）	正在向存储卡写入数据	—
	红色	闪烁（2 Hz）	一般错误	检查参数设置/配置
	红色/绿色	闪烁（0.5 Hz）	控制单元就绪，但是缺少软件授权	获取授权
	橙色	闪烁（0.5 Hz）	所连接的 DRIVE-CLiQ 组件正在进行固件升级	—
		闪烁（2 Hz）	DRIVE-CLiQ 组件固件升级完成，等待给完成升级的组件重新上电	执行组件上电
	绿色/橙色或红色/橙色	闪烁（2 Hz）	“通过 LED 识别组件”激活(p0124[0]) 提示：这两种颜色取决于通过设置 p0124[0]=1 激活时 LED 的状态	

（续）

LED	颜　色	状　态	说　明	解决办法
DP/PN	—	熄灭	循环通信未开始 提示：当控制单元准备就绪时（参见 LED RDY），PROFIdrive 已做好通信准备	—
	绿色	持续亮	循环通信开始	—
		闪烁（0.5 Hz）	循环通信还未完全开始，可能的原因：控制器没有发送设定值；在等时同步运行中，控制器没有传输或者传输了错误的全局控制	—
	红色	闪烁（0.5 Hz）	PROFIBUS 主站发送了错误的参数设置/配置	调整主站/控制器和 CU 之间的配置
		闪烁（2 Hz）	循环总线通信已中断或无法建立	消除故障
OPT	—	熄灭	无电子电源或者超出允许公差范围 组件没有准备就绪 选件板不存在或者没有创建相应的驱动对象	检查电源和/或组件
	绿色	持续亮	选件板未准备就绪	—

整流单元、功率单元和逆变单元上的 LED 状态见表 9-9。

表 9-9　整流单元、功率单元和逆变单元上的 LED 状态

状　态		说　明	解决办法
RDY	DC Link		
熄灭	熄灭	无电子电源或者超出允许公差范围	—
绿色	熄灭	组件准备就绪并启动循环 DRIVE-CLiQ 通信	—
	橙色	组件准备就绪并启动循环 DRIVE-CLiQ 通信 直流母线电压上电	—
	红色	组件准备就绪并启动循环 DRIVE-CLiQ 通信 直流母线电压太高	检查进线电压
橙色	橙色	正在建立 DRIVE-CLiQ 通信	—
红色	—	该组件上至少存在一个故障 提示：LED 的控制与重新设置相应信息无关	清除故障，应答故障信息
绿色/红色 闪烁（0.5 Hz）	—	正在进行固件下载	—
绿色/红色 闪烁（2 Hz）	—	固件下载已结束，等待上电	执行上电
绿色/橙色 或红色/橙色	—	“通过 LED 识别组件”激活（p0124） 提示：这两种颜色取决于由 p0124 = 1 激活时 LED 的状态	—

关于其他型号变频器的 LED 灯的状态表，请读者参考变频器的调试手册。

9.2.2　用驱动状态信息诊断 S120 变频器的故障

通过控制单元的运行显示参数 r0002 查看当前的工作状态，根据工作状态信息进一步分析装置的运行和故障状态。参数 r0002 的状态见表 9-10。

表 9-10　参数 r0002 的状态

r0002 数值	含　义	r0002 数值	含　义
0	运行-全部使能	23	运行就绪-设置“供电运行” = “1”（p0864）
10	运行-将“使能设定值”设置为“1”(p1142, p1152)	31	接通就绪-设置“ON/OFF1” =“0/1”(p0840)
11	运行-将“使能转速控制器”设置为“1”(p0856)	35	接通禁止-执行初步调试（p0010）
12	运行-冻结斜坡函数发生器，将“斜坡函数发生器启动”设为“1”(p1141)	41	接通禁止-设置“ON/OFF1” =“0”(p0840)
13	运行-将“使能斜坡函数发生器”设置为“1”(p1140)	42	接通禁止-设置“BB/OFF2” = “1”(p0844, p0845)
14	运行-MotID，励磁或制动开启，SS2，STOP C	43	接通禁止-设置“BB/OFF3” = “1”(p0844, p0845)
15	运行-打开制动（p1215）	44	接通禁止-给 STO 端子提供 24 V 电压（硬件）
16	运行-通过信号“ON/OFF1” = “1”取消“OFF1”制动	45	接通禁止-消除故障，应答故障，STO
17	运行-只能通过 OFF2 中断，OFF3 制动	46	接通禁止-结束调试模式（p0009，p0010）
18	运行-在故障时制动，消除故障原因，应答故障	60	驱动对象禁用/ 不可运行
19	运行-电枢短路/ 直流制动生效（p1230, p1231）	70	初始化
21	运行就绪-设置“使能运行”=“1”(p0852)	200	等待启动/ 子系统启动
22	运行就绪-正在去磁（p0347）	250	设备报告拓扑结构错误

9.2.3　用 STARTER 软件诊断 S120 变频器的故障

用 STARTER 软件诊断 SINAMIC S120 变频器的故障

用 STARTER 软件诊断 S120 变频器的故障可以获得比较详细的报警和故障信息，但由于 STARTER 软件目前通常使用的是英文版，因此读者必须具有一定的英文阅读能力。以下将介绍此诊断故障的方法。

1）首先建立 STARTER 软件和 S120 变频器的连接，也就是 S120 变频器要处于在线状态，只要单击工具栏中的“在线”按钮即可，如图 9-9 所示。

在图 9-7 中，选择“Diagnostics” → “Control/status words”，在标记“③”处显示“Switching on inhibited active”（开启抑制激活）。

单击“Alarm history”（报警历史），在标记“④”的上方显示所有的故障信息。

2）在图 9-10 中，选择“Diagnostics” → “Alarm history”，在标记“②”处，单击“Alarm”（报警），在标记“②”的上方显示所有的报警和故障信息。

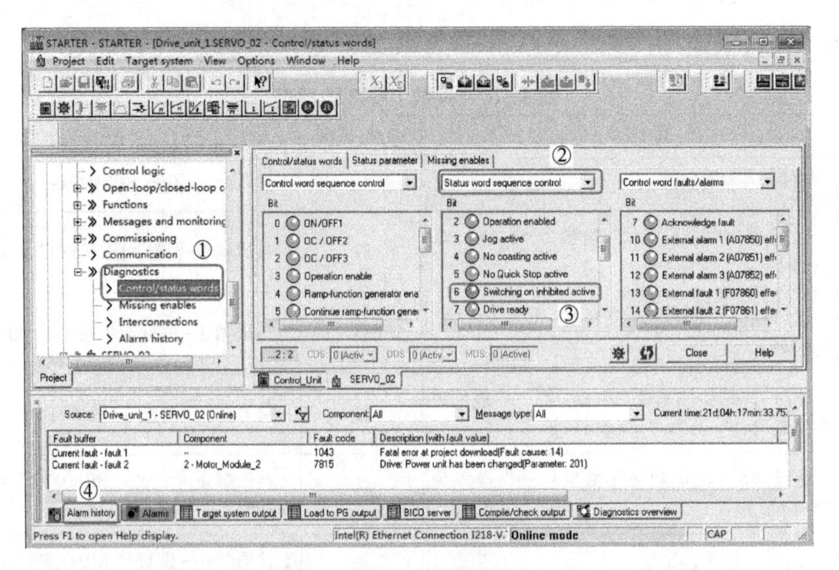

图 9-9　故障信息查询（1）

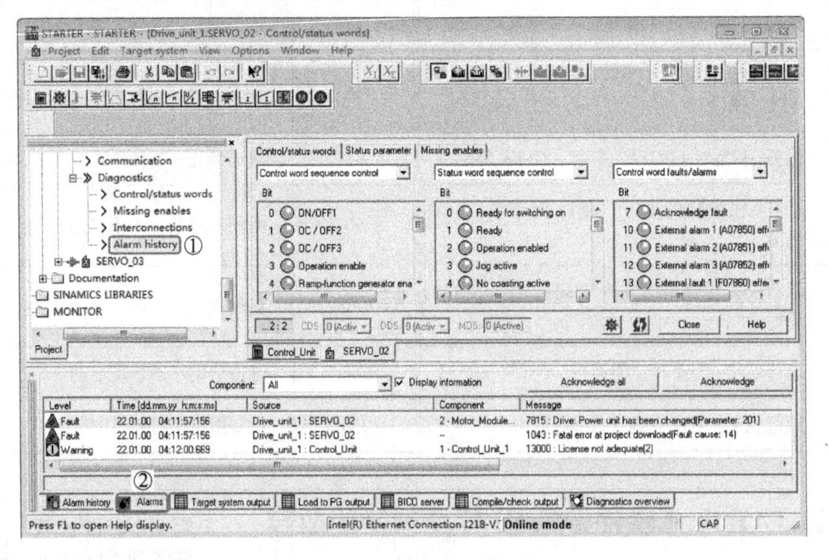

图 9-10　故障信息查询（2）

9.2.4　用 Web Server 诊断 S120 变频器的故障

用 Web Server 诊断 SINAMICS S120 变频器的故障

S120 变频器从 V4.6 版本开始提供 Web Server 功能，实现通过网页浏览远程访问设备（S7-300/400、S7-1200/1500 也有此功能），这种方法诊断故障非常便捷。以下介绍这种故障诊断的实施步骤。

1）首先建立 STARTER 软件和 S120 变频器的连接，也就是 S120 变频器要处于在线状态，只要单击工具栏中的“在线”按钮即可。注意要确保安装 STARTER 软件的 PC 和变频器的 IP 地址在同一网段，否则 STARTER 是无法修改 S120 的参数的。

2）本例的设备是“Drive_unit_1”（可修改名称），选中“Drive_unit_1”，单击鼠标右键，弹出快捷菜单，单击“Web server”选项，如图 9-11 所示，打开 Web Server 配置界面，如图 9-12 所示。

图 9-12 中，标记“①”处的两处选择默认设置（勾选），在标记“②”处勾选“Enable user ‘administrator’（extended rights）”，再单击“Change Password”（更改密码），弹出设置密码的对话框，输入新密码，注意至少为 8 个字符，单击“OK”按钮即可完成操作。

进行以上操作的目的是使得 S120 变频器对有权限的人提供其 Web Server 功能。

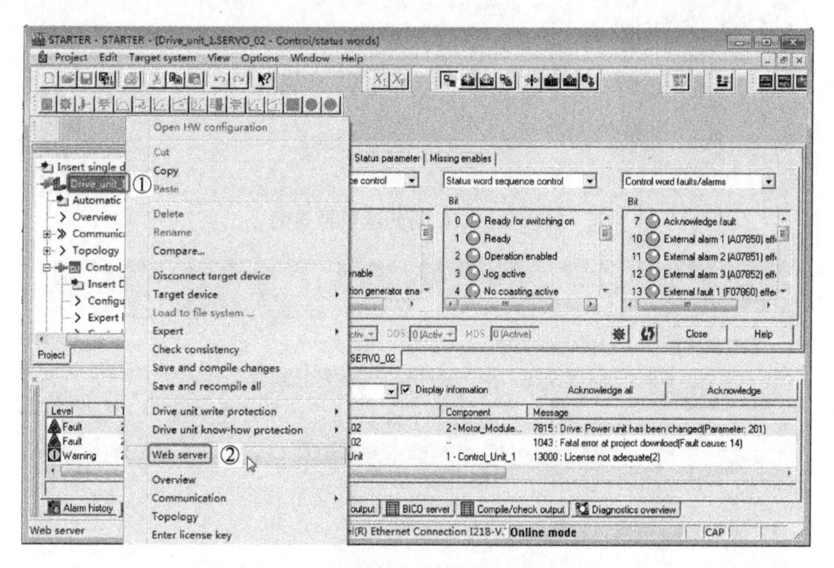

图 9-11　打开 Web Server 配置界面

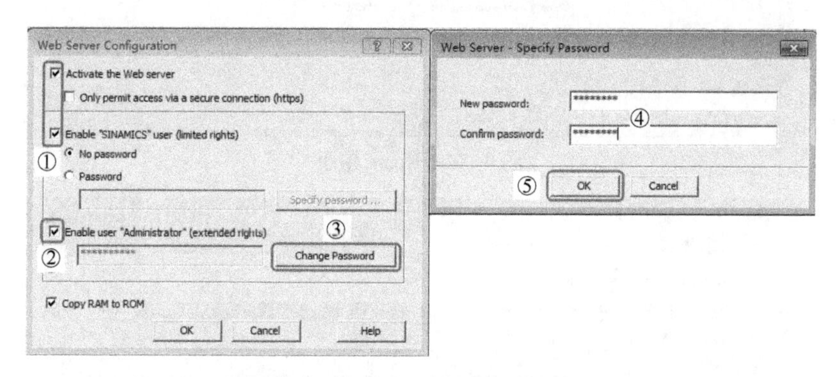

图 9-12　Web Server 配置界面

3）打开微软的 IE 浏览器，在其地址栏中（标记“①”处）输入 IP 地址，本例的 S120 的 IP 地址为 192. 168. 0. 2，刷新 IE 浏览器，弹出如图 9-13 所示的界面，在标记“②”处输入用户名和密码，再单击“Login”（登录）按钮，弹出如图 9-14 所示的界面，这个界面主要显示变频器的基本信息。

4）在图 9-15 中，单击“Device Info”选项卡，右侧显示 S120 变频器的控制器、驱动器、编码器和选件等的详细信息，如订货号等。

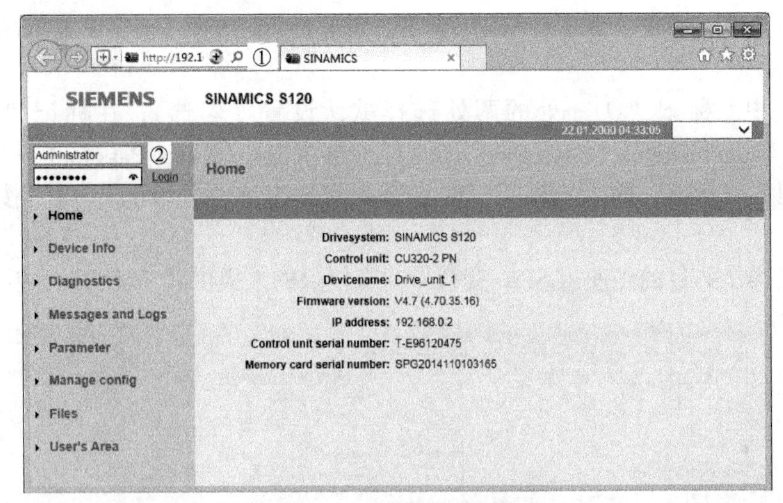

图 9-13　IE 浏览器登录界面

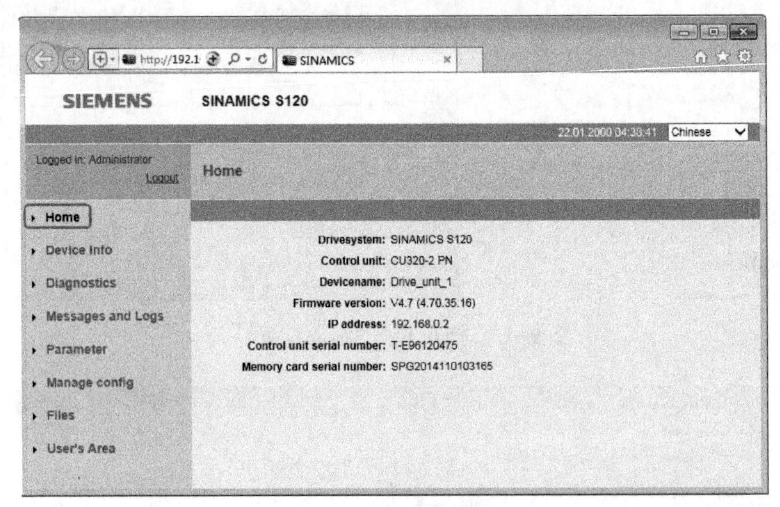

图 9-14　Home 界面

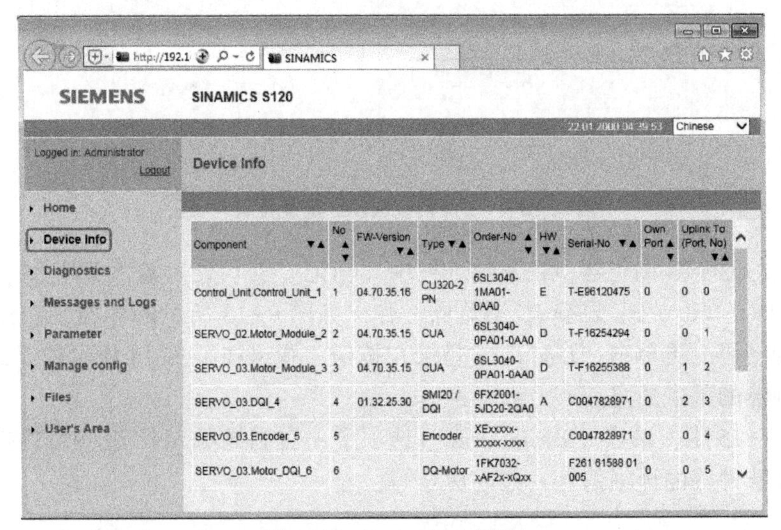

Component	No	FW-Version	Type	Order-No	HW	Serial-No	Own Port	Uplink To (Port, No)	
Control_Unit.Control_Unit_1	1	04.70.35.16	CU320-2 PN	6SL3040-1MA01-0AA0	E	T-E96120475	0	0	0
SERVO_02.Motor_Module_2	2	04.70.35.15	CUA	6SL3040-0PA01-0AA0	D	T-F16254294	0	0	1
SERVO_03.Motor_Module_3	3	04.70.35.15	CUA	6SL3040-0PA01-0AA0	D	T-F16255388	0	1	2
SERVO_03.DQI_4	4	01.32.25.30	SMI20 / DQI	6FX2001-5JD20-2QA0	A	C0047828971	0	2	3
SERVO_03.Encoder_5	5		Encoder	XExxxxx-xxxxx-xxxx		C0047828971	0	0	4
SERVO_03.Motor_DQI_6	6		DQ-Motor	1FK7032-xAF2x-xQxx		F261 61588 01 005	0	0	5

图 9-15　Device Info 界面

5）在图 9-16 中，单击“Diagnostics”选项卡，右侧显示 S120 变频器详细的故障信息，红色的扳手符号表示有故障。依据此故障符号和文字信息可以诊断故障。

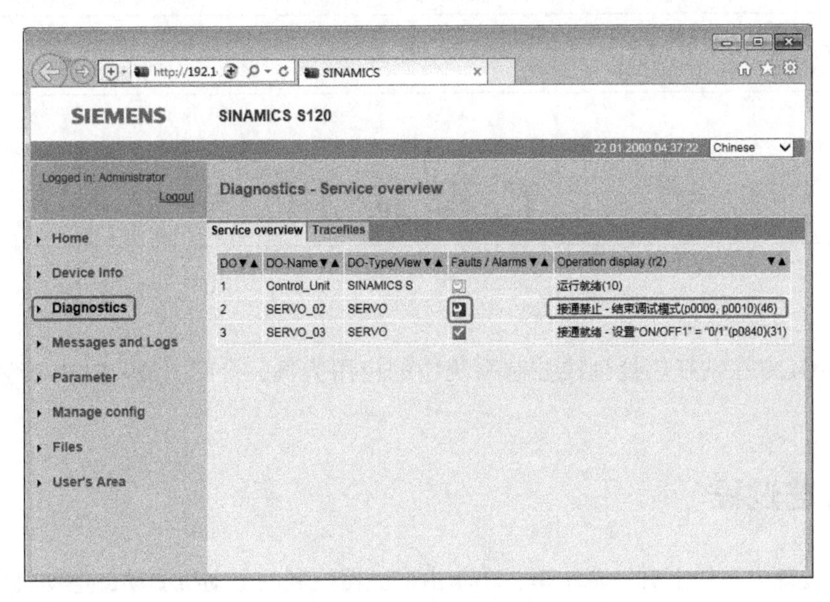

图 9-16　Diagnostics 界面

6）在图 9-17 中，单击“Messages and Logs”选项卡，右侧显示 S120 变频器详细的故障信息。依据此故障文字信息可以诊断故障。

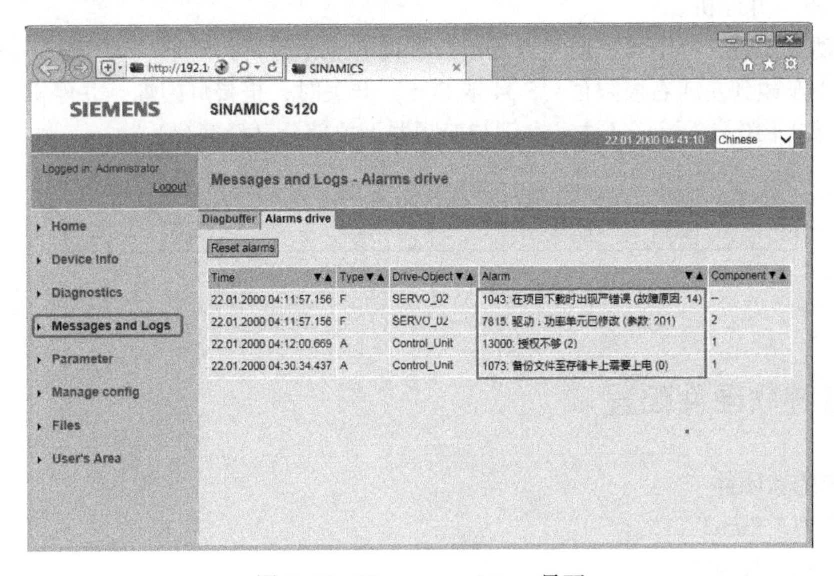

图 9-17　Messages and Logs 界面

第10章

工程应用

本章以G120在钻杆热处理线控制系统中的应用为例，介绍G120/S120变频器的工程应用。

10.1 工艺过程

钻杆热处理生产线上有一台小车，小车由变频器控制的电动机驱动，电动机的额定转速是1440 r/min，其工艺过程如下。

1）自动模式时，小车的动作过程是：从原点SQ1出发，转速为720 r/min，运行到右限位SQ2，停止1 s，再以1440 r/min向左运行，到减速限位SQ3时，转速变为360 r/min，小车返回到原点，并停机。

2）手动模式时，小车可以向左点动运行和向右点动运行，转速均为360 r/min。

3）当小车碰到左或右极限位（SQ4或SQ5）开关时，报警灯闪烁，并停机。

示意图如图10-1所示。（注：本例与变频器无关部分已经简化）

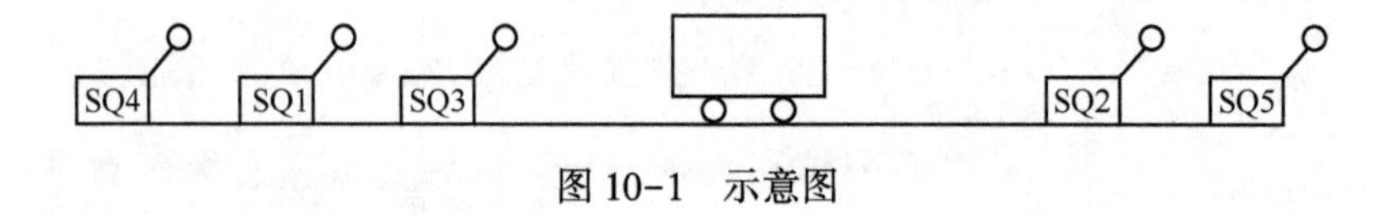

图10-1 示意图

10.2 系统软硬件配置

1. 系统的软硬件

1）1套TIA Portal V15。

2）1台CPU1214C。

3）1台G120变频器（含PN通信接口）。

2. PLC的I/O分配

PLC的I/O分配见表10-1。

表 10-1　PLC 的 I/O 分配表

名　称	符　号	输 入 点	名　称	符　号	输 出 点
起动按钮	SB1	I0.0	接触器	KM1	Q0.0
停止按钮	SB2	I0.1	指示灯	HL1	Q0.1
左点动按钮	SB3	I0.2	减速限位	SQ3	I0.6
右点动按钮	SB4	I0.3	左极限位	SQ4	I0.7
原点	SQ1	I0.4	右极限位	SQ5	I1.0
右限位	SQ2	I0.5	手动/自动转换	SA1	I1.1

3. 控制系统的接线

控制系统的接线按照如图 10-2 和图 10-3 所示执行。

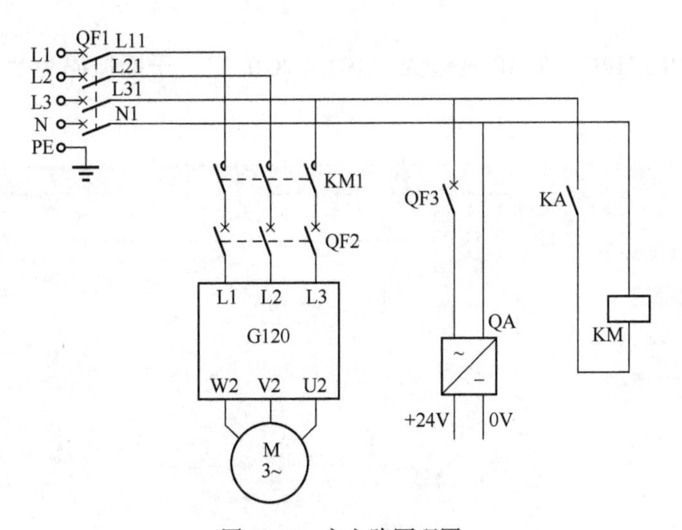

图 10-2　主电路原理图

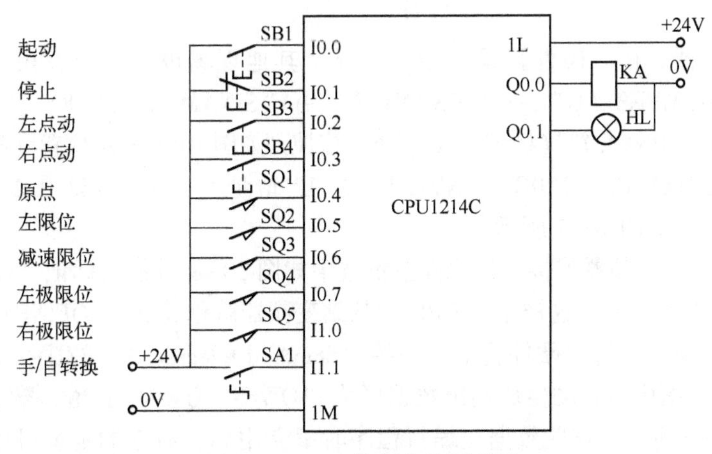

图 10-3　PLC 控制电路原理图

4. 硬件组态

1）创建项目，命名为“DrillPipe”，组态主站，添加“CPU1214C”，如图 10-4 所示。

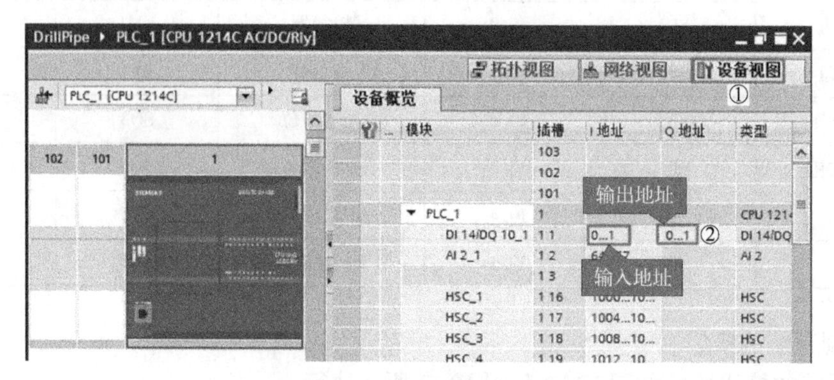

图 10-4　主站的硬件组态

2）设置“CPU1214C”的 IP 地址为“192.168.0.1”，子网掩码为“255.255.255.0”，如图 10-5 所示。

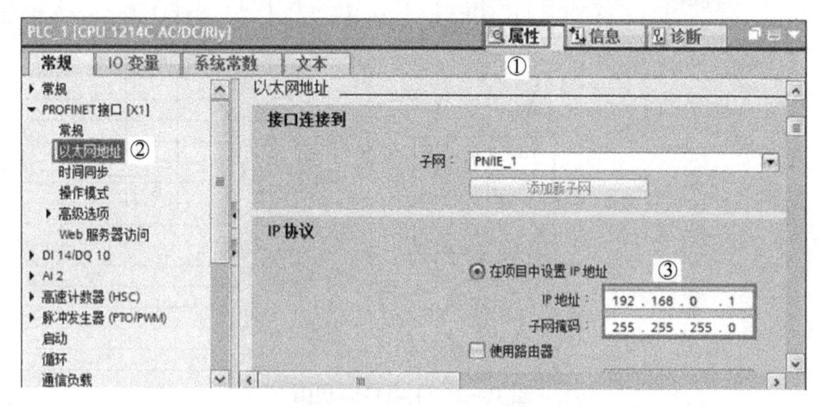

图 10-5　设置 CPU 的 IP 地址

3）组态变频器。在“硬件目录”中，选择“其他现场设备”→“PROFINET IO”→“Drivers”→“SIEMENS AG”→“SINAMICS”→“SINAMICS G120C　PNV4.7”，并将“SINAMICS G120C　PNV4.7”（标记“①”处）拖拽到如图 10-6 所示位置（标记“②”处）。

4）设置“SINAMICS G120C　PNV4.7”的 IP 地址为“192.168.0.2”，子网掩码为“255.255.255.0”，如图 10-7 所示。

5）创建 CPU 和变频器连接。用鼠标左键选中如图 10-8 所示的标记“①”处，按住不放，拖拽至标记“②”处，这样主站 CPU 和从站变频器就创建起 PROFINET 连接了。

6）组态通信报文。将“硬件目录”中的“Standard telegram 1，PZD-2/2”拖拽到“设备概览”视图的插槽中，自动生成输出数据区为“QW68、QW71”，输入数据区为“IW68、IW71”，如图 10-9 所示。这些数据在编写程序时都会用到，数据的地址可以根据需要进行修改。

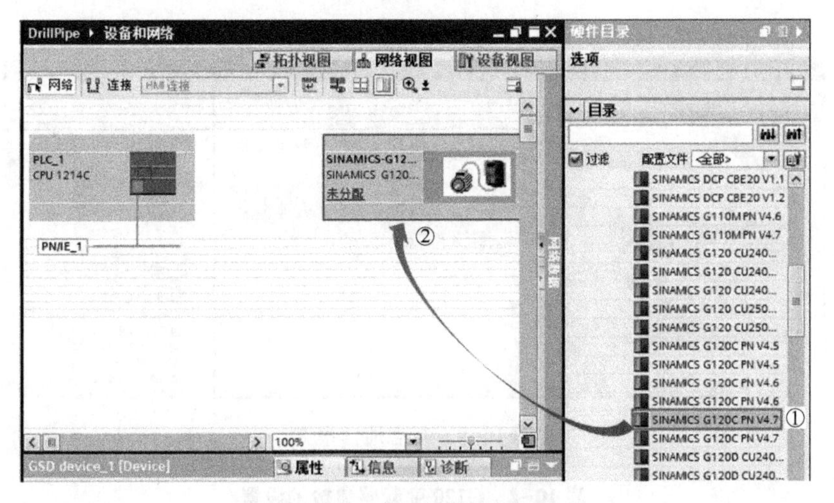

图 10-6　变频器的硬件组态

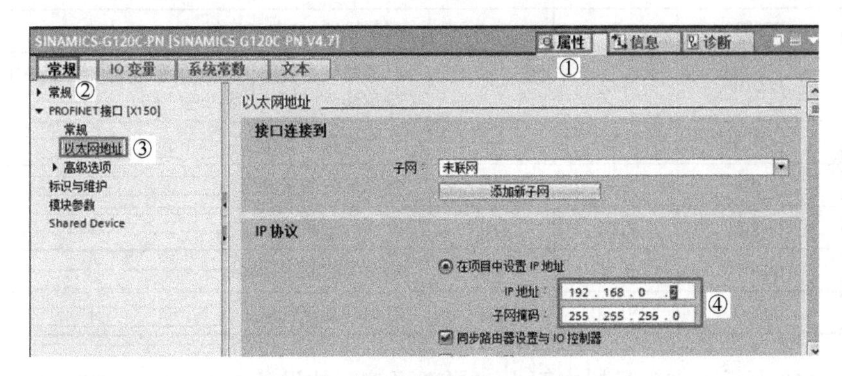

图 10-7　设置变频器的 IP 地址

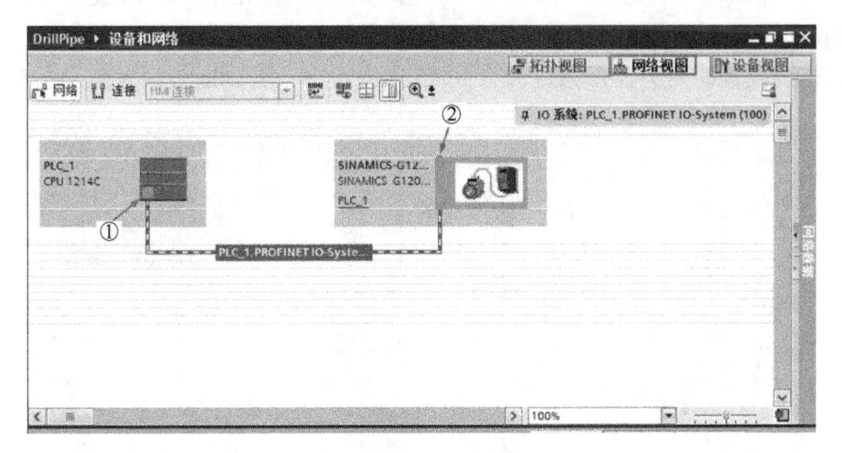

图 10-8　创建 CPU 和变频器连接

5. 变频器参数的设定

G120 变频器参数的设置见表 10-2。变频器的参数可以由 STARTER 软件、TIA Portal 软件和 BOP-2 面板等设置，笔者倾向于使用 TIA Portal 软件设置。

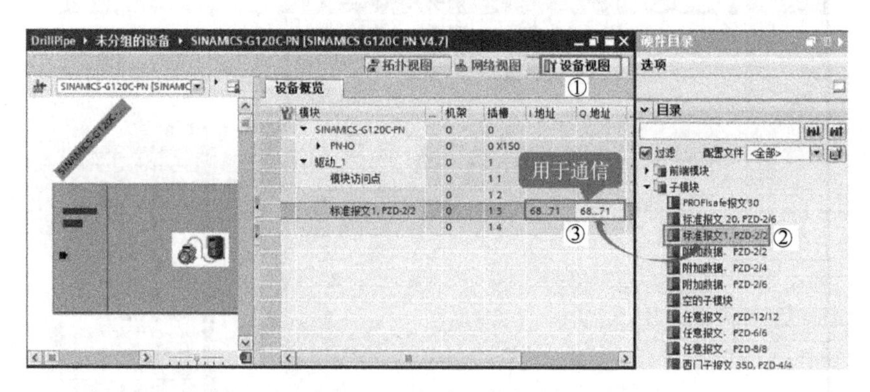

图 10-9 组态通信报文

表 10-2 G120 变频器参数的设置

序号	变频器参数	设定值	单位	功能说明
1	P0003	3	—	权限级别，3 是专家级
2	P0010	1/0	—	驱动调试参数筛选。先设置为 1，当把 p0015 和电动机相关参数修改完成后，再设置为 0
3	p0015	7	—	驱动设备宏 7 指令
4	p0304	380	V	电动机的额定电压
5	p0305	2.05	A	电动机的额定电流
6	p0307	0.75	kW	电动机的额定功率
7	p0310	50.00	Hz	电动机的额定频率

如图 10-10 所示，在项目树中双击“更新可访问的设备”（标记“①”处），搜索到变频器（本例为“g120c”），选择“参数”→“参数视图”，先把 p10 设置为 1（标记“③”处），再把 p15 设置为 7（标记“④”处），最后再把 p10 设置为 0。

注意：在线设置的变频器参数应保存到 EEPROM 中，否则断电后参数会丢失。

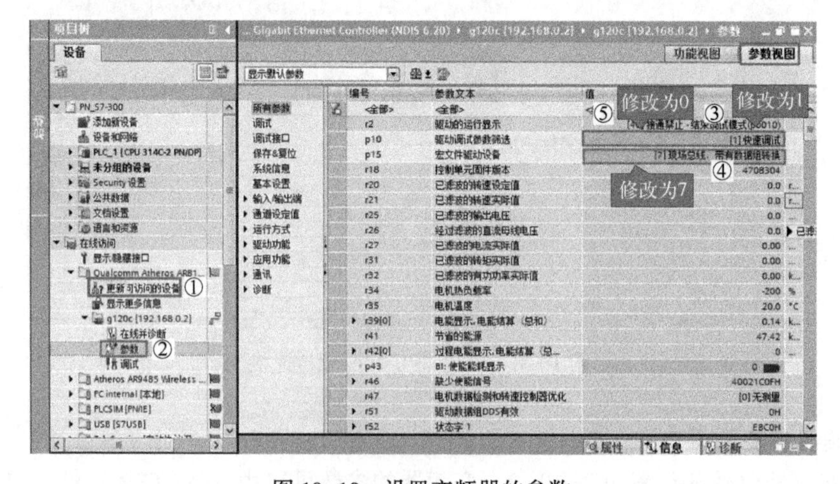

图 10-10 设置变频器的参数

10.3　程序编写

1. 编写主程序、初始化程序和上电程序

S7-1200 PLC 通过 PROFINET PZD 通信方式将控制字 1 和主设定值周期性的发送至变频器，变频器将状态字 1 和实际转速发送到 S7-1200 PLC。因此掌握控制字和状态字的含义对于编写变频器的通信程序非常重要。

控制字各位的含义在前面章节已经介绍了。在 S7-1200 PLC 与变频器的 PROFINET 通信中，16#47e 代表停止；16#47f 代表正转；16# C7f 代表反转。

在编写程序之前，先填写变量表如图 10-11 所示。OB100 中的初始化程序如图 10-12 所示，OB1 中的主程序如图 10-13 所示，上电程序（函数 PushOn）如图 10-14 所示。

默认变量表

		名称	数据类型	地址
1		Start	Bool	%I0.0
2		Stop1	Bool	%I0.1
3		LeftCrawl	Bool	%I0.2
4		RightCrawl	Bool	%I0.3
5		Origin	Bool	%I0.4
6		LeftLimit	Bool	%I0.5
7		DecLimit	Bool	%I0.6
8		LLeftLimit	Bool	%I0.7
9		RRightLimit	Bool	%I1.0
10		Shift	Bool	%I1.1
11		Lamp	Bool	%Q0.0
12		KM	Bool	%Q0.1
13		Dir	Int	%QW68
14		Speed1	Int	%QW70

图 10-11　PLC 变量表

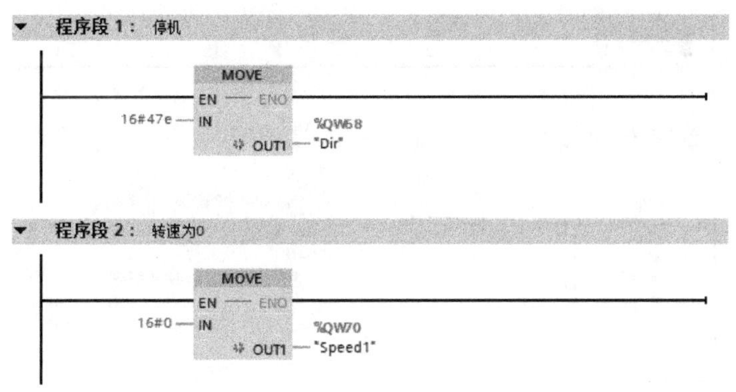

图 10-12　OB100 中的初始化程序

2. 编写规格化程序（函数 Speed）

（1）规格化的算法

在变频器的通信中，主设定值 16#4000 是十六进制，变换成十进制就是 16384，代表的是转速 1440 r/min，因此设定变频器的时候需要规格化。例如要将变频器设置成 360 r/min，主设定值为

$$f=\frac{360}{1440}\times 16384=4096$$

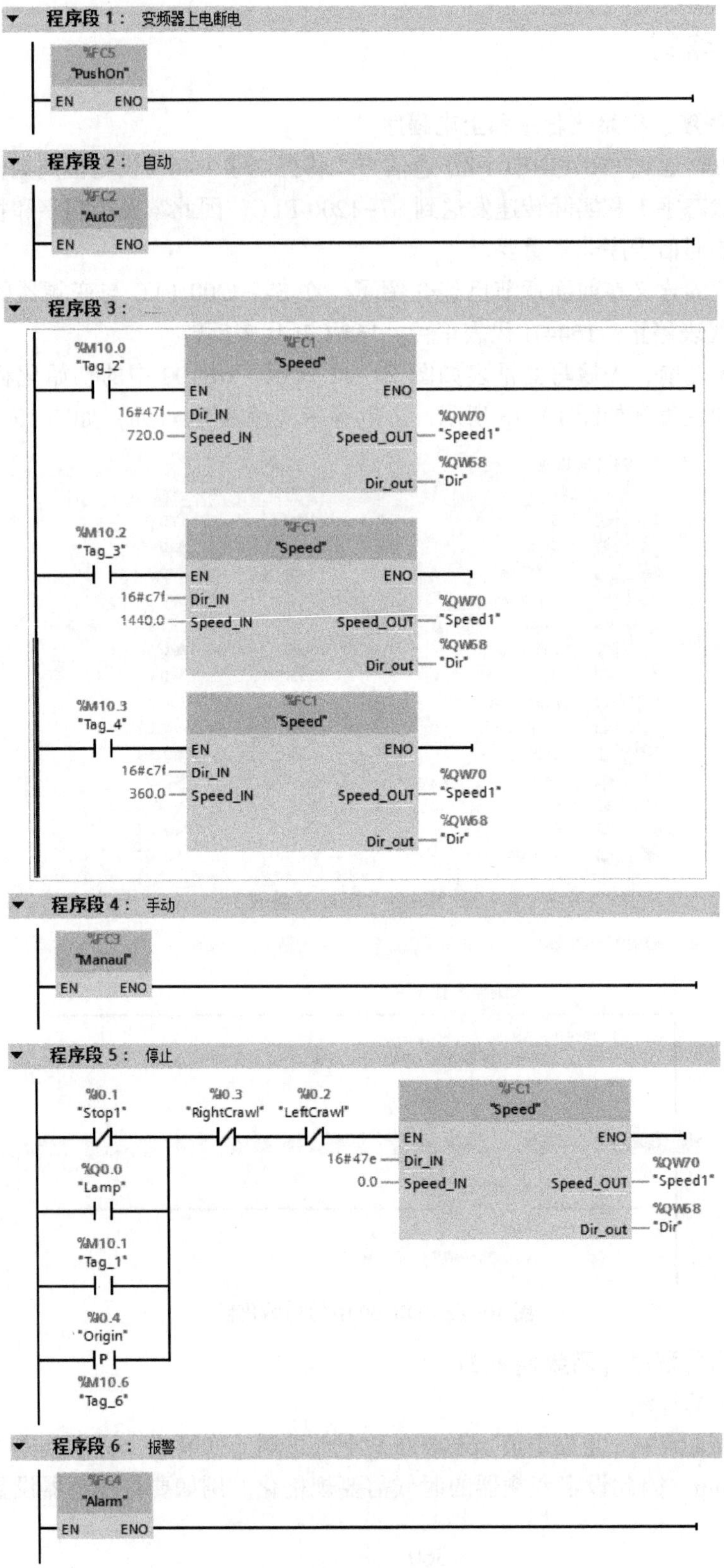

程序段 1： 变频器上电断电

%FC5 "PushOn" EN ENO

程序段 2： 自动

%FC2 "Auto" EN ENO

程序段 3： ……

%M10.0 "Tag_2" — %FC1 "Speed": EN; Dir_IN 16#47f; Speed_IN 720.0; ENO; Speed_OUT %QW70 "Speed1"; Dir_out %QW68 "Dir"

%M10.2 "Tag_3" — %FC1 "Speed": EN; Dir_IN 16#c7f; Speed_IN 1440.0; ENO; Speed_OUT %QW70 "Speed1"; Dir_out %QW68 "Dir"

%M10.3 "Tag_4" — %FC1 "Speed": EN; Dir_IN 16#c7f; Speed_IN 360.0; ENO; Speed_OUT %QW70 "Speed1"; Dir_out %QW68 "Dir"

程序段 4： 手动

%FC3 "Manaul" EN ENO

程序段 5： 停止

%I0.1 "Stop1"; %Q0.0 "Lamp"; %M10.1 "Tag_1"; %I0.4 "Origin" P %M10.6 "Tag_6"; %I0.3 "RightCrawl"; %I0.2 "LeftCrawl" — %FC1 "Speed": EN; Dir_IN 16#47e; Speed_IN 0.0; ENO; Speed_OUT %QW70 "Speed1"; Dir_out %QW68 "Dir"

程序段 6： 报警

%FC4 "Alarm" EN ENO

图 10-13 OB1 中的主程序

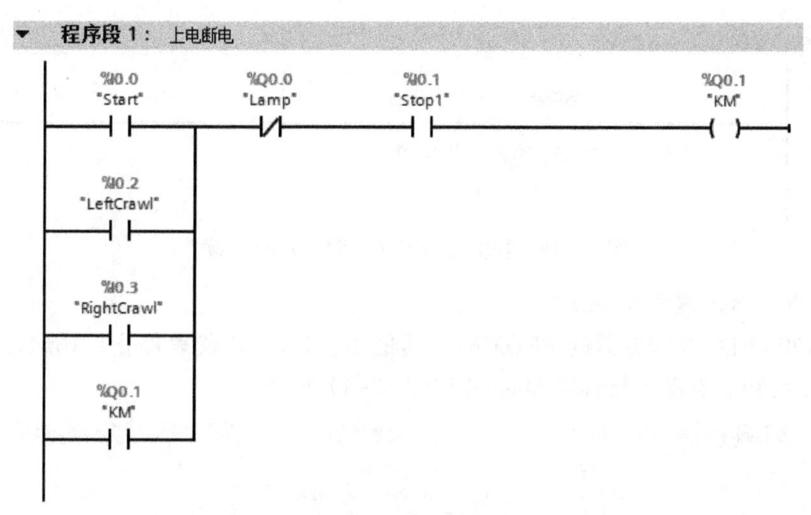

图 10-14　上电程序（函数 PushOn）

而 4096 对应的十六进制是 16#1000，所以设置时，应设置数值是 16#1000，实际就是规格化。Speed 的功能是通信频率给定的规格化。

（2）编写函数 Speed 程序

Speed 的输入/输出参数如图 10-15 所示，规格化程序（函数 Speed）如图 10-16 所示。

Speed

	名称	数据类型	默认值	注释
1	▼ Input			
2	■ Dir_IN	Int		
3	■ Speed_IN	Real		
4	▼ Output			
5	■ Speed_OUT	Int		
6	■ Dir_out	Int		
7	▶ InOut			
8	▼ Temp			
9	■ NormalValue	Real		

图 10-15　Speed 的输入/输出参数

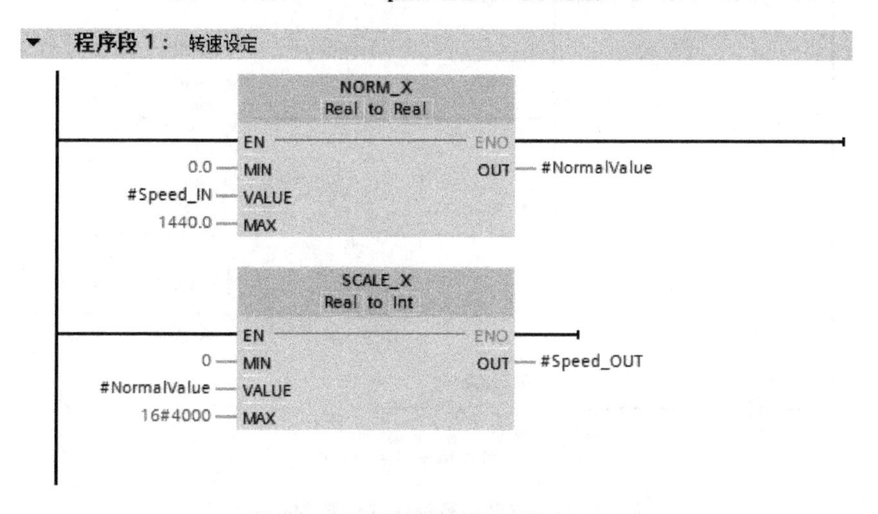

图 10-16　规格化程序（函数 Speed）

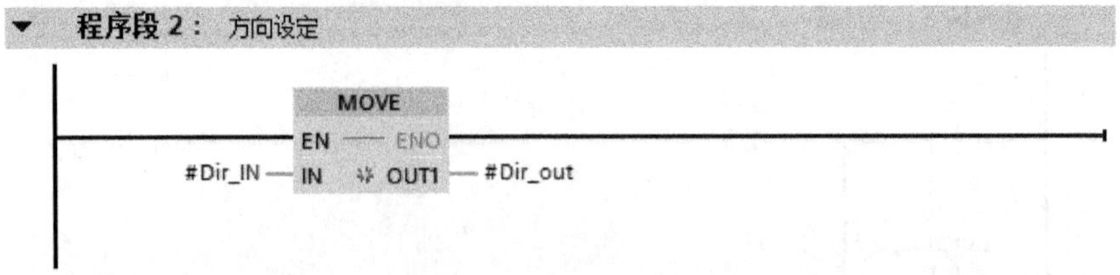

程序段 2： 方向设定

MOVE
EN — ENO
#Dir_IN — IN ✻ OUT1 — #Dir_out

图 10-16　规格化程序（函数 Speed）（续）

3. 编写点动运行程序 Manual

在 S7-1200 PLC 与变频器的 PROFINET 通信中，16#47E 代表停止；16#47F 代表正转；16# C7F 代表反转。点动运行程序 Manual 如图 10-17 所示。

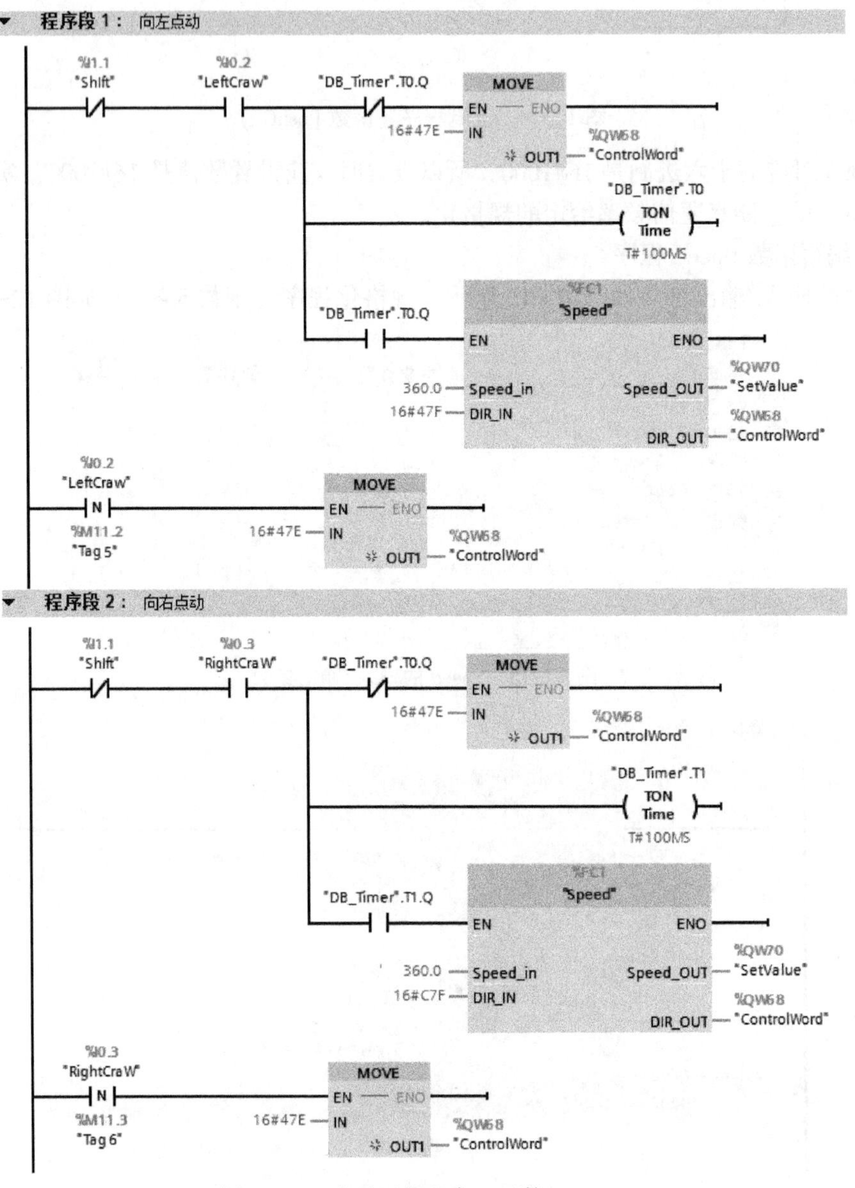

图 10-17　点动运行程序（函数 Manual）

4. 编写自动运行程序 Auto

自动运行程序（函数 Auto）如图 10-18 所示。

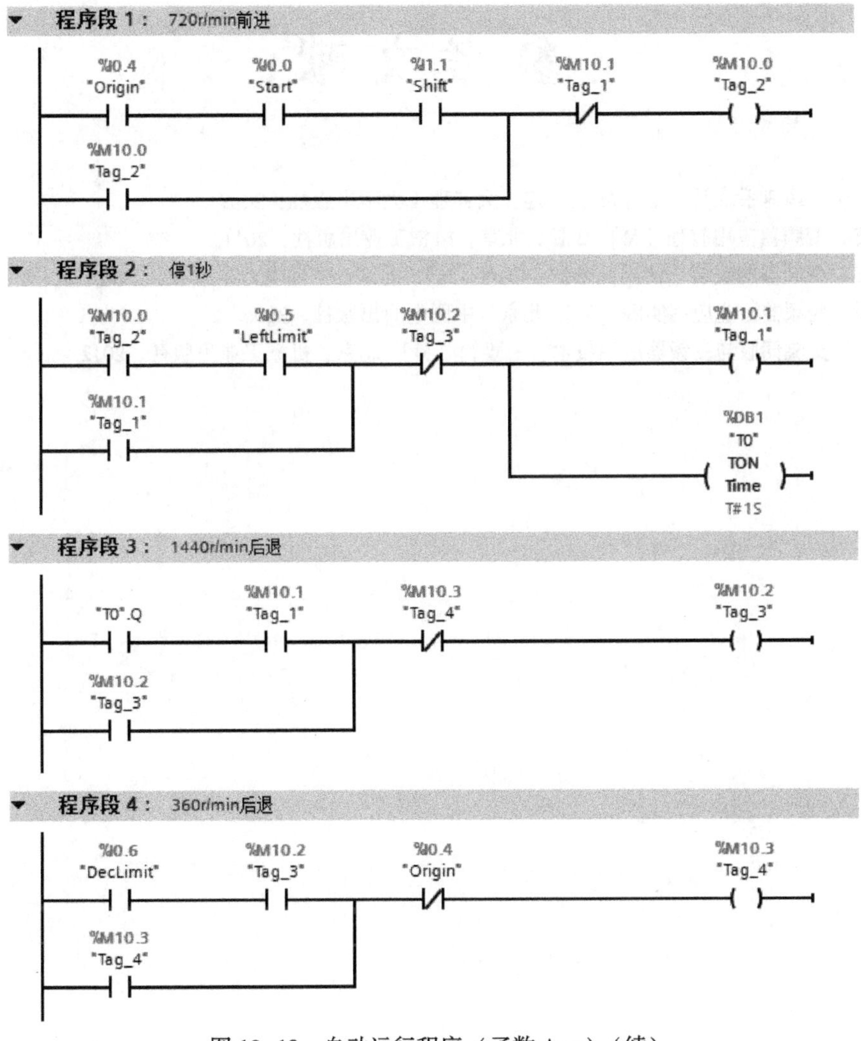

图 10-18　自动运行程序（函数 Auto）（续）

5. 编写报警程序（函数 Alarm）

当小车运行超程时将激发报警，报警程序（函数 Alarm）如图 10-19 所示。

图 10-19　报警程序（函数 Alarm）

参 考 文 献

[1] 黄麟．交流调速系统及应用 [M]．大连：大连理工大学出版社，2009.
[2] 张燕宾．变频器应用教程 [M]．2版．北京：机械工业出版社，2011.
[3] 张燕宾．变频器的安装、使用和维护340问 [M]．北京：中国电力出版社，2009.
[4] 李方园．变频器行业应用实践 [M]．北京：中国电力出版社，2006.
[5] 龚仲华．交流伺服与变频器应用技术：三菱篇 [M]．北京：机械工业出版社，2012.